灣殯葬教育十年回顧與
望學術研討會論文集

暨尉遲淦教授榮退桃李紀念文集

Review and Prospect of Ten-year Funeral Education in Taiwan

王慧芬◎主編

王夫子、王琛發、王士峰、鈕則誠、黃有志、
尉遲淦、馮月忠、譚維信、邱達能、李慧仁、
林龍溢、陳旭昌、英俊宏、李明田、曹聖宏、
張譽薰、涂進財、黃勇融、詹鎵齊、徐廷華、
阮氏秋霜（釋慧如）、蔣意雄◎著

　　台灣殯葬教育十年回顧與展望學術研討會論文集暨尉遲淦教授榮退桃李紀念文集的出版，感謝福壽文創學院及馮月忠建築師事務所的支持贊助，特此致謝！

序

　　台灣殯葬教育發展，因有前瞻者與先行者開疆闢地，投入心力於殯葬教育與殯葬專業服務等相關領域，促成了現今的殯葬國家證照制度與禮儀師制度，確立了殯葬服務的專業性。殯葬教育滿十年的2020年，仁德醫專生命關懷事業科特別邀請了殯葬教育界的先驅者、學者與專家們，共同針對台灣十年以來殯葬教育發展進行了回顧與未來展望。環繞「殯葬教育」的主軸，分成四大單元主題：一、殯葬教育歷史沿革回顧；二、殯葬教育變革與創新；三、殯葬專業管理與禮儀師制度；四、殯葬教育課程活動的研究與規劃等層面來探究。

　　第一大主題是殯葬教育歷史沿革，先驅者與學者分別就殯葬教育的發起與沿革進行經驗的分享，黑暗中摸索前行的艱辛與挑戰，新職涯道路的探索追尋，除了台灣經驗，還有馬來西亞與中國殯葬教育的回顧，論文中積累了許多的人生智慧積累與寶貴經驗傳承，非常值得一看。第二主題是殯葬教育的變革與創新，研究者從不同學門與專業領域來探究殯葬，有生命教育觀點，有建築學觀點對殯葬設施進行新詮釋與新構築，還有美學角度來探究殯葬教育文化的本質，以及遺體修復與處理和悲傷撫慰效益探究。第三主題是殯葬專業管理與禮儀師制度，學者分別從殯葬的產業經營管理、行政管理、公司管理、專業人才培訓管理、禮儀師管理等方面深入探究殯葬產業中各個面向的管理議題，是非常實務面的專業知識與運用。第四主題是殯葬教育課程活動的研究與規劃，有殯葬生死觀、死亡體驗活動創新課程規劃、儒家與佛家生死觀與宗教關懷、悲傷輔導等議題進行分析與研究。研究者重新詮釋與賦予中華殯葬文化新時代意義；對死亡體驗課程提出新方向，給予最傳統的殯葬禮儀服務現代意義。

　　各篇論文從不同的領域與視角切入，提供了殯葬教育與學術界新

的啟發與思考，更融入新時代變革與創新元素，賦予殯葬新詮釋與新建構。藉此跨領域與開放場域的討論，激發更多的火花與關注，也期望經由各位專家學者的經驗分享、專題研究，重新詮釋、再建構，抑或提出前瞻性的引導，能夠提供現在或未來的國家禮儀師們自我提升與精進方向指引，也讓一般大眾讀者們能夠對台灣殯葬或殯葬教育有較為全面與宏觀的認識。

王慧芩 謹識

目　錄

序　i

1. 現代殯葬教育與現代殯葬行業——王夫子關於早期殯葬
辦學的回顧／王夫子　1

　　一、殯葬辦學時的行業背景　2

　　二、從事現代殯葬教育的經過　4

　　三、創辦現代殯葬教育之社會意義　8

　　四、結語　10

2. 民族殯葬的本體傳承、教育意義與話語權力——兼談
南洋華人殯葬維續傳統的實踐經驗／王琛發　11

　　一、華人殯葬：傳統實踐建構起本體認知　12

　　二、南洋華人：本土演變延續了文化傳承　16

　　三、維護傳統：禮儀教化保證著話語主權　19

3. 殯葬產業經營管理研究方法論：近二十年回溯性研究／
王士峰　25

一、前言　26
二、殯葬產業價值鏈架構的建立（2001年）　27
三、殯葬產業經營管理關鍵成功因素法（2008年）　30
四、殯葬產業策略矩陣（2012年）　35
五、殯葬產業管理發展架構（2016年）　39
六、殯葬經營管理個案研究法（2017年）　41

4. 殯葬教育面面觀／鈕則誠　49

一、親見知識　50
二、高等教育　50
三、入行資格　51
四、專業訓練　52
五、生命智慧　53

5. 「殯葬管理與生命教育研究」課程之相關教材研發與出
版概述／黃有志　7

一、前言　56
二、《如何向今生說再見：預約人生的落幕》　57
三、《如何向人生邀幸福：擁抱幸福人生的方法》　58
四、《如何向婚姻尋美滿：婚姻中的「柴米哲學」》　60
五、《綠野仙終：生命教育與環保自然葬》　62

目　錄

六、《生命慶典嘉年華：生命教育與傳統節日》　64

七、《寵愛一生：生命教育與寵物關懷》　67

八、《活出環境好風水：生命教育與環境關懷》　69

九、《生命教育輔助教材：美麗的告別與再見了小桃》　71

十、《生命的暗夜與曙光》（生命教育的教學用DVD）　72

十一、結語　73

6. 我和殯葬教育的偶然與必然／尉遲淦　75

一、前言　76

二、偶然的機運　77

三、機運的發展　80

四、堅持之下的必然　85

五、結語　88

7. 台灣地區殯葬設施建築空間設計／馮月忠　93

一、前言　94

二、台灣地區喪葬活動空間　94

三、國內外殯葬設施建築空間　99

四、台灣地區現行殯葬設施問題及建議　116

五、結語　123

8. 從殯葬行政管理角度規劃殯葬教育學科／譚維信　125

一、殯葬教育概述　126
二、殯葬教育學科設計分析　126
三、殯葬教育的歷程　127
四、殯葬教育實施的對象　128
五、殯葬行政管理學科教育　129
六、殯葬政策與法規學科　130
七、殯葬設施學科　131
八、殯葬服務業評鑑學科　140
九、結語　145

9. 殯葬教育科系生關經營十年路／邱達能　147

一、前言　148
二、從籌備到設立　151
三、從設立到初步發展　152
四、從初步發展到領導品牌地位的奠定　156
五、結語　159

10. 殯葬專業教育中的生死觀課程／李慧仁　161

一、前言　162
二、孔子的殯葬生死觀與影響　163
三、台灣殯葬專業教育的發展與困境　167
四、尉遲淦的殯葬生死觀與影響　170
五、殯葬生死觀授課方法建議　174
六、結語　179

11. 殯葬教育理論與創新課程規劃——死亡體驗虛擬教學
設計／林龍溢　183

一、前言　184

二、不同模式的死亡體驗　188

三、死亡體驗虛擬教學設計　195

四、預期成效與結語　200

12. 生命關懷些許事／陳旭昌　203

一、長路　204

二、改革的年代　208

三、變動　212

四、殯葬怎麼了？　216

五、驚異奇航　220

六、五花八門的業務　224

七、從人與環境的關係開始　227

八、轉換視角　230

九、另一種人生選擇　233

十、人間彩虹　237

13. 從業界的人員培訓看殯葬教育／英俊宏　239

一、業界的殯葬教育　240

二、業界統整之禮儀服務動作規範　244

三、禮儀師的養成　253

四、學校的生命關懷事業教育　256

五、結語　258

14. 殯葬教育心思維／李明田　263

一、前言　264

二、殯葬產業與教育　264

三、殯葬教育四要素　265

四、結語　268

15. 公司治理下的禮儀師專業認同——以某公司為例／曹聖宏　269

一、前言　270

二、公司治理的發展與禮儀師專業認同的共識　271

三、研究方法　275

四、個案公司禮儀師專業認同的展演　276

五、結語　282

16. 略論道教拔度儀式中「道士戲」的儒家思想／張譽薰　287

一、前言　288

二、道士戲故事情節　290

三、道士戲中的儒家孝道、三綱五常觀　296

四、結語　305

17. 從蔡元培〈美育實施的方法〉談現代殯葬改革／涂進財
　309

　　一、前言　310

　　二、儒家尊禮崇孝喪葬思想　311

　　三、墨家節葬短喪思想　313

　　四、秦漢厚葬之風　314

　　五、蔡元培〈美育實施的方法〉對當代喪葬之啟發與實踐　317

　　六、結語　320

18. 遺體處理人性關懷之探討／黃勇融　323

　　一、前言　324

　　二、遺體處理範疇與定義　324

　　三、人性關懷與遺體照顧　327

　　四、遺體處理人性關懷探討　328

　　五、結論　332

19. 台灣禮儀師文化與定位／詹鎵齊　335

　　一、前言　336

　　二、文獻回顧　338

　　三、生命倫理與文化　340

　　四、禮儀師的定位　346

　　五、結語　349

20.解脫生死——以慧遠的「形盡神不滅論」及其淨土思想與修持爲核心／徐廷華 355

一、前言 356

二、形盡神不滅論對淨宗念佛的意義 356

三、慧遠淨土信仰的基礎在其深信因果報應及神不滅論 364

四、慧遠與善導之淨土思想 365

五、結語 370

21.星雲大師與一行禪師佛教教育思想之探究／阮氏秋霜（釋慧如） 373

一、前言 374

二、當代佛教教育思想之淵源與需要 374

三、星雲大師佛教教育思想的理念與實踐 379

四、一行禪師的佛教教育思想之理念與實踐 388

五、大師與禪師佛教教育思想之分析 398

六、結語 410

22.試論孟子生死觀對苗栗縣原住民生命之啓發／蔣意雄 415

一、前言 416

二、孟子生死觀 417

三、苗栗縣原住民對生死之態度與現況 420

四、解決方式 434

五、結語 438

現代殯葬教育與現代殯葬行業——
王夫子關於早期殯葬辦學的回顧

王夫子

中國長沙民政職業技術學院殯儀學院榮譽院長

長沙民政職業技術學院殯儀學院（前殯儀系）是1995年9月開辦的全日制殯葬教育，迄今歷二十四年，畢業有六千名殯葬學子。現在，大陸絕大多數的市、縣的殯葬服務機構都有他們的身影。學制是：高考招生，每年招收約二百七十至二百八十人，三年學制，在校學生八百名多一點。

　　我是2012年7月辦理退休，被學校返聘留用。做一些殯葬、民俗及傳統禮制方面的研究。也是個人愛好。

　　下面，回顧我們早期殯葬辦學的經歷。

一、殯葬辦學時的行業背景

　　殯葬行業是一個社會不可或缺的行業，但在中國1950年代以來，長期處於一種非常尷尬的境地，為中國五千年文明史所罕見，亦為世界各國所罕見。

　　總特徵：殯葬是一項政府行為；設施極其落後；文化程度低；為主流社會所排斥；長期游離於主流社會之外。

　　究其原因，大致在於以下諸點：

1. 行業性質：殯葬是「送死」的行業。死亡是悲劇，與傷痛、傷感、空虛感相聯繫，屬於非良性的人生刺激。這與「戀生」的人生情結相牴牾。

2. 傳統文化的影響：中國傳統文化心理非常忌諱談論、拒絕接觸「死亡」。孔子「不知生，焉知死？不知人，焉知鬼？」對後世影響深遠。

3. 設施落後：1949年建國後，由於各種原因，社會對殯葬認識不高。殯儀館：設施落後。「三個五」：五萬元、五個人、五畝地建一個殯儀館，稱「火葬場」。1980年代初改稱「殯儀館」。很

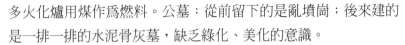

多火化爐用煤作為燃料。公墓：從前留下的是亂墳崗；後來建的是一排一排的水泥骨灰墓，缺乏綠化、美化的意識。

4. 殯葬業者文化程度低：文化素質高的人不願加入殯葬業。這加劇了殯葬行業的落後。1995年前後，很多殯儀館裡還有不識字的文盲。

5. 殯葬機構內近親繁殖嚴重：殯儀館和公墓裡，職工的近親繁殖現象非常普遍，夫妻、子女、舅姑、親家，七大姑八大姨、領導的親屬及關係戶，擠成一窩。誰也奈何不了誰！形成了一個極端封閉的就業圈。一些殯儀館和公墓，連門衛、廚師都是關係戶。

6. 對殯葬職業缺乏認識：殯葬職工普遍對殯葬職業的社會性質缺乏認識，他們將自己的職業等同為「燒屍體」或「處理屍體」，「沒文化照樣幹」。殯葬行業嚴重缺乏陽光心態。

7. 殯葬服務及其服務意識相當缺乏：比如殯葬職工上班基本上無統一著裝；服務態度缺乏；服務設施缺乏；殯儀館連給治喪者坐的地方都沒有，等候骨灰的喪屬們隨地而坐，四處遊蕩；服務專案單調等。收殮、火化、骨灰寄存被戲稱為「老三樣」；三、五分鐘的追悼會，被行業人士戲稱為「一三一」，即一首哀樂，三鞠躬，繞場一周。

8. 缺乏專門的殯葬學校或科系，以及培訓機構、培訓意識、培訓教材：一個龐大的殯葬服務行業，沒有一個培養專業人才的教育機構。

9. 社會上對殯葬行業嚴重誤解：比如1996年、2000年前後，一些城市（包括一些省會城市）人們仍相信火化遺體前要將遺體縱橫切成數塊，這樣才「燒得透」。

10. 殯葬行業缺乏與社會進行溝通的意願，游離於主流社會之外：殯葬行業與社會大體呈相互隔絕狀態，相互不理解。這些加劇了社會與殯葬行業之間的誤會乃至敵視。

11. 殯葬行業被社會邊緣化：殯葬單位及職工隱姓埋名，戲稱「做

地下工作」。20世紀90年代中後期深圳市殯儀館對外曾自稱「市民政局二公司」。殯葬職工找配偶難。湖南省某縣1979年建立殯儀館，在鄉下招工了五男五女青年，領導囑咐他們：你們相互之間去婚配。當時城裡人都不願去火葬場，火葬場職工也別想在社會上找對象！殯葬職工遭人「鄰避」，正月十五前不能隨意去拜年。1980年代初長沙市火葬場周邊的某商場營業員曾拒絕碰殯葬職工的錢。殯葬職工自暴自棄心理非常普遍——「老子是火葬場的！」。

12.殯葬行業屢遭「暴利」之誅：2003年春被網路上列入「十大暴利」行業之一，以後每年清明期間屢遭「暴利」之誅！殯葬行業才開始普遍與社會進行溝通，有了「殯葬開放日」一類的活動。

感慨：一個社會行業處於如此尷尬地位、為社會如此詬病，在世界文明史上及當今世界各國恐怕都是非常罕見的！

二、從事現代殯葬教育的經過

(一)我們從事的是現代殯葬教育

殯葬教育，自有殯葬以來就存在。以前的殯葬教育是父子之間、師徒之間傳承，即個人之間的傳承、不入大雅之堂。我們從事的是「現代殯葬教育」，就是將殯葬教育搬到大學殿堂，集中教學與實習，經過比較系統的殯葬理論、殯葬服務技能的學習，然後進入行業。這是現代社會的城市化、集約化所產生的教育體系所決定的。

同時，在農村或城市的很多地方，傳統的父子相傳、師徒相傳的殯葬教育方式仍然大量的存在。

(二)創辦現代殯葬教育之始

1993年3、4月間，我們撰寫了《在中國的院校開設殯葬教育的論證報告》。

1995年秋季，第一屆殯儀學生進校。

這也是本人進入殯葬行業之始。當時，我走訪了省內外幾十家殯儀館、公墓，才發現社會中原來還存在著一個如此落後且很少為人所知的一個行業。

(三)壓力與迷惘

草創現代殯葬教育之初：

1. 缺乏師資。
2. 沒有現成的教材。
3. 學生能否真幹殯葬。那時是辦的中專，進來的是中學畢業生，有的還不到十五歲。當時擔心：這些稚氣未脫的娃娃們能幹殯葬嗎？不會被冷冰冰的屍體嚇著嗎？
4. 殯葬行業將來會接納他們嗎？
5. 其他專業的學生排斥、嘲笑殯儀學生。第一屆學生在校內受到了相當大的壓力。為了抵禦沉悶氣氛，我向學校申請，成立了一支軍樂隊（二十多人）、一支腰鼓隊（一百人）。吹軍號、打腰鼓，震天動氣，為的是驅散不良氣氛，強化心理自信。
6. 有人說風涼話。他們說：這個「死人專業」搞不了兩年就會垮台。

我們的殯葬教育在初期一度籠罩著沉悶的氣氛。我當時也不知道這個專業到底能撐多久。但心裡憋著一股勁：我絕不能讓殯儀專業垮台！後來回想起來，確實有點「拚命幹」的味道！比如，撰寫《殯葬文化

學》就用了整整三年時間（正式出版時，第一屆殯儀學生正好畢業），撰寫《殯葬服務學》又用了三年的時間，它們都是殯儀學生的專業教材。

(四)教學定位

我們的定位從一開始就非常明確：殯葬職業教育是培養殯葬行業有文化的操作型人才。學生首先要立足於「能做」，具有職業技能；然後才談得上「殯葬文化」、「策劃」等「提升」方面的能力。這裡是兩個層面：一是就業技能；二是理念提升。

第一屆學生進校時，請長沙市殯儀館的兩位師傅上操作課。同時培養自己的師資。

自己動手編講義，建立教材體系；並不斷地篩選課程，建立課程體系。比如：我曾看到五星級酒店的女服務員訓練送啤酒的場面，她們統一著裝，左手托著一隻盤，上面放一瓶啤酒、兩個啤酒杯，右手放在身後，如何走、如何放等。我覺得，殯儀學生也應該演練職業儀容儀表，於是就開設儀容儀表方面的課程。有一次我覺得殯儀學生應該能看懂財務帳表，也曾開設過財會課。當時有人說「王夫子隨時就從口袋裡掏出一個課程來！」我也自嘲：「我是亂搞亂發財」。這是一句湖南土話，意思是並無固定章法，走一步看一步，類似於「摸著石頭過河」。後來，課程體系就慢慢建立起來了，並逐漸趨於合理。

(五)終於被行業接納

1997年秋，第一屆帶學生到殯儀館去實習，做給人家看。我們學生的不俗表現終於感動了殯葬行業的領導和職工，就業之門開始被打開。學生就業是職業教育的生命線！那時絕大多數殯儀館、公墓招收職工，考慮的是自己的子弟、親屬，以及領導的關係戶。

第一、二、三屆學生相繼於1998、1999、2000年畢業。這裡要特

別感謝廣東殯葬界，他們率先大量地接收殯儀學生就業，並由此推動了全國各省市殯葬界對殯儀學生的接納。否則，殯葬教育的未來眞的還是生死未卜。迄今大約有五百至六百名殯葬學子在廣東殯葬行業服務。由此，我們的殯葬教育開始走出低谷，逐步走向正軌。前三年，我們做得比較辛苦。

　　大約到2005年，即殯葬辦學十年以後，我們才算翻過了山坳，登上了坦途。最明顯的標誌是：殯儀學生就業推薦的方式發生了根本的改變。此前，我們總是在這個行業賣力地「推銷」學生，每年春季召開一次學生就業招聘會（當時稱爲「殯儀人才招聘會」），幫助學生就業。有一年寄出的邀請函竟達六百份，打了無數的電話，邀請行業領導來參加招聘會（那時候沒有QQ、微信等聯絡通訊手段）；此後，就是行業聞訊前來參加畢業生招聘會，面見並挑選學生。我們終於沒有那麼緊張和神經分分了。

　　二十餘年來，我們基本上沒有走彎路。而且，隨著經驗的積累，我們做得越來越好。

(六)教材建設與研究成果

　　王夫子（1998）。《殯葬文化學》。中國社會出版社。
　　王夫子（2002）。《殯葬服務學》。中國社會出版社。
　　王夫子、羅豔珠（2008）。《殯葬心理學》。湖南人民出版社。
　　王夫子、郭燦輝（2012）。《殯葬禮儀實務》。湖南人民出版社。
　　王夫子、郭燦輝（2015）。《殯葬哲學與人生》。湖南人民出版社。
　　盧軍（2005）。《火化機的原理與操作》。湖南人民出版社。
　　王夫子、郭燦輝。《中國殯葬大典》。出版中，四百餘萬字。
　　還有大量的專業教師編寫的殯葬服務實操講義。
　　王夫子個人獲得的榮譽稱號有：

1998年獲「湖南省職業教育優秀科研成果一等獎」。

1999年獲「全國優秀職業教育教學成果一等獎」。

2006年獲「湖南省普通高等學校教學名師」。

2007年獲中華職業教育社全國首屆「黃炎培傑出教師獎」。

三、創辦現代殯葬教育之社會意義

應該說，社會意義很多，這裡只歸納幾點：

(一)成功地推廣了一個社會理念

殯葬行業是需要辦學的、殯葬業者是需要進行職業培訓的。現在，殯葬行業的全日制殯葬教育、殯葬機構的崗位培訓已經成為了一個時尚，一個行業共識。這在二、三十多年前是難以想像的。就是說，殯葬教育的成功對殯葬行業產生了很好的促進作用。

(二)開創了職業教育的一個新領域

殯葬歷來遭人鄙視，現在殯葬教育被帶入了大學教育的殿堂，並成為了一個學科，這也是前所未有的事情。

(三)提升了殯葬行業的自信

殯葬業歷來是邊緣行業，被社會所鄙視。舊時戲稱為「哄鬼」。現在，殯葬行業有了自己的「學校」和「學生」，這極大地提升了從業人員的自信心。1997年秋，第一屆殯儀學生去殯儀館實習時，殯葬單位聽說殯葬居然還有「大學生」，興奮得了不得！覺得是給他們長了面子！他們一些人從家裡帶好吃的東西給學生們吃；實習結束離館回校時，一些師傅與學生抱在一起，戀戀不捨，甚至放聲痛哭。

(四)改變了殯葬行業的社會觀瞻

每年實習，我們給學生製作了實習牌，掛在胸前，上面寫著「長沙民政學校、殯儀專業實習生」。不少家屬辦喪時，對著學生的實習牌，反復看，自言自語：「咦！還有這個專業呢！」、「你們在學校裡學什麼東西呢？」

那時，我們在賓館裡召開「殯葬服務與殯葬文化研討會」，門口擺了會務提示牌。進出的一些客人盯著看，並說：「咦！還有這樣的研討會呀！」會議做演講時，賓館裡的服務員也站在後面聽，並說「很受啟發」。

可以說，中國現代的殯葬行業登上大雅之堂、逐漸為社會所認同，就是從這一類無形的小事開始的。無意中，我們做了一個「起步」的工作。二十多年前，社會上視殯葬行業簡直就是瘟神一般，惟恐避之不及。即便是現在，回避、歧視殯葬的氣氛仍然不同程度的存在，只是比那時改善了很多。2000年前後，我在深圳時，那裡的計程車司機一般是不去殯儀館的！我只能坐到附近的地方（沙灣），然後走過去。在中國，凡是有二十年以上經歷的殯葬業者，都可以隨便說出一大堆辛酸的往事來。

現在，大學生從事殯葬已經成為司空見慣的事情。

(五)為行業輸送新型的從業人員

迄今，培養了近六千餘名畢業生。各省市自治區的殯葬單位，大都有他們的身影。

將殯葬行業的二十餘年連貫起來看，我們就發覺：社會真的是進步了！

四、結語

回想起來，我們要感謝的太多。

首先，要感謝支持過我們殯葬辦學的各級行業領導、業者，尤其要感謝廣東殯葬界。

其次，要感謝一起走過來的專業老師。那時，我們的專業老師都是非常敬業的，比如帶學生在殯儀館實習，吃住都在那裡，一做就是一個多月不回家，真有「視學生如子弟」的情懷。推薦學生就業時也是不遺餘力。

第三，要感謝歷屆的殯儀學生。他們在行業的不俗表現，為我們的殯葬教育贏得了名聲，也為王夫子贏得了名聲。

後來，常有人問我：你當時為什麼有「遠見」要開辦殯葬教育？我總是說：「我是一個懵懂撞到這個行業來的！」這是大實話。當時並沒有想到開辦現代殯葬教育所能起到的深遠作用，應該說我們得益於整個社會對殯葬認識的提升，就是說我們當時正好站在整個社會對殯葬認識的「覺醒點」的門口了。否則，某個部門的獨進是難以有所作為的。古人云：「雖曰有力，不如乘勢。」就是這個意思。

2.

民族殯葬的本體傳承、教育意義與話語權力
——兼談南洋華人殯葬維續傳統的實踐經驗

王琛發

馬來西亞東西方生死文化研究所所長

人類本應尊重個體的生存意義和死後尊嚴。而死亡必須很慎重處理，又是因為死者帶不走死亡，他或她留給他人的，還是他人有待他人回顧與總結。殯、葬、祭三者層層相接又共同分擔的任務，即是以具體禮儀彰顯死者生榮死哀，從總結死者個人歷史去照顧死者家庭、親朋、社區及後輩的心情與未來的記憶。哪怕死者主要只是在家庭貢獻。由此，從維護每個逝世者的尊嚴出發，正是為了完成維護了全人類該有的尊嚴。

一、華人殯葬：傳統實踐建構起本體認知

　　從中西文字源流去瞭解，中文「殯葬」與英文「Funeral」本就是互有出入的概念，詞義無從完整對應。根據西方業者原有的理解角度，專業的Funeral Director專業在售賣各種產品和設施，只負責提供設施和協助處理遺體，幾天就做好一切業務操作，死者家屬的定位就是「客戶」（customer）。至於相關死者親友的生心理、精神乃至靈性等等問題，皆非其業務承諾範圍，屬於宗教師負責。可是，在華人殯葬業者，傳統以來是把死者家屬稱為「主家」，其最大重任也不在處理死者遺體。若按照《禮記‧三年問》提到的「三年之喪，二十五月而畢」，古代朝廷主管殯葬的政府單位，乃至負責處理的殯葬業者，從管理到實質業務操作，理想上要做到關心「主家」能否圓滿落實「殯、葬、祭」，滿足《論語》提出的「慎終追遠，民德歸厚」。

　　按中華殯葬業的傳統，從地方官府到殯葬業者，主事者會稱呼死者家屬為「主家」，至今南洋各處公塚依舊沿用相同字眼，亦即表達著雙邊關係的定位：殯葬各方面相關事務的各類主事者，實應以同情、同理心，把自己置身在家屬親友面對生死大事挫折的情境當中，陪伴協助主家度過「三年之喪」的過程；直到「二十五月」，那時要行《周禮》所謂「大祥」之禮，白事轉為紅事，當初悲痛轉化為對死者的懷念、感恩

之情,從此以晨昏上香、春秋祭祖的大禮,一代接一代延續,激勵著未來者不會辜負先前人。

由此可見,中華民族自古將主持殯葬者稱為「儒門」、「禮生」,詞義當中包含了人文涵義與社會敬意,比起英語Funeral Director從操作形態自定義的Professionalism,有著從內容到意境的差距。由此亦說明,孔子在《論語‧鄉黨》提出「於我殯」,其氣魄絕不可能僅僅立足在夫子對技術或操作層面的認知,而在於處理殯葬的過程能否細緻的發揮人文與教化的意旨。其原因就在於華人殯葬就是華人殯葬,華人殯葬業也是自己的民族殯葬業,其行業的內涵本是源於祖輩的文化觀念。而中華殯葬的重大特徵,就在先人以殯葬禮儀為實踐,成全了「魂兮歸來」與「慎終追遠」兩大觀念的實現。這樣就賦予民族殯葬維續家族／民族傳承的人文與社會教化意義,並且經由歷史證明這是先民歷代流傳的可操作傳統。

世界各種宗教提出的生死觀,往往需要相當系統而且具體的說明人死後「生命」如何繼續演變,描述來生變化或永恆境界。宗教既然重視死者死後「生命」的「存在」與延續,把塵世視為暫時或甚至虛幻,就不會太過重視死者在死後如何延續其原來家庭關係或社會關係。而華人殯葬禮儀最不同於宗教殯葬禮儀,就是不像後者把重心放在有無來世或死後世界,而是秉持著《論語‧先進》所說的「未能事人,焉能事鬼」和「未知生,焉知死」,把觀念與情操建立在《論語‧八佾》所謂「祭如在」,事死如事生。如此,禮儀之重要,即在由禮儀過程重現與延續死者的生命意義,昇華大眾對死者精神的記憶,讓死者的精神得以回歸家庭／家族／社群生活,成為祖先或者先賢,永遠啟示與鼓舞後人的生活方向。由此出發,「魂兮歸來」與「慎終追遠」的禮儀,一方面是要處理家族親友現實中因著死者死亡引發的失落與別離之情緒,另一方面則反回到祭祀者內心圓成其自省自證——吾心不論先人鬼神是否存在於外,總能延續心中對已故先亡之敬愛,不會為了時空變化去改變;由此誠心,我亦能將心中的故人投射到現有空間,與過去的先人作現在的對

話，以此啓發我對現在問題的看法，也印證吾心本具的仁義忠孝。如此現場，並非源於畏懼或獻媚鬼神，而是發心於肯定自我之善，確定在感染教化旁人的自信；其氛圍亦足以潛移默化少年兒童，讓少兒體會父輩能如此對待先人，他們對生者更應珍惜。

希冀先人「魂兮歸來」、希冀列祖列宗與我同在，也表達在古代家族或宗族的選墳與立祠習慣。古人總要在村落附近選擇最好的山水之地去埋葬最親的人，如此即是盼望青山靈氣與先之靈相互結合，青山就成了靈山，亦是族譜記載大眾立約保護「祖墳」或「公塚」之所在。由此，所謂保護青山「風水」與「神聖」，客觀上何嘗不是保護著山林、水源，乃至鄰近各處地理的生態鏈？

然而，也正因爲墳地總有距離、日常要保護山林，各家各戶要求先人「魂兮歸來」與子孫同在，就得依靠家中設立神龕，或者村子設立祠堂，以供奉先人神主。這在過去每一代的少年兒童，是他們的生活習慣。人們從小跟著長輩逢年過節上山掃墓，日常就到祖墳、公塚或祠堂公產舉辦的村塾上學。他們小時生活就是在列祖列宗牌位前讀書玩耍，等到科舉有成，也會給祠堂送去刻著「祖德長沾」、「毋忘祖德」等字眼的匾額。直到他們百年歸老，輪到他們自己的牌位也進了祠堂，或者被後人出海開枝散葉奉爲始祖，在當地另奉牌位；於是，遠在馬來西亞、印尼、新加坡、緬甸，明清以來各地祠堂辦學，還是聽到後人虔誠呼喚「列祖列宗同在」，保佑我子孫繁衍，丕冒海隅。這一代接一代被後人慎終追遠，便是家國情懷，便是文化傳承。

總之，華人傳統殯葬禮儀的宗旨，就建立在確定家庭是最基礎也最具體的歷史文化載體，又信任人心追求現世家庭完整，因此就得透過禮儀活動確保親友心中能夠感受到死者作爲家族傳承歷史文化的具體人物，最終還是能以精神「回歸」家庭。透過禮儀（行爲）讓人心專注在崇敬與感通祖先／先賢／英靈，既是讓生者體證《中庸》所謂「事死如事生，事亡如事存，孝之至也」；以生者態度上不曾也不願和死者心靈斷絕，表達著超越生死而情懷不變，又是因此使得生者爲了對祖先盡責

而盡忠盡孝，這就等於後人在家族生活與歷史傳承當中把死者「活了出來」。此即《詩經·大雅·文王》所云：「無念爾祖，聿修厥德。永言配命，自求多福」，由家族／宗族／國族歷史承載的具體文化傳承就可以在當代生活回顧與實現。

　　簡言之，生離死別，可以造成一個人本身內心世界的質疑乃至崩潰，也可能引導個人在面臨人生轉折過程發生深刻的重新體驗。人死固然不能復生，但死者在後人心目中是「音容宛在」。常有論者提及，喪葬禮儀具有心靈輔導也有社會規範功能，這就說明著殯葬業不是建立在「死者已矣」，而是為了「慎終追遠」。殯葬作為社會教化事業，具有可持續、可再生產、可以傳承的良性循環特徵，有利圓滿生者對生命、家庭、社會、文化傳統的認知。華人殯葬文化處理遺體的過程，需要圓滿殮、殯、葬、祭四個環節的系列禮儀，目標不外是在由殮到殯的過程確保主家成員「節哀順變」，由出殯到下葬之後不斷加深死者「音容宛在」的印象，再轉向祭祀的「慎終追遠」。因著整體過程是持續引導著人心的感情昇華，「慎終追遠」便有個真實的著落。

　　因此，殯、葬、祭，說是處理死者之生死大事，實則牽涉到死者親友與整體社會如何看待生命、家庭、傳宗接代等等課題。殯葬禮儀的形式與詮釋，牽涉由死者家屬到社會人士的觀念與態度，也牽扯到「社會─文化─心理」三個互動領域的當前動向與未來面貌。有殮才可殯，因著殯才能葬，葬後才有祭祀；又因家人不可能天天上墓，而死者必須繼續與家人團圓，才有放置家中或村社祠堂的神主。由「小殮」到「圓墳立碑」，各個環節過程都有相應的禮儀細節，按照秩序互相環環相扣也互為影響，任何一個環節留下的遺憾，就會影響後邊的環節。殯、葬、祭三個階段，各自重點在「節哀順變」、「音容宛在」、「慎終追遠」，目標便是以死者曾經生榮死哀，建構死者生前美好印象，確保其精神超脫肉體短暫生命，回歸與融入後人家庭生活，成為日夜看顧後人的「歷代祖先」。以祭祀神主延續家族習俗，最終便成就子孫認識本身歷史文化淵源，並且具體實踐喚出自己心中本有「仁」、「義」、

「誠」、「孝」等價值的感受。

最後，我們要追求傳統華人殯葬的可持續發展，還得要求當代的殯葬業者有自知之明，主動意識到中華傳統殯葬行業形成於自身民族傳統，不同於西方殯葬業附屬於教會墓園需要純粹人力與技術配合，屬於那種由「體力活」到「技術活」。傳統中華殯葬業淵源於也承載著祖輩以來的文化觀念，其定義應是「擁有社會教化功能的文化產業，中華文化思維與禮儀觀念的載體，擁有社會教化的效應，也被賦予促進社會道德良性循環的功能」。因此，它作為維續社會正向需要的一種業務，其維持傳統內涵以至發揮功能，都必須擁有可持續、可以再生產、可以傳承下去的特徵。

我們首先認識什麼是華人殯葬，進一步還要提倡華人世界本體的殯葬研究與殯葬教育，這或許會有幫助牽連相關業務的人物，讓大家有能力自省，不要無知者無畏。當前，推動大眾重視傳播華人殯葬的傳統宗旨、內容與定位，讓民眾有足夠認識能力去監督和探討政策與實務操作，也有利阻止無恥者無畏。

二、南洋華人：本土演變延續了文化傳承

17世紀以來的南海華人社會，主要是由華南各地不願臣服清朝的南明遺民，結合原來散處各地的華人聚落，組成跨海社會經濟互動網絡。以後兩個世紀，又絡繹迎來清朝不同時期的南下群體。由於當地華人殯葬牽涉南明義軍歷史，各地華人武裝開拓區往往要帶著家眷行軍，有時部隊還要護送全村隨時開拔或轉移根據地，又得預防部隊作戰難以兼顧先人或袍澤兄弟遺體，因此南洋華人殯葬自有特色。簡言之，本區域華人殯葬傳統，既是豐富繼承華南各地殯葬文化，表達了在地可以重構中華，又是彰顯著《左傳·隱公十一年》的教導：「度德而處之，量力而行之，相時而動，無累後人，可謂知禮矣」。

　　南洋華人繼承華南各地原鄉殯葬傳統，至今可見《周禮》、《儀禮》等影響，其禮儀流程正如《儀禮》所敘，是從「初終」做起，一路按步驟走完「三複」、「訃告親友」、「設屍床」、「沐浴」、「小殮」、「襲奠」、「飯含」、「治棺」、「立喪主」、「大殮」等細節……一直到滿二十五月而行「大祥」之禮。可是，當地也不可能仿效華南故地和平時期，不可能從收殮到下葬都為了擇日吉凶而相隔長時間。不論新馬和印尼，其華人殯葬都是根據死者逝世日子，盡可能一天內完成「初終」到「小殮」再到「大殮」所有細節，然後等待各地親友有足夠時間前來參與守靈，給予家屬延續死者生前關係和支持度過未來承諾；再到了第三天、第五天，或最遲第七天，就得為死者封棺大吉，舉行奠禮，蓋棺定論，再出殯到墳地直接安葬。而且，此處也不似華南某些地區流行以第一次葬為二次葬準備。相反的，當地「做百日」風俗認為百日內修墳立碑百無禁忌，死者從此永久入土為安。

　　在集體開拓異地的歷史過程，死者家屬親友願意盡快三、五或七天內完成「殮、殯、葬」，包括形成百日內豎立墓碑的規範，其原因不見得僅是考慮當地氣候炎熱多雨，確保死者盡快入土為安。若按照《禮記・王制》：「修其教，不易其俗；齊其政，不易其宜」，南洋華人殯葬會受著歷史環境影響，強調盡禮又演變成盡快短時間完事，反而足以證明當地人為了維繫傳統的精神。他們把重心放在《論語・為政》所謂「生，事之以禮；死，葬之以禮，祭之以禮」，以及《禮記・祭統》教導的「夫祭，教之本也；外則教之以尊其君，內則教之以孝其親」。顯然，殯葬禮儀要盡可能不變該盡之禮，要顧全而不減少，就得以「百日」之俗代替擇日信仰；客觀上卻有利盡快轉進「夫祭，教之本也」，完成大眾希冀先人盡早魂兮歸來與慎終追遠。當一片山頭埋葬了眾多先人，他們的墓碑也在一起訴說開拓共同體的「祖先在茲」；大量不同年代的碑記，反映著華人長期墾殖開荒的歷史主權。

　　而當地尊崇古代殯葬傳統，重視「壽終正寢」為理想，也表達在人們重視「家」的觀念，以儀式「否認」死者在外死亡。若死者在外身

亡，死者在當地的新家庭，或至少是死者歃血盟弟兄，接領遺體後，是一路上不談死亡，途中還一再向死者請安問候，以模擬死者是活著回到當地住家，或最低程度也要把沒有家庭的死者帶回其生產集體聚居的「公司屋」。那一刻，門口也要張燈結綵，以示這是歡慶活人歸家，跨越屍體不能進入家宅的民俗禁忌。要待到屍體進入住家廳堂，至親者模擬餵其飯食飲料，再讓死者躺下，大眾方才拆下燈彩，為死者發喪，由「初終」禮儀做起，一路照顧細節。如此儀式，許多喪親家庭至今沿用，依舊是把生死大事結合在關懷「家」的完整。

另方面，《禮記·檀弓下》所言「銘，明旌也」，唐宋以來原本是以紅布書寫死者身分，用杆挑起，放在靈柩邊上，下葬時再墊在棺材上一起埋葬。到了此地，卻演變成女婿和孫女婿都要各自贈送「銘旌」，出殯時請人高舉著這系列「銘旌」走在隊伍最前邊，女婿或孫女婿就跟在後頭。這不只是尊重岳家，也是村與村、家族與家族在展現姻親之盟的實力，關鍵時刻對外表態。

當然，新土壤不可能複製一切舊時事物。當地華人殯葬還是要相應著具體地方環境與時代背景，演變出足以保護原有理念的一些細節。例如奠祭食品，當地人接受著熱帶氣候，想要貫徹最好供品獻給最敬愛先亡，最方便是以南洋香蕉、鳳梨常會代替華南柑橘。還有是二戰後，「八音鋪」舊人星散，再遇到各學校西式軍銅樂隊外出兼職，那時起喇叭便代替了嗩吶，改變音樂送殯傳統。但是，這些「禮俗」變化無損原有禮俗存在理由，也是為了延續原來道理，因時制宜或因地制宜，畢竟還是為了攝禮歸義、攝義歸仁。

最能說明南洋華人殯葬重視教化功能，還在於死者出殯到葬地之前，總要舉行「奠禮」。南洋奠禮重視「蓋棺定論」，講究殯葬過程要能體現死者「哀榮」；事實上，傳統殯葬要求家屬親友「節哀順變」，之所以能「節」，關鍵也在死者「生榮死哀」。死者殯葬期間，如果其五倫關係涵蓋一切人眾都是處在「哀」與「榮」交織的情感，而這些哀悼者也都瞭解自身理應「哀」與「榮」的程度與方向，他們就更可能真

正感受與實現本身對待死者應有的「盡心」，印證本身人性本善。而死者之所以「極備哀榮」，具體來源可以來自在場親朋戚友記憶，或者死者參與過各種組織；這些訊息可以是輓聯、訃告等正式的弔唁文字，或以非正式討論告知死者親友，又或者最正式是形成奠文，蓋棺定論。還有，就是家屬親友出版的「榮哀錄」。尤其在出殯前夕，奠祀過程蓋棺定論，對死者生前行誼有所結論，又是留下激勵給聽聞的子女後人。如此有助豐富死者神主「魂兮歸來」與子孫同在的意義：當死者的人生行誼轉變為家族祖先神話，其所成就的倫理典範，也正如傳統神主牌位的上端常刻有「壽」字圖案，象徵著「仁者壽」。

三、維護傳統：禮儀教化保證著話語主權

瞭解先輩重視殯、葬、祭，具備傳遞道德價值的使命，認識到中華殯葬涉及民族傳統的生命教育、家庭教育、社會教育觀念，就不難想像為何歷朝總是由「禮部」處理殯葬與祭祀，而非「戶部」管理。原因就在華人殯葬本有宗旨，是為著以禮教文，以文化人，教化人心。中華過去常稱「禮儀之邦」，其傳統之可以實踐，也在「禮儀」原是體現著人與人之間定位與互動，人們反復演練禮儀活動，亦即長期受其內涵潛移默化，久之便能培養出對待各種人事的態度，並逐漸由感性到理性認識其之所以然。此即儒家所謂由「攝禮歸義」而「攝義歸仁」在殯葬過程的實現。華人殯葬業者之存在意義，本也在此。他們本該在主家面臨生離死別的關鍵時刻，有所承擔，組織合情合理的禮儀活動，讓殯葬發揮教化作用，使得家屬感受死者精神不死，以肉體死亡以後「魂兮歸來」走進大眾生活，成為永恆；並且，藉由禮儀影響人們心思情感，逝者親友家屬乃至社會大眾也在「殮—殯—葬—祭」的整體過程接受傳統思想文化的薰陶。

《論語‧為政》中，樊遲問孝，孔子回答：「生，事之以禮；死，

葬之以禮，祭之以禮」，足以證明孔子重視「禮」的基本意義，也是視為具有教育功能的社會規範，把對待生死大事的主張結合在殯葬和祭典體現的「禮」，就是用「禮」的實踐去表現思想與價值觀；而且，將喪、葬、祭「禮」聯繫起來，也涉及政治穩定和社會和諧的為政之道。如此，喪葬「禮儀」當中之「理」既然涉及孝道，而且生前死後皆不可無「禮」，「禮」即是為著死者尊嚴，也在維護歷代死者尊嚴，並寄託著生者對未來的理想。禮儀一再且反復在肯定與延續每個人和已故死者生前關係，又鞏固與穩定由活人社會各方面各層次的人際關係。殯、葬、祭三者不可缺一，重複的成就每一個人對他人和對社會的經驗；其中每一程式的「禮儀」，不僅僅是死者的事，更是每一個人的人生過程兼社會活動，詮釋著活人對活人、活人對死者、死者對死者的關係，都是倫理秩序與人際真誠不變之情的體現。正如「孝道」不會因人死而消失，而是透過生前之禮、葬禮、祭禮，不論時與地，都能在活人的生活中重現。

秉持殯葬本旨在「教化人心」，聯繫著「沒有人歡喜家中出現殯葬」本屬事實，更應思考殯葬活動最大特徵在「不得已而為」。一旦不得已而為又必須為之，當然更是重視其具體意義。如此，中國殯葬傳統賦予了本身傳遞道德價值、社會教化與社會和諧的內涵，也就構成其衍生出殯葬行業本該有的本質與功能。

甚至，掌握著華人殯葬自古重視由禮儀實現「慎終追遠」，確定殯、葬、祭大宗旨在於社會教化，也應清楚華人殯葬有許多內容是本然相關著「民德歸厚」的表述。以籌辦殯葬以及祭祀的經費來源為例，不論經費是來自家屬或各界帛金，這在社會大眾眼中本是歷史以來的約定俗成，在習俗上被視為一種反映道德精神的義務支出。其存在與運作，客觀上也確實算是種維續社會與人事和諧的無形社會投資。人們願意對死者盡心意，只要是支出合理而且當事人可負擔，其實也可能反映社會大眾對待善念的自我肯定和互相肯定，其本質上作為促進死者親友、社群及至社會和諧的無形資本，是有利穩定、教化、和諧的社會投資。大

眾為此付出金錢，不一定為了有形收回，也不一定求取經濟回報，可是其無形回報著個人、家庭、社會集體的心理情志，平衡著人際關係和諧與發展。

以死者親友切身之痛為出發點，正如上說，殯葬乃至常年祭祀起了調整與平復心情作用。不論殯葬或未來祭祀（紀念），都是活人對死者盡心意。某個人能夠反復自證本身情感不因時空改變，他即是在反復肯定本身善良；其情懷從一而終，便能自信自身和社會的善良而能坦然教導後輩，由此亦支持世代仁孝傳家的信心。如此，人們一再參與殯、葬、祭，即是一再演練家庭、社會、民族傳統的思考模式、文化傳統、信仰背景、社會意識，其效果不只平衡生者失去死者的心靈，也在調動生者繼承死者發奮未來的積極性。

從維續死者原來社會關係的角度，死者去世，代表死者參與的各個社會圈子都因著死者死亡一時失去完整，以死者作為紐帶的各種社會關係也在脫落或失序；因此，生前各種相關社會關係的人物出席死者殯、葬、祭聚會，意味著大家重新鏈接因死者離開而需要調整的社會關係。當出席者懷帶著對死者有所交待的心情，或有助死者個人關係或所屬群體延續彼等與死者親人的關係。

人類本應尊重個體的生存意義和死後尊嚴。而死亡必須很慎重處理，又是因為死者帶不走死亡，他或她留給他人的，還是他人有待他人回顧與總結。殯、葬、祭三者層層相接又共同分擔的任務，即是以具體禮儀彰顯死者生榮死哀，從總結死者個人歷史去照顧死者家庭、親朋、社區及後輩的心情與未來的記憶。哪怕死者主要只是在家庭貢獻。由此，從維護每個逝世者的尊嚴出發，正是為了完成維護全人類該有的尊嚴。

說到底，華人殯葬活動，從內容到形式本來都涉及社會民生，其禮儀的內涵可以安撫失去死者的家庭，也可能保護死者後人安定成長。當地方殯葬禮俗有能力彰顯地方人民感同身受的社會意義，合乎死者遺願，也圓滿家屬和親友心靈舒慰和心理平衡，當地禮俗就是具備人文意

識的社會教化，也就表達其作為地方傳統文化遺產的價值。相反的，如果純粹把殯葬視為一種經濟活動，或者誤解為純屬消費行為，忽略其原來價值在傳統文化，足以維繫社會和諧，也許反而會破壞社會風氣，衝擊掉殯葬文化原可促進社會和諧的目標。

制定政策者尤其應該反思，民眾主動追求社會和諧，有時是透過地方傳統以來的禮俗活動，而文化／價值觀的內容和影響卻很難轉化成數目字管理。若真想協助老百姓，讓群眾可以有更明智和更合理的殯葬選擇，主要矛頭也不應該指向老百姓，老百姓不比資本家強勢。不妨考慮：是要關注以杜撰故事宣揚封建迷信、鋪張浪費的資本？是要杜絕官商勾結和地區壟斷？還是自己也要好好虛心結合學者專家與地方父老學習地方風俗文化？或是干涉本來就有消費權利卻缺乏選擇機會的平民百姓，讓群眾甚至無可選擇？

務實的說，華人殯葬禮儀的傳承也要依靠華人殯葬業者的自覺。可是，業者自我表述的權力，有賴於自我表述的能力。當前最有必要系統理解華人殯葬傳統的人們，牽涉學界與業界。這是民族文化的一個領域，這個領域，還有相關的業者，如果難以在社會上掌握本身行業的詮釋權，無形中也就反映維護華人殯葬傳統，乃至相關行業，尚處在弱勢。可是，從西方借來的觀念，說不出中華民族自己觀念、講不了本來的故事，也幫不上殯葬文化以及相關行業理清傳統，維護傳統殯葬文化的定位。由此而言，喚起大眾關注當前中華殯葬文化，推動研究以及搶救其中蘊藏的文化遺產，刻不容緩。面對其他國家的殯葬文化，還有他們的學者、行業先進，我們不能因著忽視傳統，從而也失去表達民族思想／中華文化的話語權。

實際上，任何人談論相關民族文化的養生送死，想要討論需要如何發展和創新，他本身首先需要有一定的文化底蘊，以及擁有從理論到實踐的相互印證、提升與知識積累，才可能令人信服。當代華人殯葬要如何歷經百餘年國難以後繼承傳統，以回應當代社會變遷，是牽涉民族文化復興的大哉問、大考試，最忌諱一些人隨意打著「殯葬改革」旗號，

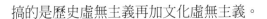

搞的是歷史虛無主義再加文化虛無主義。

補記

仁德醫護管理專科學校生命關懷事業科成立至今，足有十年。過去以來，本人自擔任馬來西亞孝恩文化基金會執行長，由高雄鄧文龍老師推薦，與貴校師生接觸往來；以後，本人擔任理事會主席的馬來西亞道教學院、東西方生死學基金會，也分別與貴校簽署合作協議，不論在台灣在馬來西亞等地，有過不少學術合作。期間，本人承蒙貴校聘任擔任課程委員、兼職教授。再次感謝。

近年馬來西亞各地殯葬設施同業，因本國非穆斯林殯葬向來民間承擔，並非政府所能全力兼顧，而熟悉此歷史與現狀者亦應基於客觀公允，集思廣益與政府形成友好對話，以維護公眾牽涉殯葬事務之權利，於是同業乃有組織公會之舉。本人自從接受同業推選為商會會長，亦努力推動台灣與馬來西亞兩地同業與院校更廣泛範圍的合作。此中一切，源於本人深信，世界華人本是同根生，在不同處境下各自發展，也就會有不同的寶貴經驗，大家除了交流對話，便無從促進共同進步。

尤其說到推動年輕一輩擁有國際視野，並且為未來一代同業之間架設相互交流的準備平台，我們這一代人過去缺乏他們的機會，也是責無旁貸；能做好，能多做，是當下能不負祖先、未來能造福子孫，功不唐捐。

南洋社會華人殯葬業者，身處華人屬於少數人口多元社會，多有歷代傳承，經歷前輩教誨薰陶，對待自己每日服務之生死大事，甚至自身行業的社會定位，自有一番感受。因此，許多當地殯葬同業，對地方華人社會自歷史以來針對業者的傳統要求，還有對待本行業的社會義務與使命感受，都會有思考，尚能保持著相當程度敏感。包括某些國家地區的業者，他們經歷過屢次排華動亂，擁有自身當時冒死也得為同胞收拾殘骸的悲壯記憶。所以，在南洋業者之間，很多人也許沒有機會系統的接受現在

的生命關懷教育，他們心底對本身行業的印象就是結合著父老傳聞與親身體驗的結論，可是這些老業界對人之生死、對行業定位，自有一心中認識的天地。由是之故，在南洋那些南洋華人文化相對上尚能努力保留的地區，頗多業者會重視殯葬與傳統文化的關係，會自覺重視殯葬對維繫民族性格的重要，還會相當注意禮儀程序、傳統定義與功能。

在這樣背景的華人社會，其最初開拓土地的群體，本具有公共社會的性質，也即構成地方、同鄉或宗親的公共組織從來是殯葬設施的提供者，也在使用過程想與社會規範的時刻，扮演維護殯葬文化其中道德禮教與社會規範的勢力。殯葬業的操作者，又處在特定社會歷史文化的氛圍，不論面對我們這些殯葬設施提供單位、面對主家、面對自己同行共同傳統，對殯葬業本身與時俱進，就不見得隨意可以詮釋行業之過去未來，或片面行使任何有利商業利潤的改革；行內的主流趨勢還是一再求取相同答案：如何是有利更好的保存與發展傳統殯葬原來的理念與功能？

南洋華人不改先人遺教，祖輩以來把殯葬活動視為民族意象，此種集體觀念散播在群眾之間，又正好反映彼等所在社會形態，是數百年實踐還在繼續，這亦可以提供其他華人地區參考，如何探尋，如何以演變去保護與堅持傳統的進路，如何從中成全自己？

到今天，華人殯葬文化在不同地區各有演變，也時有聽聞各地殯葬文化實施和改變引發的爭議。而我們對大局的理解是，這催促著所有相關殯葬文化的認識，還有相關議題的討論，必須是建構在客觀的、從民間感受和利益出發的、民族話語的基礎上，而且非得是提升至學術交流的層次，就不足於在更深的層次作理論與實踐模式探討。基於本人認識到台灣的殯葬文化自明鄭以來一直與南洋殯葬文化的形成與演變互有淵源，息息相關；本人認為台灣自明鄭時代直至現在積累的殯葬文化，不論是民間自古到今的實踐經驗，或者學術成果，都不應孤立於華人世界各地殯葬文化的討論與研究。在仁德生關科的十年慶典，我們當然希望未來也如過去，繼續合作推展未來有助互相打開視野的各種交流，這可能還得兼及校友，同業終身學習繼續進步，老百姓才能更安心。

殯葬產業經營管理研究方法論：
近二十年回溯性研究

王士峰

南華大學管理學院前院長

大同技術學院前校長

一、前言

　　殯葬業傳統上，是由在一個社區裡扎根數代的小型家庭式企業所形成的。傳統和傳承，使得殯葬業是一個既封閉又安全的行業。以美國為例，企業整體倒閉比例約為0.82%，而殯葬業的平均倒閉率約為0.13%，為整體企業的15%。傳承和傳統也造成了殯葬業一直未能成功轉型成為一個專業企業的型態。

　　2002年《殯葬管理條例》通過，建立殯葬業許可制及禮儀師證照制度的規範，使得這個傳統的古老行業朝向專業的服務業發展。而進入21世紀的殯葬產業更面臨了經濟、技術及社會等環境變動因素的嚴峻衝擊，機會與威脅並存。這些變動因素列舉如下：

(一)經濟成熟期的變動因素

　　1.產業結構的變化：同業間競爭激烈及潛在加入者多角化經營造成市場逐漸飽和等因素。

　　2.朝高附加價值經濟發展：由於技術創新和銷售服務革命而使經營意義擴大及體驗經濟愈來愈流行，服務轉為難忘體驗的能力，成為核心競爭力等因素。

(二)技術造成產業結構變動因素

　　1.資訊技術造成電子商務的興起。

　　2.資訊技術造成新型服務與產品的興起。

　　3.商流、物流、金流及資訊流的變化。

(三)社會變動造成價值觀改變因素

1.高品質及個性化的個人需求。
2.寵物視為家人趨勢。
3.少子化與高齡化的趨勢。

　　從學術研究的觀點，殯葬的研究屬於科際整合下的實務性專業學科。產業的核心競爭力在整合的能力。殯葬業的整合能力有兩個構面：一為整合管理、資訊與文化創意等能力，這是屬於科際整合能力的議題；二為整合組織中各項資源，發揮綜效（Synergy），達成組織的目標，這是屬於管理能力的議題。

　　如何深化產業的核心競爭力，經營管理架構的建立，是一個關鍵成功因素。本文將作者近二十年來（2000年至2019年）所提出之殯葬產業經營管理方法論（Methodology），進行回溯性探討，包括：

1.殯葬產業價值鏈（2001年）。
2.殯葬產業經營管理關鍵成功因素法（2008年）。
3.殯葬產業策略矩陣（2012年）。
4.殯葬產業管理發展架構（2016年）。
5.殯葬業管理個案研究法（2017年）。

二、殯葬產業價值鏈架構的建立（2001年）

　　亡者之安頓是殯葬業存在之價值所在。對於亡者，從物質與生物的觀點可稱之為遺體。殯葬行業是由殯及葬兩個作業組成，「殯」是指殮及殯，包括對遺體的運送、防腐、整容、化妝、換衣等一系列入殮處置過程及出殯。「葬」就是遺體的最終處置形式，即安葬。因此，傳統殯

葬業都以「殮」、「殯」及「葬」等三者是殯葬產業創造價值的主要活動，說明如下：

(一)殮

即入殮，從死亡後接運遺體，潔淨與掩藏。主要乃在使遺體得以美觀，使生者能壓抑對遺體之懼怕心理，進而能得到慰藉。包括：遺體防腐、整形、整容，防疫及衛生保護等活動。

(二)殯

即出殯，將遺體停柩讓生者憑柩奠拜，而使其心情調適，逐漸接受死者已死亡之事實，並藉告別儀式而達到家屬角色的調整及人際網絡的重整。

(三)葬

即安葬，將遺體火化或土葬，藏於棺槨或骨灰罐中保護之，使親友能夠定期慎終追遠。

以上三項活動一直都是殯葬業活動的焦點。我們認為現代的殯葬業最重要的使命是：「在完成非營利性質的文化與社會功能下，用最有效率的方式創造最大的社會價值。一方面安頓亡者，另一方面使亡者之家屬及親友得到最大的安慰及最大的滿意，而達成亡者靈安、生者心安的生死兩安的目標」。顯然殯葬業僅僅執行殮、殯與葬的活動並無法完成現代化的使命。

因此，作者在2001年利用1985年Michael Porter提出的價值鏈概念，提出殯葬作業只涵蓋殮、殯及葬，無法創造最大的社會價值，必須再加入兩項活動即緣及續，才能形成一個緊密的價值鏈。

(四)緣

即結緣，可以從潛在客戶開始，與生者接觸，預立死亡後之喪葬事宜，並能與醫護單位合作，進行臨終關懷，讓潛在客戶預先進行死亡規劃，確保將來死亡之尊嚴。也必須與供應商密切聯繫，對整體供應鏈體系做好合作之機制，達到社會價值最佳化。因此，廣結善緣，包括對潛在顧客與供應商等都是此活動的重點工作。

(五)續

即後續，一個專業化的企業必須注重售後服務及可持續經營。對亡者之家屬也要常常給以關心及提供必要的後續關懷與服務，此項活動就是顧客關係管理的落實。

以上五項作業就是殯葬業者創造價值的主要活動。因此提出「緣、殮、殯、葬、續」是殯葬業的主要價值創造活動。而除了這五個主要活動之外，也必須執行一些支援活動，否則將削減了價值的創造。這些支援活動可列述如下：

1. 基礎結構：一個企業必須塑造出自己的企業文化、理念、政策及管理方式等，這些因素及企業的軟硬體設施等，成為企業的基礎結構，而企業識別系統就是基礎結構的具體表現。
2. 人力資源管理：殯葬業需要許多專業工作人員，如禮儀師、入殮技術人員、遺體美容師、司儀以及專業管理人員等，這些人力都必須予以訓練與發展。
3. 研究與發展：企業要能永續發展必須不斷地研究與發展。例如材料或作業方式，會因科技的發展而產生改變。再如利用資訊技術提供網路掃墓或深化家屬體驗感受等，都是研究與發展的活動。
4. 物流管理：在執行業務時常常需要一些特殊用品及物料。平常對物料之採購、庫存、保管與運送等，必須考慮到效益及效率這兩

個層面的活動。

我們可以將殯葬產業的價值鏈以**圖3-1**表示。

殯葬產業價值鏈在2001年提出後（王士峰，2001），經過作者在上海、天津、香港及北京（王士峰，2002、2006、2007、2008b）等地學術研討會的發表，已受到華人世界殯葬業的認同。

三、殯葬產業經營管理關鍵成功因素法（2008年）

所謂企業經營的關鍵成功因素（Key Success Factors, KSF），係指影響企業營運成敗的諸多因素中，最為關鍵的少數。作者於2008年主持內政部委託計畫：「我國殯葬禮服務儀業動態研究」（王士峰，2008a），經過與殯葬業者深度訪談及問卷調查等方式，歸納出殯葬產業關鍵成功因素的架構。先從失敗之原因分析，再歸納出殯葬產業關鍵成功因素（王士峰，2008b）。

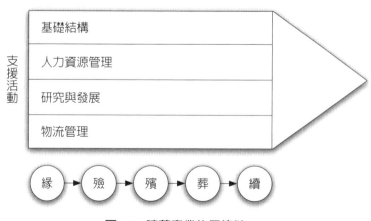

圖3-1　殯葬產業的價值鏈

(一)殯葬業失敗原因

殯葬業處在多變又複雜的環境下，機會與威脅並存，一個殯葬業者可能失去其競爭優勢而導致失敗。殯葬業失敗的原因可歸納如下：

◆慣性

慣性係指一個企業很難改變其策略與結構，以因應改變中的競爭環境。當企業有以下特徵產生時，就是掉入慣性陷阱的現象：

1. 恪遵規定的文化：一切重視控管、照章行事。
2. 溝通管道固定：只透過正常管道，若沒有正式場合進行溝通，則溝通就不太可能發生。
3. 規範嚴密：有些殯葬業太強調標準作業程序（Standard Operating Procedure, SOP），如ISO 9001等。其實SOP乃在追求穩定，避免組織無所適從。但如果是在追求成長（如行銷活動），則必須要注入創新，而非照SOP進行。鉅細靡遺的SOP反而阻礙了變革與創新。

◆死守過去的承諾

過去的承諾可能是創辦人所制定的，公司行之有年，殊不知環境已改變，而先前的承諾已無法適用，反而將公司鎖在一個萎縮的市場中，使公司陷入困境。

典型的承諾就是公司的使命或願景。使命或願景是一種承諾，也是面對挑戰的一種承擔，當挑戰不同時，使命當然有修正的必要。因此，公司必須將過去的經驗模組化，即丟棄不合適的模組，而不是死守全部的經驗。

◆掉入伊卡洛斯弔詭

伊卡洛斯弔詭（Icarus Paradox），是描述希臘神話中一個少年伊卡，

因為犯錯，被囚禁在小島，他的父親為他做了一對翅膀，並用蠟將它黏在伊卡的身上，伊卡藉著翅膀飛離了小島，獲得自由了。但是他愈飛愈高，愈接近太陽，直到太陽將蠟融化了，伊卡於是掉入愛琴海而死。

這個弔詭在說明他的最大的能力，帶給他成功的就是那對翅膀，而導致他死亡的也是這對翅膀。許多殯葬公司以他們早期的成功而自傲，深信靠這個努力的方式，就是未來繼續成功的路徑。但環境的變化，使得過去的優勢反而成為失敗的原因。

◆定位錯誤

企業定位應重視兩個層面，即對顧客的價值及本身的能力。最佳的定位乃是本身能力強，再加上創造高顧客的價值，如**圖3-2**右上角所示。

常有許多企業進入自己能力不強的市場而錯失良機，也有許多企業有很強的能力，但進入價值不高的市場，而未能獲利。

除了市場定位外，在行銷活動中，亦有以下4P的定位活動：

1.產品活動：產品或服務的設計必須定位清楚，並能符合目標市場的需求。

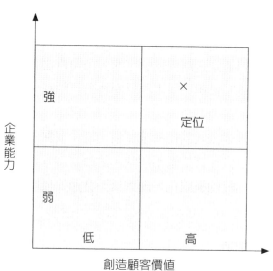

圖3-2　市場定位考量

2.訂價活動：針對目標市場進行訂價，不宜過高或過低。

3.通路活動：決定通路政策及通路管理。

4.推廣活動：決定適當的推廣及促銷活動。

總之，拙劣的定位策略，經常是企業失敗的主要原因。

(二)殯葬業成功因素

以下，我們針對殯葬事業經營提出六大關鍵成功因素：

◆打破慣性

殯葬業經營成功的第一個關鍵成功因素就是「適者生存」，即打破慣性。打破慣性就是在建立適應型的組織文化。適應型的組織文化，通常具有以下特徵：

1.偏愛行動：鼓勵員工進行實驗性活動，藉事練心，主管不是關在象牙塔中做決策，而是充分授權允許員工參與決策，尊重員工的意見，並提供誘因讓員工與顧客建立密切關係。

2.處在混沌邊緣：亦即公司只建立必要的規範，而允許員工有自主權，藉自我管理、自我規範而建立注重創新的文化。

◆均衡的發展能力

企業失敗的原因往往是因為不均衡發展能力，很容易掉入伊卡洛斯弔詭。因此，經營成功的因素之一就是均衡，列舉如下：

1.穩定與成長均衡：不但追求短期的穩定，也要追求長期的發展。

2.績效管理採用平衡計分卡的觀念：即同時注意員工學習與創新、內部流程、顧客忠誠及財務等全方位層面。必須要持續同時建立效率、品質、回應顧客及創新等四個基礎，並發展有利於這些領域的獨特競爭力。

◆建立持續進步的步調

目前企業面臨「唯一不變的就是變，唯一確定的就是不確定」的環境。今天成功的因素，可能被競爭者追上而變得平庸。因此，成功的公司不是靜止的，而是持續的進步，更是與時俱進，即每隔一段時間將目標提升，精益求精。

◆利用標竿學習法

企業必須追蹤其他公司的實際做法，建立標竿學習法，學習許多企業的產品、服務、實務操作等，作為學習的標準，而制定努力達成的標竿。

◆奉行變革管理

變革浪潮排山倒海，殯葬業管理人員所面臨最大的挑戰就是變革管理。其理念與策略可列述如下：

1. 優勢是短暫的：競爭優勢稍縱即逝，因此要把變革視為機會。
2. 從業務階層衍生策略：奉行由下而上之策略程序，成功來自於業務階層熟練、迅速及敏銳的行動，也就是說戰術即戰略。
3. 策略多變化：策略由種種行動組合而成，先採取各式各樣的行動，觀察結果如何，再貫徹執行可帶來成功的措施。

◆能量、信念比外顯知識更重要

TEM（全面品德管理）比TQM（全面品質管理）更重要。當正向信念發揮到最佳狀態時，它的力量最大。因此，殯葬業者如果能全面觀察、廣泛的聆聽，多注意到看不到的部分，如倫理、品德、誠信、公平、公益等，遵照宇宙規律與天理，發揮心靈奈米技術，才能引起蝴蝶效應，創造最大的價值。不要關注太複雜的部分，而忽略了成功的關鍵因素就存在自然界的規律中（王士峰，2016b）。

四、殯葬產業策略矩陣（2012年）

作者於2012年提出了一個殯葬產業整體策略規劃的方法論，稱爲殯葬產業策略規劃（王士峰，2012b）。矩陣的架構如**表3-1**。圖中每一行代表殯葬業價值鏈的九個價值活動，每一列代表管理的五大機能：規劃、組織、用人、領導與控制等機能。策略矩陣形成了四十五個方格，每個方格代表了可行的策略。列舉如下：

(一)結緣活動的可行策略

列舉可採取之策略如下：

1.規劃機能：潛在客戶、供應商與社會大眾等結緣活動之目標建立。
2.組織機能：行銷、公關、採購與活動企劃之組織團隊設計。
3.用人機能：公關、業務、採購人員之工作分析。
4.領導機能：激勵、誘因、衝突管理與危機管理。
5.控制機能：SOP管制、績效評估與考核等。

(二)入殮活動的可行策略

1.規劃機能：入殮程序與儀式之建構。
2.組織機能：遺體接運、防腐、整容工作團隊之組織設計。
3.用人機能：遺體接運、防腐、整容人員之工作分析。
4.領導機能：激勵、誘因、衝突管理與危機管理。
5.控制機能：SOP管制、績效評估與考核等。

表3-1　殯葬產業整體策略矩陣（舉例）

	規劃	組織	用人	領導	控制
緣	潛在客戶、供應商與社會大眾等結緣活動之目標建立	行銷、公關與活動企劃之組織設計	公關、業務及採購人員之工作分析	激勵、衝突管理與危機管理	績效評估與考核
殮	入殮程序與儀式之建構	入殮團隊組織設計	入殮團隊之工作分析	激勵、衝突管理與危機管理	績效評估與考核
殯	守靈與告別程序與儀式之建構	殯儀服務、司儀主持、會場布置之組織設計	殯儀服務、司儀主持、會場布置人員之工作分析	激勵、衝突管理與危機管理	·SOP管制 ·績效評估與考核
葬	·落葬及晉塔程序與儀式之建構 ·園區及寶塔設施管理制度建立	葬儀及服務工作團隊之組織設計	葬儀及服務人員之工作分析	激勵、誘因、衝突管理與危機管理	·SOP管制 ·績效評估與考核
續	客戶關係管理、後續關懷、祭祀程序與儀式之建立	客服人員及祭祀工作團隊之組織設計	客服及祭祀人員之工作分析	激勵、誘因、衝突管理與危機管理	·SOP管制 ·績效評估與考核
基礎結構	CIS建立	學習型組織建構	組織文化塑造	策略規劃程序與建立	財務及整體績效控制
研究發展	建立模擬模型	R&D工作團隊之建立	學習型組織種子教師之培養	高階管理人員政策實驗室之設計	系統模擬公司決策控制因素
人力資源管理	人力資源需求與規劃	成本或利潤中心之組織設計	任用、訓練及生涯發展	激勵及訓練	·薪酬系統設計與執行 ·人力盤點
物流管理	·企業資源規劃（ERP） ·供應鏈管理（SCM）	物流工作團隊之組織設計	總務、採購、倉儲、運輸、設計製造人員之工作分析	激勵、誘因、衝突管理與危機管理	·成本控制 ·品質控制 ·SOP管制

(三)出殯活動的可行策略

1.規劃機能：守靈與告別程序與儀式之建構。

2.組織機能：殯儀服務、司儀主持、會場布置之組織設計。

3.用人機能：殯儀服務、司儀主持、會場布置人員之工作分析。

4.領導機能：激勵、誘因、衝突管理與危機管理。

5.控制機能：SOP管制、績效評估與考核等。

(四)安葬活動的可行策略

1.規劃機能：落葬及晉塔程序與儀式之建構。

2.組織機能：葬儀及服務工作團隊之組織設計。

3.用人機能：葬儀及服務人員之工作分析。

4.領導機能：激勵、誘因、衝突管理與危機管理。

5.控制機能：SOP管制、績效評估與考核等。

(五)後續活動的可行策略

1.規劃機能：客戶關係管理、後續關懷、祭祀程序與儀式之建立。

2.組織機能：客服人員及祭祀工作團隊之組織設計。

3.用人機能：客服及祭祀人員之工作分析。

4.領導機能：激勵、誘因、衝突管理與危機管理。

5.控制機能：SOP管制、績效評估與考核等。

(六)基礎結構活動的可行策略

1.規劃機能：CIS之建構（王士峰，2017a）。

2.組織機能：學習型組織設計。

3.用人機能：組織文化之落實。

4.領導機能：策略規劃程序與建立。

5.控制機能：財務與整體績效控制、墓園環境稽核等。

(七)研究發展活動的可行策略

1.規劃機能：利用系統動力學建構專案項目模型。

2.組織機能：R&D工作團隊之建立。

3.用人機能：學習型組織種子教師之培養。

4.領導機能：高階管理人員政策實驗室之設計。

5.控制機能：系統模擬公司決策控制因素。

(八)人力資源管理活動的可行策略

1.規劃機能：人力需求與供給分析建立。

2.組織機能：成本或利潤中心組織設計。

3.用人機能：任用、訓練及生涯發展。

4.領導機能：激勵及訓練。

5.控制機能：薪酬系統設計與執行、人力盤點等。

(九)物流管理活動的可行策略

1.規劃機能：企業資源規劃（ERP）與供應鏈管理（SCM）等。

2.組織機能：物流工作團隊之組織設計。

3.用人機能：總務、採購、倉儲、運輸、設計人員之工作分析。

4.領導機能：激勵、誘因、衝突管理與危機管理。

5.控制機能：成本控制、品質控制與SOP管制等。

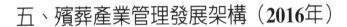

五、殯葬產業管理發展架構（2016年）

在追求完成使命的過程中，改革與創新是企業永續經營的不二法門，從殯葬業的價值鏈中透過關鍵活動：研究發展的執行，如產品功能性的突破、服務傳遞的新體驗、與重新組合商業模式的設計所創造的價值等，都是創新的構面。而「改革在服務，服務靠管理，管理需教育，教育要創新，創新為實用，實用以改革」。在這個反饋環中，為了加速使命的達成，教育是最有效率的正向促動因子。

殯葬業對從業人員之教育訓練主要有兩種：第一種稱為技術訓練（Technical Training），乃將從業人員執行業務時所需的各種基本技術提供給新進或在職之員工。第二種稱為管理發展（Management Development）則是屬於較長期之訓練，其目的在培養員工具備擔任未來管理工作之技能。我們以**表3-2**比較這兩種訓練方式。

表 3-2　技術訓練與管理發展之比較

	技術訓練	管理發展
對象	一般員工	管理人員
導向	技術性、操作性	觀念性、知識性
目的	工作技能訓練	管理能力開發

因此，作者於2016年根據殯葬產業策略規劃矩陣提出一個殯葬業管理發展的訓練架構（王士峰，2016a）。為了提升管理人員之管理專業能力，設計了管理發展的訓練課程，由高至低分別為殯葬管理人員宏觀課程、殯葬管理人員專業訣竅（know-how）課程及殯葬管理人員管理涵養課程等。說明如下：

1. 殯葬管理人員宏觀課程：厚植高階主管的內隱與宏觀知識，培養

對環境的敏銳度，並將其應用在管理效能，創造最大的價值。

2.殯葬管理人員專業訣竅課程：強化中階主管的專業管理知識，將專業管理知識與殯葬專業知識融合，激盪出管理訣竅而應用在服務及產品的創新。

3.殯葬管理人員管理涵養課程：培養基層主管的基礎專業管理知識，並能將這些基礎專業管理知識應用於管理工作中，發揮最大的效率。

以下針對此三類課程列舉如下：

(一)殯葬管理人員宏觀課程

1.變革管理：環境信息學與混沌管理。

2.殯葬業發展之趨勢觀察：關鍵機會之創造。

3.殯葬產業戰略地圖之建構：程序與實務。

4.殯葬觀念與思想：生死文化與生命教育。

5.企業經營理念：社會責任與公民企業。

6.第五項修練：學習型組織建構。

7.企業文化與企業識別系統（CIS）：程序與實務。

8.風水與殯葬文化基因：深層與表層結構。

(二)殯葬管理人員專業訣竅課程

1.殯葬倫理：理念與實務。

2.殯葬業生態效益與節能減碳。

3.主管的直覺與內在科技開發。

4.殯葬業如何提升競爭優勢：理論與個案。

5.殯葬業後續關懷與顧客關係管理。

6.殯葬流程管理。

7.臨終關懷：顧客結緣。

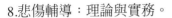

8.悲傷輔導：理論與實務。

9.禮儀文化的認識：統整、篩選與詮釋能力的培養。

10.殯葬流程與標準作業程序（SOP）之建立。

(三)殯葬管理人員管理涵養課程

1.財務與成本利潤分析。

2.平衡計分卡與績效控制。

3.團隊組織與創意管理。

4.信息管理與知識庫建立。

5.數字管理：蒐集、分析與應用。

6.行銷與顧客滿意。

7.供應鏈管理。

六、殯葬經營管理個案研究法（2017年）

個案研究法是一方面藉由外部多元資料的蒐集及分析，以理性的方法，演繹出個案的外顯特性。另一方面利用設立及與個案互動的範圍，藉由內部多元資料的蒐集及分析歸納出個案的內隱特質與規律。經營管理個案研究法乃是藉由理性與歸納此兩種知識的社會轉換，創造出經營管理的訣竅。

個人分別於2017年及2018年提出了兩個個案研究，即馬來西亞富貴集團（王士峰，2017b）及國內業者金陵山企業（王士峰，2018b），提供研究殯葬業經營管理之參考。

(一)亞洲最大殯葬企業：馬來西亞富貴集團

從一個荒蕪地段，搖身一變，變成身價超過數億的黃金地帶，富

貴集團是馬來西亞企業界的一個傳奇。富貴集團創辦人丹斯里鄺漢光博士，不但成功的把華人傳統忌諱的喪禮，設計成富貴豪華、氣派十足的殯葬套裝，更把氣氛陰森、雜草遍布的華人義山墓園形象，變成爲一片湖光山色、綠茵翠繞的吉祥靈地，甚至成爲一個觀光旅遊景點。1990年10月，丹斯里鄺於馬來西亞雪蘭莪州士毛月區開始籌建第一個墓園，1991年10月啓業。經過二十九個年頭後，富貴集團已跨足七個國家，擁有超過二十座墓園、十五座骨灰殿設施及兩間殯儀館的跨國企業。業務涵蓋整個殯葬服務行業的價值鏈，包括銷售骨灰閣位及墓地、提供墓穴設計及建設服務、提供墓園及骨灰閣設施維護服務、防腐、殯儀及火化服務等。富貴集團每年淨利超過美金五千萬元，成長率達兩位數字。

　　個人有機會能在富貴集團精心規劃與安排之下，以五天時間近距離全面觀察、廣泛聆聽觀摩這個華人殯葬事業的典範。共進行三座墓園的深度參訪、三場座談會及多次與富貴集團高階管理團隊的深度面談。以下爲個案研究報告之摘要說明：

◆經營理念

　　當年籌建墓園時，遭遇許多的阻礙。創辦人認爲危機通常是充滿轉機的關口，而夢想是企業導航的風帆。這種觀念與態度，是富貴集團今日成爲亞洲殯葬行業領導者的主因。他說：「沒有，並不等於不能。創業者首先必須要勇於夢想，有了夢想才有創業的方向。」他堅持以「以人爲本，服務至上」（People-based, Service-oriented）爲經營理念。他也提出：專業化、民衆化與長遠化的「三化原則」，這些理念成爲富貴集團成功的關鍵因素。他認爲面對複雜多變的環境，唯有奉行創新與求變才能適者生存。而創新與求變有兩個層次：

1. 有形的創新與求變：例如增加硬體、改善設施與美化等。
2. 無形的創新與求變：即觀念、策略及制度上的改變。唯有透過這種企業的天蠶變，企業才能夠處於逆流而上、力爭上游的致勝境地。

　　富貴集團經歷了幾次策略性創新與改變，每次的革新都使公司業績增加與營運的格局擴大。例如創辦人把傳銷制度，轉化爲今日富貴集團的代理制度。他指出，代理制度的好處是減少了磨擦，使佣金的利益更集中，每一個代理區都有自己的辦公室，以及所隸屬的服務中心，使營業額更有增加的潛能。

　　在培訓人力資源與提高管理素質方面，富貴集團特別重視對這行業有信念及社會經驗的高階人才。富貴集團兩百多名各階層員工當中，擁有大學文憑及專業資格的高階員工超過三十位。富貴的高階管理階層有許多是來自台灣的優秀人才，如首席執行長游家昌拿督及南馬區新山分行總經理王志傑等都是來自台灣龍巖集團的優秀高階人才。

◆富貴集團關鍵成功因素

　　歸納富貴集團的關鍵成功因素可歸納如下：

1. 創新與求變的企業理念。
2. 創辦人社會聲望高，且與政府關係良好，以致能取得期限更長久的土地使用權。
3. 受惠於企業識別系統廣爲人知、多樣化的殯葬服務商品及市場領導地位等優勢，使富貴集團在馬來西亞、新加坡甚至海外享有品牌溢價。
4. 預售市場的先進者。
5. 善於複製成功經驗與營運專業知識以擴大市場範疇。
6. 高效能及具彈性的銷售和營銷模式善用高利潤率、高度可預見的未來收入及現金流的產業特性，擴大市場滲透力。
7. 重視人才，具有富經驗、穩定及專業的管理團隊。
8. 發揚孝道文化、中華傳統文化與風水文化等，產生文化基因複合體深化產品之價值。
9. 用心經營媒體公共關係。

(二)殯葬設施業經營管理個案研究：金陵山企業

金陵山企業創立於1995年，創辦人湯文萬總裁在台中市霧峰區三十公頃土地上興建五教三大主軸地標，各具特色。以五教同園，容納百川雅量，匯成江海之勢，成為宗教藝術休閒園區。作者應湯總裁之邀，透過三天的實地觀察、訪談並與高階主管進行多次深度面談後，提出個案研究報告（王士峰，2018b），以下為報告節錄：

◆金陵山企業SWOT分析

我們可以歸納金陵山企業的優勢、劣勢、機會及威脅（SWOT）分析如**表3-3**所示，說明如下：

表3-3　金陵山企業SWOT 分析

S優勢	O機會
· 交通便利，近風景遊覽路線 · 已建立知名度和好感度 · 結合觀光、休閒、宗教、心靈、孝道、追思等功能的獨特企業識別系統 · 總裁企業理念與公益形象極佳 · 宗教包容性高 · 基地大，有擴張潛力	· 宗教儀式之喪葬方式大為流行 · 陵園公園化成為趨勢
W劣勢	**T威脅**
· 殯葬人才儲備不足 · 與葬儀業者策略聯盟弱 · 行銷策略保守 · 陵園服務軟實力有改善空間 · 祭祀及活動用品開發能力弱 · 塔位箱架設計老舊	· 同業競爭激烈 · 宗教團體自辦陵園的競爭 · 環保自然葬流行之趨勢

從優勢與機會的交集可以導引出建議的槓桿策略（即攻擊策略）：「利用宗教休閒園區知名度、獨特潛能及公益形象等優勢，積極深化宗教軟硬實力特色，以創造最大社會價值的陵園」。

　　而從劣勢與威脅的交集可以導引出建議的防守策略（即解決問題策略）：「積極取得陵園專業技術與人才，強化服務軟實力，開發高附加價值商品，積極行銷，提升競爭優勢」。

◆針對金陵山的現況提出之建議

　　1.強化接待處視覺與行為識別系統之設計。

　　2.完成塔位即時選位資訊系統的優化工作。

　　3.評估公司資訊系統分享給同仁及顧客的可行性。

　　4.加快建立企業識別系統的腳步。

　　5.優化宣傳公司之文宣目錄等媒介之製作。

　　6.建立金陵山學習型團隊。

◆策略思維的建議

　　1.站在巨人肩膀：即善用顧問專家之專業智慧。

　　2.站在競爭制高點：即掌握心靈市場之成功關鍵。

　　3.站在市場領先位置：即利用靈活行動及學習型團隊達到從回應變化、預期變化到領導變化的目標。

　　建議金陵山踏出經營管理關鍵成功的第一步，必須先由以下兩個關鍵策略入手：

　　1.苦練基本功，例如：
　　　(1)企業文化與品牌意識的建立。
　　　(2)企業再造工程：組織架構、管理制度及控制系統等體系的建立。
　　　(3)學習型組織的建立：員工的教育與培訓、知識管理與團體動力的應用等。
　　2.追求顧客滿意，例如：

(1)顧客第一接觸點的優化。

(2)網路平台的建立,以加長顧客服務時間。

(3)顧客後續關懷的強化。

(4)從顧客滿意度調查資料瞭解公司缺失並強化之。

(5)瞭解顧客需求,按硬體及服務優勢,規劃產品組合。

(6)全面顧客滿意管理的落實。

✍ 參考文獻

王士峰（2001）。〈殯葬業之發展趨勢〉。第四屆生命教育與管理研討會論文集（嘉義）。

王士峰（2002）。〈殯葬業經營管理之研究：全球化與E化之挑戰〉。國際殯葬學術研討會論文集（上海）。

王士峰（2006）。〈生命事業經營管理之研究〉。兩岸生命教育與殯葬文化研討會論文集（天津）。

王士峰（2007）。〈殯葬業經營管理之研究：台灣經驗〉。兩岸四地殯葬業發展論壇（香港理工大學）。

王士峰（2008a）。〈我國殯葬禮儀服務業動態研究〉（內政部）。

王士峰（2008b）。〈殯葬業經營管理成功之關鍵〉。北京國際殯葬博覽會學術論壇主題演講（北京）。

王士峰（2012b）。《殯葬產業戰略地圖建構》（寬紘管理公司內部手冊）。

王士峰（2016a）。〈殯葬業產業管理發展培訓架構之分析〉。《中華禮儀》，第34期（2016年6月）。

王士峰（2016b）。〈殯葬業成功之關鍵：倫理與全像觀點〉。《中華禮儀》，第35期（2016年12月）。

王士峰（2017a）。〈殯葬業建立企業識別系統之探討〉。《中華禮儀》，第36期（2017年6月）。

王士峰（2017b）。〈亞洲最大殯葬企業：馬來西亞富貴集團管理個案研究〉。《中華禮儀》，第37期（2017年12月）。

王士峰（2018a）。〈殯葬禮儀師論理探討：NFDA個案〉。《中華禮儀》，第38期（2018年6月）。

王士峰（2018b）。〈殯葬設施業經營管理個案研究：金陵山企業〉。《中華禮儀》，第39期（2018年12月）。

王士峰、劉明德（2012a）。《作業管理》。新北：普林斯頓出版公司。

王士峰（2011a）。《殯葬服務與管理》。新北：新文京出版公司。

王士峰（2011b）。《管理學》（第五版）。新北：新文京出版公司。

殯葬教育面面觀

鈕則誠

銘傳大學教育研究所教授

一、親見知識

　　人生不脫生老病死，現代社會相對應的專業服務人員大致包括醫師、藥師、護理師、心理師、社工師、禮儀師等；專業人員需要具備專業證照始能從事服務，而專業證照又必須立足於專業知識的基礎上。目前國內殯葬專業人員可獲頒的證書有喪禮服務技術士證及禮儀師證書，前者需通過學科與術科考試，後者則要求修習一定大專程度專業學分。作為入行的基本條件，無論是考試或修課都具有相當知識含量；一如禪宗「親見知識」所體現的「師父引進門，修行在個人」，求知途徑正是一步一腳印的漫長過程。類似護理師起碼要具備專科程度，正式且正規的禮儀師五專教育堪稱已經落實。

　　多年來政府都在推動知識經濟並落實知識管理，知識在此係指由資料、資訊不斷提煉而成的系統內容，能夠有效提取以解決問題。人類知識分為自然、社會、人文三大領域，大致反映在各級學校教育的課程分類上。以專科以上的高等教育而論，學校所傳授的知識又有基本與應用、上游與中游、通識與專門或專業之分；學生必須全方位涉獵無所偏廢，方能於踏入社會後學以致用。就殯葬教育而言，它跟醫學教育、護理教育、輔導教育、社工教育等並無本質上的差異，皆屬需頒授證照以從業的專業教育。在校所學則大多為應用、中游、專業知識為主，人才培育的目的就是要從事專業服務。

二、高等教育

　　經過十幾二十年努力，我國殯葬教育已逐步落實生根於高等教育土壤之中，成為不折不扣的專業教育。高等教育最明顯特徵就是學生畢

業可獲頒學位，包括專科的副學士、大學的學士、碩士、博士學位等。此外授課教師亦不同於中小學，而分講師、助理教授、副教授、教授四級。相較於其他專業早已列入高等教育系統，殯葬教育起步甚晚，至今僅有十三年。2007年秋季空中大學開辦生命事業管理科算是正式起步，之前2001年南華大學曾設立生死管理學系，但僅曇花一現即於次年併為生死學系。之後的2009年及2015年則有仁德醫專與馬偕醫專先後創設生命關懷事業科，以招收五專生培養新血是其特色。

　　雖然南華及其他大學都曾開設進修部或學位學程招收業者修習學士學位，但嚴格說來，大多為在職進修以更上層樓，而非真正有系統地培養新入行者。放眼看去，跟殯葬專業類比性最接近的乃是護理專業；早年護校培養護士，護專以上則訓練護理師，如今則皆歸後者。由於殯葬教育起步晚，沒有經歷高職階段，一開始就納入專科以上高等教育，值得整個社會深予期許。不過高等教育完全為舶來品，清末民初廢科舉設大學，將「經史子集」四部轉化為「文法商理工醫農」七學；前者是讀書人的通識修養，後者卻屬於知識系統的專門分類。今日的專業教育正是奠基在通識教育與專門教育之上，同時以證照制度管制入行。

三、入行資格

　　殯葬教育雖為專業教育，但它的知識基礎有很大一部分乃是專門教育，要求面面俱顧，無所偏廢。專業必須專門，專門不必然走向專業；專門是指分門別類，專業則須授證執業。像資訊業的軟硬體工程師，雖稱之為「師」，但不一定要有證照，拿到碩博士學位即可任職。以當前最熱門的工科、商科、法科、醫科為例，後二者若未能考取證照便無從發揮，前二者則未受此限。專業證照具有限制性及排他性，不但限制考取方能執業，更排除其他非本行不得考證。在這方面，醫師、律師、會計師、心理師、社工師相對嚴格，禮儀師則寬鬆許多，但這只是時機尚

未臻於成熟，必須在時間考驗下去蕪存菁，推陳出新。

殯葬專業人員不管是禮儀師或技術士，其資格大多不具限制性與排他性，頂多具備一定的專業聲望。這種情況牽涉到當初在體制設計和教育訓練上的一定困難。其實本世紀初頒布的《殯葬管理條例》相當具有理想性與前瞻性；尤其是禮儀師的設置，構想中是以社工師爲模仿對象和標竿。然而社工師的國家考試資格至少要大學社工系畢業，當年禮儀師卻連相對應的專業科系都未見，負責國考的考選部便以此一理由拒絕舉辦禮儀師考試。唯一出口就是當時由勞委會主辦的技術士技能檢定，內政部在權衡大局之下，只好以乙級技術士證加上修課及工作經驗等條件，檢覈授予禮儀師證書，其與國考資格實大異其趣。

四、專業訓練

首版殯葬法規問世於世紀初，至今已近二十載，這些年間殯葬業的情況已獲得極大的發展與改善，從而由一門古老行業轉型爲現代專業，從業人員的心態也從職業提升爲事業，甚至是志業，而與醫療照護、輔導諮商、社會工作等，共同構成西方人口中的「助人專業」。就現況而言，殯葬與其效法社工，不如類比護理；當今護理師許多出身五專，受過完整專業訓練，包括臨床實習在內，這些都不一定需要大學程度。國考要求的報名資格，心理師爲碩士，社工師爲學士，護理師爲副學士；倘若五專殯葬專業科系呈現一定規模經濟，據此促成禮儀師列入國家考試，讓入行得以限制及排他，專業水準方得進一步提高。

如今雖有生死相關學系的畢業生投身殯葬業，但並未蔚爲主流；在可見的未來，殯葬新血的希望還是繫於五專畢業生，畢竟五年一貫的專業訓練才可能到位。五專屬於技職教育的一環，必須扣緊技術與職業導向，一步一腳印地築夢踏實，而對此最明確的指標，正是禮儀師與技術士資格認定的學科及術科要求內容。術科操作規定經過十餘年技能檢定

的經驗積累已大致完備，學生在校內校外的臨場習作，熟能生巧不成問題。倒是學科內容涉及知識系統自然、社會、人文三大領域的理念與實踐，博大精深，絕非一蹴可幾。五專訓練時間充裕，大可對禮儀師要求的專業學分全方位涉獵，將專業訓練澈底落實生根。

五、生命智慧

要強調的是，光有專業訓練尚不足以成為助人專業人員，必須輔以充分的生命通識修養始堪稱到位。此處所指的便是殯葬專業人員不可或缺的「生命」與「關懷」核心價值與意識。喪葬活動處理的是遺體，彰顯的卻是生命；操作的是禮儀，體現的則為關懷。生命包含著生活與生死，關懷落實於關心與照顧，都需要透過善體人意的心思和無微不至的服務加以實現。尤有甚者，殯葬不似醫療照護的經常性維繫，而是無與倫比的一次性服務，沒有重來的可能，因此更需要完美無瑕。完美的工作既是技術也屬藝術，殯葬專業的技術嫻熟固然來自專業訓練，但要臻於藝術化境，則有關生命與關懷的通識教育不可或缺。

通識教育於1984年在國內高等院校正式起步，為一代又一代的有志青年在專門及專業知識之外，提供了豐富的生活常識與人生智慧；它不見得能夠立竿見影，卻足以潛移默化。在這方面五專生得天獨厚，因為可以在「轉大人」的關鍵時期充分薰習，讓一技之長和人格養成無所偏廢。尤其當殯葬服務的人才培育因為正式且正規的教育訓練逐漸齊備，得以毫無愧色地納入助人專業行列，而與醫護、諮商、社工人員平起平坐，無疑需要一定的修養工夫。希望選擇步入此一行業的年輕朋友能夠自覺認識進而多元學習，讓自己在學成之後能夠透過巧手慧心，為亡者的人生終點畫出一幅完美的圓，同時充分告慰家屬親友。

✍️ 相關著述

鈕則誠（2006）。《殯葬學概論》。新北：威仕曼。

鈕則誠（2007a）。《殯葬生命教育》。新北：揚智文化。

鈕則誠（2007b）。《殯葬與生死》。台北：空中大學。

鈕則誠（2008）。《殯葬倫理學》。新北：威仕曼。

鈕則誠（2019）。《新生命教育——華人應用哲學取向》。新北：揚智。

鈕則誠（2020）。《新生死學——生命與關懷》。新北：揚智。

5.

「殯葬管理與生命教育研究」課程之相關教材研發與出版概述

黃有志

高雄師範大學通識教育中心教授兼主任秘書

一、前言

　　台灣殯葬教育的實施近年來進入正式的學制。早期將殯葬教育納入生命教育中實施，可以追溯至2003年（92學年度）高雄師大教育系在該校進修學院開設成立「生命教育在職碩士專班」，當時其課程中有一門「殯葬管理與生命教育研究」選修課，為一學期2學分的課程。這門課程的特色是將殯葬管理的理念與實務融入生命教育中實施。

　　該班自2003年開班以來，筆者即一直擔任該課程的授課教師，初接觸這門課程，筆者一直思考如何將殯葬相關知識與理念融入生命教育，不過這有一定的難度，當時坊間也沒有適當的教科書或相關教材與教學資源提供教學上的參考。思索再三乃決定嘗試與該班歷屆入學的部分具有熱情的研究生計畫一起共同合作研發並出版殯葬教育與生命教育的相關輔助教材，目標是齊心合力出版一系列包含殯葬概念與知識有關生命教育系列叢書，作為各級學校實施生命教育與殯葬教育時參考運用。

　　筆者對此構想與計畫的實施感到十分有意義，乃在該班歷屆研究生的熱情參與合作下，由筆者出資並親自負責編輯與出版事宜，目前先後出版「生命教育叢書」共一至六冊，目前正準備在七月份出版第七冊，期間也先後自費協助發行生命教育多媒體教材共兩部，皆以非營利方式贈與各級學校作為推廣生命教育與殯葬教育之用。

　　以下將按該叢書一至六冊（包括即將出版的第七冊）分別介紹於後，從中可以發現在殯葬教育實施過程中如何融入生命教育的理念，這不僅是一種回顧，也希望能對現行殯葬教育的實施與推動多一些啟發。

　　以下就是這些出版教材的簡略介紹：

二、《如何向今生說再見：預約人生的落幕》

(一)本書內容

出版日期：2004/02/01

這本書的出版，有賴於高師大92學年入學的生命教育在職碩士專班全班二十九位研究生共同努力的成果，是該班修習筆者所講授「殯葬管理與生命教育研究」選修課程後，以團隊合作方式，集結大家的學習成果，再將之編輯成書出版。

該書序文特別強調：本書乃為建構一個「生不悔，死無憾」的圓滿人生，尤其具有殯葬自主意義的讀者而準備，主張在人生最後一場畢業典禮，讓自己無悔無憾、灑脫而有尊嚴地走完人生的最後一程，同時在這場畢業典禮中將自己生命裡最亮麗也最自豪的身影留在摯愛人的心中。

序文中也感性表達，我們能不能歡欣揮別人生的一段旅程，用自己的方式開啟另一段嶄新的旅程？就在邁向另一個嶄新旅程時，載滿親友的祝福與盼望，而非悲傷與不捨？這是本書在殯葬教育中特別強調的，只要具備「計畫死亡」與「殯葬自主」的觀念即可。

本書更進一步闡釋往生並不可怕，可怕的是不知如何面對辭世的艱難時刻。如果生前能以殯葬自主來安排自己的「終生大事」，用自己的方式向今生說再見，就能讓親人感到安慰，也可以讓自己無悔無憾、灑脫而有尊嚴的、圓滿的走完人生的最後一程。

可曾想過，以樹蔭搭棚、落葉成毯，以海浪聲配樂，讓海風傳遞愛的訊息，請海鷗當天使；彩雲為證，拈花為香，浪花湧起落下的剎那，將自己的骨灰撒向蒼茫大海，與魚兒為伍長相為伴。羨慕這樣的告別儀

式嗎？本書有如拉出一條風箏線頭，線的彼端則有賴讀者迎風而上，翱翔屬於個人夢想的藍天，勇於面對新的高度，免於凌空時的失落。

　　本書的特色是內容平易近人，理論部分有關基本概念輔以圖形說明，讓讀者一目了然。而重點則放在個性化告別式實例的呈現，讓讀者可清晰接觸迥然不同的告別式，包括：豐富創意篇、溫馨感人篇、詩情畫意篇，內容別具創意又富DIY的可行性，使人們可以輕鬆的在人生落幕時節輕聲道再見。

(二)本書目錄

第一章　開啓生命之門——計畫死亡與殯葬自主
第二章　跨入新旅程——殯葬自主與締建圓滿人生
第三章　熄燈之藍與難——殯葬自主面臨的挑戰
第四章　生命劇本——自主設計殯葬模式
第五章　演出最後的執著——殯葬自主DIY的流程與步驟
第六章　「蛹之生」，幻化最終的掌聲——最後溫馨告別DIY規劃
　　　　實例

三、《如何向人生邀幸福：擁抱幸福人生的方法》

(一)本書內容

　　本書是筆者所編著，作為生命教育叢書第二本書。本書出書的宗旨即依循系列叢書所標榜的締建一個「生不悔，死無憾」的圓滿人生，就要活出自己的價值，發揮自己的潛能。

　　歸納該書的論點有以下擁抱幸福人生的方

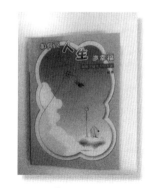

出版日期：2004/05/01

58

法，首先，由於幸福是人生永恆的追求，所以要瞭解幸福的主要內涵，如包含一種愉悅情緒，找到人與人之間的連結，全心全意投入那種忘我的感受，對自己工作上的成就感，以及對自我感受到對社會的價值感與意義感等。

其次，具體擁抱人生幸福的方法，該書特別提出對人懂得感恩的重要性，本書認為懂得感恩是人生創造幸福、體驗幸福與提升幸福的重要方法，尤其是情緒低落時，如果能試著感恩身邊的人與事，甚至感恩自己所處的環境和自己，這種感恩的心將令自己原本低落的情緒大大緩解，本書特別指出感恩是幸福的關鍵因素。因為感恩能讓我們看到事物的美好，能讓我們感受到周遭環境乃至整個世界所表達的善意，更能讓我們體會到人生真正的價值與意義。

有關本書的內容，係依據人與己、人與人、人與事，以及人與環境的全方位關係中，探討如何經營自己幸福的人生。

第一章先從人與環境的層面切入，面對人生不可迴避的課題，闡述如何活出自己的價值，並開展人生經營的要旨與內涵。第二章，則從人與己的層面立論，透過人生經營的要領與方法，如何成就一個自我負責的人生。第三章，關照人與事的關係，探討人生經營中的三件大事，一是發揮自己的潛能，二是職涯發展的規劃，三是老年生涯的準備。第四章，則是將人生經營最重要的部分，放在人與人的關係，其中智慧經營兩性的關係，視為人生經營中不可忽視的重要課題。第五章，仍然將人生經營置於人與人的關係，分析婚姻關係中的愛與分享，是人生幸福的關鍵因素。最後一章，第六章則強調親子關係的愛與責任，本書認為這是經營人生關係最重要也是最不可忽略的一部分。

綜觀本書最重要的訴求，就是面對人生的有限時光，一定要好好珍惜和把握，同時正式人生的「無常」，一天有八萬六千四百秒，等於每個人每天都要過八萬多個秒關，只要有一個秒關過不了，人生就結束了。因此我們必須珍惜而且善用生命中之分分秒秒，如此才能經營一個「生不悔，死無憾」的幸福人生！

(二)本書目錄

第一章　漫漫人生，你往何處去？──人生不可迴避的課題

第二章　風起葉落，化作春泥還護花──人生經營與負責人生

第三章　飛越夢想，越顛峰──人生經營與自我實現

第四章　當莎莉遇上哈利──智慧經營兩性關係

第五章　執子之手，與子偕老──婚姻關係的愛與分享

第六章　寶貝，我要你比我強？──親子之間的愛與責任

四、《如何向婚姻尋美滿：婚姻中的「柴米哲學」》

(一)本書內容

本書也是筆者所編著，出版目的如同上述第二冊一樣遵循本系列叢書如何締建一個「生不悔，死無憾」的圓滿人生。探討現代婚姻生活的重要性。有人說，熱戀中的情侶，總覺得時間太少，相聚太短，一旦步入禮堂成為伴侶，才發覺柴、米、油、鹽、醬、醋、茶，生活中的大事、小事、瑣事，在在磨損了當初的

出版日期：2004/05/01

熱情和當年的甜蜜，不免由絢爛變為平淡，從愛情轉成親情，於是有「婚姻是愛情的墳墓」的說法。

不過，本書提出新見解，認為婚姻的經營，正是必須從每日生活中的柴、米、油、鹽、醬、醋、茶七件事著手。這是現代人經營一個美滿的婚姻，應有新的思維與新的價值觀。若能將這種新的思維與新價值觀在日常生活中不費力地實踐出來，而其內涵又可隨時檢視自己婚姻的品

質。本書認為這種新思維與新價值，就是婚姻中的「柴米哲學」。

所謂「柴米哲學」指的是夫妻間的真愛若要歷久彌新，就應該落實在日常家庭生活當中，一般家庭生活中最常見的就是開門七件事，即「柴、米、油、鹽、醬、醋與茶」，本書強調婚姻中真愛的培養與經營，必須從七件每天都必須面對的事情來著眼。

首先是「柴」，夫妻雙方的結合，必須具有犧牲奉獻的精神，對婚姻做出一輩子的承諾，如火柴般燃燒自己，溫暖整個家庭。其次是「米」，指的是家庭理財，秉持「量入為出，開源節流」的精神，提供家庭一個穩定發展的環境。婚姻中難免遇到大大小小的衝突與摩擦，所以夫妻要如第三的「油」一般，將這些摩擦與衝突順利排除，使婚姻生活平順滑潤。第四「鹽」，指的是婚姻生活要維持愛情的甜蜜，夫妻之間一定要講求溝通的技巧，如「聽出對方所說的，說出對方想聽的」溝通要領。第五「醬」，意謂夫妻本是一體，經營具有「你儂我儂」的情境，如同吃北京烤鴨時，一定得配甜麵「醬」，才能嚐到這道人間美味，意指夫妻雙方只有和樂融融在一起，才能分享人世間各種的愉悅與趣味。第六「醋」，傳統說法認為「醋」能使骨頭軟化，指夫妻相處最重要的是彼此信任與體諒，不要有爭勝負與爭對錯的習慣，對彼此要長存感激之情。最後是「茶」，指夫妻在日常生活要培養如喝茶般的閒情逸致，養成共同分享每天生活中的點點滴滴的習慣，視彼此為心靈上永恆的伴侶。

上述有關「柴米哲學」的要旨，也可簡要說明於後：「柴」火可以點亮你的人生，也可以烹調婚姻饗宴。「米」不可或缺的糧食，讓婚姻可以成長也可以茁壯。「油」不可缺乏的潤滑，讓婚姻溝通更順暢。「鹽」美味的推手，讓婚姻生活有智慧也更為甜美。「醬」讓菜色更有味，使婚姻生活增添燦爛的色彩。「醋」不同的菜需要不同的味道，就如不同的婚姻各有其不同的特色。「茶」能消除油膩，品嚐清淡有趣的人生，留下淡淡的茶香味，如婚姻生活平淡中見真情，所以婚姻不再是愛情的墳墓，愛情之花在戀愛含苞，而在婚姻生活中盛開。這就是本書

所提出現代婚姻新價值觀——「柴米哲學」之眞義所在。

　　總之，只要將上述婚姻的新思維與新價值，在每天生活中的開門七件事：柴、米、油、鹽、醬、醋、茶，確實實踐就能締建美滿的婚姻。

(二)本書目錄

第一章　婚姻從開門七件事談起

第二章　柴：婚姻中的溫暖光明

第三章　米：婚姻中的生活豐足

第四章　油：婚姻中的順暢調適

第五章　鹽：婚姻中的心靈知己

第六章　醬：婚姻中的濃情蜜意

第七章　醋：婚姻中的危機管理

第八章　茶：婚姻中的情趣追尋

第九章　現代婚姻就是一種修行

五、《綠野仙終：生命教育與環保自然葬》

(一)本書內容

　　本叢書第一冊《如何向今生說再見》是筆者首次嘗試師生集體創作出版的著作，該著作是由國立高雄師範大學92學年度入學的生命教育碩士專班全班二十九位研究生，共同針對生命教育與殯葬自主學習與研究的成果，由筆者將之編輯出版。

　　事隔四年之後，筆者再次邀請國立高雄師

出版日期：2008/10/01

範大學96學年度入學的生命教育碩士專班修習筆者講授「殯葬管理與生命教育研究」選修課程的二十九位研究生共同創作，並由筆者與文藻大學鄧文龍教授編輯合作出版這本生命教育系列叢書第四冊《綠野仙終：生命教育與環保自然葬》一書。本書可以說是國內第一本結合生命教育與環保自然葬的系統性著作。

本書仍依循本叢書出版宗旨：以如何締建一個「生不悔，死無憾」的圓滿人生著眼，從生命教育觀點全方位闡釋環保葬的葬禮、葬制、葬儀、葬法與葬藝，提供一個全新綠色殯葬的新思維。希望建立「人來自自然，也應回歸自然」的新殯葬文化，達到此生命教育叢書的宗旨，即「生無悔，死無憾」的生命圓滿境界。

「環保自然葬」是一個實踐永續發展的重要途徑，也是一個負有生命教育的殯葬方式，更是每個人生命最終必須面對與選擇的問題。因此，本書的目的乃從生命教育角度切入，闡釋「環保自然葬」的意義，並介紹「環保自然葬」的內涵與各種「環保自然葬」的方法及其未來的展望。

本書最主要的論述是透過「綠色殯葬」的理念，全方位建構一個完整的「環保自然葬」制度。然而，「環保自然葬」要能普遍為大眾所接受，端賴「生命教育」的實施。為了人類的永續生存，這是生命教育不可迴避的課題。所以本書乃以生命教育為主軸，分章論述「環保自然葬」的各種主要要素及其應有的配套措施。

值得在此特別推薦的是，本書另附有「生命的暗夜與曙光」生命教育教學輔助用DVD教材一片，其使用說明與課程設計都有詳細的文字說明。該多媒體教材，希望教導學生懂得珍惜身邊的人事物，學習以樂觀、積極的生命態度坦然面對死亡，以落實生命教育的目的（有關此部分後文將詳細介紹）。

(二)本書目錄

第一章　生命教育與環保自然葬的意義

第二章　生命教育與環保自然葬的葬理

第三章　生命教育與環保自然葬的葬制

第四章　生命教育與環保自然葬的葬法

第五章　生命教育與環保自然葬的葬儀

第六章　生命教育與環保自然葬的葬藝

第七章　生命教育不可迴避的課題

附錄一　「生命的暗夜與曙光」生命教育教學用DVD使用說明與
　　　　課程設計

六、《生命慶典嘉年華：生命教育與傳統節日》

(一)本書內容

本書是筆者邀請蔡明原先生一起合作出版的書，是叢書系列第五冊。是筆者在授課過程中針對生命教育與殯葬教育作一深刻反省所得到的結果。以生命教育而言，筆者認為為了締建一個「生不悔，死無憾」的圓滿人生，有必要加入傳統文化的要素，因此乃從傳統節日切入。

出版日期：2008/12/01

本書指出：一年四時正如人的一生，不僅讓我們感受四季變化的奇妙，也讓我們體會生命的波折起伏與精彩豐盈。因此，傳統節日若能賦予生命教育的意義，那既是對悠久文化理念

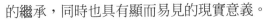

的繼承，同時也具有顯而易見的現實意義。

　　本書認為：一年當中的每個傳統節日，都代表生命中每一個特定成長的階段，都必須把握時機，虛心地讓自己的心沉靜下來，時時觀照自己生命的本質，並在一年中，每個傳統節日來之時，都能做一番深入的檢討與省思；這不但是對自己生命負責的一種表現，更代表知道如何當自己生命的主人！

　　本書指出：傳統節日可比擬一個人的一生，因此主張一年就是一生的理念。本書將傳統節日與生命發展的關係，整理如下：

1.春節（萌芽）——生命的更新（一元復始，代表生命的新生）

2.元宵（生長）——生命的方向（燈節代表光明，為人應走正路）

3.清明（發展）——生命的傳承（慎終追遠，吃果子拜樹頭）

4.端午（茁壯）——生命的保健（艾草、雄黃與划龍舟，季節的保健）

5.七夕（成熟）——生命的愛情（夫婦的情愛，有了愛的結晶）

6.中元（開花）——生命的價值（為弱勢族群伸張正義，普渡眾生）

7.中秋（結果）——生命的光輝（闔家團圓賞月，享受生活的藝術）

8.重陽（深耕）——生命的危機（重陽登高，代表高齡退休的危機因應）

9.冬至（播種）——生命的轉機（天道始在冬至，生命的危機正是生命的轉機）

10.除夕（孕育）——生命的圓滿（回顧一生是否盡責任，能否生不悔，死無憾）

　　本書依生命每一發展階段，相對應每一個傳統主要的節日作為生命教育的詮釋，並將生命教育與傳統節日的互動關係，建構成一個生生不息的圓滿生命。

另外以殯葬教育而言,則希望藉由傳統節日創立新的禮俗,本書建議除夕正是國人回顧一年最好的機會,因此本書主張推廣「除夕寫遺書,快樂過新年」的新禮俗,主要用意在於使國人能用熱情來擁抱生命、認眞生活,同時用心去感受生命中的點點滴滴。用珍惜的心去與每一個人事物相遇,用眞摯的情與成熟的愛表達感謝。最終的目標是「生不悔,死無憾」,即希望自己用無悔的方法安排自己的一生。因此除夕寫好遺囑,就可快樂過新年。

總之,除夕寫遺囑,也是生命管理的一種具體方法,更是對殯葬教育的實施提供了極爲豐富的文化內涵。

(二)本書目錄

自序 體檢生命 生命體檢
01生命教育與傳統節日
　有趣的傳統節日
02春節──生命的更新
　春節與過年關
03元宵──生命的方向
　元宵與花燈
04清明──生命的傳承
　清明與墓葬風水
05端午──生命的保健
　端午與龍舟競渡
06七夕──生命的愛情
　七夕與愛情
07中元──生命的價值
　中元與孝順父母
08中秋──生命的光輝
　中秋與環保

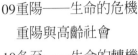

09重陽——生命的危機
　　重陽與高齡社會
10冬至——生命的轉機
　　冬至與進補
11除夕——生命的圓滿
　　除夕與壓歲錢
12做自己生命的主人
　　生命管理：傳統節日與生命體檢表

七、《寵愛一生：生命教育與寵物關懷》

(一)本書內容

出版日期：2009/12/15

　　本書是生命教育叢書第六冊，是由筆者與國立高雄師範大學97學年度生命教育在職碩士專班三十位研究生的師生集體創作。

　　有感於國內飼養寵物的人口越來越多，但對於寵物的研究卻十分欠缺，本書乃期待透過生命教育的觀點，深入探討寵物在現代社會扮演的功能與角色。

　　本書關切的是寵物市場的形成與其發展，以及寵物商品化的問題，對於寵物棄養問題也有所討論。主張應將寵物正名為「動物伴侶」。因為，寵物不是一般商品，牠不是人造的無生命物體，也不是一般的家畜或經濟性動物；牠具有生命，是現代人生活中的親密伴侶，所以宜將寵物正名為「動物伴侶」。

　　將寵物正名為「動物伴侶」，主要目的是希望大家將牠們視為整個宇宙生命家族的一員，飼主與寵物彼此間沒有所謂地位與價值的高低，

有的只是生命的平等與相互尊重。生命教育使我們懂得尊重寵物的生命與權益，不使寵物蒙受不必要的傷害，也讓寵物獲得應有的對待。這種透過寵物實施的生命教育，有其深層的用意；擺脫過去人類中心的狹義認知。認同宇宙間中的各種生命，各自具有其存在的價值，相信宇宙中的每一種生命都是獨立完整，不可視為玩物或工具任意玩弄，而應以尊重的方式，彼此平等相待。

眾所周知，照顧寵物所花費的時間與心力。不亞於照顧一個嬰孩，而且寵物對人類的依賴很深，不管是準備食物、清洗身體、生病就醫，都需要耐心及細心。平心而論，參與照顧寵物的工作，可使孩子學習如何呵護一個生命，並體驗照顧一個生命的成長直到終老的責任感，可說是最佳的生命教育。這是本書出版目的，也是生命教育的全新嘗試。

本書以生命教育的觀點，希望喚起人們的自省，提醒我們以感激和憐憫的心情，去關懷、去感受寵物所感受的恐懼、悲哀和痛楚。避免寵物遭受不當的對待，甚至虐待。而且建議絕對要避免購買不易飼養的動物為寵物。

目前國內對於寵物死亡的悲傷調適和探討寵物殯葬管理制度建構的研究並不多見，顯見對此領域的關注仍然不足。因此本書乃將重點置於這兩個領域深入淺出的探討，希望能提供社會大眾，尤其是寵物的飼主與政府公部門參考。

本書強調：對許多人來說，寵物對他們的意義深遠。然而面對寵物的死亡，將是每位飼主必須面對的生命課題，特別是將寵物視為家中一份子時，那種失落的心情，必然需要適切的心理慰藉，以及進行恰當的悲傷調適。本書特別對此提出具體的建議與方法。

本書主張藉著生命教育，使我們瞭解生命在萬物差異中彼此具有的共通性，即生命的一體性。因此對於寵物不可像以往一樣，只知工具性的利用，而不知尊重與同情共感的生命認知，也應關注寵物往生後的適切處理。這不僅是對生命反思的延伸，也拓展了生命教育與殯葬教育新的領域與新的視野。

(二)本書目錄

第一章　寵物商機知多少

第二章　為寵物正名

第三章　動物伴侶的角色功能

第四章　動物伴侶的往生調適

第五章　動物伴侶的死亡處置

第六章　動物伴侶的殯葬管理

第七章　生命教育與寵物關懷

八、《活出環境好風水：生命教育與環境關懷》

(一)本書內容

　　本書預計於今年七月出版，出版的目的，乃因筆者在教學上，不僅在生命教育與殯葬教育遇到了瓶頸，即在融通生命教育與殯葬教育跨領域教學中，發現無法迴避自然生態環境的相關議題。因此再次邀請蔡明原先生共同合作出版這本書。

預計出版日期：2020/07/01

　　本書是生命教育系列叢書的第七冊。主要透過生命教育的角度關注在人與環境的關係之上，事實上，本書出版的動機乃延續本生命教育叢書系列第四冊《綠野仙終——生命教育與環保自然葬》一書的第七章〈生命教育不可迴避的問題〉一文，該文就曾強烈主張：生命教育不僅僅要教會孩子珍惜自己的生命而已，而是要化小愛為大愛，以實現生活理想與完成整個社會發展。簡言之，就是為了

社會與生命的永續發展。這才是真正的生命教育。

　　以生命教育來說，生命教育的本質，乃在維護全體人類永續發展的生存環境。當前地球暖化影響未來人類的生死存亡。因此，現行生命教育實施的層次上必須從個體與社會的層次，提升到自然環境的層次。本書秉持上述理念，主張生命教育應積極有效的維護自然環境生態，達成人類永續發展的目標。為了達成此一目標，本書乃由傳統文化的風水概念出發，企圖建構一個以「環境風水」為基礎，落實關懷環境與友善環境且兼顧環保理論與實務的生命教育論述。

　　再以殯葬教育來說，長期以來也忽略了環境問題的關注與重視，尤其傳統殯葬文化深受華人社會「風水」觀念的影響，常對自然生態環境帶來負面的衝擊，因此晚近有志之士乃致力推動「綠色殯葬」理念。本書乃企圖解構傳統風水的價值信念體系，並嘗試建構新的符合綠色環保潮流的價值信念體系。即由傳統風水觀念中的「民俗風水」轉化成「環境風水」以有效落實環境保護的新潮流。

　　本書乃深入淺出針對「環境風水」與「民俗風水」作一分析比較，「民俗風水」所強調的功利性、世俗性、倫理性，只能使人們在心理上與觀念上獲得撫慰與滿足。而「環境風水」則關照在永續發展上，為追求理想生存及生活環境而努力。這種經驗性的傳承，才是「環境風水」得到民眾支持與接受的主因。

　　換句話說，民眾對於傳統風水所認同而實踐的，「環境風水」顯然要比「民俗風水」來得更多經驗上的支持。風水信仰的普遍性，「環境風水」也許才是主要原因，因為它直接關涉到民眾根本性的生存與生活層面之上，尤其它對環境生態的保護與永續發展方面的深刻內涵，卻往往為人們所忽略。

　　本書乃基於上述的理由，主張生命教育與殯葬必須注重並擴大其環境保護的關照，因為健康發展的自然生態環境才是人類生存的根基，保護自然生態不應只是一個口號，而應具體實踐在生活之中。這樣才能締建一個「生不悔，死無憾」的圓滿人生。

(二)本書目錄

01地球暖化與全球浩劫

02傳統風水的創新詮釋

03追求理想的居住環境

04民俗風水與庶民社會

05環境風水與環境保護

06環境風水與地球暖化

07環境風水與環保自然葬

08環境風水與節約能源

09環境風水與綠色建築

10環境風水與生態保育

11環境風水與新環境觀

12生命教育與環境關懷

九、《生命教育輔助教材：美麗的告別與再見了小桃》

本多媒體係由國立高雄師範大學94學年度生命教育碩士專班研究生在完全不懂多媒體製作之下的集體努力的創作。

第一部「美麗的告別」製作群為：蔡小翠、吳靜誼、徐毓均、黃燕女、鄭麗慧等五位研究生共同創作。第二部「再見了小桃」則由陳信雄、何慧慈、許楹琦、鍾淑屏等四位研究生共同製作完成。

發行日期：2006/07/01

這九位研究生無私無我的全心投入，克服各種困難，乃使這部生命教育教學用的有聲出版品得以問世，內心充滿眞誠的感謝。

　　本教材第一部分「美麗的告別」，描述我們向今生說再見時，將以何種心情面對？是悲傷無奈？還是充滿著感謝？生命中有太多值得依戀不捨的人事物，然而當那一刻來臨之時，是否可以學習如何坦然接受，歡喜告別？本部分適合國中以上學生上生命教育或相關課程時參考，討論有一天自己希望如何溫柔地向今生說再見。本單元適合國中以上學生在生命教育相關課程教學時作爲輔助教材使用。

　　本教材第二部分「再見了小桃」，係以繪本方式以有聲多媒體呈現，內容以一棵罹患病蟲害即將枯萎死去的楊桃樹——小桃爲主角，以童話及想像力豐富方式引導小朋友逐步認識「死亡」的意義。教材中以小桃獨特的生前追思會爲導引，讓小朋友學習如何抒發面對親朋好友乃至寵物往生時的悲傷失落情緒。本單元適合國小小朋友作爲輔助教材運用。

十、《生命的暗夜與曙光》（生命教育的教學用 DVD）

　　本多媒體教材DVD係由國立高雄師範大學95學年度生命教育在職碩士專班的三十位研究生集體創作，並由筆者負責將之發行出版。以《綠野仙終——生命教育與環保自然葬》一書中以附錄方式隨書附贈，協助推廣生命教育與殯葬教育的環保自然葬。

　　本DVD是一片適合各級學校推動生命教育的多媒體教材，內容共分成三個單元。

發行日期：：2008/10/01

第一個單元主題為「來生的約定」，以兩個真實動人的故事，探討生命的無常與生命的價值與意義，其適用對象為高中生以及大學生，媒體長度三十分鐘。

第二單元主題為「意外人生從容面對」，引導學生思考死亡無所不在，應好好珍惜愛護生命，適用對象是國小高年級及國、高中生為主，媒體長度二十分鐘。

第三單元主題為「祝你畢業快樂」，以有如卡通與繪本方式呈現，內容透過一隻流浪犬的意外車禍喪生，讓孩子認識生死離別的生命真相，適用對象為國小低中年級的小朋友，媒體長度二十分鐘。

本教材比較特別的是另附有教學使用的課程設計的文字說明與各單元參考使用的學習單等，提供各級學校教師在生命教育相關課程的教學上參考運用。

十一、結語

本文透過上述生命教育叢書一至八冊出版的來由及簡要內容的介紹，以及二部多媒體生命教育教學輔助教材的發行出版作一說明，用意是在回顧筆者在高雄師大開授的「殯葬管理與生命教育研究」課程中，如何將課堂上所教與學生所學，並透過與該班歷屆部分研究生共同合作與集體的努力，為國內生命教育與殯葬教育研發出版相關讀本教材與多媒體輔助教學教材。希望這些努力能為國內殯葬教育與生命教育略盡棉薄之力，也期待先進前輩惠賜指教，不勝感激！

以上生命教育叢書系列的已出版及即將出版的七本書籍，其重點都在如何融合生命教育與殯葬教育兩個領域，其目的在於締建一個「生不悔，死無憾」的圓滿人生。

展望未來，筆者計畫於明年（2021年）出版本系列叢書第八本新書，也是本叢書最後一本總結性的論述，提出以生命管理來統合生命教

育與殯葬教育兩個領域，針對如何締建一個「生不悔，死無憾」的圓滿
人生，嘗試以生命管理的觀點，試圖勾勒統合生命教育與殯葬教育兩個
領域的理論架構與具體的建議與做法，並為本生命教育系列叢書畫下圓
滿的句點，尚祈先進前輩不吝指正。

6.

我和殯葬教育的偶然與必然

尉遲淦

仁德醫護管理專科學校生命關懷事業科副教授

一、前言

　　人生在世，到底是偶然還是必然，說真的，沒有人說得清楚。之所以如此，是因為人生除非活過，否則很難在經驗上得到驗證。不過，無論如何，人生總是要一直往前走，直到有一天，當死亡來臨時人生就終止了。可是，人生終止是否就代表一切都終止了，其實也很難說，至今都沒有定論。雖然如此，我們很確定的是，人在人間的工作要求是有一定的終止時間，也就是退休的日子。

　　一般而言，退休有兩種：一種是正式的退休；一種是非正式的退休。就正式的退休而言，這不是個人願意不願意，只要時間到了，他都不得不退休。因為，這是社會的工作制度。至於非正式的退休，這和個人的意願就有關聯，只要他願意，他可以永遠都不退休，直到死亡來臨的時候。對我而言，我現在已經步入第一種退休的狀態。雖然我還可以標榜至死方休，但是在這種退休的要求下，我還是要有所自覺，對這個階段有所交代。

　　本來，每一個人到這個階段都要有所交代。只是這種交代也分兩種：一種是只對自己交代；一種是不只對自己交代也對別人交代。一般而言，大部分的人只要對自己交代並不需要對別人交代。因為，他們的人生是以自己為主和別人並沒有太大的關係。可是，少部分的人卻不一樣。他們也想只對自己交代，但他們的一生卻不小心和別人有了關係。在這種關係的要求下，他們不得不在對自己交代的同時也對別人交代。

　　對我而言，這種對自己也對別人交代的情況不是必然的，它其實是來自於一種偶然。雖然它只是一種偶然，但是在不知不覺當中卻又變成一種必然。為什麼我會這麼說？這麼說不是感覺很弔詭嗎？的確，表面看來這麼說確實很弔詭，偶然就是偶然，必然就是必然，彼此分得很清楚。可是，只要經歷過的人就會發現人生真的是這樣，偶然和必然並沒

有想像那樣分得那麼清楚。實際上，偶然會不會變成必然是要看機運與堅持。如果機運不對，偶然確實很難變成必然；同樣地，堅持不夠，偶然就只能停留在偶然。所以，偶然是否能夠變成必然是需要看機運與堅持的。

現在，就讓我來談談我和殯葬教育的偶然與必然。雖然過去和殯葬教育有關的人很多，但是像我這樣擁有這麼幸運的機運的人並不是那麼多。同樣地，在接觸殯葬教育過程中曾經有過挫折的人也不少，但是像我這樣能夠堅持到底的人可能就比較少。就是這樣的機運與堅持，經過了個人三分之一人生努力的結果，使得我今天有機會可以把這樣的機運與堅持告訴大家，方便大家未來如果希望繼續推動殯葬教育時可以做個參考。

二、偶然的機運

記得二十幾年前的民國85年，在文藻外國語文專科學校（即現今的文藻外語大學）的同事鄧文龍教授的邀請下參與了高雄師範大學的黃有志教授的一個研究案，這個研究案就是黃有志教授在內政部所承接的「殯葬設施公辦民營化可行性之研究」的研究案（尉遲淦，2019：6）。當時，在回覆這個研究案的邀請時，內心確實掙扎了很久。因為，這個研究案是和殯葬有關的研究案，當時社會又對殯葬抱持極度排斥的態度，認為只要接觸這樣的禁忌，一定會有不幸的事情發生。可是，再猛然回頭一想，人近中年哀樂中年。如果不利用這一個機會好好瞭解一下，那麼將來一但遭遇就很難面對。於是，就鼓起勇氣答應下來。

話雖如此，第一次與高雄殯葬所和殯葬商業同業公會的人接觸，說真的，內心還是蠻擔憂的。這種擔憂並不是來自於過去曾經有過經驗所致，而是來自於傳統禁忌對於自己所加的枷鎖與想像。當我和他們接

觸時，對於眼前所見的事實並不直接認爲是事實，在不知不覺當中就會對這樣的事實加上一些與死亡有關的想像。例如對於喝的茶，就會在茶色的黑上面加上一些死亡的想像，就這樣在忐忑不安的心情下過了好幾天，直到事後什麼事都沒有發生才放下心來。由此可見，無知與誤解對於殯葬造成了多麼大的傷害，需要我們透過殯葬教育來化解，這是我對殯葬教育的必要性第一次有了深刻的體會。

本來，對我而言，這樣的接觸只是一次偶然的接觸。或許，從此以後再也沒有機會和殯葬教育有什麼關聯。可是，沒有想到的是，這樣的接觸竟然帶來了後面二十幾年的因緣。要回顧這段因緣，就必須回到民國86年南華管理學院（即現今的南華大學）所設立的生死學研究所。如果不是這個研究所的設立，那麼我或許還在文藻外國語文專科學校繼續教授哲學方面的課程，終其一生都不可能和殯葬教育產生關聯。從這一點來看，我們有必要回顧一下這個當時台灣唯一與生死有關的研究所設立的因緣（尉遲淦，2019：5）。

對南華管理學院而言，它是當時新興的學校，不僅沒有知名度，還身處偏遠的鄉下。爲了讓這個學校可以擁有較好的生存機會，當時的籌備主任（後來的創校校長）龔鵬程教授採取了奇兵的策略，設立一些特殊的研究所，如生死學研究所。雖然這樣研究所的設立，在當時確實有其必要性，是回應社會對於生死需求的合適作爲。但是礙於社會大衆對於死亡的禁忌，學校一開始並沒有設立，而是到了正式招生的第二年，也就是民國86年才設立。

不過，這樣的設立並非一帆風順，而是有許多的插曲。最初，這個研究所的設立是委託旅美學人傅偉勳教授（尉遲淦，2019：4），他在美國曾經教授過多年的死亡學課程，也是知名的哲學研究者，在民國82年出版過引領社會生死風潮的《死亡的尊嚴與生命的尊嚴——從臨終精神醫學到現代生死學》一書。可惜的是，他在籌設期間就因癌症去世。後來，龔鵬程校長就接續傅偉勳教授的初步規劃，進一步完成設所計畫並送教育部。然而，這種接近哲學第二所的規劃案被教育部駁回。於

是，在不得已的情況下臨時找到鈕則誠教授。後來，在鈕則誠教授的補充與調整下，生死學研究所從單純的哲學第二所轉向偏向社會科學的綜合學科所。就這樣，殯葬管理終於成為生死學研究所的課程之一，也因而開啟了台灣殯葬教育的先河（尉遲淦，1999：83）。

　　然而，課程的規劃是一回事，課程的教授則是另外一回事。到了民國87年，生死學研究所設立的第二年，所上需要開設殯葬管理的課程，可是找不到這樣的師資。因為，礙於禁忌的緣故，學界參與殯葬研究的學者本來就少，對於殯葬管理的研究更少。於是，在所內找不到人的情況下只好往所外尋找。但是，往外找也沒有那麼簡單。因此，在遍尋無人的情況下，只好把我找去。因為，我過去研究過殯葬設施公辦民營的問題，好歹也勉強算是一個研究殯葬管理的學者。如此一來，有關授課師資的問題總算解決了。

　　最初，我應聘到生死學研究所的任務是要教授殯葬管理的課程。可是，受到當時所內的專任教師人人都有行政職的影響，我又幸運地成為第二任的所長。到了第二學期，也就是民國88年的上半年，我終於開始教授殯葬管理的課程。當時，對於如何教授殯葬管理的課程，說真的，實在摸不著頭緒。幸好，我之前做過殯葬設施公辦民營化的研究，也算是殯葬管理的一部分。就這樣，在一切都還在摸索的情況下，我開始了台灣殯葬教育史上第一次在研究所層級開設的殯葬管理課程。雖然這樣的開設只是一種摸索與嘗試，卻讓我有機會在正式的教育體制下與殯葬教育結緣，從此開啟我這一生的殯葬教育之路。

　　表面看來，這是我和殯葬教育所結最主要的緣。不過，我和殯葬教育所結的緣並沒有那麼簡單。實際上，在此之前，我就和殯葬教育又結了另外兩個緣。受到這三個緣的影響，我在後來的殯葬教育上才能有多面向的發展。關於這一段發展，我們留到後面再談。現在，我先談第二個緣。這個緣是發生在民國87年的9月，當時南華管理學院召開了一場與殯葬管理科系規劃有關的研討會，這是台灣有史以來第一次針對殯葬管理科系應當如何規劃所召開的研討會。由於我當時的身分是生死

學研究所的所長，理所當然被要求要對這樣科系的規劃提出一些構想。所以，在這樣的機緣下，我發表了「殯葬管理科系二專班規劃案」的論文，提出我對殯葬管理科系規劃的初步構想（尉遲淦，1999：82）。雖然這樣的構想從今天來看並不成熟，卻是我和殯葬教育最初結緣的開端。在不知不覺當中，累積了一些規劃殯葬科系的知識與經驗。

接著，我再談我與殯葬教育的第三個緣。在民國88年，南華管理學院的宗教文化中心在鄭志明教授的主導下，與中華往生文化協會的體通法師（即現今的常持法師）合作，開設了台灣第一個殯葬管理研習班。當時，報名參加的人以殯葬業者為主，總共接受三個月每個月一週的研習教育，這是台灣第一個由學校單位主辦的殯葬人員再教育的研習班別（尉遲淦，1999：82-83）。在授課師資的安排上，除了廣邀學校現有的師資以外，還網羅了與殯葬業界相關的資深師資。至於我，由於當時是生死學研究所的所長，所以理所當然地就被安排教授臨終關懷的課程。經由這一次教授的經驗，讓我體會到研習班在殯葬教育推動上的作用。尤其是，在那個禁忌甚深的年代（尉遲淦，1999：81），想要推動殯葬教育，如果不從研習班開始，而從正式教育體制開始，那是不切實際的想法。後來，在這個經驗的影響下，我在殯葬教育的推動上找到了比較容易切入的起點。

三、機運的發展

順著這樣的經驗，在經歷了一年的生死學研究所的歷練，到了第二年，也就是民國88年的下半年，我從生死學研究所的所長位置被調整到推廣教育中心的位置。表面看來，這是一個位置的變動。可是，在我與殯葬教育的關係上，這樣偶然的變動其實有重要意義的。因為，它變動的不只是學術的行政位置，也是我在殯葬教育推動上的位置。如果我一直停留在生死學研究所所長的位置上，那麼在推動的視野上就只能以學

校教育爲主，而沒有辦法面向社會，甚至深入到殯葬業界當中。所以，這樣的調整對我而言在殯葬教育的推動上不見得就不好。

在任職推廣教育中心期間，我延續了鄭志明教授所開辦的殯葬管理研習班。經過了三期的開辦，發現課程規劃不夠系統完整。爲了讓課程能夠更加系統完整，於是到了第四期重新歸類，把所有的課程納入殯葬禮儀、殯葬管理與殯葬實習這三類當中。到了第五期，由於招生不足，這樣的班別終於停辦（李民鋒總編輯，2014：313-317）。之所以如此，是因爲這樣的研習本來連結的是教育的證照。如果可以，那麼殯葬人員在社會上的地位就可以提升。可是，後來參與的結果卻發現這樣的主觀期盼根本就沒有兌現的可能，最後在希望幻滅的情況下只好選擇放棄。就我所知，這就是第五期招生爲什麼會出現招生不足最主要的理由？

不過，研習班的停招並不表示我在殯葬教育的推動上就陷入停頓的狀態。實際上，在進入推廣教育中心之前，我就和殯葬業者有了合作。只是這樣的合作，是和個別業者的合作。現在回想起來，這樣的合作在殯葬教育的推動上確實有其特殊的意義存在。記得民國87年的那一年，由於10月份要爲傅偉勳教授舉辦一場逝世周年紀念的國際學術研討會，所以在經費不足的情況下請寶山禮儀公司贊助部分的經費（尉遲淦，2019：6）。經由此一機緣，我認識了寶山禮儀公司的總經理劉添財先生。到了民國88年3月，在其請託下，爲了提升該公司員工的學歷，特別爲他們開設了殯葬二專80學分班，參與的員工有二十幾人，這是台灣第一個殯葬二專學分班。經過這樣的經驗，我後來發現這樣學分班的開設在殯葬正式教育體制的推動上是有其作用的。

有了上述的經驗，我在殯葬教育的推動上就出現了三條主要的路線：一條就是正式教育課程的路線；一條就是研習班的路線；一條就是學分班的路線。最終，這些路線匯聚到正式教育體制的設立，也就是殯葬科系的設立。在正式談論科系設立之前，我們先談談上述路線的進一步發展。關於正式教育課程的發展，其實在正式科系設立之前都沒有太

大的變化。之所以如此，是因為在沒有正式科系之前，是不會有學校想要增設殯葬課程的。所以，我以下要談的主要集中在研習班路線的發展和學分班路線的發展。對我而言，這樣的發展是重要的。因為，如果欠缺這些發展的經驗，那麼我對殯葬教育的推動就不會那麼在意，也不會要求那麼嚴格。

以下，我先談研習班的發展情形。正如上述所說，南華管理學院的第一個研習班讓我對如何切入殯葬教育的問題有了概念以外，還讓我對如何規劃研習課程有了經驗。在這些經驗的影響下，後來我在民國89年，也就是任職推廣教育中心期間，幫寶山禮儀公司規劃了一個禮儀師培訓研習班，希望能夠培養出合格的禮儀師，為未來禮儀師證照制度的建立邁出了第一步。當時，參加培訓的員工總共有二十幾人。後來，到了民國90年，華梵大學推廣教育中心台中分部的阮俊中主任也加入了研習班開設的行列，進一步落實我對研習班的構想。在他的堅持下，這個研習班開設了將近五年之久，總共開設了二十四期左右，一直開到民國94年為止。經過這樣的開設，後來到了民國95年影響了內政部對於喪禮服務職業訓練的課程規劃要求。從此以後，凡是要參與勞委會職業訓練局有關喪禮服務職業訓練班別標案的單位就必須依據上述課程的標準來規劃課程。就這一點而言，對於想要參與殯葬服務的人，他們終於有了一個由政府職業訓練系統所開辦的教育訓練管道。

如果只有教育訓練管道而沒有其他的配套措施，那麼這樣的教育訓練管道就算暢通了，對於整個殯葬教育的推動還是沒有太大的作用。想要對殯葬教育的推動產生更大的作用，那麼就必須透過殯葬證照的建立。因為，只有在殯葬證照的考核下，我們才能客觀說這樣的培養是否成功？如果沒有證照制度的把關，那麼要說服社會大眾我們的專業培養是成功的，說真的，確實很困難。可是，要建立證照制度的考試也沒有想像的那麼容易。主要是過去我們並沒有類似的經驗，就算國外有類似的經驗，也不見得適合我們。所以，為了讓這樣的證照制度考試在未來推動時可以有個參考，在民國90年華梵大學推廣教育中心台中分部就和

我合作提出禮儀檢核的證照考試做法，作爲後來民國97年開辦的喪禮服務技術士丙級證照考試的參考。

接著，我再談學分班的發展情形。正如上述所說，學分班的開始是來自於寶山禮儀公司的委託。當時，這樣的委託雖然來自於私人公司的要求，目的在於提升公司裡面從事殯葬禮儀服務員工的學歷，但是對於殯葬教育的推動而言，這樣的經驗讓整個推動多了一個管道。因爲，如果只有研習班的推動，那麼無論再怎麼推動，最終這樣的推動都只能建立殯葬職業教育訓練的管道。但是，對於殯葬正式教育體制的建立，就不見得可以產生推波助瀾的效果。因此，在殯葬正式教育體制的建立上，我們必須另尋出路。對我而言，爲了產生更直接的效果，這個出路就是學分班的開設。經由學分班的開設，雖然無助於正式教育體制的建立，卻是最接近正式教育體制的管道。之所以如此，是因爲它不僅在個別的學分上可以產生未來進入該科系的抵免作用，還可以在修滿學分以後產生副學士的比照效果。對於還沒有正式教育體制的殯葬從業人員來說，這樣的管道至少可以初步滿足提升殯葬從業人員學歷的要求（李民鋒總編輯，2014：320-321）。

到了民國92年，華梵大學推廣教育中心台中分部的阮俊中主任認爲原先寶山禮儀公司所開設的殯葬二專80學分班有續開的價值。所以，在與我商議之後就以生命事業管理80學分班的新名稱續開。雖然在名義上是續開，可是相關課程內容的設計有了進一步的補充與調整。在通識與共同必修的部分，基本上都是相同的學分數，總共是20個學分。不過，原先強調的重點放在人文素養的培養，而後者強調的重點則放在管理素養的培養。在專業課程的部分，兩者安排的學分數都是60個學分。不過，原先設計的課程只有籠統的必選和選修之分。其中，與殯葬服務專業有關的課程計有12門，與管理有關的課程則爲6門。到了生命事業管理80學分班，在課程的設計上就有了專業必修與專業選修之分。其中，專業必修的部分就有12門課程，而專業選修的部分則有31門課程。在專業選修的課程當中，與管理有關的部分就占了23門，可見管理的分量有

多重。

不僅如此，在專業必修課程的安排當中，原先殯葬80學分班在設計與實施時，內政部的《殯葬管理條例》還沒有通過，所以也沒有禮儀師的證照制度，當然在課程內容的設計上就不會考慮到配不配合的問題。可是，到了民國92年，當時《殯葬管理條例》已經在前一年通過，這時在課程設計上就必須考慮到與禮儀師證照制度學分要求配合的問題。於是，在配合內政部對於禮儀師應修習專業課程建議草案的課程設計內容，生命事業管理80學分班將專業必修課程規定為12門。其中，有11門課程是依據這個建議草案的內容規劃設計的。只有一門不在其中，就是臨終關懷的課程。之所以如此，是因為現有的殯葬服務只做死後服務，與臨終無關，自然就不會把臨終關懷列入禮儀師應修習的專業課程。此外，有關悲傷心理學的部分也改成悲傷輔導。因為，對禮儀師而言，悲傷心理學只是一門單純的知識。可是，他們所需要的不只是知識，還需要技能。所以，改成既有知識又有技能的悲傷輔導是比較合適的（李民鋒總編輯，2014：322-324）。

經過上述三條路線的發展，到了民國89年我來到殯葬教育的關鍵點。由於過去生死學研究所的熱門，再加上社會對於生死禁忌的逐漸打開，學校認為有必要對於殯葬的部分也加把勁。於是，在這一年委託我規劃殯葬管理學系，希望藉著這個科系的設立為生死學再創高峰。就這樣，我在民國89年提出了殯葬管理學系的設系計畫。不過，在提出之前，鈕則誠教授認為這樣的名稱可能很難通過教育部的審查。為了能夠順利通過審查。所以就改名為生死管理學系，認為藉由生死學研究所設立的光環，生死管理學系的設立也比較容易順利通過。後來，事實證明這樣的改名策略是成功的。雖然如此，在審查委員回覆的意見中，他們對於死亡還是蠻忌諱的，希望對於與死亡相關的課程可以加上生的部分。最後，在改變課程名稱的情況下，例如把死亡法律改成生死法律，教育部終於同意生死管理學系的設系申請。對於殯葬教育而言，這樣的同意代表正式教育體制的建立，也是台灣第一個殯葬專業科系的設立

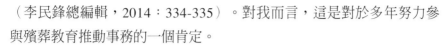

（李民鋒總編輯，2014：334-335）。對我而言，這是對於多年努力參
與殯葬教育推動事務的一個肯定。

　　本來，以為這樣的設立在殯葬教育正式體制的建立上已經大功告
成。可是，天不從人願，這樣的主觀期望還是太樂觀了一點。到了第二
年，也就是民國91年，學校決定將生死管理學系與生死學研究所合併，
表示學校原先的想法不見得就是為了殯葬的需要，而是為了生死的需
要。這麼一來，存在一年的殯葬專業科系就變成歷史。在經過合併之後
的生死學系，原先設計的課程被大幅度的修改，使得這樣的殯葬專業科
系變得不夠專業（李民鋒總編輯，2014：335-336）。對我而言，這是
一個很大的挫折，也讓我清楚知道南華大學生死學系不再是我可以繼續
待下去的地方。因為，它不再以殯葬教育為主，而改以生死學為主。既
然如此，那麼對一個以殯葬教育推動為職志的人而言，這樣繼續待下去
就沒有意義。於是，在民國91年7月我就離開了南華大學生死學系。對
我而言，這樣的離開其實是個考驗，看我有沒有毅力與決心堅持到底？
到底是外在的條件決定我的命運，還是內在的條件決定我的命運？

四、堅持之下的必然

　　到了今天，我發現決定我的命運的不是外在的條件，而是內在的
條件。當然，沒有外在的機運也不行。不過，只有外在的機運也不見得
就可以成事。要成事，除了要把握外在的機運以外，更重要的是，還要
有決心，更要有堅持。在決心與堅持的支撐下，最終，偶然就有機會可
以變成必然。對我而言，在殯葬教育的推動上，沒有最初的殯葬設施
公辦民營的研究，沒有南華管理學院生死學研究所所長的職務，我是不
可能有機會與殯葬教育結緣的。可是，如果沒有後面的殯葬研習課程的
經驗、沒有後面的殯葬管理課程的經驗、沒有後面的殯葬學分課程的經
驗，我也沒有辦法好好規劃出與殯葬有關的專業科系。不僅如此，更重

要的是，在這樣的過程中我沒有被挫折打敗，仍然堅持對殯葬教育的推動，使得我有機會把與殯葬教育結緣的偶然化成生命中的必然，成為我這一生的使命所在。

不過，這樣意義的總結是需要經驗支持的。對我而言，離開了南華大學生死學系，不是我對殯葬教育推動的終結，而是一個新的開始，也是考驗偶然是否可以變成必然的關鍵。在民國91年離開以後，我和殯葬教育的關係並沒有中斷。之所以如此，不是因為我決定要怎麼延續，而是受到朋友支持的結果。對我而言，阮俊中主任是一個很關鍵的人物。因為，他在殯葬推廣教育上很有心，也很有能力，把殯葬的推廣教育辦得有聲有色。嚴格說來，有關殯葬研習的班別、殯葬學分班的班別，沒有人可以辦得超越他，他是台灣這一方面的主要代表。由於他的長期配合與支持，所以我才有舞台與機會繼續堅持下去。如果不是他的配合與支持，就算我想堅持下去，這樣的堅持結果也會大不如預期。

當然，這樣的配合與支持不只有阮俊中主任，還有民國98年設立的仁德醫護管理專科學校生命關懷事業科的邱達能主任，以及民國106年設立的馬偕醫護管理專科學校的林龍溢主任。對我而言，阮俊中主任的配合與支持是我最初能夠好好推動殯葬教育的動力。可是，受到殯葬正式教育體制建立的影響，在經過多年的努力後，這樣的動力逐漸減弱。對此，這不是阮俊中主任的不努力，而是客觀形勢比人強的結果。面對這樣的困境，幸好有邱達能主任的接續配合與支持，我才能繼續往殯葬教育推動的方向邁進。後來，在馬偕醫護管理專科學校設立生命關懷事業科以後，林龍溢主任也跟著加入配合與支持的行列。至此，我在殯葬教育的推動上終於後繼有人。因為，無論是邱達能主任還是林龍溢主任，他們都是殯葬教育推動的第一線尖兵，也是領導者，在他們的引領下，殯葬教育表現出欣欣向榮的氣象。對我而言，這樣的配合與支持不僅可以落實我對殯葬教育的構想，還可以用實踐檢證這樣的構想是否合宜？

除了實踐的部分以外，能夠讓我繼續堅持殯葬教育的推動而不後

悔的主要理由，在於我對殯葬有個人獨到的見解（尉遲淦，2010：134-139）。如果不是我對殯葬有這些想法，那麼要我繼續堅持下去，其實並沒有那麼容易。之所以如此，是因為我不是一個單純行動的人。對於所有的行動，我都希望能夠找個支持的理由。如果理由夠堅強，那麼我的行動就會更堅定。如果理由不夠堅強，那麼我的行動就不會那麼堅定。因此，理由的堅不堅強是我行動的主要依據。現在，我對殯葬教育的推動會堅持那麼久，主要也在於這些想法確實與一般研究殯葬的學者不同，所以才會讓我的行動堅持到現在。對我而言，畢竟這樣的行動不只要對自己交代，也要對文化交代。

那麼，為什麼我會說這樣的交代不只是對自己，也是對文化呢？這是因為殯葬不只是一種客觀的學問，它更是幫人們化解死亡困擾的方法。既然是這樣的方法，那麼它就必須相應於它所要化解問題的人。如果它不相應於它所要化解問題的人，那麼這樣的化解就會無效，也就失去了它本來存在的意義。所以，為了讓它的存在真的有意義，我們在瞭解殯葬時就不能只停留在所謂的客觀瞭解，而要回歸到個人。只有回歸到個人，這樣的殯葬才能產生化解的效果，也才能實現它本來應有的意義（尉遲淦，2018：152）。就是基於這樣的考量，使得我在瞭解殯葬時回到我們現實存在的環境，也就是中華文化的背景。希望在這種情況下所找到的殯葬，真的是可以為我們化解死亡困擾的殯葬。

依循這樣的思路，經過多年的努力，我現在終於可以大膽地說我所瞭解的殯葬確實具有這樣的作用，可以幫我們化解死亡的困擾。那麼，這樣的殯葬是什麼樣的殯葬？如果我們只從西方的角度來瞭解，那麼這樣的殯葬是沒有內容的，它所要處理的單純只是亡者的遺體。既然只是亡者的遺體，那麼當然就和個人的死亡困擾無關。其中，唯一有關係的，只是社會對於死亡的困擾。可是，我們中國人的殯葬認知就不同。對我們而言，我們困擾的死亡問題不是亡者的遺體，而是死亡所帶來的情感斷裂的問題。所以，在殯葬的處理上我們才會用傳統禮俗來處理，認為這樣的處理可以解決情感斷裂的問題（尉遲淦，2017：156）。對

我而言，這樣的殯葬認知是很關鍵性的，它不只決定了我們和西方人的不同，也決定了我們爲什麼是中國人的理由。經由這樣的認知，我知道我自己在殯葬教育推動上應扮演的角色爲何？也知道自己的使命爲何？

根據這樣的認知，在殯葬教育的推動上我就希望培養出來的殯葬業者不能只是西方認知下的殯葬業者，否則這樣的培養就沒有意義。可是，受到清朝末年面對西方船堅砲利戰敗的影響，我們的社會不斷地西化，甚至認爲西方就是殯葬認知唯一的代表。在這種認知錯誤的氛圍中，要推動我所謂的殯葬教育其實是很困難的。不過，困難歸困難，正確該做的事還要做。對我而言，要如何把這樣正確的殯葬認知推廣出去，好好培養出適合我們的禮儀師，說眞的，在已經退休的我來說，是一件不可能的事情。幸好，正如上述所說，在殯葬教育的推動上我已經有了接棒的人，他們就是邱達能主任與林龍溢主任。有了他們的接棒，我就可以安心退休了。因爲，我已走完我該走的路，也完成了我該完成的使命，其他的，就要看後來的接棒者怎麼走了！

五、結語

對我而言，交代總有終止的時候。到了結語的部分，我還是有一些話想說，也算是對這一生的殯葬教育推動奮鬥史畫下一個句點。在此，我所說的句點不代表是所有推動殯葬教育的人的句點。對他們而言，我的句點其實就是他們的起點。當然，站在起點位置的人都會比較辛苦，也會爲他們帶來很大的壓力，不知他們是否可以走完全程，就像我這一生所做那樣？但是，不管實際情況如何，當一天和尚總是要敲一天鐘，只要有恆心、有毅力，我想在同心協力的情況下，要走完全程還是比較容易的。因爲，對他們而言，他們不需要擔負開拓的責任，他們所需要擔負的就是發展的責任。既然如此，那麼我就進一步說說我對殯葬教育所看到的一些問題。

其中,第一個問題就是殯葬認知的問題。到底我的認知是適合我們的,還是西方的認知是適合我們的?對此,至今都還沒有正式論辯過,未來是需要正式論辯的。因為,如果沒有經過正式的論辯,那麼又如何形成共識?如何變成我們殯葬服務的典範?在缺乏典範或典範不合適的情況下,我們又如何培養出合適的殯葬服務人才為社會大眾提供服務?更重要的是,我們又怎麼知道經過自己的服務以後亡者就可以擁有他或她的生死尊嚴?

第二個問題就是殯葬知識與技能的系統問題。對現代的殯葬服務而言,一個服務要被接納必須有它的合理性。如果沒有合理性,那麼被服務的人們就會提出各式各樣的質疑。所以,為了避免這樣質疑聲浪的出現,我們需要對殯葬建構系統的知識與技能。唯有如此,這種質疑的聲音才會消失,也才能確保我們在服務時的專業性。可是,要建構出這樣的知識與技能的系統談何容易,它不是一個人一朝一夕可以完成的,甚至還需要一代人的一輩子。因此,如何同心協力戮力以對,確實是一件很急迫的事情。

第三個問題就是殯葬教育課程規劃的問題。對於殯葬教育課程應如何規劃的問題,不是任何人說了算,它必須有共識。如果沒有共識,那麼就只能各說各話。當然,這種各說各話的情況也沒有什麼不好,它還蠻符合現代講學慣有的自由氣氛。可是,站在為亡者解決生死尊嚴問題的立場上,這樣的各說各話就沒有那麼好?因為,它的重點不在各抒己見,而在解決問題。如果解決問題是重點,那麼如何形成課程規劃的共識就很重要,這也是我們在規劃殯葬教育課程時應注意的事情。

第四個問題就是殯葬師資培育的問題。就我所知,現有殯葬教育師資的提供不是來自於學界的跨領域參與,就是來自於資深殯葬業者的擔任。表面看來,這樣的參與和擔任應該沒有問題。因為,他們不是對殯葬有所專精研究的學者,就是對殯葬擁有多年經驗的專家。可是,在沒有受過真正專業訓練的情況下,這樣的學者與專家就只是一般常識性的學者與專家。對於真正的專業而言,這樣的殯葬師資是有問題的。如果

我們不希望殯葬教育長期處於這種不是那麼專業的狀態，那麼就必須進一步思考改善之道，也就是設立相關研究所的問題。透過這樣研究所的設立，來培養相關的專業師資。

第五個問題就是殯葬教材編撰的問題。雖然現有的殯葬教材已經編出不少，也正式出版了不少，但是這樣的教材是否合乎專業的要求，說真的，沒有人敢保證。之所以如此，是因為這樣的教材編撰通常都是各抒己見，並沒有一定的標準。既然沒有一定的標準，那麼編撰出來的水準自然就會參差不齊。對學生而言，這樣的教材是沒有辦法真正培養出具有一定專業的學生。未來，在服務消費者的時候，自然也就沒有辦法提供真正的專業服務。對我們而言，這樣的結果是會影響整個行業的專業形象。所以，在專業形象建立的要求下，我們除了在教材上要建立相關的共識以外，還要建立相關的審查機制。以上，就是我在正式退休之前對殯葬教育未來發展的最後感想與回饋，僅供大家參考！

參考文獻

李民鋒總編輯（2014）。《台灣殯葬史》。台北：中民國殯葬禮儀協會。

尉遲淦（1999）。〈發展中的台灣殯葬教育〉。《台灣殯葬21世紀——生命禮儀學術研討會會議手冊》。宜蘭：宜蘭縣政府、財團法人旺旺蘭陽文教基金會主辦，1999年3月。

尉遲淦（2010）。〈台灣殯葬教育的定位問題〉。第三屆生死學與生命教育學術研討會。新北：輔仁大學宗教學系、中華生死學會主辦，2010年6月。

尉遲淦（2017）。《殯葬生死觀》。新北：揚智文化。

尉遲淦（2018）。〈由生死議題談喪葬關懷〉。《國際道教2018生命關懷與臨終助禱學術論壇論文集》。高雄：中華太乙道教會、國立台中科技大學應用中文系，2018年10月。

尉遲淦（2019）。〈另一個生死的開端：中華生死學會的誕生與初創〉。2019年第15屆生死學與生命教育研討會。新北：輔仁大學宗教學系、中華生死學會主辦，2019年7月。

7.

台灣地區殯葬設施建築空間設計

馮月忠

馮月忠建築師事務所負責人

北京清華大學建築研究所碩士班

一、前言

　　近年來殯葬學者投入研究政府的殯葬政策，民間殯葬設施、國際建築大師參與規劃設計，陸續出現，創造出結合人性空間，紀念與永恆的故事，肅靜、祥和及莊嚴；可持續環保設計及對人性的尊重，漂亮的殯葬建築誕生。

　　適逢「仁德醫護管理專科學校」生命關懷事業科十週年及尉遲淦老師榮退，身為一位建築人，近年來實際參與台灣殯葬設施規劃設計，結識了仁德醫校校長黃柏翔、主任邱達仁及生命關懷事業科尉遲淦老師及投入生命教育的老師們。其對台灣現代化殯葬設施及優質化殯葬服務提升，貢獻良多，希望一直持續，台灣的殯葬建築及服務，一件一件更符合對「往者」更具「尊重」與對「生者」更具「關懷」的生命價值觀的殯葬設施建築空間提供服務。

　　筆者投入殯葬規劃設計，尉遲淦老師提供非常寶貴的建議及出版之書籍，提供了對殯葬內涵認識，更體會到殯葬是全方位深不可測的學問，使殯葬生死人們為之害怕而只知其表面，因忌諱而不敢討論，現在一步一步打開來了。

二、台灣地區喪葬活動空間

　　鴉片戰爭後，中國一方面反抗著西方文化，另一方面也不斷吸收西方文化中的有用東西，此亦反映在喪葬問題上。

1.建立公共墓地：國內交往的增加，大量來自各地的中國人，也有
　　為數萬計的外國人。在擁有眾多人口的城市，為了處理死者，在
　　西方文化影響下，出現了「公墓」這一新喪葬形式。中國最大的

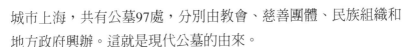

城市上海，共有公墓97處，分別由教會、慈善團體、民族組織和地方政府興辦。這就是現代公墓的由來。

2. 設立殯儀館：外國來華人員，他們過世以後，到哪裡去辦理喪事？城市化客觀要求殯葬服務的社會化。受西方文化的影響，城市中也開始出現了「殯儀館」這種辦理喪事的場所。它們為喪主提供喪具、喪葬用品，並為其進行悼念活動服務，這就是中國最早的殯儀館。它改變了由死者家屬在自己家裡辦理喪事的做法，承擔了提供社會殯葬服務的任務。

3. 實行新喪禮：受西方習俗的影響，早在清末的光緒、宣統年間，即興起了追悼會的喪禮形式。黑紗、花圈也逐漸被人們接受使用。進入民國以後，新的喪禮進一步發展，形成新舊喪禮並存的局面。當時的新喪禮是──喪服：任憑喪主自行穿戴，來賓中男子左臂繫黑紗；女子胸際綴黑紗結；吊儀：具輓聯、輓幡、香花、花圈等，為禮；設備：於靈堂前供死者遺像一張，並陳列香花等物，以及親友致送的輓聯、輓幛等；禮節：奏樂、唱歌、上花、獻花、讀祭文。

此時開始用鞠躬取代下跪，在靈前下跪改為鞠躬。來賓致祭一鞠躬。謝來賓，一鞠躬。追悼完畢送葬，輓聯、花圈和死者遺像導前，喪主隨之，後靈柩，接著是送葬者來賓。這些，就是今天喪葬禮儀的先聲。

民國建立後，南京臨時政府對清代頒行的各種凶禮，如皇帝喪儀、皇后喪儀、貢妃喪儀、皇太子皇子喪儀、親王以下及公主以下喪儀，醇賢親王及福晉喪儀以及品官喪禮等，均一概廢止，僅有士庶喪禮仍保存。此後，北洋政府又先後制定許多禮制，對舊式喪葬禮俗進行了一定程度的改革。

台灣傳統喪葬禮儀或是各種宗教的喪禮儀式，都是隨著社會文化演變的結果。包含住宅型態改變、人口結構改變、火葬比率增加、使用殯葬館、殯葬業者專業化（昔日的土公仔演變成今日的禮儀師）、宗教信

仰多元化、科技進展，喪禮可依每個人的需要或簡或繁或肅穆或隆重來舉辦。各種宗教禮儀都是基於對生命的尊重，以慎重的態度來處理人的後事。

喪禮進行，可分為三個階段，第一階段自初終至入殮，第二階段自入殮到出殯，可稱為「殯」的階段，第三階段自出殯到安葬返主，可稱為「葬」的階段。各階段中的儀式必須有一些特別的空間安排，不同階段轉換時亦有一些必要的空間處理，這三階段的儀式活動力重點及空間，特性分別是：

1. 殮的階段：主要在潔淨與整理、儲藏死者身體，在空間上是屬於家庭內部的。
2. 殯的階段：以停放死者表達哀悼、安排待續喪事為主，在空間上是屬於上層的親族與鄰里。
3. 葬的階段：以告別及最終安頓與祭祀為主，在空間上為鄉土與自然的。

傳統的告別式大部分在家中舉行，有些則在路邊搭棚治喪。但隨著農業社會轉向工商社會，加上住宅空間的轉變與不足，「殯儀館」成為治喪的新場所。在《台閩地區喪葬活動空間之研究》報告中，將儀式與喪葬活動空間的分布繪製成圖（如圖7-1所示），透過由內到外的三個層次詮釋，可看出喪禮是由往生者的遺體為主向外擴散。喪禮活動空間明顯劃分家屋、聚落（社區）的切割；「生」與「死」的界線；以及「陽間」與「陰間」的空間層次。

在喪禮的活動空間包括停柩（冷凍櫃）、靈堂、禮堂，更細分包括冷凍、入殮、停棺、祭拜、出殯禮堂等空間。當家庭成員往生時，家屋則成為喪禮的活動空間，客廳的擺設移置屋外，在客廳中搭設靈堂。以靈堂為中心，前方屬於祭拜空間，後方則屬冷凍、入殮、停棺的空間。

台灣大都市與鄉下舉辦喪事有些許差異，鄉下人為親友舉辦喪事大部分都是左鄰右舍互相幫忙聯絡道士、和尚、香花僧、金紙店、喪葬

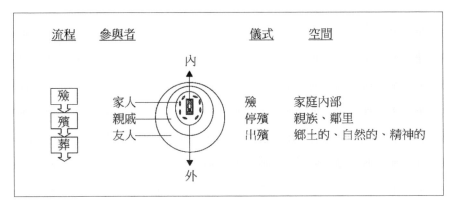

圖7-1 儀式與喪葬活動空間關係圖

資料來源：王楷鴻、劉可強（1995：323），研究者重繪。

用品店、棺木店和向官吏與民意代表要輓聯等等。都市由於工商社會繁忙，都市人為親友舉辦喪事大部分委託生命禮儀公司（早期在台灣被稱為葬儀社），這些生命禮儀公司會派遣禮儀師將往生者往生當日到安葬的全部流程都協助且處理圓滿。台灣社會已都市化，家屬委由禮儀公司專業處理已成常態，若因部分親友要求而加入傳統葬儀社的處理方式，只是使往生者家屬更加勞累。

　　都市人辦喪事也因為生活作息與鄉下人不同，而有些許差異。鄉下人晨昏祭祀「捧飯」都必須在日落之前，而都市人有的因為上班的關係，晚上七、八點才捧飯。鄉下人辦喪事的紙錢灰燼，要丟入溪水或河水之中，都市人只能裝在垃圾袋裡當做一般垃圾處理。鄉下人的房子大部分都是三合院或四合院，多為平房，所以會將遺體迎回家中暫置，夏天較悶熱時，為考慮遺體的狀態，會租冰櫃將遺體暫時冰存。都市人由於電梯大樓或公寓的小電梯不方便運送遺體的生活型態，所以大部分都將遺體冰存在殯儀館。鄉下人由於大部分都將遺體請回家中，當告別式結束後要將遺體送去火化會用靈車運送。都市人由於大部分都將遺體冰存在殯儀館內，而大部分的殯儀館離火葬場都很近，有的殯儀館甚至裡面就有火葬場，所以幾乎看不到靈車，有著諸如此類的差異。

早期大部分的台灣人大都將死者土葬，六年之後再撿骨重新安葬。火葬的方式則從日治時期開始，除了日本佛教亦有火葬習俗之外，官方以公共衛生的觀點推行火葬，開始建立起台灣的公共火葬場，然而除了少數極為虔誠的佛教徒之外，一般台灣民眾對此非傳統「入土為安」的火葬方式仍難以接受。台灣地小人稠，越來越沒有大面積的土地可以提供土葬，1950年代中華民國政府便開始鼓勵國人將往生者的遺體火化，隨著台灣喪葬風俗的改變，在沒有法律強制要求下，2019年全國火化率已達96.3%，目前喪家選擇火化後，骨灰多晉塔安厝。2002年起，《殯葬管理條例》也引進倡導了「環保自然葬」，如樹葬、花葬、灑葬、海葬等新型的喪葬方式。據統計，2002至2018年1月底使用此類環保自然葬形式的民眾約有四萬人，取得禮儀師至2018年有929人。台灣地區至2020年殯葬設施，公墓2,052處、納骨塔518座、火葬場36座（公立多1座，私立多5座）、殯儀館56間（私立10間、公立46間）。

　　台灣民間現行的喪禮流程，較從前簡化許多，多半佛道合一，各地略有不同，一般大概如下：(1)徙鋪；(2)沐浴；(3)套衫；(4)遮神；(5)安靈；(6)開魂路；(7)哭路頭；(8)發訃；(9)入殮；(10)示喪；(11)捧飯；(12)守靈；(13)作七；(14)燒庫銀；(15)燒靈厝；(16)大殮；(17)封釘；(18)跳棺；(19)出殯；(20)進金；(21)點主；(22)返主；(23)除靈；(24)巡墳；(25)完墳；(26)百日；(27)對年；(28)合爐。

　　告別式分家奠和公奠，家奠是給親屬祭拜，公奠是給同事、好友、機關團體、公司行號等祭拜。

　　殯葬禮俗沿襲佛、道教與儒家思想，而儒家喪葬禮俗對喪葬與祭禮，相當注重合乎禮節。從實際層面而言，禮俗原就為人所約定成俗，因地而異，因此會隨時代改變而修改過去各種儀式，特別是近年來，大眾期望葬禮表現以莊重、簡潔為主，因此導致某些地區喪禮習俗可能發展出精簡的儀式，甚至是仿效日本與歐美國家喪禮儀式，但無論外在環境如何變遷，葬禮儀式皆是希望表達對亡者的哀思，因此人們對待與進行殯葬禮俗的基本宗旨與觀念，仍遵循傳統固有的一些理念，喪葬禮俗

融合地方文化走過時空，爲的是表達對亡者之哀思與孝心。

三、國內外殯葬設施建築空間

(一)國內殯葬設施建築空間

◆殯儀館

　　台灣地區最早的殯儀館出現於醫院附屬設施，爲竹東榮民醫院殯儀館。由於土地高度利用及人口的密集、樓層高層化居住型態轉變，政府便開始投入喪葬設施的興建及改進計畫，於都市發展腳步較快的都市設立殯儀館，台北市第一（民國54年）、第二殯儀館（民國67年）、台中市立殯儀館（民國56年）等，期以改善整體喪葬設施及不良風俗，民國80年至89年，端正社會風俗改善喪葬設施及葬儀計畫，興（修）殯儀館48處，民國90年至94年殯儀示範計畫第一期興（修）殯儀館16處，民國98年至101年第二期計畫興（修）殯儀館17處。

　　殯儀館建築型態，早期採中國古代宮廷、廟宇建築形式，屋頂假斜，屋頂（女兒牆）裝飾仿木構造水泥斗拱或拖樑，門窗採古代宮廷、廟宇形式，室內以採中國風裝飾、牌樓，這樣的模式產生一種標籤及符號般的印象。

　　全國沿用舊有設計，未考量喪葬儀式及使用者心理感受，社會變遷後的社會、民俗改變，不符民眾需求。

　　台灣近年來現代化的殯儀館，造型脫離中國宮廷、廟宇建築形式，走向現代化造型，以自然永續、嶄新體驗、溫馨場域、立體化空間、一元化、多功能的殯儀館建築。

◆火化場

　　台灣於日據時代，已開始火化場設置興建，火化場建築形式以磚造

簡陋陰暗，磚造煙囪採自然排風的高大煙囪設計，周邊無綠美化，燃料以木材或煤炭，光復後火化場燃料由煤炭演變至重油燃料。火化場建築形式，採仿中國宮殿、廟宇、假斜屋頂（女兒牆）、中國古式建築的窗及斗拱裝飾，內部中國風裝飾，空間陰暗，設備老舊，髒亂，封閉，陳年髒汙，擁擠不堪。

1991年開始推動端正社會風氣改善喪葬設施及葬儀計畫二期九年之推動計畫，新建之火化場以現代化建築設計、周邊設施、停車場、花園花圃綠美化、藝術造景等，室內空間明亮、寬廣、人性化空間設計、空汙設備，也造成舊有火化場裝設火化設備，設備外陋、管線林立，造成不雅之建築形式。

◆公墓

過去，殯葬雖然是個禁忌，但在現代化的衝擊下，殯葬出現了很大的轉變。對現代人而言，殯葬不再是個禁忌，它是日常生活所需。既然是日常生活所需，那麼它就不能脫離現代生活的要求。在這種要求下，殯葬不再是遠離生活的存在，而是深深受到生活影響的存在。

早期，人們受到禁忌的影響，遺體只要有地方埋葬就好，一般都不太講究。如果要講究，也是站在禍福子孫的立場，要求好一點的風水寶地。至於墓地本身是否能夠符合時代的生活要求，就不在考慮之列。

可是，到了現代，受到禁忌打破的影響，對於墓地的要求就不再只停留在風水上，開始要求時代生活的配合。例如公墓公園化就是配合時代生活要求的一個例子。在公墓公園化之前，墓地設施十分雜亂，各個墳墓大小不一、方位各異。不過，在公墓公園化以後，墓地設施整齊劃一，表示對時代效率的配合。

隨著現代化程度的加深，公墓公園化的作為已經沒有辦法滿足現代人對於埋葬的要求。因為，公墓公園化雖然滿足效率的要求，卻沒有滿足藝術化的要求。對現代人而言，美感是現代化很重要的一環，表示現代人是生活在一個具有高品質要求的社會。於是，在美感要求的影響

下，墓園開始進入藝術墓園的境地。

不過，這樣的境地其實有兩個不同階段：第一個階段是藝術作品進入墓園當中；第二個階段是墓園的藝術化。就第一個階段而言，藝術作品進入墓園當中，是指在原有的墓園中加上藝術作品的陳列，讓原有的墓園帶有藝術的氣息。對於這種墓園而言，它雖然已經藝術化了，本身卻仍不是藝術。因此，爲了讓墓園本身就是藝術，遂有第二階段的作爲，也就是藝術墓園的出現。在這個階段中，這樣的墓園不再是原有的墓園加上藝術作品的陳列，而是墓園本身就是一種藝術的展現。也就是說，墓園本身就是一種整體的藝術設計。這時，美感不再是外加的，而是由內而外呈現的。

對於這兩個階段，我們可以以台灣北部的金寶山爲例說明。在墓園的前段，有朱銘的雕刻與其他的墓園設置。這樣的設置就是墓園的藝術化，屬於第一階段。至於後段的玫瑰園，它就不再以墓園爲主，而以藝術化爲主，所以看不出突出的墓地設置，只有廣大的園林造景。這種設置就是藝術化的墓園，也就是藝術墓園，屬於第二階段。

本來，在高品質的要求之外，現代人似乎不應該再有什麼要求。但是，在高品質的要求之外，現代人希望能夠凸顯自己。所以，對於生活部分才有客製化的要求。同樣地，對於這樣的要求現在延伸至死亡上面，希望死亡的埋身之處也可以客製化。面對這樣的客製化的要求，要滿足它就必須進入意義的層面，也就是把個人的故事帶進墓地的設計中。

那麼，要怎麼把個人的故事帶進墓地的設計中？在此，以環保自然葬爲例。首先，把環保的訴求當成設計的背景，作爲整體規劃的方針，讓整個墓園看起來就是一個自然之家。其次，在個別墓地的設計上，把亡者生前對於環保的具體要求融入墓地的設計裡，讓個別的墓地變成亡者生命再現的舞台。如此一來，有關殯葬設施的設計就透過個人故事的訴說正式進入意義的階段。

◆骨灰（骸）存放設施

大約在民國70年以前，墳墓面積未規範，加上行政管理鬆散，加之多數採取土葬的方式以致公墓飽和，造成濫葬氾濫嚴重。此時政府為解決濫葬問題，適時地推出公墓公園化的輪葬政策，試圖解決墓地不足的問題，但因公墓公園化的埋葬期間是訂有使用年限的，使用年限屆滿時，必須撿骨再葬，於是又衍生了新的問題，因撿骨再葬不可能在原墓地，必須再規劃一個符合經濟效益又環保的葬法。於是政府的殯葬政策就研議出興建骨灰（骸）存放設施的措施，以解決「葬」的問題。

納骨堂塔因在台灣地區構成內涵不同而形成「政府興設公立納骨堂塔」、「私人興設納骨堂塔」並具有「鬼魂學習之神聖中心」、「寺廟附設納骨堂塔」並具有「鬼魂受福之神聖中心」三種型態，致使納骨堂塔作為人文活動，祖先祭祀與追思、作七、作祭的空間場域。

清明節或重陽之祭祀、宗教性活動、起駕法會、早晚課、風水術行為、選塔、擇日晉塔等。

公立納骨塔風水性地理景觀形式、建築形式風格以簡單造型語彙與裝修為主；寺廟附設納骨塔可眺望性景觀及清幽環境形成建築物造型風格以呼應寺院內建築物造型一致性，避免裝飾過度花俏；私人納骨塔風水性地理景觀形式，盡量講求華麗莊嚴佛土意象於建築物內外部空間造型與裝飾上。

台灣納骨塔外觀造型，基本上仍由佛塔及明堂之兩種意涵型態開始演化，「閣式納骨塔」及「宮殿型宗廟式納骨堂」中第一種早期所興建「正方形宮殿型宗廟納骨堂」，分別代表演化佛塔及明堂之意涵存在於納骨堂塔外觀時的基本型態。

「閣式納骨塔」即由多層樓閣式佛塔及密檐式佛塔之塔身簡化為單層而成，塔宇本身所具堆聚而言，立體化使用在宮殿型、宗廟型、寺廟型納骨堂，在外觀上演化變成多層型宗廟式塔、四角型多層樓閣式塔、壇城式納骨塔，現代西式，外觀造型上顯示出立體化使用。「正方形宮殿型宗廟納骨堂」，其乃由「宮殿型宗廟式納骨堂」之堂身原具長方型

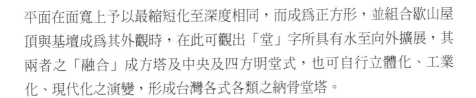

平面在面寬上予以最縮短化至深度相同，而成為正方形，並組合歇山屋頂與基壇成為其外觀時，在此可觀出「堂」字所具有水至向外擴展，其兩者之「融合」成方塔及中央及四方明堂式，也可自行立體化、工業化、現代化之演變，形成台灣各式各類之納骨堂塔。

◆基隆市南榮公墓新建納骨塔先期規劃選址

1.新建需求

　　就現代的政府而言，如何讓人民生死兩相安是一件很重要的事情。如果一個政府可以做到這一點，那麼這個政府就是一個好的政府。如果做不到這一點，那麼這個政府就會受到人民的詬病。所以，如何讓人民生死兩相安是現代政府施政的重責大任。

　　現在，就死亡的部分而言。從民國101年起，基隆市的死亡人數已經突破2,500人，來到2,681人。自此以後，死亡人數就沒有低於2,800人。到了民國107年，更突破3,000人，來到3,031人。由此可見，基隆市的死亡人數只會逐年增加，不會減少。那麼，對基隆市政府而言，面對這麼多的死亡市民，它有責任協助他們處理死亡的問題，安頓他們的生死。如此一來，這樣的施政作為才算是一個好的政府應有的作為。

　　問題是，就現有的納骨塔而言，基隆市公立的塔只有一支，也就是基隆市立殯葬管理所納骨塔（南榮公墓納骨塔）。這支塔從民國73年7月1日開始啟用，到現在已近三十五年之久。到目前為止，使用容量為骨灰8,944位，骨甕3,660位，合計12,604位，約占總容量的91%。剩下的容量，骨灰為1,219位，骨甕為41位，合計1,260位，約占總容量的9%。依據目前使用情形，民國106年使用量，骨灰為339位，骨甕為25位，合計364位。按照這樣的使用情形，不到四年的時間，塔位就會滿了。所以，從未來的使用需求來看，基隆市政府有責任在短期內興建新的納骨塔，滿足市民的死亡安葬需求。

　　雖然在安葬的問題上，不只有公立的納骨塔，也有私立的納骨塔，在數量上，私塔的數量遠大於公塔，近乎公塔的15倍多，照理來講，這

樣的數量足以滿足基隆市民超過六十年的死亡安葬使用，但是對市民而言，使用有使用的習慣，和公私立的分別沒有太大關係。再加上，公立納骨設施的收費較為低廉，幾乎不到私立納骨設施的一半，甚至更低，且在經營上更比私立納骨設施來得可靠，幾乎沒有塔滿不再服務的問題。從這些因素來看，基隆市政府有責任興建新的塔，滿足市民的死亡安葬需求。

那麼，這樣的新建需要多大的數量才能滿足市民的死亡安葬需求？就我們的瞭解，這樣的滿足是一種替換式的滿足，也就是以新代舊的滿足。因此，在數量的考量上，就不能只考慮舊有的需求，也要考慮未來新增的需求。就現有的總容量而言，骨灰為10,163位，骨骸為3,701位，合計13,864位。未來的需求基本上至少要滿足現有的需求數，也就是13,864位。不過，除了這樣的滿足外，它還要考慮每年的晉塔數，也就是一年364位的晉塔數。如果以三十年為例，總共晉塔的需求數就是10,920位。從這兩者相加來看，原有的使用數加上未來三十年的使用數，總共為24,784位。也就是說，未來設計總容量時只要25,000位就夠了。

可是，我們不要忘了，未來還有遷葬的問題。如果未來不再舉行土葬，那麼現有的公墓區就有取掘再葬的需要。這時，至少需要有多餘的容量來容納。再加上一般塔的使用習慣，不是百分之百的利用，而是百分之七、八十的利用。基於這樣的考量，如果遷葬的數量預估為10,000位，塔的利用率為七成，也就是35,000位，那麼加總結果，未來新建的塔約為50,000位較為合適。

此外，對一個現代化的政府而言，有關死亡安葬需求的處理不能不滿足現代高品質的要求。如果我們希望市民死亡得有尊嚴，那麼政府就有責任提供高品質的納骨設施，讓市民在安葬時能夠擁有他們的死亡尊嚴。基於這樣的要求，民國73年興建的納骨塔，顯然就不能滿足這樣的需求。現在，在現有的塔容量即將屆滿之際，基隆市政府有責任興建新的塔，用來取代舊的塔，提升市民的死亡品質與尊嚴。

最後，為了滿足多元葬法的需求，在配合中央多元環保自然葬法

政策的推動下，未來在興建新塔的同時，就可以考慮增加樹葬區或花葬區。對基隆市政府而言，這樣的增加一方面可以配合中央的多元環保自然葬的政策，一方面可以滿足市民對於環保自然葬的需求。這麼一來，對不同死亡安葬需求的市民，這樣的增加就可以滿足他們各自的需求，也可以讓他們的死亡顯得更有尊嚴。

2.設計理念

由於基隆市是一個國際海港，所以所有的建設都應該能夠凸顯國際海港的特質。基於這樣的考量，在未來興建新的納骨塔時，就不能謹守於過去的傳統造型，讓市民一見就直覺又是一支納骨塔，而要融入海港的特質，讓市民覺得這一支塔不只是一支塔，也是一支讓市民覺得榮耀的地標建築。為了形塑這樣的印象，在未來設計這一支塔時，就必須融入海港的特質。再加上，納骨塔作為市民安葬的場所，具有從此岸到彼岸的象徵意義，使市民覺得安葬於此是可以順利前往彼岸。對一個剛剛喪親的市民而言，這樣的象徵意義可以撫慰他們的傷痛，為他們帶來悲傷輔導的效果。因此，船的意象就成為設計思考的重要參考元素。未來，經由這樣的意象設計，使市民對於死亡處理產生正面的印象，達到正向的生命教育效果。

3.定位問題

對興建新的塔而言，這一支塔的興建不是為了與民爭利，威脅民間納骨設施業者的生存，而是為了考慮市民的需求。對市民而言，有的市民比較喜歡放在公立的塔。既然如此，那麼在考慮市民喜好的情況下，基隆市政府就有責任滿足他們的需求。

對於另外一些經濟狀況比較不好的市民，他們也有他們對於安葬的考量。這時，經濟因素就是很重要的考量。如果可以有地方幫他們設想到經濟的因素，讓他們在安葬處理時不會帶來更多的負擔，那麼這樣的作為就能幫他們解決死亡處理的問題。對基隆市政府而言，這樣的關懷與協助也是市政府本身應當善盡的責任。

此外，對一個國際海港所在地的基隆市而言，它不只在生活的部分要跟上現代的腳步，讓市民享有現代建設的好處，也要在死亡處理的部分，提升死亡處理的品質，讓市民在死亡處理的部分也可以擁有現代的品質與尊嚴。因此，在納骨設施的建設上就必須能夠滿足上述幾個因素的要求。基於這樣的要求，基隆市政府現在有關納骨設施的新建正好可以化解上述的問題。

4.選址問題

　　如果舊有的塔已經不敷使用，而新建的塔正要興建，那麼到底要建在哪裡比較合適？對基隆市政府而言，有關選址的問題現在有兩個考慮：一個是新建在殯儀館對面的公墓區；一個是舊塔拆除重建新塔。以下，我們分析這兩個不同方案的優缺點。

　　就第一個方案而言，新建在殯儀館對面的墓葬區，它的優點是離殯儀館與火化場較近，在舉辦告別式與火化後，就可以直接晉塔。此外，興建過程中，不用考慮舊塔骨灰與骨骸的存放問題。它的缺點是在興建過程中會對殯儀館的服務帶來衝擊，使民眾在治喪時容易受到干擾。此外，在興建之前，需要先行遷葬公墓區內的公墓，不僅在建設作業時容易增加作業的困難度與複雜度外，也容易在成本方面因著遷葬的補償費用增加更多成本。

　　就第二個方案而言，如果是舊塔拆除重建新塔，那麼它的優點是可以降低施工的困難度與複雜度，也沒有遷葬的補償費問題，可以降低建設成本，更不會干擾殯儀館的服務作為。而缺點則是，舊塔的骨灰與骨骸的存放在興建過程中會有暫時存放的問題。

　　比較上述兩個方案，我們認為第二個方案可能比較合適。理由在於，第二個方案雖然有骨灰與骨骸的暫時存放問題，但是這樣的問題是可以克服的。就目前的骨灰與骨骸的暫時存放區而言，這樣的暫時存放區就可以解決上述的暫時存放問題。此外，站在節省成本與降低施工干擾的立場而言，第二個方案是無可拒絕的方案。因為，它不只可以降低

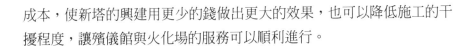

成本，使新塔的興建用更少的錢做出更大的效果，也可以降低施工的干擾程度，讓殯儀館與火化場的服務可以順利進行。

(二)國外殯葬設施建築空間

歐美殯葬空間性質上空間是莊嚴與素淨。儀式過程簡單隆重，建築的形式與配置所形成的空間氣氛，讓人感覺對生命的尊重，在空間構成元素，除了一般儀式空間外，規劃休憩、停留及景觀，對於死者家屬的需求尤其重視。

就拿日本來說，日本境內宗教雖然仍以神道教及佛教為主，但是同時也存在著新興宗教林立的現象，照道理說，日本人在身後事的處理空間上應該面臨了比台灣更為棘手的問題才對，但是和式文化對於生者與逝者的尊重的卻巧妙的化解了這個難題。以火葬設施為例，幾乎大部分的火葬場都會把爐前的告別空間及火化後的撿骨空間獨立設計，例如位於愛知縣豐田市的古瀨間聖苑就是一個結合接待區、儀式區和火葬區的綜合性殯葬設施，雖然禮堂（日稱：式場）數量有限，但因採取嚴格之區隔時段安排，使得不同信仰的喪家之間不會互相干擾，甚至還有喪家休息室的設計（日稱：遺族控室），因此不管何種宗教的喪家都能獲得一定程度的私密性與尊重。此外，火葬區的緊鄰設置也能減少喪家的不便，獨立告別室與撿骨室（日稱：收骨室）的設計也讓喪家獲得基本的私密與尊重，使得喪禮的過程成為一個家族最重要的溫馨回憶之一，其他像是遺體運送動線以及服務動線等，也都充滿令人（台灣人）訝異的人性考量。古瀨間聖苑並不是一個特例，類似的殯葬建築在日本比比皆是，然而這種情況一點也不奇怪，國人若有印象，幾年前的華航名古屋空難發生後，電視上除了家屬傷心欲絕的景象外，最令人窩心與自嘆不如的應該就是日方處理人員對待遺體的慎重態度了，日本人對於殯葬空間的重視自然其來有自。

近代日本建築大師槙文彥（Fumihiko Maki）的「風之丘葬齋場」是一個近年來備受國際矚目的殯葬設施作品。槙文彥的作品素受日本與西

方建築界推崇，被尊稱爲「精緻的現代派」，在許多個案中，常能運用精緻的現代材料或是現代工法來展現古樸風格或是具有強烈文化色彩的複合印象，本案自然也不例外。風之丘葬齋場位於日本國大分縣中津市，於1997年2月落成啓用，設計概念除了具備日本人對於人性的一貫尊重外，在空間氛圍上則充分反映了建築之美與傾圮（象徵死亡）的無奈，以及建築師對於生死大事的深沉思考，園中雖然未見日本傳統建築的形式特色，但卻處處充滿和式建築的安祥與寧靜，包含精心安排的使用動線與爐前空間。主要的空間特色來自一條故意拉長呈曲折狀的主要通道，該通道銜接了禮堂與火葬場，途中布滿了從上方灑下的光線與陰影，時而明亮時而幽暗，時而開朗時而傷感，豐富的空間表情除了暗示生命之不可知與死生契闊的難捨之情外，詩性的空間特質也使得喪家能在喪親的痛苦中感受到一些安慰與體貼，若說人性空間爲何，想必這就是最佳的例證。

◆殯儀館

1.西班牙公墓新建項目——賴索托殯儀館新館

西班牙賴索托殯儀館新館占地1,698平方米，由TASH設計，位於Toledo公墓園內。墓地是每個人都要去的地方，我們每個人都以不同的方式相互影響著彼此。來這裡的人包括遊客、逝者的朋友或家人，Toledo公墓的舊館已經無法接待如此眾多的客流量。爲此，Toledo於2008年開始籌建新館。

該殯儀館位於Toledo公墓一個高起的平台。從這裡參觀者能夠看見遠處的城市中心，以及新的地區和開闊的塔霍河河岸。TASH的設計充分利用地理上的優勢，讓其成爲該處的主線構建整體項目。

設計師最大限度地利用場地高度優勢，結合城市中心的輪廓，以一個石頭牆爲參考。每個主要入口部分被當成一個巨大的通道，這裡有著絕佳的視野連通室內和室外。

進入大樓就會看到一塊石頭牆砌築的市中心的輪廓，這是利用建築做了一個形象造型。主通道的每一部分都像長廊一樣考慮到利用它的最

佳視角來顯示它的優勢，或是導體，還可以顯示或隱藏或定製和排列建築內外不同的構圖。在項目設計過程中，如何權衡景觀和不斷進出的客人流量之間的密切是需要考慮到的兩個目標。

在墓地前面挖了一條溝建成的一條走廊，可以看到周圍的景色，同時也由於有了從東南面到西南面建的一個由混凝土懸臂板做的拱形頂面而把陽光給遮住了。該走廊在上方使用板條以防止太陽的照射。

這個走廊的線性空間曲折，尋找大教堂和市中心的最好觀察點，是在一處靠邊的地方並且在此處增加了性感和活力。途徑劃分並分成兩個明顯不同的區域，只是由墓地聯繫在一起。通過走廊設置像「活力」一樣，慢慢的就遺忘了這些感情。

賴索托殯儀館新館

小鎮殯儀館

2.西班牙小鎮殯儀館

透過獨特的漏斗造型喚起了使用者對上帝深刻的感知體驗。帶有栓孔的混凝土圍合而成建築體量彷彿從土地中生長出來，在人們與死去的人告別時，慰藉他們的心靈。建築師設計了一個特殊的造型，使得建築直接與太陽發生對話，表示對最原始的太陽神的崇拜。

3.停屍間&教堂（西班牙）

設計師最大程度的保持功能單純，整體設計簡單而單純。建築顏色選用白色為主線，教堂位於建築一端盡頭。灰色的外觀，講究的運用著白色，內部設計以簡潔為主。

◆火葬場

1.日本風之丘火葬場「生命的極致」

　　風之丘火葬場就位於日本中津市郊區山國川岸邊的一片高地上，北面可望見中津市的街區。這裡自古以來就是附近居民的火葬場，並集中了一座座墳墓，大凡誰家有人亡故，都把這裡作為殯葬的首選之地。槇文彥設計的基本出發點是與周邊環境相協調，為死者提供充滿同情和尊嚴的氣氛。

　　在空間的組織和室內外的關係處理上，除了槇文彥一貫對庭院慣用的手法外，明顯留有東方思想影響的痕跡。在風之丘火葬場裡，有一個滿栽植物的前院、一個水庭，加上休息廳外半開敞的庭院，三個院落。傳統日本庭院的審美觀建立在禪宗哲學基礎上，追求一種「空」、「虛」、「無」的境界。

　　　　　　　風之丘火葬場

　　鑽石山火葬場

2.香港鑽石山火葬場

　　透過重新演繹向離世者最後致敬的儀式，新的鑽石山火葬場提供了一個平靜、祥和及莊嚴的環境，讓親友可以以平和的心境去面對悲傷而又不可避免的時刻。其平衡、平實、平靜；可持續、環保設計，以及對人性的尊重值得褒揚。

3.比利時Heimolein火葬場

　　這是位於比利時的一個火葬場，有兩個主要的建築。一是上面開

著不規則小方窗的焚燒樓，另一個是虛實對比明晰，儀式感很強的接待樓。基於環保和實用的考慮，建築師將兩棟樓分開，也因此，這兩棟樓可以根據自己的功能展現出不同的特徵。

Heimolein火葬場　　　　　　　陵園火葬場

4.韓國首爾陵園火葬場

　　建築以「地景藝術」的形式嵌入地形中。建築沿庭院配置了舒展的曲線帶狀結構，屋頂如同花瓣一般疊放。在此自然和諧之美扭轉人們的一些悲痛心情。

5.義大利的帕爾馬火葬場

　　這個羅馬式建築位於帕爾馬北部的瓦勒拉公墓，距新建的環城公路一公里。布置在農田與城市之間，建築外圍砌起一圈圍牆構築出一個理想的生死悼念之地。

帕爾馬火葬場　　　　　　印度教火葬場和墓地

6.印度教火葬場和墓地

葬禮分爲五個連續的部分：準備、火葬、哀悼、淨化和紀念。該建築根據這個流程，布置了一系列的結構，以哀悼和祝福。每個結構都象徵著愛和失去的意義，並重申死亡是生命延續中自然的、不可避免的結果。

7.荷蘭Zorgvlied火葬場

火葬場是一棟獨立式的建築體量，包括了一個火化爐和處理室，和通常的禮堂分離了開來。

項目結構設計的聚焦點被放在了告別儀式上。它的設計引導著人們的親身參與，並允許每一個參與者都能按照自己的獨特方式來定義告別儀式的形式和意義。

Zorgvlied火葬場　　　　　快樂墓園

◆公墓

提到墳墓，很多人都會有陰森恐怖的刻板印象。其實無論是古今中外，墳墓對於人或家族的意義都很大，世界上有很多名人的墳墓或者公墓中，都蘊藏了深厚的美學情懷。

作爲每一個人結束一生勞苦、最後得以休息長眠的地方，墳墓也有著各式各樣的美。讓我們一起來欣賞這些優美的墓地，說不定也會成爲你的下一個旅遊目的地唷！

1.快樂墓園（羅馬尼亞）特色：彩色的墓碑

這是由旅遊博主Merlin和Rebecca於羅馬尼亞旅遊時發現的墓園，它沒有大多數墓園的沉悶與灰暗，反而色彩繽紛，宛如一座美麗的公園。

這座墓園位於羅馬尼亞西北部的潘塔村（Săpânţa），它被稱為快樂墓園（The Merry Cemetery）。在這裡可以看到一座座五顏六色的墓碑，墓碑上的手工彩繪描述死者去世的原因，死者的黑白遺像用卡通畫像取代。

1977前以前，快樂墓園裡墓碑上的刻版畫是由當地的藝術家Stan Ioan Pătraş打造，他從第二次世界大戰之後就開始這項藝術工作。Pătraş過世之後，由他最得意的徒弟繼續這項事業。經由Pătraş與徒弟的改造，每座墓碑訴說著亡者的人生，不再只是一塊冷冰冰的石頭，而是亡者留下給後人的回憶。

在快樂墓園裡的每座墓碑都刻畫著亡者的生平故事，也有簡單的墓誌銘介紹亡者。

有些墓碑包含著兩個故事，其中一面描繪他們生前的工作，另一面則描繪他們死亡的原因。埋在快樂墓園的有木匠、農夫、軍人、家庭主婦、老師、音樂家等等，他們都來自潘塔村。一手打造這座繽紛墓園的Pătraş過世後也埋在這裡。因為Pătraş的裝飾藝術，墓園、死亡變得不再陰森可怕、悲傷沉重，亡者都在這座墓園裡相聚、重逢，從此歡樂地長眠在快樂墓園裡。

2.奧之院（日本關西）特色：紅葉之美

奧之院是弘法大師的靈廟，也是弘法大師最後的長眠之處。日本佛教真言宗的創始人弘法大師，法名空海，俗名佐伯真魚，密宗灌頂法名遍照金剛，諡號弘法大師。他是日本佛教歷史中最重要的一位僧侶，曾發願永不入滅，在高野山內堂入定留身。

奧之院路上筆直的參道，也是諸多日本戰國名將長眠之處。高野山

上有超過20萬座的墳墓，其中包括日本戰國時代著名將軍織田信長、本多忠勝、上杉謙信。這些響噹噹的人物過世後都一起到高野山當鄰居，眼前這座墳墓是武將前田利長的墓園，前田利家是織田家重要的家老，豐臣秀吉手下五大老之一，連德川家康也要讓他三分。

奧之院道上處處可以見到五輪塔，五輪塔由五大元素所組成。佛教界認為宇宙由地、水、火、風、空五種要素所組成，由下往上，方形代表地，圓形代表水，三角形代表火，半月形代表風，最上則是陀羅尼寶珠代表空。每個元素都刻有相應的梵文，這也代表了高野山在生死之間生生不息，循環復始。御廟橋是由36片橋板構成，加上橋邊護欄，總共37根，代表金剛界37尊，日本佛教對於建築意涵十分講究。御廟橋前方是高野山最神聖之處──「奧之院御廟」，如今真言宗的信徒們仍相信弘法大師在奧之院御廟的石窟中等待彌勒佛的下生。

御廟橋下河川名為玉川，是奧之院參道的第三條川，也是日本傳統中所稱的三途川，代表隔絕生死兩界的河，遊客一旦度過了那三途川，也就是進入了亡者的世界，傳說玉川這是劃分冥界與人間的一條河，如果你想留在陽間就千萬不要過橋。離開燈籠堂後方，可以見到一處小型御廟，這就是弘法大師的長眠之處，御廟旁有香火蠟燭及花束，此處是奧之院最為神聖的地方。繼續往前走，位於燈籠堂正殿下方有一處地宮，地宮布滿著無數的小佛雕像神龕，地宮是奧之院的納骨塔，走在地宮內是一層一層的迴廊，小佛雕像是1984年舉行1150週年時由信眾捐贈的，地宮內供奉弘法大師使用過的念珠及金剛杵。

奧之院

森林公墓

3.瑞典‧斯德哥爾摩森林公墓

　　北歐的墓園反應出北歐民族對於大自然的愛好，以及對生死哲學的看法。瑞典斯德哥爾摩的「森林墓園」是第一個被列為世界遺產的墓園，也是許多現代墓園的設計參考對象。無論是槙文彥所設計的「風之丘」齋場，抑或是伊東豐雄設計的「冥想之森」，多少都受到這座森林墓園的影響。

　　墓園的規劃分為禮堂、火葬場、草原、紀念山丘、湖泊以及森林墓園。三座教堂排列在主要軸線一側，分別是信仰、希望與十字架，而火葬場則隱藏在樹林之中，讓人不至於有恐怖害怕的感受。從入口處朝著巨大的十字架走去，似乎走完了人生之路，在葬禮結束之後，越過草皮，爬上紀念山丘，在微風吹彿之下，俯視著整個墓園，好似回顧著自己的人生一般。

4.義大利古比奧墓地「向天空開放」

　　古比奧墓地的擴建是義大利最重要的中世紀城市墓地擴建項目之一，在城市中重新定義了本身的意義與地位。建築師Andrea Dragoni受到James Turrell系列作品Skyspaces的啟發，建立一系列獨立於墓地，能讓人放鬆、反思的藝術空間，這些空間頂部均有正方形朝向天空的窗口，從黎明到黃昏，光影變幻。

　　這一方天，讓人彷彿掙脫地球引力，到達另外一個層次：心靈的束縛被解開；視野和思維得以遠遊；精神被深層次洗滌和昇華。這系列十分特別的空間與建築緊密關聯。William Richard Lethaby說人類置身大千世界中難以整體理解世界，只有先擺脫周遭，才能理解去它。從這個意義上建築可以理解為世界的縮影，它代表了一種界限，我們可以透過建築，去感受世界的存在。

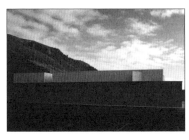
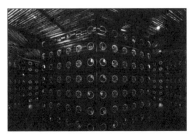

古比奧墓地   Hasshoden葬骸所

◆納骨設施

日本Hasshoden葬骸所

　　這裡的葬骸所有超過四十年歷史，由於鮮少使用，所以被安靜地置於一旁。佛教本不是單純保佑家庭興旺的宗教，祭奠行為不會輕易隨著墓地的形式變化而改變。因此，建築師決定葬骸所的改造不僅要與「死」相關，還要與寺廟成為一個整體，吸引「生」的人。

四、台灣地區現行殯葬設施問題及建議

(一)殯儀館問題及建議

◆殯儀館交通問題

　　隨著都市化、人口集中以及火化率的提升，舊有的喪葬活動舉辦方式所帶來的交通、噪音問題影響甚大。現在社會中已經較少見於道路上舉辦喪葬活動的方式。但是喪葬活動依舊存在著大量的需求，殯儀館等殯葬設施的興建就是在解決此問題，政府在興建殯儀館時，若是沒去考量到該地區的使用量情形或是其他影響因素，興建了不夠使用的殯儀館

數量，造成大量喪葬活動需求發生在同一處，也可能造成該殯儀館地點衍生出更嚴重之交通問題。因此，在興建新的殯儀館的時候，若是能瞭解該地區影響舉辦喪葬活動的各項因素，進而瞭解該地區可能存在之喪葬活動的使用量以及可能吸引來的交通量，政府便可藉此來評估興建殯儀館時，興建地點及數量的多寡可能對該地區造成的相關影響。

到殯儀館的主要原因參加告別式的民眾，若是火化場與殯儀館分別設置，一地區可以設置多間殯儀館，則可以將舉辦告別式的民眾分散於各地方舉行，參加告別式的民眾所產生的交通量也會因此分散來，不會集中在少數的殯儀館，造成該地點鄰近道路的交通問題。

由於都市化的關係以及火化率的提升，愈來愈多民眾選擇以火化的方式來處理遺體，民眾因此在選擇殯儀館舉辦喪葬活動時，會因為方便性而傾向選擇在有火化場的殯儀館內舉行。無設置火葬場，會有使用比例較低的情況發生。

◆興建問題

興建設置殯儀館所面臨的困難與問題是很繁雜的。依照目前的社會生活型態，殯儀館是一個民生必需的公共設施，必須廣為設置才能滿足使用需求。

1.廣設禮廳及靈堂

目前台閩地區禮廳及靈堂的設置嚴重不足，各級政府普遍的心態是認為「有」就行了，而未實際考量是否「足夠」。雖然《殯葬管理條例》已增加禮廳及靈堂可單獨設置，但是其設置條件是很嚴苛的。若要解決禮廳及靈堂不足的問題，建議採取以下方式：(1)台閩地區公墓及骨灰駁設施的分布，幾乎每一個鄉、鎮、市都有。各級地方政府應評估老舊公墓實施遷葬改為環保自然公墓，並附設簡易之禮廳及靈堂，鄉、鎮之民眾即可就近辦理喪事，減少在自宅搭棚辦理喪事之不便；(2)鼓勵宮廟提供場所供信徒往生後可在他生前信仰的場所辦理喪事，這才符合宗

教普渡眾生的情懷。目前基督教及天主教都提供場所供信徒舉行喪禮。國人信奉佛教的信徒眾多，各大佛教如能在其大殿外提供偏殿供信徒辦理佛儀喪禮，應是教化民心面對生死的最佳做法；(3)各級政府可提供公共設施給民眾辦理喪禮。所謂公共設施應限制為供民眾集會活動的場所，例如社區活動中心、鄉鎮市公所的禮堂及學校的大禮堂等場所。當然上項場所必須訂定使用規定，例如使用時間限制為假日，棺柩不得進入場內，必須先火化以免影響公共衛生、噪音管制規定等。

2.遺體處理室規劃問題

遺體處理室泛指遺體退冰室、洗穿化室、入殮室及防腐室等，目前殯儀館內最亟需改進的就是遺體處理室。遺體退冰室大多是所有遺體放置在一個房間內等待退冰；洗穿化室內之洗屍床為固定式，極其簡單，無法完全清潔遺體；至於入殮室則是普遍嚴重不足，以及設置不夠溫馨寬敞。故遺體處理室改善的具體做法是：(1)遺體退冰室及洗穿化室應該以隔間方式處理，換言之，就是一間安置一具遺體，一間設置一個類似SPA的活動洗屍床，並裝置負壓空調及臭氧機，解決空氣品質問題；(2)入殮室的使用，大部分是在同一個時間點，故必須多設置，方可以宗教儀式從容完成入殮；(3)殯葬管理單位亦應請宗教師協助設計符合宗教風俗且寬敞的入殮室，提供入殮使用，可達到悲傷撫慰的功能；(4)防腐在台灣地區較不為民眾所接受，故大部分殯儀館都未設置。惟隨著防腐技術的多元方式，遺體防腐勢必會愈來愈被民眾接受，殯儀館應妥為規劃設置防腐室。

3.禮廳及靈堂不足問題

因為國人迷信風水擇日，故奠禮都會選在旺日，造成禮廳的不敷使用。國人治喪的時間大多數在十日以上，以至於供守靈的靈堂不足。而禮廳與靈堂又是殯葬服務的重要場所，優質的殯葬設施才能發揮專業的殯葬服務。所以增建禮廳、靈堂及廣設殯儀館是刻不容緩的事項。但事

與願違，地方政府一向不把興建殯儀館列為重要施政項目，甚至以辦理聯合奠祭的方式來調節禮廳不足的問題，以設置靈位室（拜飯間）的方式，將所有靈位安置在一個大的室內空間。此種守靈方式怎麼能解決喪家面臨喪親的悲痛與無奈，也難怪部分喪家寧願在家治喪，打擾鄰居，這都是主政者的無能所致。為了解決禮廳及靈堂不足的問題，第一項措施應該先將舊的設施打除，興建立體高樓層的禮廳及靈堂。第二項措施可以將第九條殯葬設施之設置條件放寬，鼓勵民間興建。第三項措施是不妨在假日期間先開放公部門、學校的禮堂，提供民眾申請辦理奠禮，達到殯葬在地化的目標，當然以上做法都不可將靈柩抬入場所內，應該先火化裝罐後才可為之。第四項措施是修法規定每一鄉鎮、市、區公所最少需設置一處殯儀館。如此，殯儀館定位為生活必備的公共設施，而不是鄰避設施了。

◆政府資金、人力有限、殯葬設施更新勢在必行──公辦民營方式

　　台灣殯葬設施皆為政府專營，四十餘年來，設施已老舊不堪，且未跟著「現代化、少子化、小家庭化」等社會變遷進行設施更新，加上人員服務品質良莠不齊，民眾觀感不佳。

(二)火化場問題探討及建議

　　殯葬問題的癥結大部分是因土葬用地的不敷使用。為火化棺柩的場所嚴重不足，即使政府提出各項補助計畫，鼓勵地方政府興建火化場，成效仍有限。火化場的問題值得探討及提出解決方案：(1)火化場設置於骨灰骸存放設施之可行性；(2)火化場設置於工業區之可行性；(3)撿骨火化專用爐設置問題；(4)火化場委託民間廠商操作之可行性；(5)火化場空氣汙染防制設備的問題；(6)火化爐具及空氣汙染防制設備購置的問題。

(三)公墓問題探討及建議

　　自古以來民眾對於遺體的處理幾乎全部是以土葬方式營葬，同時相沿成習，衍生出各種喪葬禮儀，成為民間重要的習俗活動，政府沒有能力介入而採放任消極的態度。但隨著工商社會的到來，需要廣大的土地從事生產製造，同時廣大的從業人口集中在都市，面臨居住土地的需求，此時土葬所產生的汙染、雜亂現象就會被民眾檢視，進而排斥。

　　傳統公墓滿葬後處理方式：

1. 傳統公墓因未規劃墓道，未設置排水設施，大多數是雜亂無章的，且疊葬嚴重，毫無風水可言，民眾已不再選擇為營葬地點。建議滿葬後應依據《殯葬管理條例》第四十條之規定先行公告禁葬，再依據第三十一條、三十二條、三十九條之規定辦理遷葬作業。以利都市發展及其他公共利益，例如開闢為道路、公園綠地及環保自然葬園區等。

2. 將現有之墳墓用地之地目依相關法規編訂為殯葬設施用地之地目，可為未來殯葬園區、火化場、骨灰（骸）存放設施、環保自然葬園區規劃興建用地之需求。每一個鄉鎮選定一個傳統公墓變更用地後，殯葬設施積極興建，達到每一鄉鎮市區各擁有小型殯儀館、火化場、安葬設施。如此殯葬設施普及各地，民眾就會視殯葬設施為民生必需的公共設施，就像醫院、學校、圖書館、社區活動中心等，不會再有殯葬設施為鄰避設施的負面觀感。

3. 宗教性墓園設置問題：宗教團體質疑各級政府為什麼沒有規劃興建宗教性質的墓園，讓他們的信徒對於死後埋葬這件事充滿無奈感。尤其是回教徒對於回教墓園的需求性更是迫切的。政府的施政是以公平、公正為準則，對於特殊性、少數民眾的需求，事實上也無法面面俱到，對於個別性需求，政府只要立法上考量其性質特別立法並輔導協助即可。《殯葬管理條例》第五條明定宗教

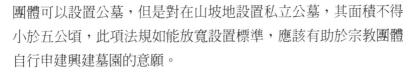

團體可以設置公墓，但是對在山坡地設置私立公墓，其面積不得小於五公頃，此項法規如能放寬設置標準，應該有助於宗教團體自行申建興建墓園的意願。

4.樹葬、花葬規劃興建問題：

(1)主體性為規劃原則：樹葬、花葬屬於近期的殯葬施政重點，但對於土地的取得是有困難的。地方政府為了在短時間能看出績效，大多數採取在現有納骨堂周邊的土地規劃為樹葬、花葬的埋葬地點，整體景觀形成納骨堂是主體，樹葬、花葬是附隨於納骨堂（塔）。缺乏主體性，更容易讓人以為家境較好的人才能晉塔，而選擇樹葬、花葬者為家境窮困者的無奈做法。如果在規劃興建時選擇一處無其他殯葬設施的地點，就可突顯其主體性、神聖性。

(2)整體景觀未具多元性：目前台灣地區已完工的樹葬、花葬幾乎都是類似小型公園的規劃方式，試想如果規劃設計成蛋糕型（多層）、土丘型、城堡型或做成生態型等多元的樹葬、花葬區應該更會被社會大眾接受。

從傳統公墓（土葬）→公墓公園化墓園（土葬）→骨灰（骸）設施（塔葬）→環保自然葬（樹葬、花葬、海葬等），都是因應社會發展所推動的葬法。但是目前仍有地方政府繼續興建骨灰（骸）存放設施，中央政府應要求各地方政府落實興辦事業計畫的審查作業，以免興建後使用效益不佳，浪費公帑及對環保自然葬的推展形成阻力。

(四)骨灰（骸）存放設施問題及建議

殯葬設施興建用地的取得，是殯葬服務提升的癥結點。在目前寸土寸金的台灣，想要取得大面積的土地興建殯葬設施幾乎是不可能達到的目標。

政府的殯葬政策就研議出興建骨灰（骸）存放設施的措施，以解決

「葬」的問題。時至今日也不過三十年左右的時間，骨灰（骸）存放設施因政府無全盤規劃，造成供過於求的問題及其他因管理不善而衍生的問題。

骨灰（骸）存放設施之型式應因地制宜，因宗教制宜規劃：納骨堂（塔）是大家對骨灰（骸）存放設施的既定印象，認為納骨堂（塔）即是骨灰（骸）存放設施，要納骨就必須放在納骨堂（塔）。但是興建納骨堂（塔）必須符合山坡地保育條例、環境影響評估等法規之規範，才能申請建築執照。惟台灣地形大部分為山坡地，要想取得納骨堂（塔）建地是比較困難的，於是衍生出各種納骨形式的設施。例如在原住民鄉鎮如想要興建納骨堂（塔）幾乎無法取得建照興建。但是如興建納骨牆、納骨廊只要申請雜項執照就可以完成興建骨灰（骸）存放設施。阿里山樂野部落是台灣第一個成功的案例，陸續有復興鄉、五峰鄉等都設置納骨牆（廊），可說是另一種因地制宜型式的骨灰（骸）存放設施，另外還有基隆擁恆文創園區、宜蘭櫻花陵園規劃的地宮式納骨設施，都是屬於另類因地制宜的骨灰（骸）存放設施。國內民眾大部分信仰佛、道教，所以納骨堂（塔）的規劃都以佛、道教為主，造成其他宗教信仰民眾的不便。最佳的規劃方式，建議私人納骨堂（塔）興建具有宗教特色的納骨堂，公立納骨堂（塔）儘量不要有宗教色彩。如要順從民意有宗教性質的祭祀廳，也應考量其他宗教信仰，規劃不同的祭祀廳，以符合公平原則。

公立納骨堂（塔）規劃設計得不當，祭祀廳只有在一樓設置，造成低層之骨灰（骸）櫃使用狀況為滿位，而高樓層之使用率逐層減低的不正常現象。設計一方面可以解決民眾相信神佛庇佑會先人的心理，另一方面可以達到每一樓層都是好位置的心理。如此納骨堂（塔）不至於造成空置現象，避免浪費公帑。

清明節祭祀期間交通疏運問題，一直是營運管理的困擾問題。解決之道為：(1)擴大祭祀期間，宜從元宵節後鼓勵民眾至骨灰（骸）存放設施祭祀，可紓解人潮、車潮；(2)採取獎勵措施，例如贈送摸彩券、植栽

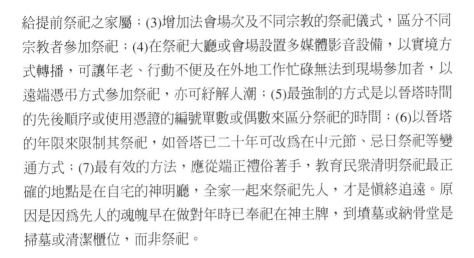

給提前祭祀之家屬；(3)增加法會場次及不同宗教的祭祀儀式，區分不同宗教者參加祭祀；(4)在祭祀大廳或會場設置多媒體影音設備，以實境方式轉播，可讓年老、行動不便及在外地工作忙碌無法到現場參加者，以遠端憑弔方式參加祭祀，亦可紓解人潮；(5)最強制的方式是以晉塔時間的先後順序或使用憑證的編號單數或偶數來區分祭祀的時間；(6)以晉塔的年限來限制其祭祀，如晉塔已二十年可改為在中元節、忌日祭祀等變通方式；(7)最有效的方法，應從端正禮俗著手，教育民眾清明祭祀最正確的地點是在自宅的神明廳，全家一起來祭祀先人，才是慎終追遠。原因是因為先人的魂魄早在做對年時已奉祀在神主牌，到墳墓或納骨堂是掃墓或清潔櫃位，而非祭祀。

五、結語

生、老、病、死，是個人必學的階段。人生病時會去找醫生，要起厝要找建築師，要治喪要找禮儀師，政府殯葬政策要找學者專家，各自演各自的角色。

殯葬建築向來就不是建築界的主要作品，除了產量不大之外，心態上的某種迷思與忌諱也是原因之一，目前台灣殯葬建築使用上機能不僅空間不足，動線混亂，建築造型、仿古設施老舊，未合乎人性尊重逝者，一部分因為規劃動線設計不當，一部分則是強勢的民間習俗等問題。

建築的實質是空間，空間的本質是為人服務。沒有永遠的教室，只有永遠的學習。人生因學建築而美好。禮俗的異同本來就是一個公立殯葬設施不得不面對的重要議題，一個成熟的社會也應該是一個兼容並蓄的社會，然而現今台灣的殯葬設施卻完全不是這麼一回事，一窩同窩說是彈性最大，卻又讓弱勢的宗教信仰者忍受某種程度的排他性，怎麼說都不能算是已開發國家的精神文明水準。

從殯葬行政管理角度規劃殯葬教育學科

譚維信
前新竹市殯葬管理所所長

一、殯葬教育概述

殯葬教育學科在台灣一直是被忽視的，且被認為是一門不入流的學科。以致國內大專院校不會考慮開設殯葬相關科系。至於國高中僅在教科書內文裡放一些有關殯葬事務的粗淺說明。中國大陸在1995年於湖南長沙民政技術技術學院開設了殯儀系，算是華人對於殯葬教育學科走出的第一步。筆者任職新竹市殯葬管理所時，有幸參與內政部參訪團，到中國大陸參觀主要城市的殯葬設施及民政技術學院的殯儀教育。當年為2004年，此時的殯葬教育學科有殯葬禮儀服務、火化機構造、操作、墓園規劃、墓碑設計、遺體防腐、殯儀文化等設計完備的學程。至於教科書方面，長沙民政技術學院殯儀系的創系教師王夫子（王志國）就著作有《殯葬服務學》及《殯葬文化學》兩本教科書。後期任教的盧軍老師著作有《火化機原理》一書。此時的台灣尚未有正式的殯葬教育學程。

台灣殯葬教育的開始，是以南華大學的生死學研究所與業界共同舉辦一系列的殯葬教育研討會開始的，接續著開辦短期研習班、學分班。才促使業者有接受殯葬生死及教育等學科的課程。逐步的提升國內殯葬服務的品質。此時南華大學生死學研究所的老師們並不以此為滿足，更積極的籌設生死學會廣納各界人士參與，受到產、官、學界的重視。接續有中華殯葬教育學會的成立，台灣的殯葬教育層面在90年代已經超越了中國大陸。

二、殯葬教育學科設計分析

殯葬教育學科設計應依照《殯葬管理條例》第二條第十三款中對殯葬服務業的定義來設計殯葬教育課程較宜。殯葬服務業是指殯葬設施

經營業及殯葬禮儀服務業兩大區塊。殯葬設施是屬於硬體性質，殯葬禮儀服務是屬於軟體性質，必須二者兼備融合，才能提供優質專業的殯葬服務。故殯葬教育學科亦應以此方向設計課程。筆者1991年開始擔任殯葬設施的行政管理工作，深感自身對於殯葬知能之不足，乃利用公餘之暇進修。當時國內僅有南華大學的生死學研究所對殯葬教育有部分的涉及。筆者就讀時全班同學十五位，僅有筆者一人從事殯葬業務。所幸授業老師尉遲淦、鈕則誠、王士峰、陶在樸等教授，能以他們的學養、知能吸取國內、外殯葬相關的學術著作，融會貫通而著作出一系列的教材，成為目前國內殯葬教育必修的教科書。筆者可說是最早的受益人之一。

三、殯葬教育的歷程

消費者對於殯葬服務品質的要求逐年提升。傳統的殯葬禮儀服務工作大多是師徒傳承制，邊做邊學習的訓練方式，出師後亦不敢有創新突破的服務模式。嚴格地說，就是保守延續舊有體制的服務方式。隨著資訊的普及，消費者已不能接受這種僵化繁瑣的禮儀服務，消費者需要的是一種多元的禮儀服務，是有效率的，訂有標準作業程序及符合時代習俗的禮儀，更要彙整出不同的宗教信仰的人們認同的禮儀。故殯葬教育涵蓋內容必須以實務性、創新性、多元性的課程方式設計。這對於從事殯葬教育的老師們確實是一大考驗。

殯葬教育學科在主管教育的公部門，普遍認為不需要理論的架構與基礎。而是一個偏向實務操作的專門技術學科，以致於在大學想要開設一個殯葬學系是比較困難的。自從《殯葬管理條例》公開施行後，產、官、學界都努力嘗試在大專院校內開設。最初開設殯葬相關科系的是南華大學，隨後是玄奘大學，接續開設的大學分別是輔仁大學、國立台北護理健康大學、大仁科技大學等校。至於專科學校方面，最先開設殯葬

科系的學校是仁德醫護管理專科學校以及其後的馬偕醫護管理專科學校，上述學校已為殯葬教育奠定基礎，培育出不少殯葬服務專才，更為國內殯葬專業服務品質提升，貢獻了不少心力。

四、殯葬教育實施的對象

(一)一般社會大眾

殯葬教育屬於社會教育的一環，必須讓各個年齡層、各種宗教信仰人士、個別種族民眾等都需要接受瞭解的。例如：年齡層較低正在就讀幼兒園、國中、小學、高中職的學子們，一旦其親人過世，需要什麼樣的生命（殯葬）教育？年長者面臨死亡的恐懼，又需要什麼樣的殯葬教育觀念來引導？至於中壯年人士遇到喪葬事宜，必須面對處理，其又需要什麼樣的殯葬社會教育？以上簡單的舉例可以得知，殯葬教育社會化尚有很大的發揮努力空間。政府主管教育的部門應該重視並協助學界積極投入人力、經費與資源，得以建構殯葬社會教育體制，使國民面對殯葬時也能從容處理，不再畏懼死亡所帶來心理層面的負面衝擊。殯葬教育是社會教育很重要的部分，是未來努力的方向。

(二)專業人員

殯葬教育的主要對象是殯葬服務業人員。而殯葬服務業人員又可分為在職人員及準備進入此行業的人員。因此之故，其教育方式亦當有所不同；在職人員需要的是專業技術學科，必須在學校接受正規的殯葬教育，至於準備進入殯葬服務業職場的人員，以先參加勞動部職業訓練機構所開辦的殯葬技能訓練班為佳。殯葬教育的次要對象是政府公部門主管殯葬業務的官員。我們都知道，在政府舉辦的高普考試並沒有殯

葬行政職系類的，我們也都知道，在大學教育的科系裡也同樣沒有開設殯葬相關的科系。所以，目前在各公立殯葬設施部門擔任殯葬行政管理工作的公務員皆是外行領導內行，無法深入輔導殯葬管理服務業的。基於此，內政部會每年固定在公務員地方研習中心辦理在職訓練及舉辦一些殯葬相關的研討會，也會舉辦國內、外殯葬設施規劃管理參訪工作。藉以充實地方政府從事殯葬管理行政公務員的知能。以上的教育訓練工作，筆者都有參與，逐漸累積了一些經驗，並擔任部分學科的殯葬教育工作。

五、殯葬行政管理學科教育

筆者並非學院派的老師，在學科的理論架構上是有所不足的，惟在實務基礎上應該算是較多的。筆者擔任殯葬管理服務工作有二十二年之久，工作性質是殯葬設施的規劃興建、殯葬設施的行政管理、殯葬服務業的輔導三個主要工作項目。至於殯葬管理服務的對象大致上是殯葬禮儀服務業人員、喪親家屬、殯葬設施的管理人員及殯葬設施周遭環境的居民。基於以上因素，筆者必須更加充實職能、吸收殯葬相關經驗，才能做好殯葬管理服務業務，長久的工作經歷使筆者有幸從單純的公務管理行政工作，跨足到相關的殯葬教育工作，更進而參與一些殯葬設施的規劃、評審等工作，成為一個具有產、官、學三項經歷的殯葬教育工作者。

所以，筆者殯葬教育專長項目為：「殯葬政策與法規」、「殯葬設施」、「殯葬服務業評鑑」等三項學科。現就教學經驗中設計出的課程大綱、課程內容與接觸殯葬教育的師生們共同來探討。

六、殯葬政策與法規學科

　　殯葬政策與法規學科的教學內容，是以說明政府對於殯葬事務的政策方向及執行政策時必須依循的各項法律規定。故殯葬政策的制定是否有可行性？是否具有前瞻性？殯葬相關法規是否合宜？現行殯葬政策的三大方向爲：促進殯葬設施符合環保並永續經營；殯葬服務業創新升級，提供優質服務；殯葬行爲切合現代需求，兼顧個人尊嚴及公共利益，以提升國民生活品質。可以看出，政策方向是符合現狀的。它是賦予政府、殯葬業者及國民分別應負的責任。在殯葬設施方面，政府主要職責是興建符合環保並得以永續經營的殯葬設施，並監督民間設置的殯葬設施是否符合環保？是否能永續經營？

　　在殯葬服務業方面，政府的職責是輔導殯葬服務業者透過殯葬教育、訓練、檢定、培訓等方式，促使殯葬服務創新升級。而業者也必須配合殯葬教育政策，派從業人員參加學校的殯葬教育課程，參加政府、公會舉辦的殯葬政策宣導、專業技能訓練等研討會。

　　在殯葬行爲方面，政府、殯葬服務業者、國民都各有其應負的責任。而殯葬行爲是否切合現代需求，從政府制定國民禮儀規範就可以探討其是否合宜。茲分述如下：

1. 促進殯葬設施符合環保並永續經營的殯葬政策的課程大綱內容：(1)建構尊嚴的殯葬設施，符合環保化；(2)設施配置及使用動線便利化；(3)服務資訊化、人性化；(4)設施規劃興建配置的量體與質量應以前瞻性的需求爲原則；(5)行政管理應導入企業管理的永續經營模式；(6)現有殯葬設施問題的探討。
2. 殯葬服務業創新升級，提供優質服務政策的課程大綱內容：(1)健全殯葬服務業，杜絕非法殯葬服務業的作爲；(2)定期實施殯葬服

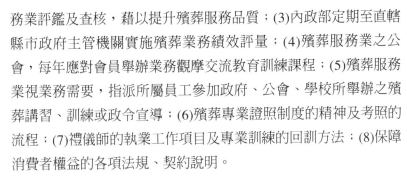

務業評鑑及查核，藉以提升殯葬服務品質；(3)內政部定期至直轄縣市政府主管機關實施殯葬業務績效評量；(4)殯葬服務業之公會，每年應對會員舉辦業務觀摩交流教育訓練課程；(5)殯葬服務業視業務需要，指派所屬員工參加政府、公會、學校所舉辦之殯葬講習、訓練或政令宣導；(6)殯葬專業證照制度的精神及考照的流程；(7)禮儀師的執業工作項目及專業訓練的回訓方法；(8)保障消費者權益的各項法規、契約說明。

3.殯葬行為切合現代需求，兼顧個人尊嚴及公眾利益，以提升國民生活品質的殯葬政策課程大綱內容：(1)殯葬自主的觀念及預立遺囑具體做法；(2)性別平等，尊重女性、同性者在治喪禮儀中的地位；(3)多元尊重，不應亡者身分、地位、年齡、性別、種族、文化背景、宗教信仰、社經地位而有不符合「公平、尊重、圓滿」的喪禮；(4)「簡葬」、「節葬」、「潔葬」觀念的時代意義及具體措施；(5)殯葬行為管理在《殯葬管理條例》第六十一條至七十二條各項條文內容及立法旨意的說明。

4.殯葬法規課程大綱內容：(1)中華民國歷年所公布的法規重點、背景說明；(2)《殯葬管理條例》公布施行後，配合母法訂定的相關法規；(3)《殯葬管理條例》施行後，相關法規的解釋令（函）說明；(4)未來《殯葬管理條例》修訂的建議方案。

七、殯葬設施學科

殯葬設施是否能提供使用需求，以目前國內的狀況來說，殯葬設施不只是量的不足，質的方面更是與先進國家有一段大段差距。我們都能理解到殯葬設施是每一個人終其一生必會使用到的公共設施。若從殯葬政策的方向來看，我們更加清楚興建環保標準的殯葬設施是首要目標。事實上，沒有優質的殯葬設施就不會有優質的殯葬禮儀服務，故規劃設

計與建符合環保的殯葬設施是當前當務之急。

　　殯葬設施依其功能性可分爲：殯儀館、火化場、骨灰（骸）存放設施及公墓四大設施，外加環保自然葬法。殯葬設施學科課程大綱的內容必須依循設計爲四大主軸。茲以筆者在空中大學預定109年度上學期開設的殯葬設施課程架構說明之。全書分爲十六章：(1)第一章〈殯儀館之沿革與發展〉；(2)第二章〈殯儀館規劃與設計〉；(3)第三章〈殯儀館設施與設備〉；(4)第四章〈殯儀館未來規劃設計趨勢與殯儀館問題探討〉；(5)第五章〈火化場之沿革與發展趨勢〉；(6)第六章〈火化場規劃設計〉；(7)第七章〈火化爐型式與構造〉；(8)第八章〈火化爐空氣污染防治設備與火化場問題探討〉；(9)第九章〈公墓之沿革與發展〉；(10)第十章〈傳統公墓與公墓公園化墓園〉；(11)第十一章〈公墓類型〉；(12)第十二章〈環保自然葬與公墓問題探討〉；(13)第十三章〈骨灰（骸）存放設施之沿革與發展〉；(14)第十四章〈骨灰（骸）存放設施規劃與設計〉；(15)第十五章〈骨灰（骸）存放設施選址考量因素與骨灰（骸）櫃位配置〉；(16)第十六章〈骨灰（骸）存放設施類型及問題探討〉。殯葬設施課程每一章節的主要內容摘要如下：

(一)第一章課程摘要

　　爲說明殯儀館的沿革與發展歷程，殯儀館的使用是近三十年才被社會大眾接受，同時改變殯葬業者選擇治喪場地，從過去在自宅辦理改變到殯儀館治喪變革，其最主要的原因是殯儀館其所發揮的功能與效益爲社會大眾認同。殯儀館的主要功能與效益爲：

1. 喪禮最莊嚴的場所。其禮廳、靈堂、屍體處理設施等軟／硬體設備是自宅搭棚辦理治喪所不及的。
2. 安靈、送終需要好的靈堂、悲傷輔導室、入殮室、遺體洗、穿、化室。殯儀館可以提供較優質的設施設備，完成安靈送終的喪親家屬心願。

3. 環境保護的功能。殯儀館是較封閉的公共設施，可以將治喪過程中所產生的噪音污染、空氣污染、視覺污染、污水污染、病源污染等，以其標準的設施、設備完全處理，減少對周遭環境的傷害，在殯儀館治喪對環境保護是有很大的效益。

4. 社交禮儀的功能。在殯儀館治喪其禮廳、停車場、公共衛生設施可以提供較多、較大的空間。亡者或喪親者，如果社經地位及人際脈絡較多，在自宅治喪勢必造成環境、交通的衝擊，選擇在殯儀館治喪，即可以解決場地空間的問題，解決停車的問題，達到社交禮儀的功能效益。

5. 端正禮俗的功能。在殯儀館治喪，必須遵守使用規定，一般迷信、不合時宜的殯葬習俗及殯葬行為在殯儀館內治喪是受到限制的。在殯儀館治喪必須依據《殯葬管理條例》等相關法規及《國民禮儀規範》等規定來規劃治喪流程，所以殯儀館可以發揮端正禮俗的功能效益。

6. 經濟效益的功能。殯儀館內設施、設備使用有訂定收費標準，收費標準訂定的原則必須符合社會福利及使用者付費兩項兼顧弱勢者及公平使用需求。在自宅辦理治喪單就搭棚的花費就不符合經濟效益。在殯儀館治喪是可以節省一些不必要的經費開支。

7. 生命教育的功能。在殯儀館治喪守靈期間前來弔唁的親友，必然會有生命無常的感受，臨近靈堂守靈者亦多少會有所互動，彼此鼓勵。殯儀館的志工也會至靈堂，與喪親者關懷，發揮悲傷撫慰的功能。所以，總的來看，殯儀館是可以作為生命教育的場所。

(二)第二章課程摘要

說明殯儀館規劃與設計的原則與相關設置的法律規定。殯儀館是鄰避設施，多數人的認知殯儀館是陰暗晦氣的，甚至認為是邪靈惡鬼藏身之地。所以，殯儀館的規劃與設計與一般的公共設施規劃設計，更要注意一些習俗上的禁忌及陰陽出入動線的規劃；至於如何減少噪音、減

少空氣污染、處理廢水排放等的規範設計原則，更是要謹守的。當然，殯儀館在規劃設計上一定遵守殯儀館設置的法律規定。本章應就《殯葬管理條例》第六條、第七條、第九條、第十條、第十一條、第十三條各項條文說明之。其他《環境影響評估法》第三十一條、《水土保持計畫法》、《都市計畫法》、《建築法》、《建築技術規則》、《綠建築設計技術規範》等都是在殯儀館規劃設計必須遵守的法律規定。至於殯儀館內各項設施的配置，更需視使用量、操作動線、人車動線分流。除此之外，陽光、季風等因素都是規劃設計不可缺的考量。

(三)第三章課程摘要

說明殯儀館設施與設備。為使學子能更清楚的瞭解，將殯儀館內應設的設施與設備分為「殮」、「殯」、「其他設施」等三個類別。在「殮」的設施與設備，應以公共衛生的維護為主要考量。在「殯」的設施與設備應注意人文化、溫馨化、莊嚴化，並配合習俗及宗教之需求來規劃與設置。在「其他設施」的配置方面，以提供喪親家屬、殯葬禮儀服務業者、殯儀館附近居民環境等需求而設置。「殮」的設施與設備是指冷凍室、屍體處理設施、解剖室、污水處理設施、停柩室、遺體洗、穿、化室及入殮室等。「殯」的設施設備包括：靈堂、禮廳、悲傷輔導及靈位牌區等。「其他設施」係指服務中心、家屬休息室、停車場、聯外道路、檢察官偵訊室及公共衛生設施等。

(四)第四章課程摘要

為說明殯儀館未來規劃設計的趨勢，並就現有殯儀館的類型、分類介紹。對於殯儀館需求量與配置評估標準也提出評估方式。至於殯儀館規劃興建如何突破傳統的建築風格，引入綠建築與人文內涵的設計理念興建新時代的殯儀館是未來的走向。最後就現階段國內殯儀館產生的各項問題做一些探討並提出解決方案，才能在既有的基礎上改善進而興建

符合時代風格的殯儀館。

(五)第五章課程摘要

首先說明火化葬法是有其歷史背景可考的，再補充說明其歷代發展的過程與做法，直到近三十年的發展，尤其是迅速。但在發展的過程上仍會遭遇到一些較難克服的問題。舉例來說，興建地點的限制、居民的抗爭、設施設備的購置等問題，都影響火化場的興建。至於火化場所能發揮的功能效益，例如：配合殯葬政策的多元葬法，其先決條件即必須先在火化場火化遺體成骨灰後，實施塔葬、環保自然葬等節葬政策，這是火化場的功能效益。其他如節省喪葬費用支出，不需撿骨晉塔二次葬的繁瑣程序。火化後的葬法不會污染地表環境，火化後的葬法可以節省土地資源。火化場為大眾接受後更會要求火化場的設備，更應科技化、自動化、人文化的方向設計興建。

(六)第六章課程摘要

首先說明什麼是概念設計及概念設計所包含的原則事項，次要說明火化場在規劃興建時應先考量服務的量體與當地禮俗配套契合的流程來規劃動向。至於火化場設置應遵守的法規，如《殯葬管理條例》第六條、第七條、第九條、第十條、第十一條、第十五條、第二十條及其他相關法規亦應逐條說明其立法意旨。最後再就火化爐及空氣污染防治設備其在設置的工程技術服務做一個分析，讓業主可以購買質最佳的設備，以免因國內對於火化爐設備、空氣污染防治設備的資訊不足，而購置到廉價易損壞且使用年限極短的劣質設施設備。

(七)第七章課程摘要

為介紹火化爐的型式與構造。火化爐在國內大致上分為前進前出與前進後出兩種進棺系統。本章亦會對這兩種火化爐型式做一個分析比

較。至於火化爐內部的結構與設計，基本上無法在一般通識的教科書上詳細解說，畢竟火化場就是一個小型的鍋爐廠，非屬專業人士無需完全瞭解其結構系統，一般學習者只要瞭解其火化流程及其重要設備的功能就足夠了。最後介紹火化場的規劃興建應採何種方式較佳？因為火化場的興建分為兩大部分，一部分是土木工程，一部分是火化爐主體及相關設備。兩者在興建過程中如何契合就是一項困難的因素。筆者會建議採用統包及最有利標的方式來興建火化場，並配合專案管理監造方式，如此才能興建出優質的火化場。

(八)第八章課程摘要

是以火化爐空氣污染防治設備及火化場目前經常發生的問題來說明。火化爐裝設空汙防治設備在歐、美等先進國家並不需要配置。為什麼國內的火化場則需要在火化爐後端裝置空污防治設備呢？主要原因就是火化棺柩時，民俗上都會在棺柩放滿陪葬品，再加上棺木本身亦有化纖材質的裝飾物，都會產生大量懸浮塵粒、黑煙及戴奧辛等有毒物質，排放出煙囪後造成空氣污染。所以，國內的火化場幾乎都必須配置空氣污染設備才能操作使用火化爐。本章會說明空氣污染防治設備的操作流程及各個流程其設備的功能。因為空氣污染防治設備的購置費用較高。有些業主會採活性炭的方式來處理，有些業主會採用觸媒的方式來有效處理。本章也會做一個分析利弊來說明。至於火化場目前在國內興建發生問題，也會作為一個全盤檢討說明。

(九)第九章課程摘要

第九章公墓之沿革與發展，課程摘要說明公墓沿革與發展歷程。墓葬的起源，墳墓名稱之由來，墓園的價值等都在本章說明其源由。至於公墓設置的相關法規，除了現行的《殯葬管理條例》須遵循外，因公墓大多設置在山坡地，必須依據《山坡地保育條例》、《水土保持法》等

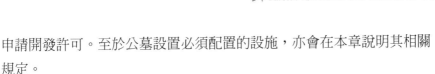

申請開發許可。至於公墓設置必須配置的設施,亦會在本章說明其相關規定。

(十)第十章課程摘要

第十章傳統公墓與公墓公園化墓園,課程摘要介紹傳統傳統公墓土葬到公墓公園化土葬方式改變的緣由。大抵不外是土葬墓地已無地可葬,土葬會形成污染等原因,迫使政府提出公墓公園化輪葬方式,試圖解決土葬墓地不足問題。事實上,公墓公園化墓園並無法澈底解決「葬」的問題。反而引申出撿骨、遷葬再做第二次「葬」這樣的困擾,撿骨再葬除了造成墓主的不便外,更需額外多花費治喪費用,這項殯葬政策是值得檢討的。

(十一)第十一章課程摘要

第十一章公墓類型,課程摘要是說明現在經營的墓園中,為了吸引消費者的購買,在規劃時用不同的設計風格及開發方式,來爭取消費者預購。即便是大多數多已實施「塔葬」,但仍有部分人希望身後以土葬方式埋葬。政府公部門興建管理的公募大多數多已滿葬或禁葬。所以,目前墓園幾乎都是私人經營管理,而這些私人企業經營模式是非常多元性的。筆者試著將這些墓園做一個粗略性的分類,大致上分為:文創型、人文藝術型、紀念性型及宗教型等四個類型。

(十二)第十二章課程摘要

第十二章環保自然葬與公墓問題探討,課程摘要是介紹環保自然葬政策各級政府積極推動的做法。至於在規劃環保自然葬時未考慮到的因素,以致造成很多失敗的例子。本章亦會提出其改善方法。環保自然葬需要有可行性的法規依據,現行的法規對環保自然葬的執行是限制太多,不易有效快速地推展,本章亦會對法規方面提出建議。至於公部門

規劃環保自然葬時更缺乏專業思考，目前的環保自然葬變成以景觀設計為主，未考慮到土質是否適合。至於海葬更是受限於條文的規定，無法擴大實施。環保自然葬的發展方向，本章亦會提出看法。最後會介紹公墓衍生的問題，應如何面對解決，筆者亦試著提出方案。

(十三)第十三章課程摘要

第十三章骨灰（骸）存放設施之沿革與發展，課程摘要是先從塔葬的起源於印度，在印度的僧侶圓寂後其骨灰或舍利子安置在塔內的一種葬法，隨著佛教東傳到亞洲，台灣亦不免深受其影響，尤其是配合公墓公園化輪葬再撿骨塔葬的殯葬政策。各級地方政府無不積極規劃興建。民營企業亦配合塔葬的需求規劃興建骨灰（骸）存放設施，造成骨灰（骸）存放設施過剩的現象。當前的殯葬政策是中央主管機關已不補助地方政府興建骨灰（骸）存放設施。民營企業經營骨灰（骸）存放設施亦都遇到瓶頸。

(十四)第十四章課程摘要

第十四章骨灰（骸）存放設施規劃與設計，課程摘要說明其在規劃設計時應考量的原則事項。尤其大部分骨灰（骸）存放設施是採塔（堂）兩種建築形態。其內部空間的配置、動線及外部空間的規劃動線都需考慮使用者的便利性。骨灰（骸）存放設施主要是存放骨灰罐及骨骸甕，它們配置的樓層位置更應注意，目前的配置方法以骨灰罐放置在低層。骨骸甕放置在高層為最理想的方式，本章亦會做一說明。至於興建骨灰（骸）存放設施應遵守的法規，本章亦會逐條說明。骨灰（骸）存放設施是屬於陰宅，國內的建築師大多不具有足夠的經驗，以致設計出的骨灰（骸）存放設施並無突出具特色的成品，比較具有特色設計的骨灰（骸）存放設施幾乎都是民營的。

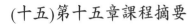

(十五)第十五章課程摘要

　　第十五章骨灰（骸）存放設施選址考量因素與骨灰（骸）櫃位配置，課程摘要為說明政府公部門興建的骨灰（骸）存放設施在選址時最大的考量因素是以人文供需為主。民營企業興建骨灰（骸）存放設施選址是以風水地理為主要因素，以利其行銷，吸引消費購買。至於宗教團體興建的宗教性骨灰（骸）存放設施，則是以山水景觀為選址因素。骨灰（骸）存放設施內最主要的設備就是骨灰（骸）櫃位的配置是否適當，是否影響出入動線，各層櫃位間距是否符合法律規定等。一座骨灰（骸）存放設施內部櫃位的配置是應該特別注意的事項。

(十六)第十六章課程摘要

　　第十六章骨灰（骸）存放設施類型及問題探討，課程摘要是介紹骨灰（骸）存放設施的各種類型。舉例來說，有的骨灰（骸）存放設施是八卦塔型，也有圓塔型，也有寺廟塔型，也有玻璃帷幕型，最普遍的就是樓層約三、四層高的堂屋型。在國內目前也可以看到納骨牆、納骨廊型。另外，地宮型的骨灰（骸）存放設施，也是為民眾所接受的。在骨灰（骸）櫃位的材質與面板的形式更是各種材質、各種形式設計的面板都有。最早採用的FRP材質櫃位目前幾乎沒有建築師會再設計這種材質。原因很簡單，消防法律規定，骨灰（骸）櫃位材質，必須耐火二級以上。所以，目前裝置的櫃位都必須先經耐火測試通過才能上市。國內骨灰（骸）存放設施目前有一項設備並非法令規定需裝置，但幾乎所有的骨灰（骸）存放設施有提供這項設備的服務，這項設備就是神祖牌與靈位牌的設置。最初設置的構想是為一些夭折、未婚女性、離婚女性及一些無人祭祀的亡者為安靈而設置的個人型牌位，後來民眾要求開放將神主牌（公媽）也可以安置在骨灰（骸）存放設施內，於是就形成神主牌、靈位牌可以設置在骨灰（骸）存放設施內的情形。這部分必須在

《殯葬管理條例》第十六條內增列，以符實際狀況。最後本章還要探討骨灰（骸）存放設施目前所發生的問題，應如何檢討改進並提出一些建議做法。

八、殯葬服務業評鑑學科

(一)前言

　　殯葬服務業評鑑制度是檢視殯葬政策是否落實執行及殯葬政策是否需修正的一項指標性作業制度。透過殯葬服務業評價，可以瞭解國內殯葬設施的經營管理是否符合永續經營的殯葬政策目標。透過殯葬服務業評鑑制度，可以瞭解國內殯葬服務業者是否創新升級，是否能提供優質的服務，達成殯葬政策的另一目標。透過殯葬服務業評鑑制度，可以瞭解殯葬服務業者在服務的過程中，是否能教導民眾正確的殯葬行為，對於影響公眾利益的行為，殯葬服務業者是否都能依法行事，以提升國民生活品質，完成殯葬政策的最終目標。故，殯葬服務業評鑑是殯葬政策落實執行的重要制度。

　　殯葬服務業評鑑對主管機關、事業主是一項重要的業務及挑戰。評鑑制度是否合法、公開透明，主管機關作業過程中，絕對要慎密規劃。而以業主的角度，希望評鑑成績必須絕對公正可行。筆者曾經為被評鑑者，也多次擔任評鑑者，其中甘苦自有一番心得。筆者在內政部委託地方公務員研習中心舉辦的殯葬行政人員訓練課程中，擔任過數次殯葬服務業評鑑課程的講師。筆者也在大專院校擔任殯葬服務業評鑑課程的老師。筆者也曾擔任殯葬服務業評鑑的評鑑委員。所以，對殯葬服務業評鑑自有一些看法與心得，在課程的講授上是以評鑑實務作業重點準備項目為主。

(二)課程架構

殯葬服務業評鑑課程架構，分為：(1)殯葬服務業評鑑法規；(2)殯葬服務業評鑑計畫擬定；(3)殯葬服務業評鑑類別；(4)殯葬服務業評鑑項目等四大課綱。

◆殯葬服務業評鑑法規

1. 《殯葬管理條例》第三條第二項第五款為直轄市、縣（市）主管機關。權責為對轄區內公、私立殯葬設施之評鑑及獎勵。第六款為直轄市、縣（市）主管機關之權責為對殯葬服務業之經營許可、廢止、輔導、管理、評鑑及獎勵。

2. 《殯葬管理條例》第三十八條直轄市、縣（市）主管機關對轄區內殯葬設施，應定期查核管理情形，並辦理評鑑及獎勵。前項查核、評鑑及獎勵之自治法規，由直轄市、縣（市）主管機關定之。

3. 《殯葬管理條例》第五十八條直轄市、縣（市）主管機關對殯葬服務業應定期實施評鑑。經評鑑成績優良者應予獎勵。前項評鑑及獎勵之自治法規，由直轄市、縣（市）主管機關定之。

4. 《殯葬管理條例》第六十條殯葬服務業得視實際需要指派所屬員工參加殯葬講習或訓練。前項參加講習或訓練之紀錄，列入評鑑殯葬服務業之評鑑項目。

5. 《殯葬管理條例》第三條第一項第二款規定中央主管機關（內政部）對直轄市、縣（市）主管機關殯葬業之監督負有責任。主要監督事項即為第二項直轄市、縣（市）主管機關之權責事項，總共有十項。其中第五項、第六項即為殯葬設施及殯葬服務業之評鑑及獎勵。

6. 地方政府殯葬服務業評鑑自治法規即依據《殯葬管理條例》第三

條、第三十八條、第五十八條及第六十四條之規定，制定地方自治條例。直轄市、縣（市）政府再依據自治條例研訂殯葬服務業查核評鑑及獎勵辦法，據以執行殯葬服務業評鑑業務。

◆殯葬服務業評鑑計畫擬定

殯葬服務業評鑑業務的執行，必須依據各地方政府訂定的《殯葬管理自治條例》及《殯葬服務業查核評鑑獎勵辦法》研定實施計畫。目前以《台中市殯葬設施及殯葬服務業查核評鑑及獎勵辦法》最嚴謹，值得他縣市政府參考。

◆殯葬服務業評鑑類別

殯葬服務業評鑑的類別依經營方式不同分為殯葬設施經營業及殯葬禮儀服務業兩個類別。而每個類別又因資本額、員工人數、城鄉服務性質差異，需再細分不同的等級類別。所以，在訂定計畫時必須因地制宜、因事制宜、因人制宜，研定可行而公平的計畫。大致上，殯葬設施經營業與殯葬禮儀服務業的評鑑需分年及分別實施，其評鑑委員也因專長不同而分別聘任。殯葬設施經營業係一個永續經營的行業，故對其除了定期的評鑑外，尚須不定期的查核才能保障消費者權益。而殯葬設施又分為殯儀館、火化場、骨灰（骸）存放設施及公墓四種。其評鑑類別又須再細分，以達到查核評鑑效果。

◆殯葬服務業評鑑項目

殯葬服務業查核評鑑項目因提供的服務性質不同而需分別訂定。大致上，分為殯葬設施及殯葬禮儀服務兩類。殯葬服務業查核以殯葬設施查核為主，以桃園市政府訂定的查核事項最完備。茲摘錄如下：(1)殯葬設施開發許可及建築執照等相關文件；(2)殯葬設施結構體之定期安全檢查；(3)殯葬設施處所及消防設施；(4)殯葬設施聯外交通；(5)殯葬設施產生之廢氣、污水及噪音等環保處理設施；(6)原設置許可設施；(7)其他依法設置之設施；(8)其他經政府公告之查核事項。

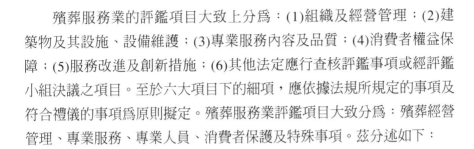

　　殯葬服務業的評鑑項目大致上分為：(1)組織及經營管理；(2)建築物及其設施、設備維護；(3)專業服務內容及品質；(4)消費者權益保障；(5)服務改進及創新措施；(6)其他法定應行查核評鑑事項或經評鑑小組決議之項目。至於六大項目下的細項，應依據法規所規定的事項及符合禮儀的事項為原則擬定。殯葬服務業評鑑項目大致分為：殯葬經營管理、專業服務、專業人員、消費者保護及特殊事項。茲分述如下：

①葬設施評鑑項目

1. 「經營管理」項目為：(1)公司或商業登記證；(2)公會會員證；(3)墓基、塔位使用費基準表；(4)墓基、塔位使用情形報表；(5)組織職掌；(6)服務作業手冊；(7)設施環境及設備維護；(8)建築消防安檢、空汙檢測記錄。

2. 「專業服務」項下為：(1)訂定使用管理辦法（含使用年限）；(2)設置殯葬資訊網站；(3)設施申請及使用查詢系統設備；(4)提供悲傷撫慰書刊或具體做法；(5)設施設備是否依法設置；(6)後續關懷做法及記錄；(7)保險項目資料。

3. 「專業人員」項下為：(1)員工是否具有專業證照；(2)參加公會舉辦之業務觀摩及教育訓練課程；(3)參加政府講習或訓練；(4)專業員工或派遣人力（簽合約）保障；(5)員工制服、識別證；(6)員工獎懲辦法。

4. 「消費者權益保障」項下為：(1)設立管理費專戶（私立、公共造產）；(2)收費是否開立憑證（發票、收據）；(3)消費者申訴管道及處理記錄；(4)是否訂有優惠減免措施；(5)成立經營管理基金（私立、公共造產）。

5. 「特殊事項」項下為：(1)創新之殯葬服務或商品；(2)設置公司網站；(3)識別標誌；(4)簡報資料完整度；(5)主管機關獎懲事項；(6)社會公益事項；(7)設施保全方式；(8)特殊節日交通疏運措施；(9)員工具有其他證照；(10)重大災害設施損毀搶救機制計畫。

②殯葬禮儀服務評鑑項目

1. 「經營管理」項目為：(1)公司或商業登記證；(2)公會會員證；(3)服務項目收費基準表；(4)商品價金；(5)組織職掌；(6)服務作業手冊；(7)營業場所環境。

2. 「專業服務」項下為：(1)訂定專業服務流程；(2)道路搭棚是否經警察機關核准；(3)出殯路線是否經警察機關備查；(4)提供悲傷撫慰書刊或具體做法；(5)服務設備自有或租賃（簽有合約）；(6)後續關懷做法及記錄。

3. 「專業人員」項下為：(1)員工是否具有喪禮服務人員技術士證照或禮儀師證照；(2)參加公會舉辦之業務觀摩及教育訓練課程；(3)參加政府舉辦之講習或訓練；(4)專業員工或派遣人力（簽合約）保障；(5)員工制服、識別證；(6)員工獎懲辦法。

4. 「消費者保障」項下為：(1)是否簽訂服務契約；(2)收費是否開立憑證（發票、收據）；(3)消費者申訴管道及處理記錄；(4)是否訂有優惠減免措施。

5. 「特殊事項」項下為：(1)創新之禮儀服務或商品；(2)建置公司網站；(3)識別標誌；(4)簡報資料完整度；(5)主管機關獎懲事項；(6)社會公益事項；(7)員工其他證照；(8)參與重大災難處理機制計畫。

◆殯葬服務業評鑑其他事項

1. 評鑑委員聘任原則：(1)理論與實務兼顧者。如大專院校專科老師，殯葬管理機關主管、禮儀師等；(2)專業領域者。如殯葬學科專業業師、企管、財務學科專業老師、建築設計專業者、消防專長人員、人力資源管理專長人員、消費者保護機構人員及主管機關主管。

2. 評鑑方式：(1)兩年為一周期，一年評鑑設施經營業，另一年評鑑

禮儀服務業；(2)轄區禮儀服務業數量多者，宜分區辦理，每年以評鑑100家為限；(3)禮儀服務業規模不同，可依年服務量或營業額分類以示公平；(4)評鑑方式應分書面審查及實地現場審查兩種方式執行；(5)評鑑方式亦可採自由報名及強制參加兩種類別評鑑。

3.獎懲方式：(1)主管機關公開頒獎表揚；(2)傳播媒體報導宣導；(3)轄區內公立殯葬設施服務中心公告；(4)主管機關、管理機關官網公布成績；(4)連續優良五次以上報請中央主管機關表揚；(5)拒絕參加評價或評鑑不及格者，主管機關定期查核、輔導，令其改善。

九、結語

我們從出生到死亡，歷經不斷地學習與教育，才得以在社會上安身立命，在家庭裡維持傳承。但是，在受教育的過程中，幾乎沒有教授面臨死亡時的安寧教育，也沒有教授死亡後的送終教育。所幸，這些年來已經有不少的學者，如筆者的授業恩師們，特別是碩士指導老師尉遲淦教授，這幾位老師們盡其一生都在從事生命教育的研究與教學任務，讓社會大眾能對於殯葬事務有了一定程度的認知，也間接促使民眾對殯葬行業不再另眼看待，轉而以正向的心態去接受殯葬服務業的專業服務。目前是殯葬專業教育的轉型期，過去的殯葬教育是以參加殯葬喪禮服務人員技能檢定考試而定的殯葬教育學科。其他與人死亡後，所遭身後事處理的知能，並未有專業的學科，得以充實學生的學養，並取得社會大眾的認同。

值此對台灣殯葬教育十年發展的反思之際，特別是碩士指導老師尉遲淦教授即將卸下生命關懷教育杏壇的此刻，筆者有幸參與了這段盛會，站在從事殯葬管理多年的崗位上感觸尤深，深刻體認殯葬教育學科

的設計宜更寬廣，才能吸引學子選擇就讀殯葬專業學科系。即便並非每位畢業學生都會投入殯葬服務業工作，但是他所接受的殯葬教育可以在他的工作職場上，在居家社區裡宣導。至於，專業老師可以在社會大學擔任講師，為步入晚年的長輩講授一些如何安排身後事的心理建設課程，開展生命殯葬教育的層面。

9.

殯葬教育科系生關經營十年路

邱達能

仁德醫護管理專科學校生命關懷事業科

主任、副教授

一、前言

　　1999年9月21日凌晨1時47分15.9秒，一陣連續102秒的地動山搖，把酣臥於南華大學禪修道場寢室參與由該校推廣教育中心所辦理殯葬管理第三期研習班的七十三位包括筆者在內的學員猛烈震撼，此即是921大地震[1]。這個地震是我國自二戰後傷亡損失最大的自然災害。殊不知此事件亦成為筆者轉入殯葬行業與其後邁向殯葬教育發展的特殊因緣。

　　緣於1999年家族長輩擬於苗栗市郊興辦私營殯儀館火化場事業，囑由筆者主持規劃，對於毫無任何殯葬淵源與自幼膽小如鼠的筆者而言，此舉可謂為邁入不惑之年後的最大壓力與挑戰，為尋求理論與實務的知識乃毅然報名了時由南華大學推廣教育中心所辦理的殯葬管理第三期研習班研習課程[2]，也因此有幸與該研習班授課的學者專家們結識，特別是此後一路提攜指導的恩師——尉遲淦教授，殯葬專業的啟蒙、學習於焉揭開序幕，引導筆者跟隨師長們的步伐勇敢地邁向殯葬教育之途。

　　連續三個月的研習期間適逢921大地震的臨場真實的課程學習，包

---

[1] 921大地震，又稱集集大地震，是1999年9月21日上午1時47分15.9秒（當地時間）發生於台灣中部山區的逆斷層型地震，造成台灣全島均感受到嚴重搖晃，共持續約102秒，乃台灣自二戰後傷亡損失最大的自然災害。震央位於北緯23.85度、東經120.82度，處於南投縣集集鎮境內，震源深度約8.0公里，芮氏規模7.3（美國地質調查局測得地震矩規模7.6-7.7）。該地震肇因於車籠埔斷層的錯動，並在地表造成長達85公里的破裂帶，另外也有學者認為是由車籠埔斷層及大茅埔——雙冬斷層兩條活動斷層同時再次活動所引起。此地震造成2,415人死亡，29人失蹤，11,305人受傷，51,711間房屋全倒，53,768間房屋半倒。不但人員傷亡慘重，也震毀許多道路與橋樑等交通設施、堰壩及堤防等水利設施，以及電力設備、維生管線、工業設施、醫院設施、學校等公共設施，更引發大規模的山崩與土壤液化災害，其中又以台灣中部受災最為嚴重。

[2] 尉遲淦（1999）。〈發展中的台灣殯葬教育〉。《台灣殯葬21世紀——生命禮儀學術研討會會議手冊》。宜蘭：宜蘭縣政府、財團法人旺旺蘭陽文教基金會主辦，1999年3月，頁82-83。

括地震當日五十餘位驚魂未定移師高雄課外教學的學員們，晚上住宿於高雄殯儀館三樓招待所、白天邊上課邊接受921頻繁餘震的震撼教育、為死亡人數仍不詳但不斷攀升的罹難者舉行的結合教學與祝禱祈福的道教科儀……，在在讓筆者留下畢生難以磨滅的深刻印象；其後蒙當時到場授課的寶山禮儀公司劉添財董事長之邀，前往該公司業務與禮儀服務部門實務見習兩個月，並派往支援參與921地震南投縣中寮鄉二座納骨塔倒塌復原重建工程，前後歷時六個月的見習與成長，得以有機會履踐於南華研習的成果，更加體認殯葬產業發展與殯葬教育推動的重要性，如實影響著民眾生活的品質與生命的尊嚴。

在傳統的觀念中「殯葬業」長久以來被視為是處於陰暗角落隱諱的一種行業，近代更因人們逃避死亡的心理作祟，而落得邊緣化、汙名化[3]。但隨著時代的變遷，國人觀念的改變，高齡化、少子化時代的來臨，近年來的殯葬業非但不再隱諱而且有逆勢爬升、越竄越紅的趨勢。此一明顯改變從政府殯葬管理部門一連串的法令公布實施、殯葬業者積極的參與投入以及社會大眾注目的焦點皆扣緊「殯葬」的議題即可得到驗證。自古以來我們對「養生送死」、「慎終追遠」的觀念根深柢固，堅信它是安定社會、教化社會的重要力量，殯葬業也順此趨勢大步向前。殯葬原本即與傳統的生命禮俗緊密的結合著，但由於受到死亡禁忌與商品庸俗化的影響，喪葬禮儀的核心精神乃逐漸式微，固有的文化與意涵亦遭受扭曲，其結果形成了殯葬文化混亂、充斥迷信奢靡浪費的現象，加以部分從業人員動輒以利益為導，巧立名目、故弄玄虛，以致陋習成規，勞民傷財，甚且違背禮俗敗壞社會風氣，對往生者無尊嚴送往之實，對家屬亦未盡慰藉哀傷之情。此即當時國內殯葬文化遭受詬病之普遍現象，亦是政府與社會各界意圖改革之肇。

事實上，早期傳統殯葬專業從業人員人數甚眾，但形態多屬兼差性質，經常是由壽材店的老闆或道士兼辦經營，而地方仕紳耆老經常是

---

[3] 李民鋒主編（2017）。《台灣殯葬史》。台北：殯葬禮儀協會，2017年7月，頁2。

扮演著傳統禮儀與禮節的設計執行角色，殯葬實務性的工作幾乎由宗親與殯葬業者以及宗教人士擔綱。昔日台灣「殯葬禮儀師」並非經由正規的學校教育的途徑所養成，往往是以「傳統師徒制或短期研習班」的方式來學習殯葬禮儀的相關知識與技能，就當時政府與社會輿論期望以實施禮儀師證照制度，來達到專業化的預期目標，仍存著極大的落差。有鑑於此，當南華大學首創風氣之先開辦殯葬管理研習班之際，即吸引了來自全國各縣市地區的殯葬相關從業人員與有識於殯葬興革之士聞風響應，一時蔚為風潮，前後歷經數期而有所停頓，確也奠定了我國正式教育體制的重要起點[4]。

　　適逢其會，筆者也因此而踏入了殯葬產業與其後的殯葬教育之列。首先在參與殯葬研習期間即加入由當時課程規劃者之一的釋體通法師所籌辦的「中華殯葬教育學會」，其後返回苗栗在甫於新竹社教館退休的賴世烈館長與傅天生理事長的熱情支持下，也邀集了地方業者與關心殯葬改革事務的同道們籌組了「苗栗縣殯葬教育學會」，由筆者承理日常會務工作，也在中華殯葬教育學會的協助下，向苗栗縣政府爭取經費在縣府圖書館與苗栗市建功里活動中心辦理了數期的殯葬管理研習班，培訓了百餘位的鄉親，讓民風保守、殯葬設施欠缺的山城在殯葬改革步伐不落於都會城市之後；學會也蒙時為南華大學生死學研究所所長尉遲淦教授的協助賜稿下，發行了數十期的《生命關懷》季刊，每期發行一萬份對開單張四頁的最新殯葬資訊與喪葬文化知識給本會會員與本縣各鄉鎮市各級民意代表以及村里長，經費分由本縣卓蘭鎮、西湖鄉、通霄鎮、苑裡鎮、竹南鎮等設有納骨塔的公所輪流贊助。學會也順此因緣，協助本縣同業成立「苗栗縣葬儀商業同業公會」、「苗栗縣殯禮服務職業工會」，完成業必歸會與無固定雇主者有其屬的任務，並與中華殯葬教育學會（華梵大學台中推廣中心）合作開辦殯葬管理學分課程、殯葬

---

4 尉遲淦（1999）。〈發展中的台灣殯葬教育〉。《台灣殯葬21世紀──生命禮儀學術研討會議手冊》。宜蘭：宜蘭縣政府、財團法人旺旺蘭陽文教基金會主辦，1999年3月，頁82-83。

技能檢定考試，以及配合縣府勞工局促進就業方案先後辦理多期的喪禮服務人員培訓班，如實的提供服務予本縣的殯葬同業與有志參與殯葬事業的民眾結下善緣。對筆者而言，這一切的歷程讓筆者在非正式的教育體制下與殯葬教育結下深厚的因緣，從此開啓筆者此生如此行過的殯葬教育路。

二、從籌備到設立

本校生命關懷事業科在各界的關注與期待下於2009年設立。筆者亦隨順此因緣而由非正式的教育體制下踏入了殯葬正規院校教育的領域。回想2008年本科籌辦之初，筆者當時正爲學會所執行政府委辦的職訓業務與進修博士班撰寫畢業論文忙得焦頭爛額之時，偶然間於報紙媒體閱讀到位於本縣後龍鎮的仁德醫專已獲教育部核准設立生命關懷事業科二專在職班的一則新聞，正擬聯繫拜訪該校洽商與學會合作可能性之際，突然接獲與筆者有多年情誼且不時聚會的徐永宏兄長來訊，並陪同其弟仁德醫專董事會徐敏豪秘書來訪商談生命關懷事業科二專在職班明年招生合作事宜，如此令人意想不到的因緣似乎是上天早即有意的安排，讓仁德醫專能在全國眾多技職院校間拔得頭籌首辦「殯葬正規教育」，提供竹、苗地區殯葬從業人員在職進修機會，也引導筆者自此進入原本不在此生所規劃的教職之途。

經過與學校創辦人邱仕豐博士、校長胡冠華教授與相關人員多次的交流研商之後，大致建立了籌備過程中的規劃與共識。公、私情誼的考量下，筆者仍以完成博士論文撰寫爲先，遂以專案及兼任教師身分協助科務之發展。2009年4月學校先行設置了勞動部喪禮服務丙級術科技能檢定考場，指派張映、胡冠鳴二位老師隨同筆者逐一拜訪地區殯葬公、工會理監事與近百家的業者，藉由丙級技術士證照考試的輔導協助爭取認同，爲即將招收的首屆四十五名學生來源作準備，師資方面，筆者陪

同胡冠華校長親自迎請新竹地檢署的楊敏昇法醫、被媒體譽為全國第一位女碩士土公仔的李慧仁老師等幾位兼具實務與學識的專業教師蒞校兼任授課。於是乎，在校方與董事會的支持下，天時、地利、人和三者兼具，加上張映、胡冠鳴二位老師勤奮不怠積極突破諸多挑戰的努力下，終於不負眾望交出亮麗的成績，於當年9月中旬開學日，五十四位首屆新生入學報到，專業教師登堂正式上課，開啓了全國技專院校第一個殯葬專業科系發展的序幕。

三、從設立到初步發展

　　回顧參與本校生命關懷事業科十年的發展歷程，感謝董事會與現任黃校長柏翔教授的全力支持，讓本科教學團隊得以篳路藍縷順利地邁向我國殯葬技職正規教育的第一個十年的里程碑。或許是因為我們承負著原不受社會所肯定的殯葬行業人才專業能力培育的使命，讓上天賜與我們一次又一次能順利面對挑戰、克服困難的勇氣與毅力。設立初期無論是生源、專業授課教師、上課教室、授課教材、教育目標、發展方向……在在考驗著本科的教學團隊。

　　最初，本科把殯葬業者服務的提升視為最重要的事情。因此，針對提升的需要，先鼓勵苗栗在地業者產生進修的意願。有生員才有後續教育行為，作為第一所殯葬專業學校，生員何來到哪裡招生，又如何說服他們到校再進修，都考驗著團隊。當時本科不並被看好，資源不足情況下，專任教師群王施勝、邱紹聖主任、張映助理教授、蔣如萍副主任、邱達能主任，唯一專業老師為邱主任。兼任教師群的支援，聘任各殯葬集團老闆、各縣市理事長為顧問，建立人脈。也在殯儀館內張貼招生簡章，擴展生源。如創科元老教師張映老師轉述，當時遇到僅有高中職學歷的同學，就鼓勵他學習第二專長來報考專科，以取得副學士學位。遇到殯葬業者就告知他們學歷提升與專業知識對其工作有助益，本著母親

般苦口婆心的心情，鼓勵年輕學子或業者到校就讀。在主任與專兼任教師群的努力下，招生的第一年有四十五個名額共計有五十四人就讀，第二年正式聘專任，七十名學生招生全滿。平日班與假日班，專任助理教授聘任9月開始，2月助理教授資格取得。於是，生關科從二專在職專班順利招生完成，殯葬專業教育的第一個春天也將起步出發。

隨著招生作業的完成，本科的任務隨即進入第二個階段，致力於如何培養出具有現代化專業的禮儀師？為了達成此目的，本科除了思考課程的規劃與設計外，也思考落實教育的方法。有完善的教學空間是落實教育的第一步。成立之初只有一間籌備處辦公室，沒有專業設備，甚至沒有專業教室，第一屆在職專班新生入學後，臨時向醫檢科借用階梯教室上課。最後幸得校方董事會的支持，將就行政大樓更改為生命教育樓，撥予本科作為後續專業教室、技術士考場建置的空間。

當時殯葬專業空間建置與規劃也得到許多業界夥伴的寶貴意見，針對業界現行的狀況建構符合業界有需有用的專業空間，也才能進一步規劃專業教室的使用與課程安排。但是建置專業教室需要龐大的經費，因此校方鼓勵本科申請特色典範計畫，唯有透過計畫經費才能好好的來建置專業空間。所以我們積極規劃透過教育部計畫的申請爭取經費補助，一方面購置教學相關的設備，一方面逐步完善所有的設備，讓學生有一個很好的學習環境。於是，在2011年我們有了一項重要的經費挹注，本科申請教育部「建立特色典範計畫」通過，爭取到了連續三年980萬元（500萬、300萬、180萬元）的補助款，連同學校20%的配合款總計1,176萬元的經費，經過三年的經費挹注成功打造了現今位於生命教育大樓軟、硬體兼備的「生命禮儀教學資源中心」，也成功締建了全國唯一殯葬專業人才的「國家禮儀師培訓基地」。

專業空間問題獲得解決，接下來就是課程師資方面問題，因為台灣當時並沒有殯葬專業教育體系培育出的強大專業碩博士學歷之師資群，因此專業課程為了達到縮短學用落差，於是聘請殯葬業業界師資到校來擔任兼任教師。專業課程與教室設備的部分邀請了相關生死學門的教授

群給予建議與規劃，確立了本科積極地朝向建置爲全方位的生命禮儀師培育基地爲目標。殯葬專業課程的部分則邀集學界、宗教界共同協力，如委請尉遲淦老師、徐福全老師，教師專題計畫請各宗教佛光山大明寺住持、道教徐福全老師、輔大宗教中心主任、一貫道與天地教、伊斯蘭教的秘書長，專題演講，順便討論宗教與殯葬的課程。另外爲了連結殯葬業界資源，由主任親自拜訪與邀集了各大殯葬公司董事長頒贈殯葬教育顧問、殯葬公會、各縣市殯儀館館長、爭取獅頭山獎學金與殯葬設施的實習單位，簽訂合作協議書。另外透過業界專家國寶集團英俊宏總經理建議，仿效最早韓國死亡體驗的概念，規劃建置推廣生命（生死）教育的死亡體驗活動，並且邀請學界專家共同設計規劃活動流程，結合生死教育與悲傷輔導的特性，邀請國家級心理師進行活動的引領與進行。

在完備教學設備與專業課程及師資的過程中，本科也思考到殯葬教育的專業化問題。過去，殯葬教育以經驗爲主，因此而缺乏知識化的支撐。現在，在現代化的要求下，如何知識化乃成爲專業化成敗的重要關鍵。如果沒有一套系統化的殯葬知識與技能支持，卻想要順利達到專業化有其困難度。因此，除了要求教師必須嫻熟殯葬實務以外，也要求教師積極參與相關教科書的編撰工作，以落實專業化的知識要求。唯有如此，學生方能在知識的引領下完成他們的專業教育。

不過，徒有專業化的教育尚且不足，仍需要進一步的結合認證制度，方能確保教育的成果符合社會的要求。於是，在證照考照的要求上，我們希望學生可以在畢業之前取得乙級喪禮服務技術士證照。因爲，依據禮儀師證照的要求，要取得禮儀師的證照，除了需要二十個殯葬專業課程的學分外，還要乙級喪禮服務技術士的證照，以及兩年的殯葬禮儀實務工作經驗。現在，學校可以先行爲學生準備乙級喪禮服務技術士的證照以及二十個殯葬專業課程學分兩個大項。兩年的工作經驗則回歸學生個人過往的經驗，或畢業後正式就業來完成。基本上，這樣的門檻機制產生一定的砥礪效果，讓學生知道這樣的考照作爲在他們未來服務與就業時占有極爲重要的地位。

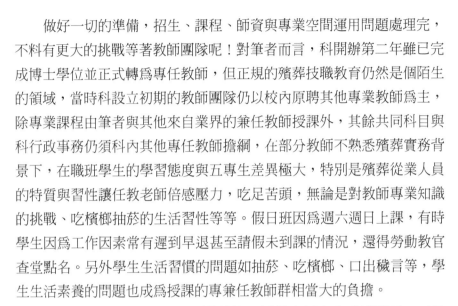

　　做好一切的準備，招生、課程、師資與專業空間運用問題處理完，不料有更大的挑戰等著教師團隊呢！對筆者而言，科開辦第二年雖已完成博士學位並正式轉為專任教師，但正規的殯葬技職教育仍然是個陌生的領域，當時科設立初期的教師團隊仍以校內原聘其他專業教師為主，除專業課程由筆者與其他來自業界的兼任教師授課外，其餘共同科目與科行政事務仍須科內其他專任教師擔綱，在部分教師不熟悉殯葬實務背景下，在職班學生的學習態度與五專生差異極大，特別是殯葬從業人員的特質與習性讓任教老師倍感壓力，吃足苦頭，無論是對教師專業知識的挑戰、吃檳榔抽菸的生活習性等等。假日班因為週六週日上課，有時學生因為工作因素常有遲到早退甚至請假未到課的情況，還得勞動教官查堂點名。另外學生生活習慣的問題如抽菸、吃檳榔、口出穢言等，學生生活素養的問題也成為授課的專兼任教師群相當大的負擔。

　　殯葬教育的第一步因著生關科第一屆學生招生完成邁開了，可是這只是第一步就如同幼兒起步，未來還是有一條很漫長艱辛的道路要走。如何永續經營發展下去是接下來更重要的目標與關鍵。此時傳來好消息，本科第一屆學生第一年組隊參加了全國學生專題製作競賽，竟獲得全國第一名，學生們的美麗容顏面膜創下佳績的消息振奮了科上的師生，不但激發學生學習動力，也鼓舞了專兼任教師的教學動力。這個肯定也確立了本科後來殯葬教育課程推動中重視創新的基石，進而開設了殯葬創新課程，要求學生具備有創新思考與設計商品的能力。全國學生專題製作第一名佳績，成為本校獲得全國學生競賽第一名的第一個科系。再加上第二年特色典範計畫建置了生關科專業教室，是校方唯一單項計畫超過千萬的教學單位。這兩個佳績，建構起生關科在學校的地位，不再是不被看好、被忽略、甚至避之唯恐不及的科系了。也因為這兩個佳績，連結地方媒體的報導，也讓生關科名聲打出去，讓外界看到了台灣有這麼一個殯葬專業的科系——生關科，創始於仁德醫專，生關科在校內、校外被看到，也才算站穩了腳步。

　　後續因為被看到，台灣第一所殯葬專業教育科系也為科上帶來了官

方資源的投入，如內政部國民禮儀手冊與殯葬博覽會展覽也來委請本科辦理，甚至到第四年亞洲籌組了第一個殯葬教育聯盟，本科成為亞洲殯葬教育台灣區代表學校，而第一屆亞洲殯葬教育聯盟會議更是在本校辦理，透過與各國殯葬教育專家的交流互通，本科得以跨足國際，也將台灣殯葬教育帶到另一個里程碑。

總結上述，回首這一路走來感恩幾位老師付出，尤其是尉遲淦老師一直以來指導本校，將南華生死所所長行政經驗與課程規劃的部分經驗帶到仁德來，為我們規劃了完整健全的專業課程模組。本科原先在殯葬教育上可說是一無所有，經由篳路藍縷的發展過程逐漸發現問題、解決問題。雖然到目前為止並非盡善盡美，但是相對於問題的發生，本科總能及早發現、及時處理，希望能為學生帶來更美好的未來。

四、從初步發展到領導品牌地位的奠定

經過十年的發展歷程，本科起始把殯葬業者服務的提升視為最重要之任務。因此，針對業者服務提升的需要，先鼓勵苗栗在地業者產生進修的意願，再逐次向新竹、桃園、台中、彰化、南投等鄰近縣市發展。從二專在職專班出發，很快地，第一屆的五十個名額即出現滿額的現象。

隨著招生作業的完成，本科的任務隨即進入第二個階段，致力於如何培養出具有現代化專業的禮儀師？為了達成此目的，本科除了思考課程的規劃與設計外，也思考落實教育的方法。在此，我們積極規劃透過教育部計畫的申請爭取經費補助，一方面購置教學相關的設備，一方面逐步完善所有的設備，讓學生有一個很佳的學習環境。於是，在2011年我們有了一項重要的經費挹注，本科申請教育部 「建立特色典範計畫」，爭取到連續三年980萬元（500萬、300萬、180萬元）的補助款，連同學校20%的配合款總計1,176萬元的經費，打造了位於生命教育大樓

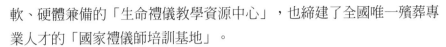

軟、硬體兼備的「生命禮儀教學資源中心」，也締建了全國唯一殯葬專業人才的「國家禮儀師培訓基地」。

在完備教學設備的過程中，本科也思考到殯葬教育的專業化問題。過去，殯葬教育以經驗為主，因此而缺乏知識化的支撐。現在，在現代化的要求下，如何知識化乃成為專業化成敗的重要關鍵。如果沒有一套系統化的殯葬知識與技能支持，卻想要順利達到專業化有其困難度。因此，本科除了要求教師必須嫻熟殯葬實務以外，也要求教師積極參與相關教科書的編撰工作，以落實專業化的知識要求。唯有如此，學生方能在知識的引領下完成他們的專業教育。

不過，徒有專業化的教育尚且不足，仍需要進一步的結合認證制度，方能確保教育的成果符合社會的要求。於是，在證照考照的要求上，我們希望學生可以在畢業之前取得乙級喪禮服務技術士證照。因為，依據禮儀師證照的要求，要取得禮儀師的證照，除了需要二十個殯葬專業課程的學分外，還要乙級喪禮服務技術士的證照，以及兩年的殯葬禮儀實務工作經驗。現在，學校可以先行為學生準備乙級喪禮服務技術士的證照以及二十個殯葬專業課程學分兩個大項。兩年的工作經驗則回歸學生個人過往的經驗，或畢業後正式就業來完成。基本上，這樣的門檻機制產生一定的砥礪效果，讓學生知道這樣的考照作為在他們未來服務與就業時將占有極為重要的地位。

至此，為了提升服務的品質，讓亡者和家屬可以獲得應有的人性尊嚴對待，本科進一步針對現有殯葬服務的缺失加以改進。對我們而言，目前殯葬服務的主要缺失在於人性尊嚴對待的不足。雖然在現代化的作用下殯葬服務已較往常更具品質，但是只有一般的品質仍然不夠，畢竟殯葬服務並非一般的產品服務，而必須是人性服務。因此，需要深入到人性的層面。如果沒有人文的認知與涵養，要做到人性化服務可謂困難重重。於此，為了進一步落實人性化服務的教學目標，本科在培養學生時特別強化人文素養的教育，希望學生未來在服務時可以人性尊嚴地對待亡者與家屬。

到了2014年，本科的發展也碰到了一個瓶頸，我們面臨到二專在職專班的招生沒有往常順利的窘境。之所以如此，主要在於社會大環境的變化，以及進修需求在逐漸降低當中。對一些現職的業者而言，即使沒有進修也不至於影響其服務資格。既是如此，必然也降低他們積極進修的意願。因此，面對逐漸浮現的招生困境，本科積極擴大招生範圍，配合教育部回流計畫的推動，在苗栗後龍以外的高雄也設立分班，招生對象也不再只是侷限於殯葬業者，也對未來有意從事殯葬業的民眾開放，同時也積極地規劃海外華人市場的開發與經營。

　　此外，年輕新血的加入也是本科針對殯葬業人力需求的另個招生契機。面對當前大學生畢業後所面臨就業的困難，以及工作起薪的低劣，相對優渥的殯葬薪資即成為社會新鮮人的新選擇。針對這樣的需求，本科也提出五專日間部的設置，希望讓未來對殯葬服務工作有興趣的社會新鮮人有機會選擇，進一步降低社會就業問題的困擾。因此，在設立之初就思考到畢業即就業的問題，希望建立學生就讀的意願。

　　然而，由於國內殯葬產業的規模有限，且競爭極為激烈，如果我們只侷促於台灣的市場需求，可預見未來就讀本科的學生在就業上將受到很大的侷限。因此，在未雨綢繆的考慮下，我們積極強化國外參訪與見習的部分。除了國內的參訪與見習外，國外的參訪與見習更是讓學生有機會瞭解與體會國外服務的現況。經由這樣的相互交流，未來有機會就可以前往國外就業。同時，也可以達成彼此交流相互提升的效果。目前，在實習上，學生不只可以選擇台灣，也可以選擇馬來西亞、大陸等地作為實習場所。

　　有鑑於此，本科積極的採取各項作為來因應大環境的需求，具體的策略與作為包括以下各項：(1)組織多元發展的師資團隊；(2)海內外學術機構交流，建構專業知識體系；(3)宗教關懷與多元創新，豐富生命的終極關懷；(4)辦理教師研習營，參與研討會，提升教師專業能力與系科能見度；(5)媒體良好互動，開創經營優勢，增加系科能見度；(6)業界拜訪交流營造共識，爭取資源締建產學雙贏。

經過十年的發展歷程，本科從無到有，由寄居友科籬下不被祝福情況下，到擁有專屬教學大樓，並建置成了目前全國唯一的兼具教學、培訓、參訪、觀摩的最完整的「生命禮儀教學資源中心」與「國家禮儀師培訓基地」，也建立了首屈一指陣容堅強，理論與實務兼具的由專、兼任教師所組成的專業教學團隊，從第一屆招收的五十位在職班學生規模，到今天除了每年七十位的二專在職生外，更有了每年一個班五十位學生的日五專生，總學生數達到四百人的規模，也有了五百餘位畢業生發光發熱於海內外的殯葬行業中。

五、結語

總結上述，本科原先在殯葬教育上可說是一無所有，經由篳路藍縷的發展過程逐漸發現問題、解決問題。雖然到目前為止並非盡善盡美，但是相對於問題的發生，本科總能及早發現、及時處理，希望能為學生帶來更美好的未來。

歷經十年的生聚教訓，筆者檢視本科已明確的樹立有六大發展目標：(1)配合國家政策培養殯葬專業人才；(2)透過產學合作提升教師專業實務能力；(3)提供多元學習管道滿足產業人力需求；(4)建構完善教學設備強化學生就業競爭力；(5)整合業界需求強化從業人員人文素養；(6)爭取資源營造學生專業化國際化能力。以及建立了六項的科系特色：(1)殯葬專業人才培訓制度建立的先行者；(2)殯葬專業人才培訓師資的技職化；(3)殯葬專業人才培訓管道的多元化；(4)殯葬專業人才培訓的完整化；(5)殯葬專業人才培訓內涵的人文化；(6)殯葬專業人才培訓的專業化與國際化。

除此之外，本科下一個十年的專業發展亦將在已建置的六項專業發展中心軸線上持續推動：(1)生死體驗活動中心；(2)生命禮儀商品創新研發中心；(3)遺體重建中心；(4)數位殯葬中心；(5)遺體火化機人才培

訓中心；(6)殯葬人才人力資源中心。

　　十年來在本科師生共同努力下，從草創期的艱辛到現在有所小成，我們生關科以培育殯葬專業人才為目標，專心致力於培養未來新生代成為具備有專業素養與生命關懷胸懷的禮儀師，為台灣及殯葬產業界注入新活力。最後要感謝成立以來學校師生與畢業校友、海內外官方、學界、業界夥伴的全力支持與協助，面對下一個十年，我們充滿信心迎接新的挑戰，也做好與同道們共同攜手再創高峰的準備。

　　下一個十年，我們也將在第一個十年的基礎上再進一步精進深化。生關科的第一個十年，我們完成了幾個目標與貢獻：(1)配合國家殯葬專業發展，推動專業證照化：本科每年承辦喪禮服務乙丙級技術士業務，與國家共同為殯葬專業證照化努力；(2)培訓具專業能力的禮儀師：協助本科學子考取證照，為國家培訓了許多專業禮儀師；(3)理論與實務並重之殯葬教育課程確立：作為台灣第一個殯葬專業科系，十年來我們不斷地審視與調整專業課程的質量與方向，確立殯葬教育課程之理論與實務並重；(4)殯葬服務的專業化與國際化：以亞洲殯葬教育聯盟作為基石，鼓勵並培育學子建立國際觀，走向國際，殯葬專業化更要禁得起國際的檢驗；(5)創新理念的傳遞：所有的產業都一樣，唯有創新才能永續經營，即便是一個最古老的專業與殯葬產業。

　　十年來的生關科完成了五個里程碑，且在這五個基礎上還要繼續前行，不忘前人的創業維艱，更要肩負起守成之責。未來十年除了原本的這五個生關科成立宗旨與貢獻，證照化、培育未來禮儀師、理論實務並重的教學、國際化與創新。我們更要培養學生的文化素養軟實力與跨領域能力，做第一等殯葬人。

10.

殯葬專業教育中的生死觀課程

李慧仁

南華大學生死學系（所）助理教授

一、前言

距今2571年，也就是在公元前551年，孔子誕生，其一生示現仁人君子的教育家風範，教導弟子回歸人心進行省思，提出「仁」才是「禮」的根本依據[1]，帶領人們依循「仁」，突破貪生怕死以及情感之欲的影響，將過去宗教性的「禮」，提升到道德的層次。孔子是位思想家，也是終身以禮自持的實踐者與指導者，不僅止於在生活中「席不正，不坐」，臨終前囑咐「夢坐奠於兩楹之間」，對於「喪事不敢不勉」。之後歷代的儒者，師徒之間或是在私塾、書院中，教導讀聖賢書明生死之大義外，也透過各種祭祀及吉、凶之禮的儀式進行道德的實踐。二千年來，華人面對死亡大事，有《禮經》為本，但主要還是透過各地通曉儒家禮儀的「禮生」、「先生」為民指導，這得歸功於孔子，將生死課題與殯葬禮儀加以會通，而其作育英才的模式，為過去社會培訓出可以擔任指導與協助殯葬儀式之人。

西元1949年以後，國民政府來台實施「以農養工」政策，改變台灣的經濟型態與生產人力結構，過去在地方上負責指導殯葬禮儀的士紳耆老逐漸凋零，加上國民教育取代了傳統私塾模式，「禮生」、「先生」的專業傳承出現斷層，之後雖有台灣省政府辦理禮俗的培訓課程，內政部也著手出版國民禮儀範例等相關書籍，以及1993年南華管理學院開辦短期的殯葬研習班，國內學術單位開課，企業經營模式殯葬業者的員工內訓等，確實有助於殯葬禮儀人才的教育，不過在當時，課程因著重於外在的禮俗儀節，未能將喪禮在於協助人們超克生死的真義點出，因此，殯葬專業培育雖已起步，但受訓後的人員，實際就業將傳統禮儀運用於服務時，常發現繁文縟節不合時宜，甚至因此自我懷疑學習無用論，其

---

[1] 見《論語・八佾第三》第三章，子曰：「人而不仁，如禮何？人而不仁，如樂何？」

實當中的原因在於，當時的殯葬專業教育未能深入探討「禮」的根本，也就是喪禮儀式所蘊含的生死思想並沒有被重視，甚至被忽略輕看。

然眾人迷茫中，當時擔任南華大學生死學系所長的尉遲淦教授，發揮多年在學術上的涵養，覺察到生死與殯葬之間應做連結與運用，所以致力提出諸多闡述殯葬生死觀的論文與書籍，為現代的殯葬專業教育找到教學之核心，也讓禮儀師體悟角色與定位，教授之貢獻可比擬於孔子將宗教性的「禮」提升到透過道德實踐而超克生死的層次。對於當代社會變遷，人們因不同宗教而產生治喪規劃時的衝突，或是只知禮而不知其義而無法得到生死平安時，教授提點出殯葬禮儀師專業職能中的樞紐。筆者何其有幸於過去碩士班階段起至今二十餘年，能受教於尉遲淦教授之門下，今日若能在殯葬領域有些許的體悟，皆要感恩教授之啟蒙，因此，此文，就以教授近十年來建構殯葬生死觀前後，台灣相關殯葬專業教育發展與所受到的影響進行討論。

二、孔子的殯葬生死觀與影響

被後人讚譽：「天不生仲尼，萬古如常夜」[2]的孔子，確實為當時沉溺於詔媚鬼神而行生命禮儀的黑暗時代，經由回歸仁心、孝道無違之道德層次，點亮指明殯葬禮儀在於安頓與超克生死的核心內涵。古今中外，常有人言孔子是中國文化的重心，亦為世界民族的光榮，乃因孔子的倫理道德和社會觀念所呈現的是世界大同，其成就的關鍵除了在於人智之外，還緣於孔子不隨波逐流之堅持，當其處於國家分崩離析，天下禮樂崩壞，民間又盛僻世隱居之風，面對流於形式虛文的禮儀文化現象，孔子之言顯得誠懇與真實，如於《論語·子罕》得見其自許：

---

[2] 見〔宋〕強幼安，《唐子西文錄》中記載蜀道館舍壁間有一對聯，當中書寫：「天不生仲尼，萬古如常夜」。

> 文王既沒，文不在茲乎？天之將喪斯文也，後死者不得與於斯文也；天之未喪斯文也，匡人其如予何？[3]

孔子擔負周公禮樂文化的道統，承接歷史文化之禮樂、法度及教化之跡，對於生命禮儀十分看重，將殯葬禮儀從生命關懷為核心，進而實踐於儀式中，其觀點與所示範的做法實為殯葬教育的重中之重[4]，其中最為關鍵的，即是孔子強調「禮」應以仁心而實踐生命關懷，因此他所提倡的是生死一如的禮義思想。

孔子主張「禮」應以仁心為出發點，進而藉以實踐生命關懷，從其所主張的三年之喪論述即可得知[5]。孔子認為子女在父母親過世後，之所以要守三年之喪的禮，在於考量：第一，父母生下子女，並保護子女超過三年的安危，子女在父母身故後，為其守喪三年實為恰當；第二，三年之喪雖是普遍的規範，但也沒有硬性規定，只是藉此考察愛父母的心，能不能達到三年，甚至是更久、更遠。然而孔子認定的三年之喪，著重的還是在於存乎一心，故不論三年的時間是否合理，為人子者在父母逝去後，懷抱什麼樣的心情與心念，是孔子主要關注的焦點。孔子主張三年之喪，也體現了「禮」應具備對生死終極關懷的深意。因為，孔子考量守三年之喪的禮制，在於「仁」的內涵，依據《論語·八佾》中記載：

> 子曰：「人而不仁，如禮何？人而不仁，如樂何？」[6]

---

[3] 孔子一生中除受困於匡人之外，另外一次是桓魋的預謀殺害。乃因孔子體悟並實踐了《周易·繫辭上傳》的描述「樂天知命故不憂」。

[4] 《論語·為政》第五章，子曰：「生，事之以禮；死，葬之以禮，祭之以禮。」

[5] 《論語·陽貨》第二十一章，宰我問：「三年之喪，期已久矣！君子三年不為禮，禮必壞；三年不為樂，樂必崩。舊穀既沒，新穀既升，鑽燧改火，期可已矣。」子曰：「食夫稻，衣夫錦，於汝安乎？」曰：「安！」「女安，則為之！夫君子之居喪，食旨不甘，聞樂不樂，居處不安，故不為也。今女安，則為之！」宰我出。子曰：「予之不仁也！子生三年，然後免於父母之懷。夫三年之喪，天下之通喪也。予也，有三年之愛於其父母乎？」

[6] 見《論語·八佾第三》第三章。

就在殯葬禮儀的問題層面,「仁」的要求在於能夠反省自己的行為,進而自發的做到「禮」的要求。再參閱《禮記》中孔子回應何謂三年之喪之提問:

> 曰:稱情而立文,因以飾群,別親疏貴賤之節,而不可損益也。故曰:無易之道也。[7]

對於孔子而言,守三年喪的意義,乃於以「仁」為出發點,但是宰我關注的卻是在於表象的禮樂,關心因守喪三年而無法興禮樂,禮樂會逐漸遺失而散逸。但孔子不贊同,認為在父母過世後,還有心思憂慮禮樂的興廢,對於孔子來說,禮樂演奏主要因應常人生活與國家祭祀典禮的需求,但是當父母過世了,應當將自己暫時脫離禮樂,而不該仍處於禮樂的環繞中,如此就是不仁了[8]。可見孔子對於禮儀,甚至對於殯葬禮儀所講究的重點在於質,當其核心價值照顧周全了,才能關心禮儀儀節外顯文質彬彬的層面,如同他所言:「禮,與其奢也,寧儉;喪,與其易也,寧戚。」[9]故其對於喪禮,關注的核心從生前延續到死後,實踐生死一貫的生命關懷理念。

再者孔子對於人有生必有死的命運,也關注如何超克死亡的威脅,其做法在於提醒人們與其終日憂心忡忡死之將至,倒不如把握有生之年,關心並實踐個人之道德是否能趨向完善之境。故其言並示範:

> 吾十有五而志于學,三十而立,四十而不惑,五十而知天命,六十而耳順,七十而從心所欲,不踰矩。[10]

---

[7] 《禮記・三年問》。

[8] 曾漢塘(2008)。〈先秦喪、葬禮儀爭辯的省思與啟示〉。《哲學與文化》,第35卷,第10期,頁89-90。

[9] 見馮作民譯註(1983)。《四書全解》(《論語・八佾篇》第四章),頁115。台北:東進文化。

[10] 見《論語・爲政第一》第四章。

孔子認為人應該透過學習，方得以守死善道[11]，追尋個人所言、所行皆能無違於天理，甚至在面對生死抉擇時也是能一貫，所以孔子認為：「朝聞道，夕死可矣。」[12]人若能在一念中覺悟天命、天理，下一刻若便死去，此生足矣！又如孔子所言：「志士仁人，無求生以害仁，有殺身以成仁。」[13]人若能為「仁」為「道」捨棄生命，因此種方式而死，正好完成了人生的目的。因此以孔子的生死思想來探討「壽終正寢」、「壽終內寢」的死得其時與死得其所，便不僅限於近代人們所言，一定要在家中正廳斷氣才是，如此勞師動眾並折磨臨終者硬撐一口氣回家的做法實為不智，而是要引導臨終者及其家人共同思考來此人生一遭，是否已覺悟人生存在的意義與價值？如同傅佩榮所言，孔子其實不在意人一生在生前行善之數量與程度，不計較個人「修行的程度」，而是關注在進行生命抉擇時，是否能將其個人生命境地轉向於實踐天命[14]。

　　所以，從記載有孔子相關思想與言論的文獻中，得以瞭解孔子以己之身示範君子應有的生死態度之外，也透過言教與身教，並在面對他人死亡或有機會協助治喪時，建構出一套以生死觀為核心而落實於殯葬禮儀傳承的教育模式，之後如司馬光、朱熹，乃及至明清時代的諸儒者，都能效仿並在體現個人生命意義與價值時，同時教導弟子在協助他人治喪時，不僅僅只是注重外在儀式的展現，還在於依循孔子所主張的「克己復禮以為仁」，引領人們在覺悟個人生命的有限中，轉而竭盡有生之年善盡人之職責，如此當死亡發生時，透過殯葬禮儀得以實踐生死兩安，同時也有助於社會與國家的和諧發展。

---

[11] 《論語・泰伯第八》第十三章：子曰：「篤信好學，守死善道……。」
[12] 見《論語・里仁第四》第八章。
[13] 見《論語・衛靈公第十五》第九章。
[14] 傅佩榮（2005）。〈孔子對死亡的某種定見〉。《哲學與文化》，第32卷，第4期，頁65。

三、台灣殯葬專業教育的發展與困境

　　台灣近代經歷明鄭時期，有大量的漢人移民在此落地生根。1894年清朝與日本爆發甲午戰爭，隔年，台灣被割讓予日本，進入日治時期。第二次世界大戰日本戰敗，台灣脫離日本，1949年中華民國播遷台灣，在此之前，普遍由熟悉儒家喪禮的「禮生」、「先生」爲主導，搭配宗教人士如「道士」、「和尚」協助民眾治喪。當中的分工爲：由禮生依據倫理關係安排祭奠流程，宗教人士專責於消滅死亡的禁忌與幫助亡者靈魂超生。[15]然宗教人員因應於殯葬禮儀中所需的專門知識，主要透過家庭與師徒制的傳授；禮生的養成則以師從地方耆老學習，也能跟著本族、本房的長者，透過年節祭祀、掃墓與殯葬儀節中的參與，進行潛移默化的學習。師徒制的教授以及「邊做邊學」的模式，因應滿足了當時社會所需的儀式執行人才。

　　西元1949年以後，國民政府來台實施「以農養工」政策，改變台灣經濟型態與生產人力結構，因此，地方上的士紳耆老，表面上雖然仍掌握著傳統儀節的主導權，但在執行過程中，卻因學習幫喪的人力不足，部分儀式如小殮、大殮及告別儀式會場布置，改由棺木店或道士兼辦經營的業者分擔。至於「禮生」、「先生」的專業傳承，也因國民教育取代了傳統私塾模式，諳熟禮儀者的人力來源便出現斷層，加上經濟發展提供年輕人多元的就業選擇，願意謹守師徒制默默學習殯葬禮儀的人也漸趨不得見。再者因台灣社會趨向專業分工，殯葬禮儀也擴展、分散由道士（師父）、地理（擇日）師、土公、棺木店、禮生、墳墓營造者、專業幫閒等人組成運作團隊，如此，雖帶動了殯葬商業化的發展，卻也

---

[15] John Lagerwey (1987). *Taoist Ritual in Chinese Society and History*, 169-237.李豐楙，〈禮生與道士：台灣民間社會中禮儀實踐的兩個面向〉，收入王秋桂、莊英章、陳中民編，《社會、民族與文化展演國際研討會論文集》，頁349。

因人才傳承的傳統模式被打破，殯葬的專業化終究面臨考驗。

當傳統殯葬專才的養成模式出現空窗，造成台灣殯葬界頻出亂象，如報章雜誌報導「葬儀業『死』要錢、喪家再被剝皮痛上加痛」的新聞[16]頻傳，使得政府單位深受壓力，於是於各鄉鎮辦理公設司儀培訓，但因受訓對象主要是村里長，加上時數僅能安排二至三天，課程內容也偏向禮生動作的示範與演練，因此無法達成移風易俗的效果，對於產業界人才的需求也緩不濟急。

直到1979年，國內有黃松元撰文介紹死亡教育，1990年馬偕醫院開設安寧病房推動緩和醫療，1999年台灣經歷921地震、2001年的桃芝颱風和2002年的華航611班機墜海等事件等，促使國人覺醒生死無常，進而帶動國內生死學的探討風潮。最初由南華管理學院（今南華大學）在1997年成立生死學研究所，依據原發起推動的傅偉勳教授對於生死學的架構想法，在課程設計時便將殯葬管理與殯葬科學納入，於歷任鈕則誠、尉遲淦等所長致力於生死學的推動與研究外，也與國內諸多學者共同疾呼政府能正視並規劃殯葬從業人員養成教育。尤其是尉遲淦教授在任期間，有感於殯葬產業界的求才若渴，因此申設以培養殯葬服務人才為主的大學部「生死管理學系」，但之後因尉遲淦教授卸任，校方又以為社會大眾仍避諱殯葬，擔心招生不足，故將系名改為「生死學系」，殯葬專業相關課程僅開設「禮儀師專業涵養與技能」、「殯葬文書」一到兩門，反而將授課內容偏重於社會工作領域。但經歷十幾年後，該校終究察覺歷屆畢業生卻以投入殯葬禮儀服務者為大宗，然而招生時，也發現主動詢問報考生死學系的高中應屆畢業生大多希望以成為禮儀師為職志，於是在2012年將該系區分出殯葬服務組和社會工作組，不過因為受限系所師資的專長背景，以及累積近十年來開課的慣性，宗教與生死

---

16 見1998年4月6日《中國時報》第十四版記者王關麒採訪報導；1998年6月29日《聯合報》第九版記者王汝聰專題報導「不肖殯葬業 趁人之危大開口」；1999年9月14日《聯合報》第十九版記者謝龍田「往生助念 喪家免花冤枉錢」的相關報導。

168

的科目雖得以會通教授，但是殯葬與生死議題則仍然分科講授。

然而，殯葬專業教育若只是在「生死學」、「生命教育」或「生死教育」的系所中開立幾門課程，對於殯葬專業的長期發展實無法達治本之效，因此回歸到「專業」養成的議題，還是得設置殯葬專業培訓科系才能滿足維護國人死亡尊嚴之需。另外，就實務面來看，殯葬專業人員的服務範疇，包括殯葬服務、殯葬商品、墓園經營、遺體處理技術、臨終關懷、悲傷輔導、靈車租賃等[17]。再者殯葬活動是從遠古社會延續發展至今，是人類寶貴的文化資產，已累積豐富的知識理論與實務經驗，早已蔚成龐大學術領域，可以自成獨立學門[18]，終於在2008年仁德醫護管理專科學校向教育部提出申設殯葬專業科系：「生命關懷事業科」順利被核准，2009年起開始招生，之後南有大仁科技大學設置生命關懷事業學士學位學程、北有近期馬偕醫護管理專科學校成立的生命關懷事業科。

我國政府則於2008年開辦喪禮服務證照考試，接續又推動《禮儀師管理辦法》，台灣殯葬專業教育終於在產、官、學努力下有了定位。不過就在一切應當就緒時，課程規劃設計卻忽略了將生死關懷與殯葬禮儀相互融合，讓學生就業後，主導執禮時能夠體相用三者合一的提供服務，使得殮、殯、葬、祭的流程只在表象上，仍然與過去傳統模式雖有雷同，但只留其「皮」而未存其「骨」，殯葬禮儀背後所蘊藏的禮義精神，已經偏離原本為達生死兩安以及帶領人們超克死亡的設定，所以，在殯葬場域中，經常發現喪禮不知為誰而辦的困惑，也有因家人宗教信仰不同而在喪禮儀式中發生衝突，更令人憂心的是殯葬禮儀服務人員只知道傳統禮俗的做法，卻不知背後所蘊含的生死觀。

基於以上的問題，內政部依法制定的《禮儀師管理辦法》，規定禮儀師資格為：「取得喪禮服務乙級技術士證」、「修畢殯葬專業課程20學分」及「具備實際殯葬服務經歷2年以上」。其中殯葬相關專業課程

---

[17] 鈕則誠（2004）。《生命教育——學理與體驗》。新北：揚智文化。
[18] 鄭志明（2012）。《當代殯葬學綜論》，頁372。台北：文津出版社。

的必修與選修科目，雖經國內產官學界專家學者依據現代禮儀師必須具備的專業涵養共同制定，不過其中「必修科目」之「人文科學」領域的「殯葬生死觀」卻是最常被提出來討論或需要再釐清授課內容的，如內政部在民國103年7月1日的「禮儀師證照制度」座談會紀錄，便有學者提出「殯葬生死觀」不應該只侷限於「探究殯葬禮儀形成背後之生死課題及價值觀點」，而是應該廣納所有的殯葬活動。然而在內政部從103年開始受理大專院校送審認定殯葬相關課程時，「殯葬生死觀」出現了有條件通過的情形，並被要求「日後課程應加重與殯葬生死觀課程核心內容之連結」[19]，由此可見，國內殯葬專業單位對於禮儀師應具備何種殯葬生死觀的能力無法全然掌握與瞭解。

四、尉遲淦的殯葬生死觀與影響

　　社會的進步與經濟的發展，國內湧起的生死學討論風潮，只帶動民眾一時好奇性的關注，大部分的人們仍然未將生死觀與自身的身後事相互連結進行思考，加上殯葬專業教育又未確實將殯葬與生死觀會通融和，因此當學生畢業後，雖學習了專精的實務技能，卻因沒有完備生命關懷能力，而無法協助自身與他人健康正向面對死亡。

　　不過在台灣人文薈萃的環境中，終於有尉遲淦教授，因累積數十年專研於哲學、宗教與殯葬領域，在其擔任南華大學生死學研究所副教授兼第二任所長時，即對殯葬專業教育有所定見，並提出相關課程的架構藍圖，之後也深入殯葬實務界擔任顧問輔導業者，也參與喪禮服務技術士之命製，歷經中華生死學會創會秘書長與副理事長、中華殯葬教育學會理事長，著作有《殯葬設施公辦民營化可行性之研究》（內政

---

[19] 內政部（2014）。公布本部辦理103年各校殯葬專業課程審認結果。檢索日期：2015/3/10，https://mort.moi.gov.tw/frontsite/professor/newsAction.do?siteId=MTA2&recordCount=19&subMenuId=1602&currentPage=2&method=viewContentList

部，1998）、《客家喪葬禮俗研究》（台北市政府，2001）、《殯葬業
證照制度規劃可行性之研究》（內政部，2002）、《禮儀師與生死尊
嚴》（五南，2003）、《生死學概論》（主編）（五南，2003）、《中
國醫學倫理學》（中國醫藥研究所，2006）、《生命倫理》（華都，
2007）、《殯葬倫理與宗教》（國立空大，2008）、《殯葬臨終關懷》
（威仕曼，2009）等等，然其有別於其他專家、學者對於殯葬專業教
育的貢獻，特別是2017年所撰寫出版的《殯葬生死觀》（揚智文化，
2017），該書目的在於提供作為殯葬專業教育的核心教材，藉以教導出
足以協助民眾打破死亡禁忌的禮儀師，同時也在於培育能成全人們超越
生死進入永恆的禮儀師，也在於滿足社會大眾需要的禮儀師，不僅只是
會「照表操課」而已，更重要是能協助生死兩安。

　　尉遲淦教授著作的《殯葬生死觀》對於現代人來說，生命不只要
活著，還會詢問生從何來、死亡何處去。同樣地，在殯葬處理上，不應
該只是要求處理技術，更應在殯葬過程中能夠產生意義。因此，為了要
瞭解殯葬處理的真義，便需要深入殯葬生死觀。唯有瞭解殯葬生死觀，
人們的生死才能獲得真正的安頓。該書是國內第一本系統探討殯葬生死
觀的專著，其中除了探討殯葬生死觀的由來、存在的意義與定義的問題
外，也論及類型的問題以及當代普遍常見的各種殯葬生死觀，如科學的
殯葬生死觀、基督宗教的殯葬生死觀、佛教的殯葬生死觀、道教的殯葬
生死觀，和傳統禮俗的殯葬生死觀，教授藉由各種殯葬生死觀的分析介
紹，讓讀者與學習者對於自己及他人的殯葬選擇和生死安頓能夠更加清
明與自覺。

　　《殯葬生死觀》一書雖為教授近期之著作，但是彙整其數十年來發
表之論文與言論，尉遲淦教授對於殯葬與生死的會通，及有助於培育殯
葬專業人才時能讓學習者，正確與有效的掌握核心職能，因此當期畢業
後，投入殯葬實務界才能發揮所長，完成助人工作使命，故教授的著作
目的之一在於提升禮儀師的專業角色及定位。教授將生死與殯葬進行會
通，其研究與論述的脈絡起始於人與動物是否都會辦理喪禮進行探討，

發現動物界並沒有喪禮活動的存在，關鍵在於動物只有本能，因為受到本能的限制，動物一般只是把死亡看成是一個事實之外，就只能按照本能的規律以既定方式的回應死亡。可是，人類不同。對於人類而言，人們雖擁有動物的面向，所以，當人們僅能彰顯依賴動物本能時，就只能按照本能的方式來對應死亡。然而，當人們的理性開始運作後，對於死亡的處理就不再和動物一樣。對人類而言，死亡不再只是一個事實，死亡還是一個需要解決的問題。因此，為了解決這個問題，人們必須採取一些和動物不一樣的作為，也就是喪禮的處理。由此可見，人類為什麼會有喪禮的存在，重點不在人類和動物一樣的本能，而在人類和動物不一樣的理性。就是理性的自覺作用，讓人類跳脫動物的層次，不再依循本能處理死亡，而改採喪禮處理死亡，這樣的觀點實為醍醐灌頂，引領學子們體會到，喪禮不只是遺體的處理及因應依附關係破壞後的悲傷任務，蘊含著人類運用理性超克死亡而舉行殯葬的可貴之處。

之後教授再從原始社會的赤鐵礦現象，以及山頂洞人將亡者遺體安置於其居住的山洞下室做法，發現早期人類試圖安撫亡者。因為，他們將亡者生前所擁有的全部重新歸還給亡者，甚至還加碼提供作為陪葬品的明器，得見其目的在於希望亡者可以沒有怨恨地離開人間，去到他應該要去的死後世界，如此生者便可以安心地繼續過著人間的生活。對於這種從「讓生者可以免於亡者的威脅，而亡者可以沒有怨恨地離去」的角度來說，教授闡述了喪禮行為因受到人死後靈魂存在觀點而出現的宗教層面解釋。

然而隨著人類文明開展，教授考察夏、商、周到春秋、戰國當時的社會情況，經歷因死亡帶來的紛爭與困擾，當時的人們依據血緣關係為基礎，建構了宗法制度的封建社會，但是人情的私慾卻是無法掌控而肆無忌憚，不過因有孔、孟透過生死意義的道德省思，為傳統喪禮釐清出當中應依據與運用的孝道原則、傳承原則與光宗耀祖原則，如此便解開也說明了傳統禮俗中從臨終搬鋪、交代遺言，以及為亡者沐浴淨身、分手尾錢、停殯守靈、封釘、點主、舉行家公奠、返主、合爐與年節祭

祀祖先的意義與目的。之後，則因到了荀子，改以外在禮法角度進行探討，因此埋下後代人們又回歸到宗教層面治喪的依據。

所以，教授依據當代的需求，從科學的角度，以及各種宗教生死觀的角度，分析說明各宗教殯葬禮儀其實是受到何種生死思想的影響，同時也歸納分析，透過經驗發展角度，殯葬生死觀可區分為宗教型態、道德型態與科學型態；若從結構分析角度來看，宗教型態則有他力型、自力型兩類，道德型態可分類為聖人的制禮作樂、個人自己的道德，科學型態也有社會的力量、認清安住於事實（理性）。所以，經由教授的論述，有助於學習者透過全面性的學習方式，掌握生死觀與殯葬禮儀之間的關係與影響，這種做法有別於過往，只學習殯葬禮俗外顯儀式，或者只是採取點狀方式，分別瞭解各宗教或儒家生死思想的模式，而無法將殯葬禮儀與生死思想加以串聯運用於殯葬服務中，所以，禮儀師們遇到客戶對於喪禮的目的有所疑問時，禮儀人員只能回答：這就是傳統，照做就對了！也因此在承辦特定宗教信徒的喪禮時，其所規劃的殯葬流程，經常與宗教法事人員及家屬的想法相互衝突。

在當今傳統禮俗因僅存其表象而被質疑，同時也因宗教多元而相互衝突，殯葬禮儀人員缺乏殯葬生死觀核心知識只能以盲引盲的時代，尉遲淦教授提出具體生死觀的內涵，其貢獻在於溯本探源的理論外，還就現代人經濟掛帥、家庭結構改變、無宗教信仰者越來越多、性取向多元的情況下，加上少子化與高齡社會的來臨，簡葬、節葬與零葬已成氣候，尉遲淦老師提出因應可行之思路，讓禮儀師得以舉一反三的殯葬生死觀運用原則，因此，昔有孔聖，今有尉遲，能在殯葬禮儀偏頗的時代，為殯葬禮儀人才的養成，提供以安生慰死為核心應具備的核心教材與實際示範。

五、殯葬生死觀授課方法建議

　　筆者有幸受教於尉遲淦教授之門下，在其指導中，受其言教與身教的啟發，如今擔任殯葬專業教育中的教學工作，有感於老師的抱負與用心，身為學生的筆者也莫不就業業努力推廣教授殯葬生死觀，但是由尉遲淦老師的謙沖與低調，國內各殯葬專業科系在殯葬與生死會通的課程規劃中，仍然還有很大的進步空間，因此身為學生也應承擔責任，以下就殯葬專業教育中殯葬生死觀的授課方法提出個人經驗分享。

　　承上文，若依據尉遲淦教授的觀點，殯葬生死觀在於探究殯葬禮儀形成背後之生死課題及價值觀點，同時也得提供禮儀師在專業服務上的需求與運用，所以，殯葬生死觀的課程不應該只停留在知識層面的探討，而是得讓修課者瞭解掌握殯葬禮儀背後的生死課題及價值觀，並在現今多元與瞬息萬變的環境中，找出原則性，再透過思維邏輯辯證後的創新能力，協調統整亡者與家人、朋友，在宗教信仰、喜好不盡相同的狀況下，仍然可以在人生劃下句點時，透過專業禮儀師的協助、規劃與執行，落實每個自我、他人及社會皆能超克生死的新時代殯葬禮儀。因此教授殯葬生死觀課程時，除了課程內容的講述，也可訓練學生思考與推論、創新的能力，筆者多年來即運用傅偉勳教授的創造詮釋的五層次說，將其融入課程，引導學生學習論證與推論的能力以提升學習效益。

　　創造詮釋的五層次說如何運用於課程呢？以筆者曾運用於「壽終正寢」的傳統喪禮儀式為例，乃從最基礎的「實謂」層次，就原典實際上說了什麼進行探討：壽終正寢見於《春秋・定公十五年》：「公薨于高寢」，魯定公命終於高寢，所謂的高寢指的就是正寢，如漢・劉向《說苑・修文》解釋曰：「高寢者何？正寢也。」過去諸侯的正寢有三，一稱為高寢，二或曰左路寢，三是右路寢。高寢，指的是最早被封為君王者的寢宮，其餘的左右二路寢則是後來繼位者，也就是始君的兒子、孫

子的寢宮。高寢只能由第一位君王所享有，後來的子孫都不能僭越使用，即使是臨命終將告別人世，將絕命者安置的地點必須匹配其身分，考量與前人父子及尊卑地位等關係，所以高寢對於始君的壽終地點來說，路寢則是繼位子孫命終時的空間選擇，都是合乎「壽終正寢」。依據上述，便可瞭解最早的壽終正寢，考量的是治喪時的規劃與安排必須合乎其身分地位，即使死了也仍須尊重父子的義章，尊卑的事別，不得以死者為大而無限上綱任意作為。

然「壽終正寢」就「意謂」層次：儒家思想中對於人臨終與初終安置地點，為何堅持與身分地位的相當？其意謂及企圖表達的是什麼？在《春秋》中所言的正寢，相對於個人的身分與地位，生前死後不能逾越，也維護著父子、祖孫的生前關係，使其不因死亡而有所改變。再者從《小戴禮·檀弓上》描述孔子臨終七日前的情況：

> 孔子蚤作，負手曳杖，消搖於門，歌曰：「泰山其頹乎？梁木其壞乎？哲人其萎乎？」既歌而入，當戶而坐。子貢聞之曰：「泰山其頹，則吾將安仰？梁木其壞、哲人其萎，則吾將安放？夫子殆將病也。」遂趨而入。夫子曰：「賜！爾來何遲也？夏后氏殯於東階之上，則猶在阼也；殷人殯於兩楹之間，則與賓主夾之也；周人殯於西階之上，則猶賓之也。而丘也殷人也。予疇昔之夜，夢坐奠於兩楹之間。夫明王不興，而天下其孰能宗予？予殆將死也。」蓋寢疾七日而沒。

身雖病但心卻清明悠朗的孔子，大清早持杖於門前，有所感而歌，弟子子貢聞其聲而來關心，孔子則藉由夏、商、周停殯地點而表述其志，在表象上，孔子不忘本，認定自己為殷人，所以沿襲前朝做法，有別於夏代將亡者安置於代表於家中主人位置的東階，但也不認同周朝將亡者視為賓客的態度，選擇殷商時代將亡者安置於東、西兩階間的做法，乃考量喪禮具有過渡與傳承的意涵，另外因為喪親者的悲傷心情，

也需要時間適應，因此不宜在死亡發生後隨即將亡者視爲賓客，再者考量生者必須接受死亡事實的時間，所以才將停殯地點選擇在兩楹之間，緣於人情，也透過停殯期間讓擔任喪主的亡者兒子從行禮進退於東階，透過禮儀區位上的安排，讓生者與亡者之間進行家族生命的傳承接棒，所以，就「壽終正寢」的意涵上，除了代表生前父子的義章、尊卑的事別不得僭越，也象徵著家族生命的代代相傳與延續。

就「蘊謂」的層次來探究「壽終正寢」道德思想層面蘊涵的意義，從《小戴禮‧檀弓上》的描述，孔子臨終之時，從容如是，疾病摧殘了他的肉體，但影響不了他的心志，病之將死，拄杖消遙於門外，夜夢預知來日不多，回顧一生，爲了政治理想的實踐顛沛流離，只爲實踐人生至道精神而堅持，如今崇高之泰山即將崩塌，承擔重責的棟樑之木即將朽壞，一代哲人也將凋萎，所有是非功過了然於心，面對生命的即將結束，孔子清楚生命結束的必然性，更明白人生責任的完結，回首過往，不再追悔，不再懊惱，突破一般庶士大夫「死得其所」的境界，更積極追求在有限生命實踐精神無窮生命的「死得其時」道德理想，如同孔子所云之：「朝聞道，夕死可矣。」人生若要追求壽終正寢的「善終」，不僅要考量停殯地點是否具備生命傳承的適當性與意涵外，更重要的是要檢核是否能實踐「死得其時」之無憾，關鍵點在於當事人在有生之年是否善盡其責？並已付出所有心力？因此，壽終正寢在道德層思想的層面上，蘊涵著是否能在有生之年善盡身爲人的責任，無憾而終。

現代殯葬專業領域中對於「壽終正寢」的解釋，以內政部出版的《平等自主慎終追遠：現代國民喪禮》的說法：「過世時年齡已達六十歲以上者可稱享壽，正寢指的是住宅的正廳，壽終正寢謂年老時在家安然死去，有別於橫死、客死或夭亡。」[20]與先秦當時的看法互相比較，現代「壽終正寢」的定義關注死亡時遺體安置的地點、存活的歲數與死因。在時空轉移後，現代人的看法是否已偏離先秦儒者的原意？研究

---

[20] 黃麗馨等（2012）。《平等自主慎終追遠——現代國民喪禮》，頁130。台北：內政部。

者是否能爲原儒家思想家想表達的核心重點還原發聲？則需進入「當謂」層次來探究。延續彙整實謂、意謂、蘊謂的分析，先秦儒家思想主張的「壽終正寢」，「壽終」著重的是盡孝道與完成人道，如《孝經‧開宗明義》中所云：「身體髮膚，受之父母，不敢毀傷，孝之始也。」儒家倡導惜身愛生，不得做讓長輩擔心憂慮之事，更在《小戴禮‧檀弓上》：「死而不吊者三：畏、厭、溺。」對於厭世自殺、粗心走險遭遇意外或不諳水性而溺斃者，剝奪其死後由生者來追弔的儀式，但是對於能在有限生命中，盡心發揮對國家、家庭與社會有貢獻者，當生命已有所價值時便不計較其長度，所以享壽的歲數僅是世俗的參考，所以在儒家思想中，著重的生命發揮的意義與價值，當壽命戛然而止，回首人生已盡力付出、無怨無悔。另外就「正寢」與停殯地點的選擇，重點則在家族命脈的傳承，著重不可在長輩過世後便背典忘祖，而應代代相傳水源木本的感恩之心。因此，在現代傳承的「壽終正寢」觀念：應當是活著時能積極把握當下盡孝並慈愛家人、子女，無論何時生命畫下句點，子孫後人能承接其正向生命態度，而其個人回首人生路也能了無遺憾，因此坦然邁向死後生命，無愧無悔的去見公見祖，這正是當代對於先秦儒家對壽終正寢應有的認識。

先秦時代的儒家思想家爲了超克生命的有限性，從喪禮「以死教生」[21]的儀式安頓了亡者與生者，降低死亡對家庭、社會與國家造成的動盪，帶領人們發揮生命的道德力量。因此受到儒家思想影響的傳統喪禮提供人們活著時的準則，另外將亡者晉升成祖先奉祀的「終極關懷」之效也等同於佛教、基督宗教生死觀的效果。不過，現代科技發達、醫療進步，逐年提高人們的平均餘命，卻減少不了因意外殞命或罹患癌症而英年早逝的情形；再者，經濟發達、交通便利後提升了人們的生活機能，卻也因無線網路疏離了人與人的距離，另外長者與病人需要專業化

---

21 傳統喪禮由生者爲亡者舉行殮、殯、葬、祭的儀式，參與其中的家人親友從中體認到生命的有限，以及從殯葬文書對亡者蓋棺論定的用法，譬如顯考、先考、壽終正寢的語法，體會到身爲人的義務、責任等。

的照顧需求，病人與亡者相較於過往被迫提早與家人分離；然而，更大的不同在於，當代已非農業時代的傳統封建社會，女性能扛的家庭責任已不亞於男性，所以面臨性別平等的趨勢、崇尚個人主義不婚或頂客族的社會狀況，現代人還能實踐傳統喪禮中的「壽終正寢」嗎？先秦的儒學思想家若身處現代將如何主張？怎樣因應呢？就得從「必謂」層次來探討。以《禮記》中對於「禮」的闡述能找到線索：

> 凡禮之大體，體天地，法四時，則陰陽，順人情，故謂之禮。訾之者，是不知禮之所由生也。夫禮，吉凶異道，不得相干，取之陰陽也。喪有四制，變而從宜，取之四時也。有恩有理，有節有權，取之人情也。恩者仁也，理者義也，節者禮也，權者知也。仁義禮智，人道具矣。[22]

禮看似屬於人為，在於處理人倫之事，但其源於體法天地、順時節、應人情，肯定人的生命相應宇宙應行的法則，生死不單屬於人類的生命現象，也契合萬物變化的萬物之理，因此喪禮中的規範應當配合外在環境而權變，如此方是善智，唯有兼顧恩、理、節、權，達仁、義、禮、智，方是圓滿人類生命的喪禮準則。所以即使異於過去社會的現代，人們超克死亡的需求仍然不變，家庭、社會與國家仍得依賴喪禮降低動盪進而持續進步，所以，引導傳統儒家喪禮的核心思想仍有助於現代喪禮的規劃執行，但做法可以權巧調整，譬如，配合現代人白話文的推動及偏向於在喪禮中營造感性氛圍，即可把拗口的傳統文言文訃聞語法，改成記錄亡者生前盡力付出與慈愛家人的追思文字。然而在臨終與初終階段，殯葬禮儀服務人員該做的就不再是長路奔波將亡者帶回老家，而是善用醫院安寧病房的空間，引導家人陪伴臨終病人走完生命旅程，不用忙碌於拼廳與遮神的動作，而是著重在生命傳承的儀式，所以，助念空間既然可以懸掛西方三聖聖像，當然也能樹立祖先牌位，或

---

[22] 引自《禮記‧喪服四制》。

者安置書寫家訓的屏風，親人與臨終者最後的告別，在相互回顧與提醒中而得到心理與靈性上的平安。至於無子女者或單身者，也能經由朋友、醫護人員或殯葬服務人員的協助下，訴說遺言或回顧一生，肯定此生意義而得到善終。

傳統禮俗以「壽終正寢」來實踐善終的做法，當面臨現代社會環境改變似乎碰到瓶頸而窒礙難行時，透過傅偉勳教授的五層次的創造詮釋的確可以帶領學生從原典文獻的研究排除後代轉述的誤解而正本清源。當回到思想家當時的立場而推演其動機與目的，進而再掌握到核心禮義時，現代可行的禮文與禮器自然能脫穎而出。而此方法之可行，乃因儒家思想經歷史傳承中，已經廣納各朝代的社會變遷因素，所以，如果僅從文字進行做解讀必定有所偏頗，因此運用創造詮釋學的方式，將有助於在現代殯葬專業教育體制下所訓練出來的禮儀師，除了能夠瞭解殯葬生死觀的表層知識外，還能學習到生死觀的論證歷程及如何落實於喪禮規劃中的核心理念。如此，呼應尉遲淦教授之期盼，在面對現代人生活多元化的環境時，禮儀師無需受限於古文獻的文字束縛，也不用擔心跟不上時代的腳步，仍能秉持專業的殯葬生死觀知識，以及在華人期盼永續維持親人關係的前提下，創新規劃出能夠安生慰死的現代殯葬禮儀做法。

六、結語

台灣殯葬專業教育的未來發展，需要紮實的人才培育規劃。感恩孔子在二千多年前開創的理論與個人身教的示範，也有幸於能在當代有尉遲淦教授的承先啟後，然聽聞教授即將榮退，身為學生實為惶恐，但是自省如今也已擔任教職承擔殯葬專業教育，對於老師的教導謹記在心，為不辜負老師諄諄教誨、不違老師之志，因此撰寫此文對於老師的成就再做仰慕與學習，同時提出實務教學上的運用心得，盼能再承老師教導與學者、專家們的指正。

📝 參考文獻

〔宋〕朱熹集撰。《四書章句集注》。台北：大安出版社，1994年。

〔宋〕張拭撰。《論語張宣公解》（《中國子學名著集成》003珍本初編儒
　　家子部）。中國學名著集成編印基金會，1978年。

〔南宋〕趙順孫纂疏。《四書纂疏》。台北：文史哲，1925年。

〔清〕阮元。《左傳》，收入《十三經注疏》）。台北：藝文印書館，1997
　　年。

〔清〕阮元。《禮記》第十卷禮器（《十三經注疏》）。台北：藝文印書
　　館，1982年。

〔清〕孫希旦撰，沈嘯寰、王星賢點校。《禮記集解》。北京：中華書局，
　　1989年。

〔清〕黃式三撰。《論語後案》。南京：鳳凰出版，2008年。

〔清〕趙佑著。《四書溫故錄》（《續修四庫全書‧經部》四書類166
　　號）。上海：古籍出版社。

〔清〕劉寶楠撰。《論語正義》（《孔子文化大全》60卷）。山東：山東友
　　誼書社，1991年。

〔漢〕司馬遷。《史記》，收入《二十四史全譯》。北京：漢語大辭典出版
　　社。

〔漢〕司馬遷。《史記》。台北：七略出版社，1991年。

〔漢〕許慎著，〔清〕段玉裁注。《說文解字注》。台北：書銘出版事業有
　　限公司，1997年。

〔漢〕趙岐注，〔唐〕孫奭疏。《孟子注疏》。台北：藝文印書館，1997年
　　《十三經注疏》本。

〔漢〕劉向。《說苑‧修文》。長春：吉林大學出版社，1992年。

〔漢〕鄭玄注，〔唐〕孔穎達疏。《禮記注疏》。台北：藝文印書館，1997
　　年《十三經注疏》本。

〔漢〕鄭玄注，〔唐〕賈公彥疏。《周禮注疏》。台北：藝文印書館，1997
　　年《十三經注疏》本。

〔漢〕鄭玄注，〔唐〕賈公彥疏。《儀禮注疏》。台北：藝文印書館，1997年《十三經注疏》本。

〔戰國〕荀況撰，〔清〕王先謙。《荀子集解》。北京：中華書局，1954年。

〔魏〕何晏集解，皇侃義疏。《論語集解義疏》（《十三經注疏補正》第十四冊）。世界書局，1967年。

內政部（2004）。禮儀師考試定位之分析與探討專案報告。

內野台嶺（1970）。《四書通論》。台北：正中。

毛子水（1991）。《論語今註今譯》。台北：臺灣商務。

王貴民（2001）。《中國禮俗史》。台北：文津出版社。

王興康（1996）。《仁者的教誨》。香港：中華書局。

牟宗三（1984）。《名家與荀子》。台北：學生書局。

李豐楙（2001）。〈禮生與道士：台灣民間社會中禮儀實踐的兩個面向〉。《社會、民族與文化展延國際嚴討會論文集》。台北：漢學研究中心。

林慧婉（2006）。〈試論荀子對孟子生死觀的繼承與發展〉。《黃埔學報》，第51期，頁31-41。

南懷瑾（1978）。《論語別裁》。台北：老古出版社。

孫希旦（1976）。《禮記集解》。台北：文史哲出版社。

徐復觀（1969）。《中國人性論史——先秦篇》。台北：臺灣商務印書館。

尉遲淦（2003）。《禮儀師與生死尊嚴》。台北：五南圖書。

尉遲淦（2017）。《殯葬生死觀》。新北：揚智文化。

陳立夫（1993）。《四書道貫》。台北：世界書局。

傅佩榮（2005）。〈孔子對死亡的某種定見〉。《哲學與文化》，第32卷，第4期，頁61-71。

傅偉勳（1993）。《從創造的詮釋學到大乘佛學——「從臨終精神醫學到現代生死學」》。台北：正中書局。

勞思光（2010）。《新編中國哲學史》(一)。台北：三民書局。

曾漢塘（2008）。〈先秦喪、葬禮儀爭辯的省思與啟示〉。《哲學與文化月刊》，第35卷，第10期，頁87-108。

黃麗馨等（2012）。《平等自土，慎終追遠——現代國民喪禮》。台北：內

政部。

熊九岳等校（1978）。《論語註疏解經》（《中國子學名著集成》002珍本初編儒家子部）。中國子學名著集成編印基金會。

鄭錫聰（2005）。〈進修推廣部實施殯葬服務教育的現況與發展困境〉。《生命禮儀──殯葬教育研討會》。台北：國立台北護理學院，2005年10月28日。

顏愛靜（1995）。《私立殯葬設施經營管理之研究》。台北：內政部民政司委託。

11.

殯葬教育理論與創新課程規劃
——死亡體驗虛擬教學設計[1]

林龍溢

馬偕醫專生命關懷事業科主任、助理教授

[1] 本文原發表於20190624政大宗教研究生論壇，題目為《死後世界虛擬教學應用》，後因實際研發與製作結果，修改部分內容與題目。

一、前言

在過去，殯葬產業主要處理禮俗的問題。以傳統社會的喪禮來說，從業人員主要根據禮俗來做，社會也沒有分化得很複雜，彼此間交織在一種宗教、政治、宗族與職業分工和諧的圖像中，沒有什麼衝突，過去的從業人員也就根據當時的禮俗標準來操作喪事。此外，參考清代、日治時期的台灣地方志，不論是南、北，或城、鄉之間，喪禮的表現也不會有太大的差異性，頂多是看到富有人家治喪規格比較隆重。換句話說，日治前並沒有專門化殯葬類的職業團體或商行、葬儀社等專人處理喪事；民眾的喪葬事務是由地方識字的禮生（社會菁英），來跟民眾解釋儒家禮儀經典中的喪禮規範，並由村內鄰里主動協助部分喪禮的物質或勞力，再由棺木店、司公、陣頭、做風水等職業團體來處理專門的儀式服務。

不過，台灣在經歷都市化以後，對於一般民眾來說，要他們像過去那樣要透過鄰里親朋協力方式處理喪事，似乎顯得太不經濟、也不夠效率。於是，當時的社會相當然耳，就出現葬儀社——專門統包一切喪葬事務的特殊職業，應是社會演化之必然結果。然而，經歷都會化之後，社會菁英不參與殯葬禮俗活動，統治者（日本政府）也沒有喜歡民間喪葬習俗的表現形式，喪葬禮俗的主導權也就漸漸被葬儀社取代，由他們來解釋與傳承當時流行於民間之喪葬禮俗的制度與表現方式。

傳統葬儀社主要由父子相傳。就早期知識水準來說，家族經營的葬儀社成員，對於地方仕紳辦理喪事時主要參閱的《家禮大成》等經典，大概並不太熟悉。例如，以淨身儀式來說，他們詮釋禮俗的角度可以以禁忌（不這樣做會產生不好的事情），或是向水神、河神乞水等民間信仰的觀念；至於傳統儒家凶禮——基於理性而衍生出的各種規範，對傳統葬儀社的運用或教學來說，真的太難了。總結來說，過去葬儀社傳統

的喪禮知識教學，也就是在各種實際的場合中，在「學生」不斷地被傳遞、挨罵、記憶、提取記憶的情況下，喪葬知識一代一代被傳承下來。這個時期的殯葬教育規範，主要是依靠師徒間的經驗傳承，殯葬業者的說法來自於民間信仰的敘述，而對於家屬關於禮俗的說明，還沒有達到系統性的論述。

直到1970年代開始的都會區化現象，台灣地區總計百分之八十的台灣人口居住在都市，但由於傳統死亡禁忌的影響下，即使收入還不錯，葬儀社也不是一般人的行業選項之一；相對的，當時的相關產業，如抬棺、雜工等工作，反而成為許多弱勢或底層民眾賴以生存的管道之一。而禮儀師這一職業，近年來成為大眾矚目的焦點，也是近二十多年的事情，是仰賴媒體大幅報導殯葬業豐厚的收入，例如：2005年年度十大熱門行業之一的禮儀師，現在受歡迎的程度仍持續不墜，吸引不少七年級生投入，這項工作必須具有專業的殯葬禮俗知識及文化素養，新進人員月薪就有8萬元，月入10萬根本不是問題[2]。殯葬教育過去以師徒傳承的教學方式，不論在禮儀師、宗教師、淨身人員、殯葬會館工作人員等，其知識與技能的傳習多遵循傳統宗教文化與民間喪葬需求為標準。雖然，在過去傳統社會中，依循慣習而實踐的喪葬禮俗，一般不會有什麼問題。但在現代社會中，失去宗教文化底蘊的喪葬服務，在詮釋宗教內涵確實有點落差，因此引進生死學論述來彌補這樣的不足。殯葬的學術專業，也就是這樣跟生死學結下緣分。

此外，在台灣，政府為使殯葬產業現代化，立法設置禮儀師。禮儀師證照制度之建立，目的在於考試引導教學，促進養成教育之開設，並提升殯葬禮儀服務人員之服務，扭轉以往民眾對於殯葬業之刻板印象，實乃各界所引領企盼。至於馬偕學校所以要設立生命關懷事業科，並不是為了培養未來有高收入的禮儀師，主要是基於學校的立校精神，是耶

---

2 我識編輯群（2014）。〈禮儀師生死大事不馬虎，高薪厚利跟著來〉，《月入10萬暴利行業──發財誌》，三月號，頁82。台北：我視整合傳播有限公司。

穌基督的博愛與熱心服務的精神。對其他已經設立的生命關懷科系而言，不是立足於佛教的背景就是立足於商業的需求，沒有一個是和基督教有關。因此，本諸上述精神，認為需要補足這樣的缺憾，所以設立生命關懷事業科。在設立之初，為建立科特色，除了秉持創校精神中馬偕醫生的博愛與服務精神以外，更結合同屬基督教長老教會的馬偕淡水醫院的安寧療護系統，強調殯葬服務中的臨終關懷。對現代的殯葬服務而言，它不僅服務亡者與家屬，更需要強調亡者生前的殯葬自主權，故而此一強調就成為本科所要培養學生的特色之一。此外，為了建立學生的專業學習管道，更藉由教育部的創新先導、獎補助與大學深耕計畫（含生命關懷實踐計畫）申請的機會，設立相關專業教室與設備。

在教學層面來看，馬偕生關科課程規劃配合科的教育目標，符合生命關懷專業特性、殯葬產業發展及入學學生性質需求；課程結構與內容能符合殯葬專業發展及生命關懷的特性，以培養學生專業知識、態度及實務能力，並符應社會需求。二專學制畢業學分80學分，招收高中職畢業生，課程包括一般科目必修、校訂必修、專業科目必修、專業選修，以及一般科目選修。一般科目必修、校訂必修、一般科目選修由學校通識教育中心開課；科負責專業科目必修及選修之開課。科課程設計以設科理念、科教育目標、培育特色擬訂，邀請產、官、學等專家、學者、在校生代表等組成科課程委員會，逐年修訂課程。

科課程內容包括：一般科目有國文、英文、體育、自然科學、馬偕文史、人生哲學、勤勞教育、資訊素養、心理學與通識選修課程等校訂通識課程，以充實學生的基本人文素養。在專業課程部分，如殯葬生死觀、殯葬倫理、生命關懷事業概論、生命關懷事業講座、殯葬學、臨終關懷、殯葬政策與法規、遺體處理與美容、殯葬禮儀、悲傷輔導、殯葬服務與管理、台灣殯葬史、生命教育、生命關懷實習(Ⅰ)、生命關懷實習(Ⅱ)、生命關懷事業專題(Ⅰ)、生命關懷事業專題(Ⅱ)、殯葬規劃與設計等課程。此外，科也提供專業選修供學生多元選擇，如殯葬文書、殯葬資訊與應用、殯葬衛生、殯葬會場規劃與設計、殯葬司儀、殯葬應用

法規與契約、遺體修復美學、殯葬行銷學、遺體修復技術、殯葬產業與發展趨勢、殯葬設施殯葬用品、殯葬評鑑等相關課程。對於同學而言，亦能開展其原有專長，畢業後投入殯葬服務業之外，能增加不同殯葬相關職能，增進多元之就業機會（如圖**11-1**所示）。

不過，在觀察學生實際學習歷程後，科課程規劃多為強調生死哲學思辨的課程，或是重於禮俗詮釋的文書課程。禮儀師在未來從事殯葬工作中，如缺乏了宗教終極真實的理解與訓練，也缺少相關的喪葬實際體驗，因此很難進入死亡文化的論題中[3]。由於實務上，死亡體驗的模式，主要有仁德醫專的躺棺木體驗教學，或是香港賽馬會的生命歷情體驗館；在台灣虛擬科技的參與性、想像性與沉浸性正在改變各個學科的專業學習體驗，讓師生體驗有別於傳統教育的學習感受，置身於虛擬環境中學習，是另一種可以嘗試的做法。因此，本文的採用死亡體驗虛

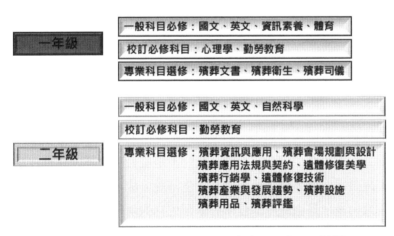

圖11-1　學生能力指標 生命關懷事業科二專課程地圖

---

[3] 因為人的生死認知多來自於生活經驗，許多知覺在兒時就已經形成了，並在腦中潛意識深處產生了影響。喪禮個體提供打破日常的禁忌，建構象徵性的脈絡與線索，實踐異於日常的行動，是否有意義的問題，在於存有個體體會到與身體經驗相符合的訊息，通過類似電腦數位化濃縮的抽象符碼，轉化為有意義的事件。

擬教學應用，便是企圖使用沉浸式裝置，達到建構學生關於傳統禮俗中關於死後世界的初步理解。而本文在研究設計上採取傳統信仰的結構爲主，是因爲傳統信仰雜揉了民間信仰、道教、佛教，爲多數民眾的信仰價值，也是學生畢業後投入殯葬產業時主要接觸的宗教類型。

二、不同模式的死亡體驗

　　本文主要以禮儀師培訓的立場，討論死亡體驗教育與相應的教學如何設計的問題。因此，主要探討當代不同死亡體驗教學之教化意義，並對虛擬實境應用於死亡體驗教學的技術，做出綜合性的討論與建構。一般認爲瀕死經驗（體驗）就是死亡體驗，有兩個解釋可以用來說明瀕死經驗，第一個解釋是，瀕死經驗證明死後的生存，死亡就像是進入另一種存在形式的轉換，瀕死經驗即是經驗死後的生命；第二個解釋是：瀕死經驗是面對死亡和本體毀滅威脅的一種反應，就大腦或神經系統有關，結果引起對抗生命威脅時自我防禦的反應。不過，上述這都不是眞正能代表死亡，畢竟「瀕死體驗」與「死亡體驗」還有本質的區別，充其量，那不過是短時或較長時間的休克罷了。

　　如果死亡體驗本身是不可能發生，但死亡的意義卻是可以思考的面向，從死觀照生命，就存有而言，死亡不是威脅，而是內在精神及生命的繼續成長，教導人們積極面對的人生階段，成爲一種建設性力量。所謂建設性力量，是由死亡的哲學去學習生存的哲學；能懂得如何面對死亡，就懂得如何生活。在殯葬教育中，更重要的是幫助學生從信仰角度認識死亡，進而釐清自己的人生方向，訂定自己的終極關懷。因此，本文借鑑不同死亡體驗的教學方式，以及其優勢與可能限制，對於建構新型態的體驗教學應有實質的幫助。

(一)仁德專校死亡體驗模式[4]

2009年成立仁德醫專生命關懷事業科，是在台灣殯葬業蓬勃發展時期，業者在提高學歷、參與證照考試、素質學能精進的需求增加等客觀因素，提供了殯葬產業在職進修的一個管道。開設申請期間，仁德廣發邀請通知讓企業針對新設立科系提供建議，不但提高了知名度之外，更與殯葬產業獲得一定程度的聯繫與合作契機。起初學校科系設立策略為假日二年制專科班，主要對象為一般業者的研修性質的招生。兩年後因應證照考試而增建考場，禮儀師專門學分班也受到企業邀請而成立，以至於2014年新設五專部，招收國中畢業之學生。

仁德醫專生命關懷事業科以死亡體驗活動（如**圖11-2**所示）受到社會大眾喜愛，體驗活動由該校諮商輔導室心理師所帶領，從開始準備工

圖11-2 仁德專校參訪與馬偕學生死亡體驗活動

---

[4] 2015年11月4日、2017年10月13日筆者至仁德醫護管理專科學校進行訪問。

作，到中間由體驗者透過躺在棺木裡瞭解死亡的感受，並在自己的追思會裡面說出對於生死的總總看法，以獲得對於死亡事件的某些體悟。活動宗旨為使人體驗生命之無常，並增進個人在生活中有所轉變，讓體驗者藉著靠近死亡轉換人生的積極性。讓體驗者領悟因為生命的無常，因此需要利用有限的時間面對生命中的遺憾，不論生活、家庭、婚姻、情感、事業，努力朝向不留遺憾的方向前進。最後透過死而甦醒，重新面對自己生命中所擁有的事物和目標。

仁德醫專死亡體驗活動的目的為：(1)透過模擬活動來體驗死亡的過程，讓參與活動者體會人生的美麗，覺悟活著真好，以矯正偏差想法，積極進取珍惜生命；(2)透過死亡體驗之活動，重新審視自己的生命，並且藉此甦醒時刻重新規劃接下來面對的人生；(3)藉由生命教育講座可以更開放來談論死亡，以達到自身對於死亡的理解，增加面對人生的力量（活動流程請參閱**表11-1**）。當然，伴隨著某些失落情緒而來，該校諮商輔導室心理師主動提供後續的關懷服務。其教育辦學理念特別重視透過死亡的體驗獲得對於生命深刻的反思。以仁德來說，生命關懷事業科的死亡文化也影響了學校內部的文化，畢業典禮是學校主管在棺木中重生的儀式，也反映了畢業透過儀式的過渡屬性，有如由死而生的獲得某種新的身分之象徵性[5]。除了該校生關科學生，死亡體驗教學也協助護理科的學生相關生死教育，讓他們未來在職場上面臨病人在最後的時刻，能夠協助家屬與病人道謝、道歉、道愛、道別四個課題。

---

[5] 參閱：2013年6月15日，〈仁德醫專另類畢典抬棺封釘〉，《聯合影音網》。其中提到：仁德醫專今年的畢業典禮很特別，生命關懷事業科學生學以致用，抬棺上舞台，教務主任就躺在棺材裡，校長則在棺木封釘，祝福畢業生踏入新旅程，創意十足。檢索日期：2019年6月，https://video.udn.com/news/11034

表11-1 死亡體驗活動流程表

流程	內容	地點
直視死亡	流程說明、資料填寫	會議室
接近死亡	儀容整理、遺照拍照與引導	體驗準備室
面對死亡	情境引導與遺囑撰寫	臨終關懷教室
體驗死亡	淺層、中層、深層死亡體驗	死亡體驗教室
反思死亡	情境引導與回觀人生	死亡體驗教室
生命重生	身心調整與重生	死亡體驗教室
回顧死亡	生死話別與回饋	多功能奠禮堂
圓滿生命	身心整理與資料填寫	悲傷輔導教室
走向新生	結束	悲傷輔導教室

綜合上述資料，仁德醫專死亡體驗雖然以禮儀師之生死態度教育出發，以模擬死者心情來體驗死亡，協助學生（生關科與護理科）投入職場能以同理心感受病人、亡者的處境。此外，透過這樣的體驗活動，要求體驗者透過喪葬儀式、影片與遺囑書寫，以由生入死的前提，引導體驗學生能對死亡經驗開放，進而教導體驗者如何提升生命關懷服務品質。其優點是讓學生能在自己熟悉的喪葬服務情境中，透過死亡教育的方式讓學生立即獲得反思與回饋；然而仁德醫專死亡體驗模式的限制在於體驗中缺乏終極情境，體驗者雖在開放生命經驗得以接受其他意識之流，卻因缺乏宗教人文意涵而有其盲點。

(二)香港賽馬會生命歷情體驗館模式[6]

隨著平均壽命增加與少子化趨勢，高齡社會是每個開發國家都要面臨之課題，鄰近的亞洲現代化都會區香港，也面對相同的問題[7]。長者

---

[6] 筆者於2018年7月30日親身至香港賽馬會生命歷情體驗館參訪，由Vicky梁小姐擔任導覽，由於該館僅開放團體體驗活動，且館內禁止拍照攝影，因此本次體驗活動主要由Vicky梁小姐解說與示範。

[7] 有見本港青少年對敬老的意識逐漸薄弱，不懂尊重長者，對年老亦有較負面的觀念，我們希望能藉著以「生命歷情」為主題的體驗館，達至以下目標：(1) 讓年輕

圖11-3　賽馬會「生命‧歷情」體驗館

安居協會於2013年9月成立賽馬會生命‧歷情體驗館（Jockey Club Life Journey Centre，如**圖11-3**所示），其目的是透過以生命歷程為主題的體驗館，經歷模擬的人生旅途，從而引發參加者思索何謂「年輕」、何謂「年老」，他們的人生經驗、生活智慧，絕對值得尊重[8]。一個社會如何善待長者，以及在諸多規劃中考量到長者的狀態，實為重要社會設計之問題。體驗活動中分為四個區域：包括人生起步點、成長的抉擇、時光隧道及安息地；過程中從人生的開始到結束，都可以在短短一小時內經歷。

　　開場「人生起步點」是通過一道黑色的門，象徵人生的另一階段，並停駐在房間裡面觀賞一段影片，內容主要是告訴參加的同學，應以何

人可以在短短六十分鐘的體驗活動走完一生，從中思索何謂「年輕」、何謂「年老」，反思生命的價值，領略時間的寶貴，珍惜身邊的一切，以正面角度看長者；(2)建立全亞洲首創以互動電腦形式的體驗館，打破沉悶說教形式，傳送關於珍惜時間、生命的抽象訊息，達到具體果效；(3)減少社會人士對年老的恐懼，對長者的負面標籤，達到尊重長者，促進長幼共融。參考自：「生命‧歷情」體驗活動說明，檢索日期：108年6月，https://www.schsa.org.hk/filemanager/en/content_341/協作機構資料(20.12.16%20updated).pdf

[8] 參考自：維基百科，賽馬會「生命‧歷情」體驗館條目，檢索日期：108年6月，https://zh.m.wikipedia.org/zh-hk/賽馬會「生命‧歷情」體驗館?fbclid=IwAR2KOeGvbDYwWsC8uIsTDh39m7Z5lcGFEyaLlvBV43x8-K0rI6b-y6By2rc

種態度預備面對接下來的體驗行程？然後進入一個小房間，每個體驗同學可以操作平板來回答問題，參加者選擇自己對「人生」和「年老」的看法。第二階段「成長的抉擇」，參加者會在有限時間內，模擬人生歷程中需要靠自己摸索及爭取機會，達到自己的人生目標。過程中安排許多小遊戲，讓同學們「爭取積分」，例如抓蝴蝶遊戲中，蝴蝶有好也有壞，學生自己要從中判斷。而整容遊戲來改變成自己理想的五官，雖然變得滑稽可笑，但暗示了身體與容顏都是有可能隨時因意外受傷或年老而變化。遊戲中途更會出現很多不能預計的事情，考驗參加者當面對逆境時的態度及感受人生的無常，例如在預期二十分鐘體驗時間中，被設定進行十分鐘時會進入「突發狀況題」。此時，突然出現工作人員宣布你的人生暫停，依隨機方式讓同學們發生不同之變故。其中，如身障、視障、聽障等狀況以工具模擬真實情境。而現場同學們是否能合作？或自私的完成自己的任務？埋下之後「反思」階段的伏筆。

　　第三階段進入「時光隧道」，四周呈現的是人生50、60、70、80歲的圖像，參加者在聲音導航下反思何謂「年輕」、何謂「年老」，從而改變對年老者的刻板印象，讓年輕人重新思考生命本身。第四階段「安息地」，讓學生躺在西式棺木裡，看著人生最後倒數，心跳漸漸消失，另一次反思人生重要的價值是什麼。最後，學生用空檔時間，寫下一封信給自己珍愛的人。最後小團體對話的方式，分享今日體驗的感受外，更重要的是反思今天的體驗是否有幫助同學，還是只顧自己順利通過。最後同學們由館方頒發體驗證書，象徵體驗者重新獲得新的生命。

　　生命歷情體驗館以多媒體遊戲、視覺及影音，加上許多運用社會創新、體驗式學習和互動式設計，讓參加者經歷模擬人生，學懂珍惜身邊人；可以說，其設置目的是在於改善港人對於高齡者的負面態度，進而從同理層次，主動關懷這些高齡人群。從上述統整來看，生命歷情體驗館透過經歷→反思→行動→傳播，將生命教育體驗以生到死的全程歷程的體驗，讓參與學生以真實與擬真互動方式後反思自我與他人的關係，進而將這份愛意形成行動，分享給身邊重要的親友，最後以傳播的方式

（電郵、轉發於社交媒體）向摯愛表達心意，送上問候及祝福。

(三)虛擬實境應用於死亡體驗

「虛擬實境」（Virtual Reality, VR）：以攝製影片，或是運用電腦建構出一個立體、擬真的空間。在這空間中，操作者可以用不同的裝置，與該虛擬空間中的對象進行互動，如控制器、鍵盤、眼鏡等。在傳統教學中文字和簡單的圖片、動畫或影片已不能滿足沉浸式體驗的學習需要，互動虛擬教學項目、虛擬實訓室、虛擬工廠及虛擬的生產過程或工藝過程流程等，應是其主要的資源形式，既能在線教學，又能評價教學效果。

虛擬實境教學已經普遍應用在各個人文社會科學領域中，例如在鄉土教學領中，李恩東利用虛擬實境較高的互動性、融入性與網路多人參與的可能，結合適當的教學理論，實際設計出一套可行的網路虛擬實境建築聚落教材[9]。在地理教學部分，黃姿榕借助虛擬實境的擬真及互動功能，以及地理資訊系統強大的展示及分析模組，期能讓地理教學融入虛擬實境互動中，讓親臨其境之感帶來教育性及空間性概念[10]。而如何將常民內在人文情感的真實情境，納入文化實驗室擬真科技發展的主軸，成為當代創新課程必須思考的問題。

虛擬實境是由電腦與其周邊設備而創造出的一個真實、互動與知覺的環境，其中所謂沉浸就是置身其中，是一種渾然忘我，完全不察覺到周遭發生的其他事情的情況。我們在使用其他媒體時，我們的感官對於其他訊息還是開放的，對於周遭環境中所發生的事還會知覺得到。虛擬實境則使用電腦的周邊設備，壟斷了使用者的聽覺與視覺，使其在視覺與聽覺兩個感官上完全地沉浸，從而獲得高度擬真的經驗。沉浸式體

---

[9] 李恩東（1997）。〈網路虛擬實境教材設計之研究——以九份建築與聚落發展課程為例〉。元智大學資訊研究所學位論文。

[10] 黃姿榕（2007）。〈虛擬實境地理資訊教學平台之建置與評估〉。國立臺北教育大學社會科教育學系碩士班學位論文。

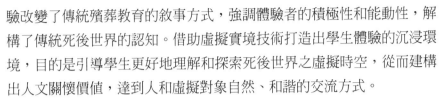

驗改變了傳統殯葬教育的敘事方式，強調體驗者的積極性和能動性，解構了傳統死後世界的認知。借助虛擬實境技術打造出學生體驗的沉浸環境，目的是引導學生更好地理解和探索死後世界之虛擬時空，從而建構出人文關懷價值，達到人和虛擬對象自然、和諧的交流方式。

死後世界的虛擬教學的目，在於協助未來的禮儀師從事臨終關懷、初終服務、宗教輔導、防治遺族自殺等工作，透過虛擬實境體驗，也彌補了現代人對於傳統宗教情境的陌生，在去傳統文化脈絡化的現代教育中，找到一種修補文化斷層的教學途徑。

三、死亡體驗虛擬教學設計

(一)禮儀師課程死亡體驗教學設計內涵

教學設計模式包括教學者的「教」與學習者的「學」，期望教學者能設計良好的理境、資源、活動、策略，操控或支持學習者知識的傳遞、接受、轉換、生產，以創造預期或驚奇的教學成效。教學設計過程模式雖有許多不同類型，一般來說，都包括以下四個基本要素：

1. 分析教學對象：即教學系統是為誰設計的？教學設計者應瞭解教學對象特徵。
2. 訂定教學目標：即能用精確可觀察的行為動詞來描述，學生所要獲取的知識、能力和情意目標。
3. 選用教學方法：例如有關教學形式、媒體、活動等方面的選擇與設計。
4. 實施教學評量：即檢視目標是否完成，作為修正教學系統設計的

依據。[11]

死亡體驗教學提供多樣的生活體驗，貴在最後能轉化、實踐，提供或協助學子多樣的生死體驗，較能協助其透過感官知覺的領受，進而產生領悟瞭解成為真實的生命經驗。本研究的教學設計，便是從這四個面向來作規劃與執行。

(二)分析教學對象

馬偕學校百年以來以醫療教育志業作為投入社會並改善民眾醫療品質的實踐工作，發展願景為培育照護與健康管理人才之標竿。同時，基於馬偕博士的精神與辦學理念，生命關懷實踐的部分特別重視臨終病人與喪親者的健康，以縱向（生命周期中生、老、病、死過程照顧）與橫向（包含身、心、靈以及社區等各個層面）結合。期待能對受關懷者的照護，達到深度與廣度兼顧境界。生命關懷事業科教學，重要的是教導學生如何判斷臨終病人的問題。

馬偕生關科聚焦在目前台灣在醫療體系中——安寧、喪禮到後續關懷的專業職能。科教師與中心的醫師、護理長、社工師、心理師共同參與，並以本科與安寧中心共同訓練學生與志工方式投入，讓學生認識安寧中心的生態及臨終關懷之技巧。進駐期間，進行學生的培訓，並持續與個案與家人訪談、溝通、拍攝、後製。拍攝過程中，團隊成員瞭解到生死場域的悲欣交集與家庭衝突，亦會遭遇不同面向的困境與問題，場域專家也協助志工處理，並由志工後製紀錄片回饋場域與家屬。

針對生關科學習者的特質，包括如學習者的性別、年齡、年級、學識背景、文化與社經因素等來看。性別約男女各半，年齡目前為日二專18~20歲的青年，多來自於私立高職畢業，家庭經濟條件並不寬裕。就殯葬各項專業能力中，殯葬教育是針對學生就職前缺乏「臨終關懷」、

---

[11] 參閱沈翠蓮（2010）。《教學原理與設計》，頁30。台北：五南圖書。

「悲傷輔導」的經驗而做規劃，臨終者的悲傷除了來自於即將與親人別離，以及華人文化中避諱談死亡的禁忌，產生了對於未來世界的恐懼與不安。爲解決這樣的問題，死亡的體驗的教學設計，是從死觀照生命；就存有而言，死亡不是威脅，而是內在精神及生命的繼續成長，教導人們積極面對的人生階段，成爲一種建設性力量。所謂建設性力量，是由死亡的哲學去學習生存的哲學；能懂得如何面對死亡，就懂得如何生活。[12]在殯葬教育中，更重要的是幫助學生從信仰角度認識死亡，進而釐清自己的人生方向，訂定自己的終極關懷。

(三)訂定教學目標

馬偕生關科的培育目標：爲維護現代人之生死尊嚴，培育具「熱誠、愛鄉土、奉獻、關懷」之生死服務專業人才。科積極推動職能基準應用於職能導向課程發展，透過有系統的職能分析方法，制定產業人才的能力規格，使學校能夠針對產業需求，規劃職能導向課程，以縮短訓用落差。其中要求學生具備基本能力爲：關懷生命、適切的職業認同感、溝通表達能力、正確生死觀、團隊合作之基本能力。並且透過進一步之訓練，養成專業能力爲：同理心與全人關懷能力、專業倫理道德實踐能力、生死服務與管理專業能力、人性化服務創新能力、團隊服務協同能力。培育重點爲：瞭解多元族群殯葬文化具有宏觀人文關懷涵養。

就實務而言，死亡造成了喪親家屬的傷慟影響有幾個層面：一是來自於一種親密關係的斷裂，其次是對於存有未知狀態的擔憂，最後是死亡事件意義的建構。透過喪葬儀式的執行，個人得以通過生命的難關，處理修補生死之間關係的斷層，以凝聚家族整合力量來撫慰居喪團體內的個體。存有未知狀態的焦慮在不同文化信仰下有不同處置方式，源自於人類普同的終極關懷的特質。是以各種宗教傳統有其終極眞實的存

---

[12] 陳文紀（2012）。《拉比釋經第一堂課·五經在綫》，頁248。香港。天道書樓。

在，在完成宗教賦予的任務使命或修行領悟之後，存有得以回歸或朝向永恆安詳的境界繼續另一段生命。當代社會文化缺少宗教神聖性因而得以內化至個體心靈的條件下，這樣的終極承擔適用性也被質疑。意義建構的基礎在於不同個案情境與脈絡的理解，如處理與逝者的遺憾、情感與哀悼，需要深入諮詢服務後，由專業禮儀師分析瞭解個案特性之後，並提出合適的儀式規劃專案處理問題。

因此虛擬實境教學目標爲：「增加學生在喪禮服務中實際掌握死後世界相關操作，加強學生學習成效，使得教學更爲情境化，以提高學生未來投入產業的適應性。」

(四)選用教學方法

◆選定適合融入的死亡體驗主題（如圖11-4所示）

1.主角在進行審判完成中，要去輪迴轉世的路上因爲地獄發生了惡鬼的暴動。
2.下車後遇到黑白無常解釋事情始末，到閻王殿找閻王。
3.閻王向主角解釋尋找信物的流程，遊戲開始。

◆選定適合融入的死亡體驗的教學領域及單元（如圖11-5所示）

1.撿拾信物、回答問題。

圖11-4　角色設定

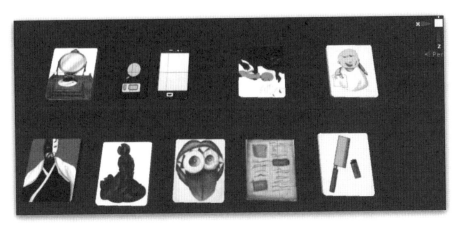

圖11-5　死亡體驗信物

2.如果故事夠豐富的話，在計分上會有更多變化。

3.會透過NPC的線索找到信物。

4.適當的增加遊戲刺激度。

5.如果玩家認為已經找到所有的信物時直接回頭找閻王，由土地公帶領玩家到孟婆所在地。

6.使用者不會知道總共有多少信物，但是會知道目前的計分。

7.再度走過花海後會看到孟婆；並決定投胎的狀態。

◆發展死亡體驗內容和遊戲方式

1.遊戲特色：VR虛擬實境結合步行感測器，玩家可身歷其境看到十殿閻王及其所掌管的八重大地獄之景象。並且透過玩家步行方式穿梭於各大地獄之間，為一款單人VR體驗遊戲，玩家戴上VR眼罩後，可身歷其境體驗往生者隨著引路人進入陰曹地府後的情景。

2.遊戲操作：配戴VR眼罩以及穿戴步行感測器。

3.美術風格：採取歌德風插畫風格，歌德風插畫的風格為黑暗、幻想　童話，且具備西畫風格的厚實色彩與明暗對比，呈現強烈的

立體感，搭配VR眼鏡能讓玩家有強烈身處其中的臨場感。許多歐美和日本的奇幻類型遊戲作品採用此風格，但中國或台灣遊戲較為少見。此提案跳脫東方遊戲常見的水墨畫法，反而以歐美的歌德風來表示東方民俗傳說，令玩家耳目一新。

4.遊戲流程：

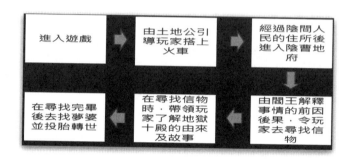

(五)實施教學評量

此教學設計已經完成，待109學年教學課程實施。

四、預期成效與結語

台灣喪葬民俗因應社會變遷、經濟快速發展與教育水準提升的外在因素，仍舊保留部分早期農業社會人倫親情價值觀，以及傳統中華文化中的生死關懷。死後世界的虛擬教學應用，也就是在這樣的目的下發展。特別是這樣的功能在於當社會面對急遽變化人心思變的危機時，傳統文化價值被強調效率的工具理性所取代，喪禮的生死關懷一直扮演了保存傳統漢人倫理道德意識的文化價值，因此台灣傳統喪葬文化的死亡體驗之意義應該更為重視。

更重要是死亡體驗的虛擬教學提供了線索脈絡，滿足人類靈性需求，將個體的死亡昇華至更廣闊的宗教人文意義中，亦即死亡本身傳遞

的生死關懷，目的是為了讓民眾遭遇生死之變時，能夠透過儀式與器物鋪陳出的情境脈絡，體會到個體雖然肉體是會消逝，但集體性的精神面的道德主體卻是不朽的。漢人傳統的宗族結構與蘊含其中的形上精神的永續傳承，透過生死關懷的符號意義的體悟達到超克死亡功能，並喚醒身處當代社會的人們的道德意識。換句話說，是一種超越個體自身的生活經驗的感受，對於當代人而言，可以說是一個最良好的生命教育的機會。

最後，此模式主要是解決殯葬教育因教學內容與工具，而無法提供死亡體驗教育之問題。期盼，未來殯葬教育能參考此模式進行生死教育。此模式提出後已因應馬偕專校生命關懷事業科109學年教學課程即將實施，而在本文提出步驟與內涵之部分修正，惟未來此模式仍需不斷透過實踐反思以檢討修正，提升其實用性。

參考文獻

〈仁德醫專另類畢典抬棺封釘〉，《聯合影音網》，https://video.udn.com/news/11034

我識編輯群（2014）。《月入10萬暴利行業——發財誌》，三月號。台北：我視整合傳播有限公司。

李恩東（1997）。〈網路虛擬實境教材設計之研究——以九份建築與聚落發展課程為例〉。元智大學資訊研究所學位論文。

沈翠蓮（2010）。《教學原理與設計》。台北：五南圖書。

陳文紀（2012）。《拉比釋經第一堂課：五經在線》。香港：天道書樓。

黃姿榕（2007）。〈虛擬實境地理資訊教學平台之建置與評估〉。國立台北教育大學社會科教育學系碩士班學位論文。

維基百科（2019）。賽馬會「生命・歷情」體驗館條目，https://zh.m.wikipedia.org/zh-hk/賽馬會「生命・歷情」體驗館?fbclid=IwAR2KOeGvbDYwWsC8uIsTDh39m7Z5lcGFEyaLlvBV43x8-K0rI6b-y6By2rc

12.

生命關懷些許事

陳旭昌

仁德醫護管理專科學校生命關懷事業科
兼任講師

對從公務人員到學校教師再到投入殯葬業顧問的路程，絕對是充滿驚奇的一個過程。每一次的角色變更都在大家無法預期的訝異中進行；相對的，對於不同領域的學習卻帶給我生活中無比的喜悅。另外，透過角色不同能給予人不同的協助與幫忙，更是我內心快樂的泉源。

　　希望敘寫這樣的過程經驗與心得能對一些人具備參考的價值，感謝我在這條路上碰到過所有給我指導與幫忙的每個人。

一、長路

(一)冥冥定數

　　這條路崎嶇且看來危機重重，又需要每天面對喪親家屬沉重的情緒，且可能在外介紹自己的工作時，大家都敬而遠之。你的親戚、朋友、同學平日應該都不會與你有聯繫喔？你的家人都沒意見嗎？你的工作選擇適當嗎？你有沒有走錯路？

　　2000年我在社會局工作已經十年且剛考過薦任升等考試，局內慣例每二至三年在科室之間會進行人員的職務輪調。由於我原在業務科辦理合作行政工作轉換到社工室已兩年多，加上科室的業務移轉調整，合作行政業務移轉到人民團體科，因承辦人員未隨業務移轉，又因合作行政業務看似不複雜，但其實辦理內容並非想像中簡單，光是查帳工作，就會讓許多人困擾不已。因此，局內為求業務承接順利，就請我調動到人民團體科，除了承辦合作行政業務外，另辦理有關國家慶典活動等相關業務，並在無意中接辦殯葬業務。

　　人生過程中是不是有許多歷程都是冥冥中的安排？這一次的調動與個人後來的許多發展有著決定性關係，也讓我有機會接觸到殯葬業務，從較多管道去瞭解殯葬實際情況，是完全始料未及的，但卻也開啟我的另一種人生，以及有幸參與殯葬的改革。

(二)無心插柳

多數的公務人員業務都是被分配且都是希望愈少愈好，不太會過問其他同仁的業務，或許這是保護自己最好的方法。

到了人團科，逐漸與該科同仁熟悉，緊鄰我身旁的一位女同事，除了業務與我部分相同，都承辦合作行政業務，原則上依照行政區來畫分承辦區域；另外有些比較複雜個案也由我負責，而她另有個業務稱為殯葬行政。只是有一事令我不解，每回殯葬管理所送進來的公文卷夾幾乎都是老舊不堪且有異味，而為何我的同事每次要處理殯葬所公文一定要戴口罩與手套，迅速蓋完章後往上呈股長核閱；處理其他單位來的殯葬類公文亦同，處理完後一定馬上去洗手及用酒精消毒雙手。其他同事每次都喜歡開她玩笑！這個疑問在一次的好奇中得到了答案；也因為好奇的結果，後來被我同事笑稱「好奇殺死自己」！

答案看來平常，但卻是因不願碰觸任何有關死亡訊息的心理作祟。原來殯葬所地處邊境，環境較為潮溼，其公文用紙因積存過久，潮濕導致霉味很重，再加上紙張吸收殯儀館環境中各種氣味，連卷宗夾都有一股難以接受的氣味；另其他單位來文，最多的就是警察局針對無名屍發布的協尋通知，公文的附件通常都是無名屍的照片，許多浮屍照片令人無法直視。這時我才清楚她為何要戴口罩及手套處理公文，而協尋通知公文從來不拆附件的原因。

(三)接辦及檔案重整

由於死亡禁忌，我的同事在辦理殯葬案件時常出現特殊的舉動或不安的情緒，有時甚至沒來由的發起無名火。而當不知情同仁藉此開她玩笑時，情況更難以控制。

這情況沒維持太久，由於殯葬管理所設有合作社，而該社位屬我承辦轄區，因此科上長官便給我一個基於業務推動便利及人員熟悉的考

量，就把殯葬行政業務正式的移請我承辦。我當然知道內情非如長官所述，但我還是以學習新業務的想法接下業務，而沒有想過的是，整個社會這時的氛圍正充滿殯葬行業的蓄勢待發。

業務通常是承辦以後才會知道困難點，原以為只要轉轉公文即可，連長官都是這樣描述業務狀況的，真是令我吃驚不已。首先的業務檔案交接，原以為她承辦多年，檔案應該很齊全，殊不知她拿了個A4影印紙箱給我，裡面約放了二分之一不到的一些公文，然後很慎重的告訴我：這些就是殯葬檔案，交接完畢。

瞠目結舌可能是我在交接時最後的表情，因為不論我再追問什麼疑問？她給我的答案就是指指紙箱。我後來翻閱了一下，才發現那些幾乎都是公文副本，最不可思議的是，連局內檔案室都幾無歸檔資料。

在這樣的情況下接業務，只能自求多福。後來想還好因為我承辦殯葬管理所的合作社業務，與該機關的多人熟識，許多事應該還可尋求協助，否則，完全沒有任何可參考資料，如何辦理業務？還是要如以往只呈轉公文呢？這答案當然很清楚，對於承辦業務不僅須熟悉，還要能掌握其目前現狀及未來發展方向，最主要的是要能預防各種突發危機。

於是我開始積極瞭解殯葬所的組織架構、法定業務、行政規範及近期較受爭議的案子，並申請訂製檔案櫃，一個案子接一個案子的逐步建立資料。由於當時檔案及公文尚未資訊化，因此，許多文件及檔案都請殯葬管理所全卷提供影本，務必要建立起與殯葬管理所現況管理上備具同進度的資料。經過八個多月的努力，不停地詢問瞭解及建檔，終能與其在行政進度站在同一線上。

以往有許多無法瞭解的案件處理狀況，愈研究才發現內幕重重，讓人覺得殯葬行政看來已推展不算少的時間，但不按常理的事實在不勝枚舉。感覺整個殯葬管理所就像以往香港的九龍城寨，套句話說，就是一個三不管的灰色地帶。

經瞭解由於一般人對死亡往往因禁忌關係避而不談，在親人往生時大部分皆聽從葬儀社工作人員的安排，而且一般習慣是處理死人不講

價，另殯葬傳統習慣中紅包盛行，只要參與協助治喪，不論哪個環節，工作人員幾乎都有去霉氣的紅包，也展現治喪主人的感謝。

殯葬管理所主要業務是提供往生民眾的殯葬服務，還有場所的提供，許多光怪陸離的事情就不難想像了。

(四)瞭解學習（研究所、法令研修、暗黑世界、龍巖送件）

殯葬業務的蓬勃開展可以說與當時幾個公司息息相關，就是龍巖、萬安與國寶等幾個較大型的殯葬禮儀公司。他們不斷地引進國外的制度並加以改良，將整個殯葬服務拔地式的提升，使得傳統業者逐步感受到競爭與生存的壓力。在此同時，由於內政部想提升殯葬業的服務現代化，時常請各縣市殯葬承辦人員開會協商，也積極地推動殯葬新法令的研修。因此為了能增進辦理業務的能力，也為了個人的進修學習，89年我報考高師大成人教育研究所，入學後即向師長商議，是否能讓我研究有關成人的殯葬教育，其實當時根本尚無什麼正式的殯葬教育書籍，所幸教授們都能體諒並瞭解殯葬即生死教育的重要性，使我在逐步的進修中也積極參與內政部的法令研修作業，而讓我最驚訝的是，龍巖公司在這階段就買了殯葬用地並提出興建會館的申請，顯見有膽識企業家的長遠眼光。較可惜的是，這申請案因諸多因素延了很久才獲市府同意興設。

承辦殯葬業務後，由於時常接獲民眾抱怨的訊息，且部分私人殯葬業者也有因業務承辦時有爭執，還有許多殯葬管理所負責處理的案子都無法解決，諸如為往生者拜飯的權責劃分、驗屍協助、喪事用品租借、所內公物遭長期占用、各種因習俗造成的紅包及汙染問題，每天都在處理各種暗黑問題的行政業務。

(五)法令公布與大陸參訪

91年7月17日是一個殯葬歷史的大變革，經過長期的開會、討論及修正，終於在這天立法院三讀通過並由總統令頒的《殯葬管理條例》終

於正式發布施行，這對殯葬環境有了非常大的影響，包含殯葬禮儀服務業的輔導、殯葬設施的設置與管理、殯葬行爲的規範等都有了明確的規範；也對生前契約及各種環保葬等有了明確的機制及規定。長期以來幾乎無法可管的各種殯葬現況，終於有了較爲具體的依循可遵守。

內政部爲免各縣市地方政府閉門造車，也希望殯葬行政人員瞭解各地的殯葬情況，91年8月邀集各縣市殯葬行政人員前往大陸地區考察殯葬設施及葬俗，參訪單位爲北京八寶山殯儀館、北京萬安公墓、北京思親園墓園、南京殯儀館、南京雨花功德園、浙江安賢園陵園、上海濱海古園及上海市寶興殯儀館等。

俗語說，「讀萬卷書不如行萬里路」，這次的參訪讓我對殯葬相關事物震撼得開了眼界，也讓我對往後殯葬的推動有了很多的想法。大陸地區當時爲推動現代建設並爲因應老年人口不斷上升的預備需求，在主要城市大力推動殯葬設施現代化，並爲因應日漸增加的殯葬案件數量，也成立了專門的學校，訓練專業的殯葬禮儀服務人員，另透過訓練加強各類殯葬服務實務人員的職能，積極推動簡式喪禮及簡葬、節葬等環保式葬法，以增加土地利用。

二、改革的年代

(一)社會變民政

《殯葬管理條例》公布施行後，殯葬行政起了很大的制度變動，一則是殯葬的中央主管機關是內政部民政司，而許多地方政府因以往行政業務劃分習慣，多數都將殯葬行政單位歸屬在社會局的業務範疇中，因此，中央要求統一行政步調，各縣市政府應立即將殯葬行政業務移由民政單位主政；二則因條例規定的權責劃分，殯葬禮儀服務業及殯葬設施經營業的立案及審核都必須由縣市政府負責，因此應設置殯葬業務的專

屬承辦人員。

在中央公文到達前，我已開始進行業務移交及告訴殯葬管理所有關其主管單位要由社會局轉變為民政局的訊息，並清查整個檔案室歸檔公文及整理各種專案檔案，並安排時間向各級長官報告；另前往民政單位找到準備接辦的人員，詳細告知各種細節，約定業務交接日。

在一切前置作業完成後，順利地進行了殯葬業務的交接，也開啓了由民政單位負責殯葬行政的序幕。

民政局雖然因中央的規定不得不承接殯葬業務，但其實還是有點不情願，畢竟新的法令規範了許多應由民政局辦理的業務，在人員員額沒有增加及對業務不熟悉的狀況下，任何人還是都會有業務推動困難的憂慮，更何況有一堆代辦事項。

(二)漸起的殯葬改革呼聲

整體來說，《殯葬管理條例》公布施行後，原來尚在檯面下運作的和諧機制整個幾乎被打散。以往因殯葬業屬於較特殊行業，核准設立的家數極少，其當然還有一般人對死亡憂懼的原因存在，甚至政府還有因傳統鄰避觀念而有將殯葬業統一集中的想法。

殯葬改革首先是在政府的觀念宣導及某部分民間殯葬業者和大型殯葬集團鮮明、亮麗、簡潔的殯葬服務方式，透過廣告、文宣不斷地進入民眾的生活，使得大多數人對於以往殯葬晦暗、陰沉、可怕的印象逐漸地有了改變，對於治喪的要求也不斷地上升。這不僅對於傳統殯葬相關行業的業者產生了提升服務的需求壓力，原本許多案件承辦過程中隱晦的部分，都一步一步地逐次剝離。每個過程、細節、價錢都被件件瞭解，再也無法像以前一樣的所謂漫天要價，甚至許多服務是坐地起價或是隨狀況加價，新式的服務方式講求依往生者意願或家屬需求，服務要做到精準到位，精緻細膩，這在以往的服務中幾乎是不可能的。傳統家族式傳承的殯葬行業受到前所未有的衝擊，以客為尊不再只是廣告詞，

迫使傳統或小型殯葬業不得不走上改革之路。

另一個則是民眾對公立殯葬業務的要求，包含殯儀館、火化場、公墓及納骨設施等硬體改進，甚至各級殯葬業務承辦人員的親切度、業務熟悉度及其他服務等。

(三)殯葬專業

以往的殯葬行業幾乎都是父傳子的家族性經營，一則因死亡禁忌，一般人在生活中對於喪葬事物能避就避，甚至連談都不談，少有人願意投入這行業；另一則是社會地位一般不高，處理殯葬事物的人常被有心的排斥，很多人都認為與殯葬行業的人接觸，好像就跟死亡很接近，把死亡與殯葬行業看成等號，更甚者就常繪聲繪影說殯葬業者身後常跟隨一些鬼的靈異。

究竟殯葬專業是什麼？多數意見皆不相同。無生死如何談殯葬？誠然，古人確有許多探討生死與殯葬的見解與討論。現代對突破生死禁忌較有感的則是82年傅偉勳教授死亡學的授課，並出版《死亡的尊嚴與生命的尊嚴──從臨終精神醫學到現代生死學》一書，再加上台大心理學系楊國樞和余德慧教授在通識課程上配合開設與生死學有關課程，形成了生死學的風潮，也逐步地突破了社會死亡禁忌的氛圍。

其後許多的學者積極地研究有關生死、宗教、殯葬等相關事物，並開設各類課程，逐步引用其他領域的架構與知識體系建立起有關殯葬的理論基礎。

由於法令建制完備公布實施、死亡人口數的逐年增加、社會民眾對死亡議題及殯葬事物的瞭解與要求日增，殯葬專業逐漸被重視，也開啟殯葬的輝煌時代。

(四)大學生死課程

92年我從高師大成教所畢業，我的指導教授──黃有志老師是生死

及殯葬方面的專家，有感於生死議題雖然已突破社會氛圍，但仍有認知的障礙，希望我畢業能加入推動行列；另外指導我的尉遲淦教授與鄧文龍教授也鼓勵我投入教學。我的論文寫有關社區殯葬設施的設置，這對於國內人人把殯葬設施視為鄰避設施來說，是一個很艱難的課題。問題是現況仍允許在家治喪，而為何教堂可以辦理告別追思會，民眾死亡後前往殯儀館治喪看來理所當然，但一般殯儀館因鄰避而幾乎都設在邊陲地帶，治喪期間的來往及親戚的探訪弔唁都十分不便，也因此許多人選擇在家治喪。但在家治喪如依習俗規範，除了誦經或法事容易影響左右鄰居安寧，也會對進出交通、環境等造成影響，因此我才提出社區殯葬設施的意見。

人生裡有些事情實在有趣，正為了想如何推動生命教育與殯葬認知及兌現對老師的承諾苦惱時，我以前的一位同事突然來電話，說她目前就讀樹科大學性學所，並在社會學院工讀。新學期通識課程有一門社會專題想找一位老師。一問之下，才得知社會專題的授課內容老師可自訂，因此就應允並開設三學分的社會專題通識課程，也正式把生死及殯葬帶入課程領域。上課還算適應，就讀研究所前，我在高雄全錄、學盧及屏東考友上等補習班教授高普考試類科已有十年。

(五)社區及民間社團開課

由於社會結構及家庭型態的改變，許多以往少有的社會問題紛紛出現，尤其自殺問題。學生的自殺問題在一夕間變成一個需要特殊防制的緊急問題。由於短時間內自殺蔚為風潮，國內青少年甚至模仿國外青少年的約定自殺、集體自殺等方式結束生命，其聳動程度讓人不寒而慄；無法想像為何自殺這種輕生事件竟也會流行；另者因情感受創無法排解，追求不到或要求復合不成，往往因無法克制衝動，殺人後自殺的驚悚事件也屢見不鮮。

另外一個自殺族群則是孤獨老人或久病未癒者，老人如經常在經濟

上貧困及精神上無法獲得撫慰，久而久之就產生厭世的感受，而在心情低落的時期，如又遇到挫折，往往選擇提前自行結束生命。

　　為了能建立大眾對生命的重視，不管學校、社區或民間社團只要有邀約講座，我通常都會排除萬難前往。一方面與大家交流生活經驗及生命體驗，一方面運用較輕鬆自然的方式，引導大家共同參與對生命及身後事的討論。在許多時候發現，齊聚的老人們其實是百無禁忌的，不僅對生死問題談得深入，對不瞭解的殯葬問題更是提問再提問，甚至詢問各種不同的喪葬方式。民間社團尤其是各地殯葬公會亦常辦理各種殯葬講習，希望加強傳統型殯葬業者對法令及殯葬環境改變的認知，無形的提升慢慢在發生。

三、變動

(一)殯葬的呼喚

　　殯葬業務隨著《殯葬管理條例》移撥民政局主政後，我原在社會局人團科的科長也調動到民政局，而其主管科稱為宗教禮俗科。殯葬業務則在該科的禮俗業務中。由於業務移撥後承辦的人員要異動，而該殯葬業務又複雜異常，牽涉自治法規的制定及與殯葬管理所在權責上的劃分並有許多待推動事項。

　　殯葬業務本來是個極冷門業務，在社會局接辦業務並因此報考研究所時，許多同事都不解的問我，沒事研究死人的事做什麼，這業務轉轉文就好。而在《殯葬管理條例》發布施行後，這業務不僅火紅，還逐漸變成社會主流，不論是殯葬服務業立案公司的數量成長、殯葬設施的申請設置，連殯葬禮儀服務人員都開始有了大幅度的進步與成長。

　　會答應職務調動到民政局辦理殯葬及禮俗業務，除了科長的賞識，最重要的原因是我心中一個信念——我花了那麼多時間在觀察及推動生

命教育及殯葬改革，如果無法在一個適當職務上繼續，很可能會前功盡棄，而眼前有一個機會，或許不一定能盡如人意，但是沒有實地去做，所有的美好想像都無法成為事實。我們為何不能有現代化的殯葬設施，我們為何不能提升在殯葬所工作同仁及殯葬從業人員的成就價值感，這是我答應前往的原因。

(二)法令執行

　　商調作業完成，到民政局報到開始辦理殯葬業務及禮俗活動。《殯葬管理條例》中仍要各地方政府依據自身的地方情況與需求另行訂定自治條例，供殯葬管理單位及當地的殯葬業者在業務執行上有所依循；另則是條例中許多分項事物要逐步實施及建制。

　　《殯葬管理條例》除了改變了原來許多殯葬相關事物無法可管的狀態，也提供了殯葬從業人員的執業依據，本來是一件值得慶幸的事情，但是真正要按法令操作起來，那可就不是一件太有趣的事。

　　法令制定施行與實際狀況落差很大，陳義過高的法令規定，使得在真正執行時，不是被認為在擾亂與阻礙行業發展，就是得到你說你的、我做我的的結果，最後不是隨便敷衍應付，就是乾脆不甩你了。

　　這樣的法令執行狀況對承辦人員來說真是一大考驗，最令人莞爾的是，許多殯儀館行政人員對法令尚不熟悉，申請案准與不准還未建立一致的標準，還有許多無法申請的案子，四處請託民代進行關心或託人關說，簡直可說亂象橫生。

　　法令的規定很多僅能從大方向的給予宣示性條款，至於細節再透過自治條例及其他規定來加以規範。無奈地是，殯葬業者及一般民眾法律認知基礎薄弱，一聽到與以往習慣不同的法令規定，常常暴跳如雷，難以自持。

(三)風起雲湧的殯葬業

殯葬行業從各集團型的業者推出嶄新的現代化服務方式後，社會大眾眼睛為之一亮。從嶄新的接體車輛、服務人員俊挺、亮麗，搭配西裝與套裝加強了禮儀服務人員的莊重與體面，舒適寧靜的治喪場所、專門配置的禮儀師及洗、穿、化、殮人員，經過設計與布置的殯葬奠禮會場等，讓往生者能得到最適切的身後服務，並帶給治喪家屬溫馨安慰的心靈慰藉。

給人專業的殯葬執行場景透過廣告不停地出現；另則就是強調百萬年薪的禮儀人員的薪資狀況，導致許多的社會新鮮人在選擇工作進入職場時有了新的考量。許多以往覺得殯葬業是屬於不入流的家長，逐漸放棄了原有的認知想法，當孩子選擇投入殯葬業時，也能給予認同與鼓勵。我們慢慢發現在生死與殯葬教育的逐步推動下，愈來愈多人關心這個領域的各個議題，諸如自殺防防治、器官捐贈、大體老師、安樂死等等問題都可被提出來健康的討論。

自從社會感受殯葬觀念的改變，大量年輕族群投入殯葬業，《殯葬管理條例》又開放了殯葬禮儀服務業的申請，加上預估得到的人口死亡數，一時之間，禮儀公司或禮儀社立案申請如雨後春筍，大家對於以往被形容是暴利行業的殯葬業，都出現無限的想像與夢想，因此禮儀公司急遽暴增。

(四)尊重個人意願的喪禮

《殯葬管理條例》是一個理想性很強的法令，應該說條例裡面許多條文都有點與現實脫節，社會發展某些部分尚未達到成熟狀態，法令要求的理想狀況就幾乎無法達成。

以往雖有遺囑的制度，但許多人生前根本不願談論死亡，大部分遺囑重點都在交代財產的分配，對於死後如何處理後事，大多指定某人

負責或敘明死後埋葬於何處或晉哪個塔，很少會去表達個人往生後，殯葬儀式要如何辦理。傳統的殯葬儀式作業上不會有太多差別，許多的遺體處理現場作業，往生家屬通常也不能參與，就是聽從葬儀社人員的指示，一個口令一個動作，難以理解各種行為的意義與表達的意思，這讓很多人在治喪後慢慢才發現該做的沒做。

《殯葬管理條例》中規範治喪應尊重往生者生前的意願，這對於往生者、治喪家屬及殯葬業者都是一個新的嘗試，往生者如何在生前規劃好自己的喪葬型式，而家屬能否尊重；又承辦的禮儀公司服務人員能否盡心達成，其一節一節環環相扣，如何達成圓滿人生、生死兩安就是一個極大的挑戰。

喪禮的任何一個過程都是無法重來的片段，也代表禮儀服務的完整性，在尊重個人意願的前提下，需要有非常多的配合與多人的協力，才能完美呈現。

(五)個性化成風

殯葬儀式要嘛就是鑼鼓喧天、旗海飛揚，各類型陣頭爭相表演，黑色禮車數十輛，場面盛大，表示對往生者最大敬意，送往生者最後一程。要嘛就極為制式化，沉悶、單調、冗長的過程，各單位代表輪流上前公奠，如遇政商名流往生，參加公奠者簡直可用人山人海形容，整個殯葬會場擠得水洩不通，經常使參加人員產生窒息感。但是，來參加公奠者各有何心思就難以得知了。

什麼樣的殯葬儀式是有質感而適合的呢？既然要尊重往生者個人意願，是否從往生者來發想，不論其有無留下遺囑寫明意願，依照往生者生前的生活種種來規劃一個專屬往生者個人告別大家的喪禮，是不是最具有往生者個人風格與特色的喪禮呢？自由風負責人何冠妤提出上述的看法，並積極推動個性化喪禮的推動。

作家曹又芳女士曾經舉辦了一場嘉年華式的生前告別式，主張應邀約你想看的人及想看你的人，在你還活著的時候一起來共度歡聚，親切

的跟大家聊聊天，互相擁抱感受生命的熱度，並一起快樂餐敘，盡情表達對對方的思念與愛，這比死後任何的隆重儀式都要有意義。當死神招喚時，以寧靜的心態面對，並安詳的告別這個曾經給你喜、怒、哀、樂的空間，放下一切仇恨與不捨，安然的離開，這也是一個蠻有意思的人生告別式。

四、殯葬怎麼了？

(一)殯葬業轉型需求

由於前述自殺風潮在校園瀰漫，教育部為推廣生命教育，因此推動各學校將生命教育納入學程，並依不同層級設計不同的課程。而殯葬業在許多新的業者加入後，從量變開始了新一波的質變。創新的服務方式很快地席捲了市場，傳統殯葬業者發現接案數急速下降，以往靠人情及關係鞏固的案件來源，也敵不過服務創新的業者，因此，除了遭遇到開業以來最嚴峻的挑戰，幾乎也是生死存亡的一戰。許多業者隨即跟上潮流，也推所謂現代化及個性化風格的服務，但是模仿者眾，要做出服務的精髓就不是那麼容易了。

殯葬業的轉型迫在眉睫，有些傳統業者依然抗拒現實的改變，認為這些不過是大型業者的噱頭，我還是一樣固守原來的地方即可。直到發現他原來的區域內掛起了多家禮儀服務的店招，才感受到壓力與競爭；另有些傳統老店為了維持持續經營，幾乎被迫提前交棒，推出第二代來參加各式的訓練與講習，而無第二代或第二代無法接棒者，在最後經營狀況不佳的情形下，不是易主經營就是結束營業。

大型業者更是早就打進了醫院與安養機構，取得優先與家屬商談的權利，另生前契約也發展蓬勃，多數的案件從源頭早就被綁定，小型禮儀業者利潤日漸減少，但幾乎除了削價競爭外，別無他法。

(二)講師證書及授課

92年因同事的推薦到樹科大社科院教授社會專題課程，93年樹德科技大學幫我送件申請大專以上學校講師認證，順利通過教育部審核並於是年6月22日取得講師證書，因此在學校開課就比較名正言順。這對我來說意義十分重大，其一是因為從來就沒想過有一天可以取得講師證書在大學任教，對於一個身負公職的公務員來說，實在很難想像。其二是原來我是學幼兒保育的，也因考試分發在托兒所帶班兩年半，而後利用公餘時間在補習班指導參加高普考試的學生，雖然在唸研究所時，我的大多數同學都去加修學程，以備取得國中及高中教師甄試資格，但當時我確認不會去走那一條路，因此，把全部時間投注在殯葬事物上。回想工作與學習都在完全不同的領域中，還真是感到不可思議。

公務員用上班時間兼課必須先行簽准，上課時間必須請自己的年休假，當時間互相衝突時，必須要以公事為先。這是公務機關對所屬人員在學校兼課的規定。我依照兼課規定簽辦報准，繼續在樹科大外文系及幼兒保育系開設社會專題課程。後來高師大通識教育中心也希望我能去開設生命教育課程，為了不影響工作，經商議樹科大的課就安排回流教育的假日班，這期間主要教授生命教育及殯葬禮儀，學生對於這類課程都感到新鮮好奇，也十分投入。

(三)殯葬類BOT案

要說超人實在也沒這麼神，這是同事給我的封號。由於政府大力推動民間參與公共建設計畫，要求各級政府把可與民間合作的案件一一審視，並請各有興趣的民間單位送完整規劃書進來審查，其前置評估作業費由中央工程會審查後核給。消息一出，各式各樣的民間參與公共投資方案令人眼花撩亂。BOO、BOT、ROT等各種型態盡皆出籠，我實在是萬幸之至，一個人的殯葬業務中就有三件金額驚人的案子，連工程會承

辦民間投資案審核的小姐都特別來電，看是否名字填寫有誤，並且核撥了三個大案子的前置評估作業費。而連民政局的會計單位都為我捏一把冷汗，三個案子都必須依程序發包、掌控進度、定期開會、定期回報執行進度、評估結果尚必須有完整報告，而後才能進行正式核銷。

這三個案子因為缺乏承辦類似經驗，再加上涉及許多工程及經費的預算，雖然依照規定發包，由專業單位來依照各項標準評估其規劃方案，但可能因為連民間業者對於「民間參與公共工程方案」也不十分瞭解，而政府機關與委託審查團隊對於各自角色的認知亦不明確，而最大的問題出現在專案核准權利金，政府希望因殯葬屬特許行業，其核准案子開始營業後，每年需繳納的特許費用一直無法達成共識，龍巖、國寶與麥比拉案皆難成行。

(四)自治法規

法規的訂定要衡酌的情況很多，除了要符合當地現況環境，民情風俗，有可能在制定期間，地方有力人士或相關業者就給行政單位壓力，希望能降低各種規範標準，也期望法令勿限制太多，留一點可操作空間，以能在執行上不會有太多阻礙。

依據中央頒布的《殯葬管理條例》及《殯葬管理條例施行細則》，我們研訂了《高雄市殯葬管理自治條例》，另外也請殯葬管理所針對內部的各項有法源及無法源依據的規定做一次完善的整理。

殯葬管理所常被我戲稱為無法令的九龍城寨，乍看起來，條條有依據，事事有原因，但做起事情來，卻又是另一種說詞，而且說起來還振振有詞，法令有時是參考用的。

當然自治條例的發布施行後，許多細節部分確實影響了一些人，但基於保護公益及法令一視同仁的規定與精神，執行上需有更多的技巧與方法。殯儀館的各項殯葬設施因應法令的公布，也配合修正了許多作業程序，雖然一開始大家並不習慣，甚至有時因不瞭解而產生一些爭執或辯論，但大體上，在廣泛的說明與解釋後，不管是行政人員、志工、殯

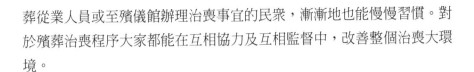

葬從業人員或至殯儀館辦理治喪事宜的民眾,漸漸地也能慢慢習慣。對於殯葬治喪程序大家都能在互相協力及互相監督中,改善整個治喪大環境。

(五)歐美參訪

94年9月的某一天,內政部來了一張公文,邀集各地方政府派員參加民政司舉辦的「美國、加拿大殯葬證照制度與殯葬設施考察」活動,希望藉由參考歐美先進國家對於禮儀人員證照制度的施行及認證制度的做法,以備我們未來依據《殯葬管理條例》要制定喪禮服務人員及禮儀師考試及認證的參考;另外就是希望藉由參觀歐美地區的殯葬設施,看可否作為未來興設的借鏡。

這公文我看完就簽了存查歸檔,因為裡面規定,縣市派員參加得由縣市政府自行勻支經費支應旅費,連同機票及全程食宿的單人費用即需約12萬,還得自行去辦理個簽。本科的剩餘經費雖夠但根本不能勻支不同科目,因此連想都沒想,直接簽結。就在此時,不知為何本局會計主任正好路過,問我簽辦什麼公文,我敘述公文原委並告知打算簽結,他只問我,這考察對業務推動有幫助嗎?你希望參加嗎?我回答這是往下要推動的業務重點,因內政部也不瞭解才會安排參訪學習,有機會當然是去瞭解學習最好。

會計室主任聽完只跟我說,公文暫時借我一下。經過三個小時,主任拿公文回來並直接告訴我,剩餘經費不僅可以勻支,看起來還夠兩個人參加,他要我邀一個殯儀館的幹部一起前往,這實在是太振奮人心,連殯葬所的幹部都不敢相信我邀他同行的話。

我與殯葬所石組長迅速報名並取得美國簽證,94年10月12日至12月23日與內政部及各縣市殯葬行政人員一起參訪了美國及加拿大許多殯葬設施。參訪地點包含有美國華盛頓的阿靈頓國家公墓、加拿大多倫多京士頓鄉間墓園、加拿大玫瑰山學院殯葬學系、加拿大「Magnus Poirier Inc.」禮儀公司、皇家山服務公司、SCI殯葬公司紐約服務中心、紐約私

人墓園等地方。

　　歐美國家雖與我們在宗教及習俗上不同，但看到規劃整齊的墓園，甚至鄉間墓園都整理得宜，治喪中的遺體防腐技術高超，其安放於半開放棺木時宛如睡覺般安詳，另殯葬從業人員必須取得州政府的證照，才能從事相關工作。這對我參訪團有很大的震撼效果。大家提出了共同建議：(1)希望設置殯葬專責單位，增加殯葬行政人員編制，以能辦理殯葬管理及服務工作；(2)應協調教育部鼓勵各大專院校開設殯葬相關科系，以培養殯葬專業人員；(3)加強殯葬行政現職人員的殯葬相關知能，以改善服務品質；(4)儘速規劃多元化葬法，鼓勵環保自然葬，以提升土地利用資源；(5)迅速檢討舊有公墓，逐步進行更新；(6)儘速設置殯葬專業人員證照考試制度，以能逐漸建立專業人員制度；(7)應擬定長期殯葬發展政策，逐步更新各地殯葬設施；(8)積極開闢各種管道，加強民眾正確殯葬教育；(9)加強殯葬現職人員培訓，多舉辦觀摩學習交流活動。

五、驚異奇航

(一)前進殯儀館

　　殯葬行業混亂的景象已有很長歷史，殯葬管理所同仁對於殯葬亂象是幾乎無法取締的，這存在許多所謂的歷史共業。在殯葬所工作的同仁則是抱持凡事我不清楚的工作態度，知道太多並無好處，或者即使知道得很清楚也要裝作不知道，以免沒事引火上身，就是一般大眾明哲保身的最佳寫照。

　　95年殯葬管理所出現了一個大案，一件火化爐的招標採購案，施工及驗收狀況連連，而最後竟然完全無試車狀況就停止一切工作，而所長及承辦組組長則因被檢察官舉報有圖利罪嫌，一審法官重判十年及七年有期徒刑。這對殯葬行政實產生太大的打擊與衝擊。承辦組長因難以再

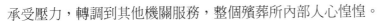

承受壓力，轉調到其他機關服務，整個殯葬所內部人心惶惶。

此事件媒體報導繪聲繪影，亦給予局長莫大壓力。有天單獨找我會談，除了說明目前殯葬所狀況，亦希望我能職務輪調到殯葬管理所接第三組組長一職，協助所長能洗刷被判圖利罪嫌。幾經考量決定接下組長一職。一則是因為局內殯葬行政業務雖然繁雜忙碌，但多半是計畫及規劃作業；二則是希望能更瞭解殯葬的實務作業，雖然詢問過幾個大老，他們對殯葬業的描述是黑、白兩道齊聚，並給了要時時小心，千萬勿強出頭的建議。

(二)學習型組織

抱著滿腔改革熱血到殯葬所接任新職，感覺近幾年的觀摩心得及理想中的殯葬設施就將有機會可以實現，心中雀躍不已。直到入所工作才發現事實離理想差距甚遠。殯葬所內的同仁對於己身職務份內的工作是絕對鞠躬盡瘁，問題是只要非屬於自己職務範疇內的工作，完全不會過問，即使幫忙都不願意。人人固守自己的疆域，完全不理會其他人的任何感受，也不重視外面的世界如何改變，《殯葬管理條例》及各種法令的實施，對他們來說並沒有產生太大的改變。

殯葬管理所內的行政層級雖然職務說明書寫得算清楚，但那對他們來說充其量只是參考成分較大。由於內部正式職員只有十九個名額，扣除被進用管制的只有十七位，而現場及辦公室內服務的技工、工友總數則有四十五位，行政人員與技工、工友數量比例嚴重失調。後來得知雖然行政院人事行政局針對此事年年來文要求調整比例。但是其只知其一不知其二，原因出在殯葬管理所事實上與殯儀館幾乎是等同的，殯葬服務的現場工作都是由技工及工友全權負責，禮儀公司或治喪家屬的殯葬現場問題，都直接由他們處理，而高雄市是擁有全國最多火化爐設備的火化場，共有十八爐。殯儀館場域遼闊，內部各項治喪設施設備齊全，而其平日的保養維護、使用管理等工作，都由技工、工友負責，怎麼可能調整比例配置。

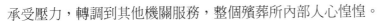

承受壓力，轉調到其他機關服務，整個殯葬所內部人心惶惶。

(三)火化爐案

汰舊換新火化設備如從使用年限及可爭取經費來看，應該是每年都必須要做的工作。按歷年情況每年編列兩座火化爐更新經費，館內共有十八座火化爐，如依原期程，可能得等九年才能汰換一次，但火化爐使用年限僅有六年，在保養得宜下勉強運作可延長到七年。因為汰換速度及使用超限，幾乎有四部以上老舊機組是常年關閉無法燃燒的。

這個所長被因圖利的火化設備採購案子整體看並無異狀，但觀其細節又有許多難以理解的地方。或是廠商利用採購法的漏洞遊走法律邊緣，取得利益，又或是某些採購案幕後操盤黑手因分贓不均而栽贓嫁禍；又或有其他人事異動目的，實在有太多疑點待查證。

這件案子需要還原許多證據，而擔心的是，我報到的前期，這案子尚未結束，其原因是第一標場地整建及設備進場估驗完成分段付款後，廠商並未進行最後一階段的組裝工程就落跑，而後又另發包另家廠商進行組裝及測試工程，期間很短沒想到機關還是答應廠商分段估驗付款，東西組裝完成，只剩最後的軸心置入，開啟開關的運轉測試，結果左等右等，不見廠商人影，緊急聯絡皆無回應，最後確認第二包施工廠商再度落跑。經事後再請專家勘驗該機器，他輕描淡寫地說，這個火化爐的排煙設備如可運轉，看來應可以對大型餐館烹煮食物時進行定時的排煙功能，至於排遺體火化爐的煙，那開玩笑吧！

(四)逐步建立制度

由於殯葬事物繁多，現場服務工作亦經常狀況連連，許多同仁一旦被殯葬業者或治喪家屬投訴，就兩手一攤，不然要怎麼辦呢？對於工作就是能過就好，一百分也不會有人獎勵你，幹嘛累死自己。遇到事則能推就推，除了我原來的工作，別叫我再做其他固定工作。

原以為殯葬所同仁每天看待如此多的生離死別，應該看淡人生很

多事物，能豁達的面對人生。殊不知，這幾乎是完全相反的看法。或者嘴上說人要看開、切勿計較，但實際行為卻諸事必較。人活一口氣，怎麼可能讓別人占了便宜。觀察許久後，我發現同仁在私下接觸與公眾檯面上的行為完全不同。同事私下交誼很好，經常協助對方，但只要團體場合，其表現就是得爭。深究原因，個人覺得是在殯葬單位服務過久，本來許多人對在殯儀館工作的人就常有異樣眼光，再加上雖然職員與技工、工友職務不同，但職員是可以升遷調薪的，而認為貢獻較多心力的現場服務技工、工友薪俸只能到一定程度，又認為職員都在辦公室吹冷氣，就能拿較多薪水，因此兩者的對立就不難理解了。

為了建立同仁公務服務的觀念及互相協助的習慣，加強同仁學習新事物，我試著引進學習型組織，開始辦理在職訓練、異地觀摩學習、帶進新的服務概念，並試圖充當行政與現場服務人員的溝通橋樑，這對整體服務應有稍許的幫助。

(五)二八理論

二八理論是所長經常用來形容殯葬所人員工作狀況的一個理論，一個機構中通常約有兩成的人是兢兢業業在努力工作，而剩餘八成的人則得過且過，並不會花多少心力在工作上。在殯葬所工作愈久愈能感受所長的感慨。雖然如此，但我觀察到在工作上並非有這麼高比例抗拒或在工作中偷懶的。許多時候，新的業務或事物只要能在事前詳加說明，大部分的人都可以欣然接受並努力執行。

為了能增進同仁的工作優越感與榮譽感，建議所長能在團體聚餐時公開表揚，而私下也透過同仁給予讚許及鼓勵，有時同仁為了執行業務有所扞格，也迅速地加以釐清並說明，消弭雙方的誤會與敵意；另則積極與殯葬業者建立友好關係，期望透過他們良性的互動及鼓勵，給予現場服務人員肯定，並適時地能雙方互相協助。

要改變一個機關長久以來的積習文化絕對是一件困難的事情，單憑我一個人的力量其實是非常有限的。只是找思考者，不論我能影響多少

同仁，最起碼在有限的能力及時間裡，可以給予一個人不同的思考方式與服務認知。在服務過程中，我通常是抱著使命必達的做事精神，我那靈魂裡流露著一座美麗、莊嚴的治喪場所，一直是我到殯儀館服務的理想使命，期望有一天能有機會讓我創出一個民眾能安然治喪的地方。

六、五花八門的業務

(一)三節服務

殯葬行政與服務工作內容繁多，尚有許多法令仍不明確之處；惟各項服務需創新求變，各縣市政府無不把為民服務工作不斷推升。殯葬服務除了平常的殯儀喪葬類外，年度重頭戲就是祭祀先人的幾個節日。首先就是清明掃墓節，一般民眾為緬懷先人，通常皆利用清明節假期進行先人墓地的整理及祭拜；另晉放於納骨塔先人也在這時進行追思祭拜，因此為因應龐大的人潮及車潮，還有為預防祭拜時不慎引起的火災，整個清明節掃墓的服務工作幾乎動員數個市府局處才能有效進行。近年來為避免集中日期祭拜所形成人車潮，逐步推動提前掃墓，在清明節前二個週休日即提供交通及人員的便捷服務，讓民眾可以依需要及時間分流，改變擁塞的清明節掃墓狀況。

中元普渡拜好兄弟是民間大活動，而對殯葬業來說，因日常業務便是服務往生民眾，對於一年一次開鬼門外放的好兄弟更是尊崇備至，也希望透過祭拜，祈求好兄弟能帶來業務及財運。中元節活動除了推動共同祭拜外，亦對焚燒大量紙錢推行以功代金及紙錢集中焚燒等制度，逐步改進其因焚燒大量紙錢形成的空汙情況。

過年因許多民眾亦有祭祀先人習慣，因此也都特別的人員加班服務制度，希望能改變民眾對殯葬相關從業人員的觀感。

(二)志工團

　　殯葬管理所的志工團據瞭解是全國第一支成立的殯葬服務志工組織，許多各單位退休的員工響應為他人服務的志工精神，自願自發的加入志工團隊，有許多位是夫妻一起來參加。經深入瞭解，志工團裡真正是臥虎藏龍，很多位以往都是政府或民間企業的高階主管，退休後放下身段為治喪民眾提供各項治喪時的協助。

　　針對志工團我有很多想法，但是在提供治喪家屬的服務時，卻常遭殯葬業者誤以為來對治喪民眾進行關說，想要爭搶殯葬服務案件。這對有熱誠提供喪家服務的志工形成不少的壓力與無奈。

　　我則期望志工能提供更多服務，因此辦理各種不同的講習活動、簡便小型餐敘，拉近大家的距離與觀念。逐年辦理全省各縣市公、私立殯葬設施的觀摩學習活動，加強與各地區殯葬志工的交流活動。

(三)公會協商

　　殯葬商業同業公會對殯葬業者在殯葬相關訊息的傳遞及不良業者的管控上，有其公會的職責與任務。殯葬行政制度或環境的任何改變，如能事先與工會取得共識，由工會登高一呼，則在推動時有事半功倍的效果。公會本身是由業者組成，入會後透過選舉制度選出理事及理事長，其對於殯葬現況情形當然知之甚詳，對公會保持敬重絕對是推動殯葬改革不可或缺的重點。

(四)梅嶺車禍

　　這個車禍的死亡人數超過二十個，是殯葬管理所鄰近的一個小學家長會長利用假日辦理的旅遊活動。結果過程中不慎遊覽車翻覆，導致許多參加的家長及小孩死亡。由於發生地點在台南地區，第一時間送往台南地區醫院救治，死亡者則先送台南殯儀館。而第　位衝抵現場處理的

竟是高雄市的殯葬業者。

市府指示全力協助，並視為緊急大型災難，一切由市府出面處理。因此分兩批將事件往生者遺體運回，由殯葬管理所以專區設置靈堂，並與家屬協商整個治喪的需要與流程。對於有親屬在車禍中死亡的治喪家屬，則提供悲傷輔導的情緒安定協助。除了依個別需求盡力達成外，也協助保險理賠並規劃辦理聯合奠祭，對於往生者及家屬提供最適切及完善的服務。

事件的服務過程中發現，所內大部分同仁在協助車禍事件治喪家屬時，不論在態度及專業度都有明顯的改善與進步；還是以往許多同仁並不善表達，這也讓我對服務提升有了更大的信心與鼓勵。服務過程中，家屬要求除了日間要在現場派駐服務人員外，夜間應加設保全人員，以能維護各種祭拜品安全。為商請保全的聯絡電話，保全公司一開始都很快答應，但只要說出派駐地點，每家都客氣的說：「請你們自己找人，如需報銷，我可以協助提供單據。」

(五)殯葬危機處理

所謂危機管理是指對於事件可能演變的脫序情形，先行預擬可能發生狀況並擬妥因應方案的作為。一般而言，危機管理可分為先期預防與危機處理兩部分。危機處理是指管理系統未能發揮防制功能，而能使危機爆發時才有當下的處理方式；但真正好的危機管理系統，所講求的不是已爆發的危機處理得多好，而在於事先能洞察危機的存在，並給予適當的處置，使危機成分降到最低，甚至解除。所以，在危機尚未發生前的潛伏期，就必須要有充分的管理措施，除了增強自我的應變能力，更要對一旦發生危機時的處理方式做萬全準備。

攸關公共衛生的殯葬服務工作更需重視危機管理的運用，除了強化危機之應變能力，更應著重危機之事先預防，所謂「禍常發生於所忽之中，而亂常起於不足疑之事」，因此殯葬服務工作更需做好危機管理的

工作。

　　殯葬服務的危機實在不勝枚舉，必須要非常小心及仔細，一般常見：(1)死亡原因：自然老死、病死、意外死亡；(2)死亡地點：家中、醫院、戶外；(3)遺體狀況：死亡時間、地點；(4)屍體運送與處理；(5)驗屍；(6)入殮；(7)屍體美容、修補與縫合；(8)祭品與遺物保存；(9)奠禮堂（室內與戶外）；(10)訃聞錯誤或時間更改；(11)電腦作業錯誤；(12)領錯屍體；(13)棺木翻覆；(14)寄棺室火災；(15)領錯骨灰；(16)殯儀廢棄物運送處理；(17)停電（冷凍機組損壞）；(18)大量遺體處理（921與南亞海嘯）；(19)傳染病大流行（SARS、禽流感）輕便式負壓隔離設備；(20)出殯途中車禍；(21)家屬接送；(22)民俗吉日的祖先祭祀。在整個殯葬服務過程中，有些作業是屬於殯葬業者處理，有些則是殯儀行政人員，兩者都需小心為要。

七、從人與環境的關係開始

(一)白日夢

　　到殯儀館服務前，在心中就藏著一個夢，如何讓殯儀館變成一個環境景觀及設施都優美，能提供往生民眾在舒適的環境中尊嚴地走完人生最後一程；也讓治喪家屬及來參加送別的親戚、朋友能從環境中感受生命的熱度。

　　殯儀館已興建了二十年，期間除了進行年久損壞處的補強外，老舊的外型及動線已經難以符合治喪民眾對政府提供的治喪場地的標準。因為損壞破敗的情形屢見不鮮，幽暗、陰深、動線紊亂是一般民眾在治喪時的感受。因此，許多治喪民眾在辦理喪事時都選擇在民間私人的所謂會館辦理。

　　我每天對自己說，既然辦理了殯葬相關業務，也有機會參訪到國外

乾淨、簡潔的殯葬設施，爲何我們的殯儀館無法有一樣的設施設備與環境呢？疑問促發找尋及建立答案的動力。因此，利用下班及休假日，不僅到本地的各種公、私立新建工程拍照，也找機會到外縣市各公、私立場域，只要有景觀設計的地方都是我蒐集及建立參考檔案的地方。同仁都覺得我在做白工，因爲依照二十年的經費分配，殯葬管理所最大的工程費，通常都只有幾百萬，而且通常都是做修繕墓區崩塌邊坡與修路工程。

(二)殯儀館的角色

殯儀館究竟在人的生活中扮演什麼角色？而爲何大家在平日是如何的不願意聽到及接近它，甚或有時只要前往殯儀館探視往生親戚家屬或參加親戚朋友的公奠儀式，都還得攜帶特殊的避凶物或符來保護自己，彷若接近它就會引發死亡。

許多民衆爲往生親屬治喪時，仍因平常對於殯儀館不佳的觀感而選擇所謂的在家治喪。但是因目前都會區的居住型式與以往不同，在家治喪甚至已被多數人認爲是嚴重影響左右鄰居及附近居民的生活干擾事件，只是通常因爲畢竟時間有限，只要不至於過分喧囂，大多數人皆以死者爲大的觀念，暫時忍耐度過那段時間。

但是在殯儀館治喪比在宅治喪實仍有許多便利之處，其實治喪民衆都清楚，只是無法接受在殯儀館吵雜紊亂的環境中，爲自己的親人辦理喪葬儀節而已。

(三)殯儀館只能這樣嗎？

殯儀館的功能是否只能用來治喪，可否增加或另創其他功能，使它能澈底改變長久以來大家對它所留的印象。諸如透過環境及設施改造功能，增加其教育性功能、遊憩性功能、集會性功能、音樂展演功能，甚或作爲環境改造的典範。殯儀館本來就是人生活裡不能避免接近的場

所，為何這麼多人都嫌棄呢？

(四)景觀與設施大整修

經過長期資料的蒐集及不間斷的觀摩學習，對於二十幾年未曾改變的殯儀館，終於在陳菊市長大力的支持下，開始進行整體環境的規劃設計。我們對未來殯葬環境的規劃進行多次的簡報，甚至提出只要市府編列經費，進行對所內部分硬體設施變更為納骨設施的功能改造；另利用內部空地設置臨時治喪設施，而上述兩者的收入費用能在某段期間專款專用，將其投入整體殯葬設施設備的重造，市府不用再編列其他經費支應，就能有嶄新的殯葬新象，民眾一定會大加讚賞。

由於殯葬服務現代化，近年來被各地方政府認為是提升民眾對施政滿意度的強項指標，各地紛紛進行興建殯葬設施或大力進行重整改造。如能將整個治喪流程透過環境及設備的改造，使得往生民眾遺體不用被因處理程序的場所不同而被四處推動。只要遺體入館手續完成，啟動安全且符合公共衛生的各項處理程序配合內部動線規劃，完全在內部配合需要進行移動。治喪民眾也能在安靜的環境中，逐步宣洩哀傷的情緒。兼具往生者尊嚴與治喪者的撫慰。

透過環境改造也能使殯葬從業人員因環境而改變，提升服務的專業及品質，而不是在吵雜喧囂的場所四處奔走，結合各種殯葬流程的四合一殯葬設施實是現代生活中重要的規劃，這對整體殯葬發展有著極具指標性的象徵。

(五)現代化四合一殯葬園區

從白日夢、造夢及追夢，殯葬園區的概念被接納且同意編列經費進行改造，長久的堅持獲得實現的可能。由於我原提出的計畫在環節上需要太多法令的修正，擔心行政作業會延誤改造時機，因此市府同意於整體殯葬園區先行規劃，在規劃審核通過後，分年分期編列所需經費進行

設施設備及景觀的改造。

改造規劃中首要重點就是回歸人的需求，把環境的使用權回到來所治喪的民眾，在配合殯葬相關業者提供治喪服務時的特殊動線安排，改變原本吉日時常出現的人車擁塞、無法動彈的場面。

園區的許多陰森死角也是改造中的重點，以往如夜間因需要進入殯儀館，其陰暗帶來的恐懼，讓人倍感可怕，尤其冬天寒冷的晚上更讓人不寒而慄。加強園區夜間照明，透過夜間景觀的規劃，使得夜間不管是在所值班的同仁、入所服務的殯葬從業人員及治喪家屬，都因為逐步改造的殯葬環境及設施，有了對殯儀館不同的感受。

由於原來三年三期改造計畫並無法達成全境改造，期間因一次大颱風摧翻了火化場家屬等待休息空間的屋頂，加上行政大樓嚴重的漏水，因此申請災害復原經費，一併對園區各項因經費限制尚未進行改造的地方，逐一地進行補強作業，一個嶄新的殯儀館在逐日不同的更新中漸漸出現。

八、轉換視角

(一)職務升遷

職務異動升遷是公務生涯中必須的過程，市府長官幾經考量，要我回局內擔任宗教禮俗科科長，其業務內容仍包含對殯葬業務的監督。

在職務升遷前，正逢縣市合併的改變。為因應合併後業務量將大增，於是進行組織改造，將原殯葬管理所透過機關擴編組織程序變更為殯葬管理處，並進行各項接收移撥業務的準備。雖然升遷後接辦的業務忙碌異常，但還是經常關注殯葬的改革作業。

(二)日本參訪

102年配合前往日本姐妹市八王子祭的活動，行程中也規劃了參訪日本殯葬設施的活動。由於對於日本的殯葬設施除了在幾次的殯葬博覽會上有接觸，也對其曾備受肯定的電影《送行者》的印象外，尚無對殯葬設施設備有實地的考察經驗。在參訪了民營葬儀場——株式會社千代田、東京都都營火化場（臨海齋場）、都營葬儀場（青山葬儀所及墓園）、民營葬儀場（公益社田園調布會館）及町家齋場後，對於其整齊、簡單、清潔及莊嚴的環境規劃，以及色調溫馨、燈光柔和及設備齊全的精緻會場有很深的印象。人員的服務態度及專業性都能顯見其訓練有素，各種場所的設施設備儘管使用時間已久，仍然保持的完整如初，這真是值得借鏡學習。

(三)BOT案審查

殯葬設施的民間參與公共工程興設案又重提申請，這對市府來說，常常是依法令與社會需求及公共利益來調和地方反對聲浪與投資興建者兩方的棘手問題。雖然已歷時多年，但是雙方仍然壁壘分明，互不退讓，而與政府特許權利金及地方回饋協商，也難以達成雙方的共識，對於本來三贏的政策，卻因各自立場，被時間的壓力變成三輸局面，這實非政府施政所樂見的結果。

(四)宗教業務與殯葬

宗教的領域雖與生死有部分相關，但宗教事務與殯葬少有牽連，除了《殯葬管理條例》裡面又因無法執行而修法的寺院附設納骨設施的清查與管理。由於納骨塔在寺院屬於附屬設施，因此在管理上定位不明。

但因為《宗教團體法》牽動層面過於龐大，各方在法令研修討論就意見分歧，無法達成共識，因此遲遲無法對宗教團體進行有效的管理。

由於納骨設施存放民眾的先人，未免引起廣泛民怨，寺院附設納骨塔就在遮遮掩掩的協調下，有條件的得以繼續使用，但不得擴充原有數量。這可以說是宗教勢力的某部分展現。

對於多數納骨設施的經營者來說，對於這樣的結果雖不滿但也無可奈何的必須接受，而這可能也是殯葬與宗教在目前現況中的最佳調和方式。

(五)生死交界的體驗

宗教業務十分繁忙，而主辦業務中，宗教只是其中的一部分，由此就可想像人像陀螺一般，不停地轉動。除了各項業務的糾紛排解與輔導，安排拜訪與陪同市長或局長參加各類型宗教組織的行程，就讓人馬不停蹄。行程中間時得趕赴各局處召開的各類審查、政策評估及研討會；好不容易結束各項行程與會議，回到辦公室得速與同仁進行各種業務推動進度與困難的討論；不間斷的業務諮詢與協調電話，接著的是成堆如山待核的公文。

長期的業務形成的精神壓力，雖然勉力支撐，身體仍不時出現提醒反應。這樣的狀況已非靠毅力強撐即可，終於在身體的耐受極限超越後，一個晚上帶著成堆待閱公文回到家要洗澡時，胸部急遽疼痛，我急速的衝出浴室由家人迅速送醫，抵達醫院前，我已幾乎無自我意識。

長期的壓力與緊張及睡眠不足，加上為排解壓力的抽菸，導致這樣的情形。送院緊急救治後，第二天下午就轉進加護病房，在加護病房躺了兩週，是一種醫生規定只能平躺，不得下床的疾病，這是非常痛苦的感受。兩週後要移到普通病房前，護士才告訴我，以前有一位跟我症狀相同的病人，一直要求讓他下床刷個牙，當班護士想可以趁機幫他換髒掉的床單，沒想到一回頭，病人就倒下來往生了。後來醫生告訴我，我的疾病叫主動脈剝離。

九、另一種人生選擇

(一)仁德醫護專校教職

出院後，謹記醫生的醫囑，不能跑步、激烈運動及騎乘或搭乘任何會造成緊張或壓力遽變的交通工具。醫生說，如果你再有下一次一樣的情形送急診，我會安靜的與你聊天二十分鐘，你就會安然離開。這樣的叮嚀讓我時刻注意自己的生活作息。

由於我擔任公職的時間已正好達到退休的門檻，幾經考量就請同事依規定幫我辦理退休程序。在壓力遽除的狀況下，按時回診也逐漸的恢復，只是生活上多了許多限制。雖然如此，但生死邊緣的經歷卻讓我有不同人生的感受與看法。

醫生其實很納悶，依照我的情況，最後竟然能在不動刀或裝設支架的情況下逆轉，而且住院恢復期並不長，這對於處理過那麼多心血管疾病的醫生來說，不得不說是否有些奇蹟。我的同事告訴我，可能因為你辦理宗教業務及殯葬業務時，積極設法協助過許多案件，不管神鬼，都給你很多的照護，事實上，我是有所感受的。

經過一段時間，有天一位殯葬業好朋友介紹我認識苗栗仁德醫護管理專科學校的學務長，亦是一手創設該校生命關懷事業科的邱達能博士，在邱博士的鼓勵及校長的同意下，我真正進入學校擔任教職，並走回殯葬教育的路。

(二)學術、教書與實習

雖然我在許多大專院校開設生死與殯葬類的教學多年，但畢竟當時是兼課性質，且只負責教學。與正式進入學校的教學不同。許多學術領

域的操作與以往的工作經驗大不相同，又必須兼任行政作業工作，負責招生等學校事務，事務相當繁雜。

逐步學習與因應才能融入工作，學校為增加入學員額的招生需求，經教育部核准招收高雄區的在職二專班，協助許多早期投入殯葬服務的失學者，或有心向上的殯葬業者，以及從其他領域轉行殯葬業，想取得相關禮儀師考試必備學分者，有了一個積極的入學管道。

由於原來屬於週休二日的假日班上課方式，大部分業者學員因週日都屬殯葬大日，較難以配合上課時間。在教育部來評鑑時，我則利用報告時間請其同意將課程安排在平常日晚上，這加強了殯葬業者的進修意願，陸續有許多業者進入二專班及殯葬20學分班就讀。

(三)輔導成立禮儀公司

由於異地開班授課仍需符合教學規定。基於醫護聯盟關係，上課地點借用育英醫護管理專科學校。該校邀我兼一門生命禮儀課程的教學。也因教學關係，認識來自瀋陽的李彥霖，這同學想從事殯葬服務的工作。畢業後正值屏東大仁科大開設生命關懷二技學程，因此鼓勵她再進修並考取乙級證照，後輔導她開設禮儀公司，提供殯葬服務工作。

(四)持續參訪與觀摩

由於教學需要及為瞭解業界最新的動態與資訊，因此不間斷地參訪觀摩與學習對於教學是有很大助益的，學校每年都會安排教師作系列的實地學習，感受企業在殯葬領域上的進步。參訪活動使個人每每有更新的感受，感覺較強烈的有：

◆民間殯葬設施在建築設計及造型上有超現代的成果

參觀民間集團型殯葬業者所經營的殯葬設施，彷如置身在藝術殿堂內參觀，許多設施設備的精巧性讓人驚呼連連，各種新式的葬儀用品引進或發揚原創精神的改良設計都使人折服。可以看到殯葬行業借用了很

多現代因子，使其更具創新性。

◆公私立殯葬設施都引進現代化科技及資訊管理

資訊的引進與運用正大大改變了以往的管理型態與使用習慣，除此之外，運用現代科技可以改變整個葬儀的樣態，各殯葬設施無不全力引進現代科技進行改造，從員工、業務、顧客到設施設備皆逐漸引進科技來進行管理，大大提升整體的服務效率。

◆民間殯葬設施設計上多融入人文及歷史的瑰寶

公立殯葬設施逐漸從仿古走向現代建築，而民間殯葬相關設施不僅在許多設計上突破以往的思考，加入精練傳統後的新創元素，使得現代與傳統取得融合，且不斷地吸收各國的精華，加以針對不同型態的禮儀及葬法研發不同的設施形貌，更值得一提的是，收藏許多的傳統古物，猶如博物館般的保存，更凸顯殯葬業懷思的表現。

◆服務創新改變殯葬行業的晦暗形象

殯葬業近十年來政府及民間不斷地從硬體設施、軟體設備、專案法制、人員訓練、實質服務、殯葬禮儀等各方面進行改善，加以社會大眾對生死大事有較多的討論，促使殯葬業逐漸從以往悲傷陰暗、引人害怕等感受慢慢為大家接受且擺脫以往被人認定的形象，引進專業現代化的服務，讓治喪家屬不僅從現代設施感受對於往生者適切的處理安排，更從體貼的關心中感受到哀傷的釋放，逐步建立起殯葬行業的新形象。

◆殯葬集團逐漸蠶食鯨吞傳統業者的生意

殯葬集團挾其龐大的財力物力、服務系統、服務通路、專業禮儀、生前契約等優勢逐漸擴大服務的範圍與項目，引進現代化先進科技及管理，慢慢地蠶食原來傳統業者的市場。集團化的經營有更多策略聯盟的案例，致使傳統業者難以招架其龐大的壓力與優勢競爭。更何況集團業者以併購方式，以大吃小的將傳統業者連根拔掉，這對殯葬市場產生更大的影響。

◆寵物殯葬是目前正夯的殯葬型態

寵物殯葬已從類似傳統人的殯葬型態走向專業且有專門辦理的方式，除了導進環保自然葬的一環，也開始有了專門的納骨設施。圖書館藏奢型態被引用來作為寵物納骨的新設計，寵物圖書館應運而生，而且其獨立於殯葬相關法規的管制之外。誠然，因為社會型態演變及多數人對於飼養寵物的習慣已將寵物視為家庭一分子，因此對其生死殯葬亦視為重要情事。

因為這些體認，讓我們更瞭解應在教學上不斷地改進與創新。

(五)證照與評鑑

禮儀師證照考試在喪禮服務員丙級考試後陸續登場，原本希望的所謂分級考試，可以讓殯葬從業人員依不同的專業領域執業。但個人以為因為整個考試制度設計不當或陳義過高，造成考了丙級技術士的人，在執業過程中不得不再加考禮儀師乙級考試。而因為整個考科設計的問題，考過禮儀師的人可能根本完全沒有接觸過實際的殯葬工作，考照與職場實務運用產生極大的落差，這對殯葬服務的提升完全沒有任何幫助。

殯葬業評鑑各縣市都依規定在年度中辦理，只是殯葬業者願不願意配合，那就得看情況。一般來說，較有組織規模的業者，一般都較積極參加評鑑，評鑑等級的公布等同於政府的免費廣告宣傳，大眾的認同度較高；而不願參加的業者則認為與其花時間做那麼多資料，不如努力找服務案件，其認為評鑑就是配合政府做做業績。

十、人間彩虹

(一)殯葬需求的轉變

由於社會舊制度及觀念的快速瓦解，在廣泛應用資訊的新一代身上，我們似乎感受到人文精神的培養困難。殯葬這種基於人與人互相關懷及互動的行業，在大量運用科技融入的時代，我們看到的是科技新鮮取代了尊嚴的追思。人與人間的關係因運用科技的結果，顯得冷漠。殯葬需求也產生很大的變化，愈來愈多人選擇辦理只有自家人參與的喪禮活動，小而溫馨的追思告別儀式逐漸被大家接受，這樣的演變會再逐漸形成風潮。

(二)人生最後一程的堅持

對於很多人來說，到達一定年齡對於生死問題通常會逐漸地產生不同的體驗與看法。對於許多原來十分在意的事也會逐漸釋懷及坦然。殯葬現況仍未達到完善，或許個人對殯葬仍有許多理想，也期望尚有機會可以有一些堅持與貢獻。

(三)殯葬型態整合

個人認為殯葬型態推動走向家族整合的型態，並且要能研發一次性解決方案，觀察原來殯葬處理過程過於繁複，且所謂葬後幾年起掘撿金方式，只是徒增殯葬處理費用。往生後一次處理的觀念及整合家族先人的概念，應要好好推廣。

(四)現代生死態度與變革

　　現代生死態度從寵物殯葬需求的盛行就可以看出端倪。民眾在社會普遍能正常健康地討論死亡問題，對於殯葬的需求亦朝個人及精緻化方向發展，生死態度的開放將逐漸引導喪禮形式的改變。

(五)未來殯葬

　　一次性的殯葬處理，環保自然葬似乎提供了一個選擇方向，但無法溶解與泥土合為一體的骨灰又再次造成葬法的疑問。誠然，骨灰處理方式眾多，我們期待最終有效的處理方法能儘速的開發出來，使殯葬能再更上一層樓。

從業界的人員培訓看殯葬教育

英俊宏

仁德醫護管理專科學校生命關懷事業科
專任講師

一、業界的殯葬教育

(一)殯葬業的發展

筆者在79年間，因家族長輩的引薦，接觸了正在籌建的「北海福座」納骨寶塔推展事業，在當時從事該項殯葬相關的行業，是一般人眼中不入流的行業，民國83年正式完成了「北海福座」納骨寶塔的建設，更成為國內早期規劃完善的公園化墓園的典範。除了提供先靈們完整精緻的硬體設備外，經營者更以虔誠崇敬的心，為安奉於寶塔的先靈們規劃安排一系列法會祭典，也為後輩子孫們的追思，提供最周到的服務。

座落在新北市三芝區，擁有占地二十餘甲的現代化墓園，其中這座亞洲最大的寶塔建築，當時是以中國建築精髓與佛教教義為本。以祭拜安奉的儀場而言，「北海福座」的確引領了殯葬改革的風潮，達到墓園公園化的功能，在延續「崇敬先人、克盡孝道」這漢民族崇尚倫理的行為規範上，已經為殯葬改革立下劃時代的里程碑。而繼以殯葬一元化的概念，又以「落實環保理念，改革殯葬文化」為己任，把傳統繁複的喪葬禮節去蕪存菁，稟持「簡明、莊嚴、尊貴、專業」四大理念，精心策劃出兼具市場性、時代性之「生前契約」商品以及一元化喪葬禮儀服務，期以創造生命昇華之價值，為人生旅程畫下完美句點。

(二)教育訓練的需求與執行

美國自1960年開始殯葬問題被民眾廣泛討論，1970年殯葬行為已經能讓民眾侃侃而談，同樣地日本於1970年殯葬問題浮出檯面，1980年日本已經把往生的儀程辦得如此莊嚴肅穆，在台灣國寶集團於82年推出了第一張生前契約，同樣經過了十年，不僅生前契約已占有台灣人口數

1%的市場，更突破傳統、通過「東森嚴選」的嚴格把關，在電視上直接販售，也是殯葬觀念的一大突破。從寶塔的設立到生前契約推廣、殯儀服務，由於集團是以建設靈骨塔與墓園規劃銷售起家的企業，爲延伸公司的產品線，在塔墓預售的後期推出生前契約商品。在公司發展的過程中，早期殯葬專業的學習與傳承，是只能藉由中國古代墓葬的研究成果摸索得知，而這殯儀服務的領域則是一全新嘗試，也是學校從沒教過的學問。於是在殯儀服務這一區塊的教育訓練資料收集，是從公司內部成立組訓單位，在內部遴選有意願轉任從事禮儀服務的同仁擔任組訓專員，由這首批組訓專員去傳統殯葬業學習技能，在學習的過程中詳加記錄殯葬禮俗的做法，由於公司成立在北部，所以學習的禮俗是以北部的禮俗爲主，也因此早期的做法上被笑稱「從台北看天下」，後來因爲生前契約的銷售需要全省性的服務，從台北、桃園、台中、高雄……一步一步的再設立服務據點，在設立之初，也是先與地方的殯葬業者配合，由公司安排服務人員在配合的駐點的過程當中學習地方禮俗，並且詳加記錄編撰公司內部的標準服務手冊（**圖13-1**），即爲國寶所統整出的殯儀服務流程圖，目前也是廣爲業界所使用之版本。

由各地方的負責服務的專員擔任公司內部的種子講師，負責服務人員的專業技術養成，初期也是用師徒制的方式一對一的傳授，再來則是一批新人一批新人的傳承。殯葬教育強調在「學中做、做中學」，爲了建立公司的教育系統成爲一學習型組織，也積極地禮聘學界專家如徐福全、尉遲淦、鄭志明、楊國柱、鄧文龍等教授及業界專家擔任內訓講師，甚至對於禮俗的研究都要詳加的印證。由於服務案件數快速成長，公司需要大量的應徵服務人員，對於這一批批新進人員而言，公司特別成立新人培訓班，內部需建立出一套標準的服務流程，並開辦每期三週的教育訓練課程，訓練新進人員先從接體、豎靈、訂廳訂爐程序、喪葬文書、襄儀禮生、接待服務等等（**圖13-2**）服務技能訓練，後再佐以殯葬法令及宗教科儀的教育，然後依同仁屬性分派到各單位協助執行案件的服務。

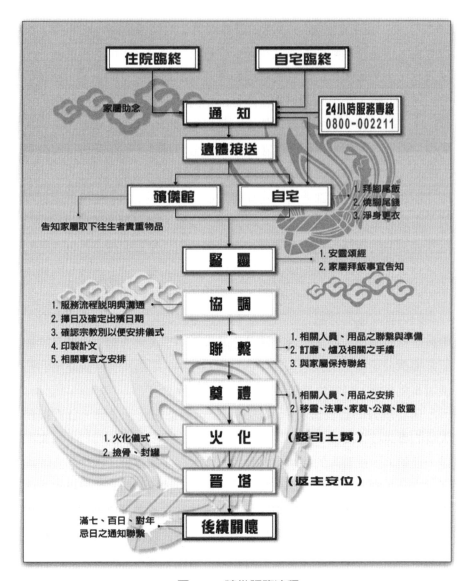

圖13-1　殯儀服務流程

　　分布於各地的服務處，每月須安排內部教育課程，課程內容除了基本的標準服務流程訓練，也加強了商品銷售之技巧訓練及市場新商品認識；總公司則是分別安排北、中、南三區，每半年一次的教育課程，課

圖13-2　禮儀服務人員培訓課程綱要

程重點在教導臨終諮詢、宗教科儀、強化服務態度等相關的課程；每年另外舉辦三梯次每次為期二天的共識營，旨在宣導相關殯葬政策與強化服務內涵、凝聚團隊共識。以上的在職訓練大部分課程由公司內部主管教授，課程內容均為任課講師自行收集（**圖13-3**），由於累積多年來的服務經驗及教育訓練資料，遂能統整為公司內部之訓練資料，並且建立標準服務作業流程與規範，這也是具規模的大型業者才能形成的學習型組織。

圖13-3　公司內訓資料

二、業界統整之禮儀服務動作規範

(一)水鋪搭設標準動作

◆裝備用品

　　1.家屬自備簡易之水床：一般在家中可備「板凳」六張或「長條凳」頭尾各一；若用客家習俗，則備「磚塊」至少六塊，再加上「床板」、「門板」或「三分板」代用。

　　2.公司所備之折疊式水鋪床板。

　　3.黃布巾一塊：家中須先備「薄棉被」或「薄毯」一條。

◆作業程序

　　1.先將折疊式之水鋪床架，頭、尾之腳架撐開，須確定腳架架設穩

固（在家中須將板凳排列好）。

2.將折疊式水鋪床板打開，依序排放好，放平整，頭、尾距離調整適當。

3.將黃布巾平整的鋪於水鋪床板上。

4.將家屬所備之薄棉被平鋪於水床布上，讓逝者躺於薄棉被上，水鋪即搭設完成。

5.水鋪放置上方須避開樑柱，往生後普遍以腳朝外，男左女右（以房子座向），但家中若有長者未亡，則不可置於左邊。或因應屋舍方位，可變宜行之。

(二)棺幃搭設標準動作

◆裝備用品

1.棺幃腳架一組：伸縮管×4（長×2、短×2）、棺幃腳×4。
2.棺幃布幔×1。

◆作業程序

1.首先取出所有棺幃腳架，並調至適當位置（建議調整卡榫至第四格）。

2.再將所有長短伸縮管取出，並調至適當位置（建議調整卡榫至第四格）。

3.將棺幃腳架與長短伸縮管相互接連組合。

4.取出棺幃布幔找出折痕開口處展開，再找出適當距離將一方魔鬼氈黏固定於支架。

5.布幔一一拉平整自然垂下。

(三)壽衣張穿標準動作：A、B雙人

◆作業程序

1. 服務同仁向逝者行鞠躬禮。
2. 先將壽衣取出請孝男參與完成套衫，並解釋套衫的舊習，接著將逝者身上衣物去除。
3. 兩人合力一邊一腳先將褲子穿上。
4. A站立於腰部輕抬另一側臀部，B拉起壓在臀部下方之褲頭。另一邊亦同。
5. 若逝者手部可向上舉起至頭部，A、B先將一邊袖子穿上拉至腋下。
6. B站立於逝者上方，將逝者雙手輕扶在頭部上方（不須向下拉或向兩側擺動）。
7. A再將逝者頭部輕抬，讓衣服過頭部至肩頸處，然後平放逝者雙手。
8. A、B同時動作：站立於逝者上手臂處邊，輕拉壽衣的下擺衣角，再以靠近逝者的那隻手輕抬起逝者肩膀，另一支手伸入逝者肩膀下方將剛剛拉整出之衣角往下拉至背的下方。
9. 先移動枕頭至適當位置以利翻身，A站立於腰部輕抬另一側臀部，B拉出整理壓在後背下方之壽衣，另一邊亦同。
10. 衣物均到位後，將釦子扣上，翻身檢查是否有衣物沒拉平整。

◆若逝者僵硬或未退冰

1. 套衫時將壽衣一邊袖子折起一小段，另一邊不折袖口。
2. A未折起之袖口先套入逝者手掌處，不可過手腕。
3. B將逝者臀部抬起。

4. A將另一邊袖口塞入逝者後背部。

5. A輕抬起逝者臀部，B將後方衣物拉出注意折起之袖口與領口要確實拉出。並利用空間腰際的空間將袖子套上逝者之手腕並拉住領口往上手臂處。另外壓在臀部下方之衣物要移往腰部以上，以防壓在臀部下方，無法到位。

6. A拉住手腕及領口處之衣物向肩部上拉。

7. 若退冰不完全的可先將貼身白色的先拉到位，後續就簡單了。

8. 衣物均到位後，將釦子扣上，翻身檢查是否有衣物沒拉平整。

(四)襄儀標準動作

◆裝備用品

準備行奠用品，包括花、香、果、酒（茶）、杯、蠟燭、捻香爐、香灰、白手套。

◆作業程序

1. 家奠禮：

(1)司禮人員就位：三人同時向靈前鞠躬，上身彎下約45度，動作要一致；就定位後，司儀與兩位襄儀有默契的一起向逝者牌位行45度鞠躬禮（敬禮至定位後停滯約二秒，再一起起身恢復標準站姿）。上下襄儀跨內側腿至司儀兩側，與司儀呈一直線面對祭壇。

(2)復位：司儀先行從後方退回司儀位。兩位襄儀上下襄儀回定位面對面立於祭桌旁呈襄儀標準站姿。

(3)引導親眷就奠拜位：下襄儀面向禮堂外側向前一步，上身保持15度向前，眼睛注主奠者，以左手引導親眷就奠拜位置後，應退回站於主奠者之左方外側，注意不得過於靠近使主奠者有壓迫感，等待進行接香之動作。

(4)靈前上香：上襄儀遞香予主奠者，主奠者奠拜，由下襄儀收香，並插進香爐，主奠者須依上、下襄儀手勢行奠拜禮。

‧上、下襄儀呈襄儀標準站姿，面對面。

‧聞司儀「上香」口令，上襄儀隨即將內方腳（靠近祭桌者）向外方腳（靠近來賓席者）靠攏呈標準立正姿勢。

‧上襄儀立正靠腿後往前一步，左手輕撫小腹處衣物，右手取香。

‧上襄儀跨步朝奠拜者前進，將香置於腰際處，右手托住點香端（掌心向上），左手輕執香尾端（掌心向下）並露出香尾，以水平方式移向奠拜者；香發完後，回原定點準備。

‧待奠拜者完成上香時，聞司儀「復香」口令時，由下襄儀跨步朝奠拜者前進，雙手接過奠拜者手中的香，並將香置於腰際處，以水平方式移向祭桌。

‧下襄儀插香時，右手輕撫小腹處衣物，左手插香。

‧插香時由香爐前方中心往後方插（好處：避免後續插香時被香燙到）。

‧插好香後，下襄儀回定點準備下一個動作。

(5)獻祭物（獻花、獻果、獻香酪）：上襄儀遞予主奠者，主奠者奠拜，由下襄儀收回並放置妥當，主奠者須依上、下襄儀手勢行奠拜禮〔以下花圈可換為果盤、酒（茶）杯〕。

‧上、下襄儀呈襄儀標準站姿，面對面。

‧聞司儀「獻花（圈）」口令，上襄儀隨即將內方腳（靠近祭桌者）向外方腳（靠近來賓席者）靠攏呈標準立正姿勢。

‧上襄儀先跨出內方腳（右腳）一步，再跨出外方腳（左腳）一步，外方腳移至獻花圈正前方，此時身體正面朝祭桌，臉朝下襄儀方向，花圈背部有握把者：兩手虎口張開，兩手拇指與其餘四指夾取花圈左右兩側。

‧提花圈起身，身體左轉身面向奠拜者，左腳尖朝向奠拜

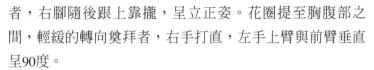

者，右腳隨後跟上靠攏，呈立正姿。花圈提至胸腹部之間，輕緩的轉向奠拜者，右手打直，左手上臂與前臂垂直呈90度。

‧上身及手部姿勢不動，左腳跨出走向奠拜者，到達奠拜者面前右側方處時呈立正姿；待奠拜者確實拿取後，兩手再行放下，隨即右轉並向後退回原定點就位準備。

‧待奠拜者奠拜完成，下襄儀右轉面朝奠拜者處，伸出雙手夾住花圈（夾取細節動作同上襄儀），待奠拜者確實放下雙手後，花圈提至胸腹部之間，輕緩的轉向祭桌，右手打直，左手上臂與前臂垂直呈90度，左腳跨出走向祭桌將花圈置回花圈架上後，向左靠一步回到祭桌旁定點後呈標準站姿。

2.公奠禮：

(1)司儀唱名，襄儀引導主奠者就奠拜位：下襄儀面向禮堂外側向前一步，上身保持15度向前，眼睛注主奠者，以左手引導就奠拜位置後，應退回站於主奠者之左方外側，注意不得過於靠近使主奠者有壓迫感，等待進行接香之動作。

(2)主奠者至靈前上香：上襄儀遞香予主奠者，主奠者奠拜，由下襄儀收香，並插進香爐，主奠者須依上、下襄儀手勢行奠拜禮。

(3)獻花：上襄儀遞花圈予主奠者，主奠者奠拜，由下襄儀收花圈並固定至花架，主奠者須依上、下襄儀手勢行奠拜禮。

(4)獻果：上襄儀右手持盤左手扶於盤底，遞果盤予主奠者，主奠者奠拜，由下襄儀收果盤，並置回原位，主奠者須依上、下襄儀手勢行奠拜禮。

(5)答禮：司儀唱名孝眷答禮，主奠者向男性家屬（左）、女性家屬（右）分別以行鞠躬禮，家屬依上、下襄儀指示，向主奠者行鞠躬禮回禮。

3.自由捻香：

(1)襄儀示範捻香：上、下襄儀面向來賓引導站成兩列，聞司儀下示範口令，一起向後轉至靈桌前就定位。

(2)襄儀向靈前行鞠躬禮，並前移一步。

(3)襄儀以右手拿起香末，將香末高舉至眉心，以目凝視遺像。

(4)襄儀聆聽司儀口令將香末放入捻香爐，後退一步，向逝者遺像行鞠躬禮。（步驟(3)、(4)重複一次或三次）

(5)襄儀向男性家屬（向右轉身45度）及女性家屬（向左轉身45度）行鞠躬禮，禮成。

(6)下襄儀退回引導來賓依序向前捻香，上襄儀則指導捻香動作。

◆引導手勢要領

1.引導立拜：

(1)上、下襄儀呈襄儀標準站姿，面對面。

(2)聞司儀「請拜」口令，身體保持不動姿勢。

(3)內方手（上襄儀為右手，下襄儀為左手）輕貼身體，並將手掌張開置於腹部上方。

(4)外方手（上襄儀為左手，下襄儀為右手）平舉起至胸口高度頓點，手掌全張開，虎口微張，拇指外之四指併攏。

(5)外方手以水平方向輕緩平移，手掌張開，手指朝前，拉至胸口處後定點（意謂請奠拜者行禮）。

(6)聞司儀「再拜（亞拜）」、「三拜（終拜）」口令時，重複(3)～(5)的動作，此時要注意動作銜接的連貫性與流暢性。

(7)三拜完成後，左右手輕緩放下，回復襄儀標準站姿。

2.引導跪拜：

(1)上、下襄儀呈襄儀標準站姿，面對面。

(2)聞司儀「請跪」口令，雙腳保持不動姿勢，身體轉向轉約45度身體前傾30度面向奠拜者，雙手向前平舉，手掌全張開，虎口微張，拇指外之四指併攏，掌心向下。

(3)雙手臂輕緩下移，手掌張開，手腕上翻，下壓至腰際之高度後定點（意謂請奠拜者跪下）。

(4)隨即兩手輕緩放下，此時身體也隨雙手動作輕緩轉正，回覆襄儀標準站姿。

(5)聞司儀「叩首」口令，身體保持不動姿勢，臉一律朝向正前方。

(6)內方手（上襄儀為右手，下襄儀為左手）輕貼身體，並將手掌張開置於腹部上方。

(7)外方手（上襄儀為左手，下襄儀為右手）垂直舉起至胸口前方處頓點。

(8)手掌全張開，虎口微張，拇指外之四指併攏，掌心向下。

(9)方手以垂直方向輕緩下移，手掌張開，手腕上翻，下壓至腰際之高度後定點（意謂請奠拜者行跪拜禮）。

(10)隨即兩手輕緩放下，回覆襄儀標準站姿。

(11)聞司儀「請起」口令，雙腳保持不動姿勢，身體轉約45度身體前傾30度面向奠拜者，雙手向前移至腰部高度，手掌全張開，虎口微張，拇指外之四指併攏，掌心向上。以手肘彎曲輕緩上移，手掌張開，提至胸部高度後定點（意謂請奠拜者起身）。

(12)聞司儀「雙手合十」口令，兩手掌張開，雙手合十置於胸前，身體也隨雙手動作輕緩轉正，回覆襄儀標準站姿。

(13)聞司儀「請拜」口令，身體保持不動姿勢。

(14)內方手（上襄儀為右手，下襄儀為左手）輕貼身體，並將手掌張開置於腹部上方。

(15)外方手（上襄儀為左手，下襄儀為右手）平舉起至胸口高度頓點。手掌全張開，虎口微張，拇指外之四指併攏。

(16)外方手以水平方向輕緩平移，手掌張開，手指朝前，拉至胸口處後定點。

(17)隨即兩手輕緩放下，回覆襄儀標準站姿。

(18)聞司儀「再跪（亞跪）」、「三跪（終跪）」口令時，重複 (2)～(17)之動作，此時要注意動作銜接的連貫性與流暢性。

(19)三跪拜完成後，左右手輕緩放下，回復襄儀標準站姿。

3.引導來賓向家屬行禮致意：（男眷）

(1)上、下襄儀呈襄儀標準站姿，聞司儀「家屬答禮」口令，身體轉90度向來賓（後續動作眼睛一律朝向正前方）。

(2)右手（上、下襄儀均為右手）輕貼身體，並將手掌張開置於腹部上方。

(3)左手（上、下襄儀均為左手）手掌全張開，掌心向右，虎口微張，拇指外之四指併攏，垂直舉起至胸口高度（方便祭拜者看到引導手勢）。

(4)身體及右手姿勢維持不變

(5)左手掌轉向上45度朝水平方向，手肘微彎向左側方平移至45度位置後定點。此時頭部須配合手勢轉向左方45度（須可看到男性家屬）。

(6)身體及右手姿勢維持不變。

(7)將左手掌反轉朝下。

(8)左手掌及前臂輕緩垂直下壓至腰際之高度後定點隨即兩手輕緩放下，頭部歸正，回復襄儀標準站姿。

(9)引導來賓向女性家屬行禮致意，動作為「男眷致意」之左右反向操作。

(五)扶、送棺標準動作

◆裝備用具

棺車、棺被、靈柩。

◆作業程序

1. 此時有扶棺人員四名（若需護靈人員，視客戶需要增加）。
2. 扶棺人員站於靈柩四方為靈柩覆蓋棺被；此時注意逝者之頭腳位置，腳為靈柩前進方向。
3. 移靈同仁請就位，所有扶棺人員須個別站立於靈柩四角落，面對靈柩採標準站姿就定位所有人員身體外方側對齊靈柩前後方邊線，並與前方及側方扶棺手標齊。
4. 聞「鞠躬」口令，所有扶棺人員須整齊畫一的向逝者靈柩行45°鞠躬禮，停頓二秒鐘後再行起身成立正姿勢。
5. 聞司儀或主辦人員：移靈同仁請就位，所有扶棺人員動作一致的左腳跨前一步，右腳隨後跟上併攏，身體腹部約離靈柩30公分。
6. 聞「啓靈」口令，所有扶棺人員動作一致的將靠近靈柩的手舉起貼放在靈柩上方。
7. 靈柩前方扶棺人員手掌微凹，手指頂住靈柩前板，掌心貼於靈柩上蓋，其職掌為控制靈柩前進方向、速度及下坡時阻擋靈柩下滑。靈柩後方扶棺人員手掌張平，虎口張開，拇指及指腹貼於靈柩上蓋邊緣，其餘四指及掌心貼於靈柩後板。其職掌為向前使力推動靈柩。

三、禮儀師的養成

(一)禮儀師的晉升

在公司擔任服務專員需達三年以上的助理服務案件經驗，得依單位主管提報參加公司內部升任「禮儀師」甄試（此禮儀師一名詞，為國寶創於民國85年），參加禮儀師晉升考試先需通過殯葬禮俗部分的學科筆

試測驗，然後針對題目中的情境案例規劃一場葬儀服務，另外應考學員能需提出一篇論文有關殯葬服務相關論文報告，若是筆試及格及論文通過初審後，才能參加複試的階段。

複試分成兩個階段，第一階段需將自己所寫的論文做二十分鐘的論文發表，再來公司會安排模擬與客戶協調時的情境，由幾位主考官擔任家屬及親友、鄰里長……角色扮演模擬在協調時的情境，請應考人員以題目進行協調會議的主持，同時所有扮演角色的成員，會在協調過程中提出各種突發問題，以測試應考學員的臨場反應及應變能力，若表現優異獲在座主考官一致肯定，則可通過本次的晉升考試，獲得本次的晉升資格。所以有人戲稱當時國寶公司內部的晉升考試，比內政部所頒訂的喪禮服務證照考試及取得禮儀師辦法，更加嚴格。

(二)與學校教學的合作

有鑑於民間殯葬相關產業的變革與勃興，民國102年是台灣殯葬產業環境新頁的展開，第一屆的乙級喪禮服務證照考試正式舉辦，標示中央政府對於殯葬人員素質與能力提升的重視與體制化法規化的趨勢；有鑑於以往殯葬從業人員的養成與培育，因為沒有充足且正統的學術教育機構及進修管道，且缺乏合適的教材與場地，殯葬從業人員的職前訓練或在職訓練往往成效不佳，也致使殯葬從業者的素質一直難以全面提升。

由於仁德醫專生命關懷科專業教室的建置與完整課程的規劃，因應喪禮乙級考試制度的上路，政府對於殯葬產業素質提升訴求的必然性，所以推動了與學校合作的推行，就公司內部人才培育近期規劃——培訓具有乙級喪禮服務證照之員工，提出此一針對丙、乙級喪禮服務術科證照考照訓練之教材，有益於提高公司的殯葬從業人員證照考試通過比重，更有助於提升公司從業人員對於此一殯葬行業核心價值認知的建構。也透過此次產業與學術界的合作，共同提升殯葬從業人員的素養，增進產業界人員的專業能力與強化其殯葬理論與實務的結合。

依民國101年6月28日內政部公告之《禮儀師管理辦法》第二條之規定，未來向中央主管機關申請核發禮儀師證書需滿足下列三項必要條件：

1. 領有喪禮服務職類乙級以上技術士證。
2. 修畢國內公立或立案之私立專科以上學校殯葬相關專業課程20學分以上。
3. 於中華民國92年7月1日以後經營或受僱於殯葬禮儀服務業實際從事殯葬禮儀服務工作二年以上。

對於殯葬從業人員無不以乙級考照為目標。在職訓練教材編撰內容包括殯葬治喪流程規劃與定型化契約、殯葬文書運用與奠場司儀主持、喪禮會場布置規劃與設計、臨終關懷、安寧療護與悲傷輔導、殯葬法規與管理條例等等項目。雖以乙級考照取向，但是務求其教材將所有治喪規劃之安排、殯葬文書運用、會場安排與物件使用之意義作進一步的說明。教材編撰內容如下：

第一，喪禮乙丙級證照學科術科考試之規定與應考注意事項。
第二，殯葬管理與專業從業之相關法則歸納。
第三，臨終關懷與治喪規劃。
第四，殯葬文書。
第五，殯葬會場布置與設計。

公司殯葬從業人員平日忙於工作，對於許多實務工作上的流程多半是做中學，對於專業技術面背後的專業理論與蘊含在其中深厚的文化內涵並不太瞭解，以致對於殯葬相關之專業理論基礎尚顯不足，學校透過此一教育訓練計畫之在職訓練教材的編撰，為公司殯葬從業人員找出適合且具實用價值的在職訓練教材，使之無論是針對初進入此行業的新進人員，抑或是已經在職多年的資深人員，都能透過正規的教育體系，研習到整套完整的教材，增進其殯葬專業實務與理論的基礎，強化殯葬專

業核心價值的建立更能訴求提升公司乙級證照的考照率，也有助於提升其企業的專業形象。

四、學校的生命關懷事業教育

(一)業界對學校教育的需求

　　長久以來台灣殯葬產業界受限社會世俗的偏見與過多的神秘色彩壟罩，殯葬專業從業人員的招募與培訓其實並不容易，加上殯葬工作是沒有時間與假日區別的，隨時客戶有需求就必須隨時到位，殯葬禮儀人員的工作量大且勞力耗費，更是難以留住人才。所以對於殯葬服務企業的領導者無不苦心思慮於優秀人才的培養、避免優秀人才的流失，以及如何增強從業人員殯葬專業素養、強化內部成員殯葬行業核心價值等。另一方面加上殯葬領域長期以來缺乏教育與學術領域的研究與投入，近幾年雖有多所大學校院投入但畢竟仍有許多限制，讓殯葬服務的企業主即使有心栽培人才也苦無適合的職場培育教材與訓練課程，往往難以達成功效。

　　特別是在這十餘年來，在殯葬設施、殯葬用品的發展，甚至儀程上都有了長足的進步；而在企業化經營、專業化服務的前提下，企業的成長絕非只端賴硬體的提升與創新，尤其殯葬服務，這個與人息息相關的行業，更應該去探索其禮義的部分，也讓所服務的客戶「知所為而為」。殯儀服務工作中，經驗的傳承幾乎都是師徒制的，殯葬的知識也從殯葬服務的過程、或由許多老一輩的傳說而得知，其中的說法也依「千里不同風，百里不同俗」難以統一；或者常有「積非成是、約定成俗」的做法，而造成禮俗儀節的謬誤。喪葬行為是如此，葬後的祭祀也是如此；現代社會更由於新世代的新觀念，凡事講求新、速、時、簡，更甚至「只要我喜歡有什麼不可以」，遂將傳統禮俗中的儀程忽略而或

誤用了，而這專業技術面背後的專業理論與蘊含在其中深厚的文化內涵，只能端賴學校單位的研究與帶領，以提升殯葬相關之專業理論基礎；藉此強化從業人員的殯葬專業能力，與培養其深厚的人文關懷素養，造就具有宏觀視野與生命胸襟的禮儀師及從業人員。

(二)學校提供的教學內容

1. 「殯葬政策與法令」課程，針對殯葬從業人員在進行專業服務時可能接觸到的相關法規與規定加以歸納。例如殯葬管理條例與施行細則、生前契約細則、禮儀師管理辦法，以及禮儀師相關運用之法規，如遺產與繼承財產等相關法條等。並強化「乙、丙級證照輔導」課程。

2. 教導「殯葬文書」的運用，諸如輓聯與幛語、訃聞、哀章奠文等，其蘊含了中國數千年來喪禮文化的傳承與變異，每個詞彙與用語的形成有其背後的歷史故事與文化意義，對於普遍使用白話文的我輩因為不熟悉其個幛語用詞的典故，常常會有引用錯誤，混亂錯置而貽笑大方的情況。所以針對相關訃聞與哀章奠文使用的詞彙將更清楚地加以歸納與統整，讓禮儀從業人員瞭解其詞彙背後的意涵，強化其殯葬文書的運用能力，提升其專業文采與知識。

3. 學習「臨終關懷專業理論」課程。「臨終關懷」一詞，在醫療上即指安寧療護，乃是在設備完善之安寧病房，由專業的醫療團隊對癌末病患進行四全照顧。所謂「四全照顧」即全人、全家、全程、全隊照顧。「全人照顧」就是身體、心理、社會及靈性的整體照顧。「全家照顧」就是除了照顧病人外，也照顧家屬。「全程照顧」就是從病人接受安寧療護一直到死亡，乃至家屬的悲傷輔導。「全隊照顧」就是由一組訓練有素的工作團隊，分工合作，通力照顧病患，成員包括醫師、護士、營養師、心理師、宗

教師、社工、志工等。透過臨終關懷及悲傷輔導的訓練提供病人及家屬，心理及靈性上的支持照顧，使病患達到最佳生活品質，並使家屬順利度過悲傷期。

4.「殯葬禮俗」和「殯葬文化學」詮釋了殯葬儀節或動作，都有其社會文化或宗教的意義。就中國傳統喪葬禮儀而言，其中心思想是儒家的「孝」。而其禮儀作為根源於周朝時候訂定的喪禮制度，經過各朝歷代增刪演變而留傳至今。台灣的傳統喪葬禮儀也是沿襲自大陸，受宋朝朱熹「文公家禮」影響很大。當然喪禮也有許多後人妄加的無謂禁忌、迷信與習俗。因此今人辦理喪事，無論是傳統禮儀或是各種宗教禮儀，應該瞭解各個流程與儀式、儀節或儀軌的意義，還有各宗教與民間喪葬禮儀之禁忌等等說明。

5.台灣傳統喪葬禮儀或是各種宗教的喪禮儀式，都是社會文化演變的結果。喪禮是可依每個人的需要，或簡或繁，或肅穆或隆重來舉辦。各種宗教禮儀，都是基於對生命的尊重，以慎重的態度來處理人的後事。以教授「遺體處理」、「殯葬服務與管理」、「殯葬洽談技巧」、「奠禮會場布置」、「生前契約實務」、「墓園規劃與管理」、「殯葬倫理」、「殯葬規劃」將針對不同宗教如道教、佛教、天主教、基督教、回教喪葬禮儀流程進行規劃設計服務執行。

五、結語

回想起與生關科的因緣，應該是在97年左右，那時邱達能主任擔任苗栗縣殯葬教育學會秘書長時，開辦了一期禮儀師技能養成班，當時榮幸地受邀擔任授課老師，而結下的因緣。後來邱主任回到仁德擔任專任老師，在從事殯葬事業的期間，深感國內殯葬教育資源的匱乏與殯葬

禮俗的紊亂，又由於前國寶曾總經理的一句期勉「為台灣的殯葬作春秋」，提策我們要為台灣的殯葬寫歷史，遂想將本身的殯葬實務經驗與理論結合，經由教育體系傳承業界的學子學習，並且於99年受主任的邀約，擔任科上的兼任講師，從此開始接觸了殯葬教育的工作，在教學的過程中我也常常思考，什麼是卓越的殯儀服務？應該是──「建構在專業的理論基礎下，提供客戶生死兩安的滿意服務」。為什麼要強調「專業」，因為在業態中，殯葬從業人員平日忙於工作，對於許多實務工作上的流程多半是做中學，而且學到的做法並非完全經過理論的印證；更何況只學技能的從業人員，常誤以為這樣就是專業而停頓了學習。所以我們發現了理論統整與教育的重要，我常期許在學同學，不要只是想學習殯葬工作上面的技能，而更應該去深入瞭解殯葬服務的理論與內涵。要培養自己成為一位專業的禮儀師之外，更要期許自己勝任主管人才，晉升管理階層，才是真正求學的目的。當然專業知識是保證優質服務的前提，人員必須具有紮實的專業知識，才能夠為客戶及時提供服務及迅速地解決問題。能提供準確和有效能的服務，也才能使客戶對服務人員和公司產生信賴。而什麼是專業呢？我們知道目前的殯葬禮俗可說是「千里不同風，百里不同俗」，更甚的是「積非成是，約定成俗」，所以在專業的學習上，個人認為學習殯葬服務的技能，只是進入這個行業的必要門檻；而在技能之上，就應該去瞭解不僅僅是knowhow（知道如何做）；而是要知道的是knowwhy（知道為什麼要這樣做）。因為只有懂得knowwhy，在服務技能的「形」上，又能對於「義」的深入，才能讓你在殯葬服務的工作上去蕪存菁，更確定你提供的專業是符合時宜的，而不只是不知理的一味的做。殯儀服務人員除了對本業的服務技能需要專精之外，如果要成為一位卓越的禮儀師那就更需要其他相關的專業知識，從悲傷輔導、臨終關懷、宗教禮俗、服務提升、客戶關係管理、殯葬行銷、布置美學等等，這些應該學習的專業，而且都要能與時俱進。

優秀服務人員的出色之處，在於迅速瞭解客戶的需求以及擁有解

決客戶問題的能力，不同客戶對服務有著不同要求，也就是說對服務的期望值不同，作為殯葬服務人員，時刻要以「用心、敬業、溝通、協調」提策自己，並且持續學習。除了學習殯葬的專業之外，需知任何的行業離不開服務，特別是與人的接觸的工作，表面上的服務好像大家都知道，但是要如何將服務精神的內化，就應有另一番認眞的思維，尤其是在服務上能否做到「凡事多做一步」，並且得到客戶滿意的回應，才是服務的目標，不是把工作做完叫做服務。日本人把精緻的服務叫做款待，因爲有溫度的服務就有價值。在服務之外，還要加強管理、業務行銷的知識，才能讓學子在以後職涯的規劃上，有更上一層發展的機會。

✍ 參考文獻

內政部（2012）。《現代國民喪禮》。台北：內政部民政司。

內政部編（1989）。《禮儀民俗論述專輯》。台北：內政部。

胡文郁等編著（2005）。《臨終關懷與實務》。新北：國立空中大學。

徐福全（1995）。《台灣民間祭祀禮儀》。新竹：台灣省立新竹社會教育
　　館。

黃有志（1992）。《社會變遷與傳統禮俗》。台北：幼獅。

楊國柱編著（2013）。《殯葬政策與法規》。新北：國立空中大學。

14.

殯葬教育心思維

李明田

中華禮儀協會理事長

一、前言

殯葬產業近十年來的十倍速變化，以亞洲地區的台灣、大陸、馬來西亞等地最為快速。

變革、提升、創新的條件，必須以產、官、學三大要素方能達成。殯葬產業是傳統且地域性產業，長年來，無論政府官方、平民百姓或是工作人士，對殯葬業務都是依過去傳統習性而為之，近年來，因市場結構的改變、人民百姓的需求改變，迫使殯葬所有相關的產、官、學亦必須因應調整及快速改變。

二、殯葬產業與教育

一種產業要破除、破格、破立，必須要有絕對的法源根據方能突破舊規，創立[新格]政府就是必須提出符合時勢法令的管理規章，供政府所有主管機關單位，或私人產業營利單位，或專業從業人員個體作為經營產業的從業準則。

政府於91年7月17日公布《殯葬管理條例》法規，供產業及相關主管機關作為執業依據。經十五年的市場反應及產業檢討，政府再於106年6月14日公告修正版，讓《殯葬管理條例》更為周全，法規是產業依循遵照的不二法門。

有完整的法源才有依循的方向。於《殯葬管理條例》公告後，各大專院校積極地依照《殯葬管理條例》辦法規劃出整體性、系統性、專業性系列的殯葬課程，於過去十年間各殯葬專業學校規劃出二專學程和五專學程。教育須從根本做起，教育是一門百年樹人的長期投資事業，過去的十幾年各大學校殯葬專業科系從無到有，其艱辛困難非一般可想

像，尤其是投入第一線的教育工作學者專家們更為艱難。

　　殯葬產業因消費市場的競爭及消費資訊的透明，使得消費者對殯葬產業的各項品質要求提升，經營業者對殯葬產業從業人員的品行、品德、專業素質的要求也與時俱增，經營者對殯葬從業人員的素質提升進行具體的調整與培養，同時經營者對硬體設施設備的改善及提升也投入龐大資金，由於殯葬經營者願意投入人力、物力、財力，配合政府法規及學校專業系統的課程學習，讓殯葬產業在十年期間獲得社會大眾對殯葬產業的重新定位，對於殯葬從業人員的社會地位重新認定。

　　教育：教為教化，育為孕育。殯葬教育乃對現有從業人員執行觀念與態度的正確教化，培養孕育新人的加入，教育負有承先啟後之責。

三、殯葬教育四要素

(一)信念教育

　　無論新舊從業人員，無論位階高低，對於殯葬行業必須認識清楚、定位明白，才能全心全力地投入經營。殯葬產業是一門黃金產業，一生事業，終身志業。

　　殯葬產業是傳統產業，歷史悠久且歷久不衰的行業，殯葬產業在經濟效益上比一般傳統產業獲利更高更穩，所以在經營者或從業人員長期經營後都能生活穩定且經濟獨立，但因經濟獨立導致多數經營者或是從業人員迷失生活重心，迷失工作價值，賺取足夠現金而失去本心。

　　殯葬產業是傳統產業少數能高報酬率的行業之一，所以現階段有不少轉業投入的殯葬新鮮人及畢業學子，為了讓原從業人員及新鮮人能正確的認識殯葬業，教育就顯得特別重要，所以必須調整過去舊思維，建立正確新觀念及工作態度。殯葬業是一份長期規劃的職業，更是一份一生經營的事業。

殯葬產業雖高報酬，亦為可長期投入的行業，但日長夜久的工作時間耗損，經營者或從業人員難免心生倦怠，所以必須建立一份使命價值，除了高報酬的行業外，也是一生經營的事業，更是一份終身的志業，唯有建立生命使命與生活價值，才能讓經營者及從業人員在經營從業過程不偏離職業道德與生命價值。若能把殯葬產業用一生的歲月長期投入，且經營心態以終身志業奉行，則必有後福，名與利、福與慧必水到渠成。

(二)傳承教育

　　傳統中華禮俗與創新概念，殯葬的教育傳承負有承先啓後之功能與責任，傳承過去歷史優良傳統的殯葬禮俗，傳承各宗教善的教義，傳承中華孝悌文化，傳承一代一代的人文精神，讓每一世代人都能愼終追遠。

　　教育需大眾智慧彙各家經驗集大成，經有規劃有系統的教育才能將好的善的保留並傳流下來，殯葬創新與突破亦是需要以教育來啓發來引導，殯葬禮俗之精髓在於孝悌的傳承，在於愼終追遠感念先人的德行。

　　傳承教育另一涵義在於經營者的經營宗旨與信念的傳遞，凡經營者創業之初必懷著正向積極的態度及胸懷回饋社會百姓之志，傳承教育就是將初心本意延續並發揚光大，達到優質的殯葬服務品質。

(三)成長教育

　　從事殯葬行業的從業人員在任職的每一階段都必須經歷不同的成長教育才能不斷地蛻變不斷地精進，從業人員的成長教育分成下列幾個階段：第一階段入行時對殯葬業的行業認識及市場分析，第二階段對殯葬同業的比較分析，第三階段自我的心理建設，第四階段專業技能的培養，第五階段領導統馭能力的養成，第六階段經營管理的專業才能。

　　第一階段入行時對殯葬業的行業認識及市場分析。目的在於初階從

業人員的正確觀念態度建立及現場技術訓練，瞭解認識殯葬行業的實質工作內容及殯葬行業的未來性。深入瞭解殯葬行業的真實工作性質後，還能真心接受工作本質，才能投入全心且安身立命的為殯葬工作付出。因投入時必須對殯葬產業的未來性、可行性及長久性詳細的分析，才能瞭解市場動態、市場潛力，才能做長期人生規劃。

第二階段對殯葬同業的比較分析。同業分析在於瞭解殯葬同行中的優缺點長短處，經同業詳細分析後，對殯葬產業在市場的競爭對手可詳盡的瞭解並掌握充分的訊息，讓自己在從事殯葬業務工作時給予家屬的資訊分析較能客觀理性，更能獲得家屬信任與委託。

第三階段自我的心理建設。從業人員投入一段時間後其心理及生理上都會發生極大的衝突及變化，因工作性質的不同，作息不穩定，進而影響本身的身體狀況及家庭狀況，身體體力的負擔較以往其他工作負擔重，使得自己在體力上覺得非常辛苦吃力，然而家庭生活因工作業務性質不同而有所變化，與家庭成員的作息運作也會產生衝突，且家人對殯葬業務性質不瞭解也有所抱怨，所以在心理和生理上都必須調整與克服方能長期投入工作。

第四階段專業技能的培養。殯葬禮俗及各種宗教文化、地方信仰都因消費者不同而不同，因人而異，因地而異，因宗教而異，從業人員在從業過程中必須收集及吸收相關專業訊息，才能滿足家屬需求。對於殯葬作業流程及奠禮安排的專業技能，也是在職當中必須時時精進，時時學習，才能與時俱進。

第五階段領導統馭能力的養成。當從業人員經歷一段工作時間，對於產業相對瞭解，對於業務熟悉度相對提高時，從業人員必須自我要求轉型，讓自己從基層的殯葬從業人員轉型為領導人，凡具有企圖心的從業人員必須具有長期從業的技能及領導能力，殯葬從業人員的職涯規劃及轉型是漫長且艱辛的，從初期的禮儀專員→儲備禮儀師→禮儀師→單位主管→經[副]理→總[副總]經理等不同階段的技能養成，是從業人員的重要課題。

第六階段經營管理的專業才能。一個企業的成就與長久必須要具備幾個成功面向方能永續,企業初期首重業務開發,業務績效,所以業務人力及人才是一家企業成立之初的成功重要因素。當企業業務進入另一階段時,所需的專業人才就必須具備法務與稅務的專業素養,才能讓企業可長可久,企業的部門組織架構及專業人才,絕對關係到企業做多大、做多穩、做多久。

當然最關鍵的是企業經營者,擔任企業最高領導人,經營管理除了專才能力外,更須具備通才能力,才能算是一位合格的企業領導人。

(四)永續教育

企業要永續經營,其從業人員的教育培訓也必須永續執行才能相對提升保持成長,要建立穩固長久的事業版圖,教育培訓著重在十大重點:(1)公司經營文化建立;(2)組織架構建立調整;(3)經營管理策略擬定;(4)殯葬產業市場分析;(5)中長計畫目標設定;(6)創新產品規劃設計;(7)公司獲利評估分析;(8)市場獎金制度設計;(9)內部人才培育訓練;(10)從業人員技術轉移。

教育的最高原則是從高層往下層教育而非由下往上,一般企業受教育者常是中底層人員,上層人員反而不受教育,企業要永續經營,其從業人員不分高低階都須全員教育、終身學習,企業才能與時俱進,人員才能並駕齊驅,同時進步,同時提升,企業才能在市場長期競爭。

四、結語

教育是一門高深學問,教育是一場長期戰爭,教育是一種長期投資,認知教育的真諦才能承受執行教育中的困難與挫折,唯有健全的教育才能使企業立於不敗之地,讓企業獲得長期利益。

公司治理下的禮儀師專業認同
——以某公司為例

曹聖宏

高雄師範大學地理學系研究所博士生

一、前言

　　因為死亡禁忌的影響，殯葬服務業過去是不受官方及社會重視的行業，殯葬從業者身處在這樣的社會結構下，對於自身角色的定位，經常是模糊不清的。民國83年以後，出現殯葬改革浪潮，首先即是針對「土公仔」的稱呼做出改變，在這之前，從業者是以一種做功德的心態作為其角色定位而並非認同其專業角色，這波改革的型態來自於殯葬集團為殯葬服務注入新的商業模式，也就是死亡服務並非禁忌服務，而是一種商業服務（尉遲淦，2013）。

　　接著，民國90年南華大學設立生死管理學系後，「殯葬」學科正式進入大學教育的課程變革之中，也象徵著殯葬從單一學科持續再脈絡化為生死教育學習領域的內容之一，並轉向重視專業能力的培養及專業成長。同時，101年施行《禮儀師管理辦法》，正式確認殯葬從業人員的社會角色定位，同時也針對禮儀師專業教育訓練制定四大課程。但專業自主、專業成長常被倡議、強調，但是禮儀師在殯葬改革中如何重新認識自己的專業，卻極少受到關注，因為不管在官方的殯葬改革政策或既有的殯葬改革文獻中，禮儀師的專業認同幾乎全被忽略。殯葬改革、證照化及公司治理如何影響禮儀師的專業認同，透過三位年資十年以上的禮儀師訪談，本文發現隨著證照化後社會環境對禮儀師專業的持續重新定義，包括工作內容、形式與對象。但另一方面，在公司治理之下的禮儀師必須肩負起公司使命、業績及客戶滿意度的要求，禮儀師的專業認同不斷形塑、解構、重建。因此，認同不再只是個體的內在特質，而是個體在社會情境中持續建構的過程。

　　本文探究在公司治理下禮儀師如何與外在社會結構和專業訴求辯證？又如何在這樣的脈絡下形塑個人專業認同？換言之，是關注禮儀師在公司治理脈絡下，個人專業認同形塑的樣貌。本文首先探討禮儀師對

於自身專業職能的認知，接著分析公司治理、殯葬服務和禮儀師專業認同間如何相互衝擊；主要以三位禮儀師為對象，藉由剖析三位禮儀師對於公司治理及殯葬服務的觀點，呈現禮儀師專業認同的個殊性，並反思在公司治理下，禮儀師專業認同的真義。

二、公司治理的發展與禮儀師專業認同的共識

(一)個案公司的經營模式

　　個案公司成立於民國96年，以合夥經營型態為主，屬於中型禮儀公司，員工人數十二人，持有禮儀師證照者四人，乙級證照一人。在案件的開發策略上採取尋找大型集團簽訂禮儀特約的方式，從96年與中鋼集團工會簽訂合約後，至今已完成中油一、二分會、台塑工會、台電、台船等的殯葬禮儀特約廠商。個案公司初期之經營模式屬於傳統禮儀公司型態，在民國102年透過導入ISO建立標準作業流程，103年小型企業人力提升計畫引進政府資源聘用外部企業講師進行公司管理、人力資源、殯葬禮儀、客戶經營等的訓練課程，並且在108年開始導入企業輔導顧問至今，以求健全組織經營，同時，落實人員管理制度，訂定激勵獎金制度，最重要的是透過團隊合作來改善過去從業者都是早出晚歸的工作型態。由於所服務的目標客戶是集團公司的員工及眷屬，因此在客戶滿意度上必然嚴格要求禮儀師需做到盡善盡美。

(二)殯葬改革浪潮下的證照時代

　　民國83年，是殯葬改革的新浪潮，殯葬從業者從土公仔時代轉變為倫理師、禮儀師的時代，由殯葬財團所引進的新商業模式——生前契約，為殯葬業注入這波改革的驅動力，直到民國91年頒布的《殯葬管理

條例》，更讓從業人員感受到提升社會地位及專業認同的重要性（尉遲淦，2013）。過去依賴師徒制的殯葬業也因爲陸續有大專院校設立相關科系後，將原本基於技術方面的傳承轉變爲知識的傳承，透過學校教育，不僅提升了從業者的學歷及素質，同時也讓社會對殯葬業有了新的認識，除此之外，殯葬學科被分門別類，也爲後來的禮儀師20學分專業課程奠下基礎。證照制度的施行，強化了殯葬從業者對自身價值的認同也改變了社會大衆對於殯葬業的觀感。

101年頒布的《禮儀師管理辦法》第二條規定禮儀師的換證必須修畢國內公立或立案之私立專科以上學校殯葬相關專業課程20學分以上。同時，禮儀師證書有效期限爲六年，期滿前六個月內，禮儀師應檢具其於證書有效期間完成中央主管機關或其委託之機關（構）、學校、團體辦理之專業教育訓練三十個小時以上證明文件、第三條第一項第一款、第三款及第四款文件，向中央主管機關申請換發禮儀師證書。民國106年所增訂的《禮儀師管理辦法》8-1條，將所定專業教育訓練包括下列四類課程：殯葬政策及法規、禮儀師職業倫理、殯葬相關公共衛生及傳染病防治，以及殯葬服務趨勢及發展，從禮儀師20學分及30小時的專業教育，殯葬學可以定位爲一整合性學科。

(三)死亡地景中的禮儀師角色

死亡地景（有可能是殯儀館、喪宅或納骨塔），作爲禮儀師與家屬互動的重要場域，承載著禮儀師身負社會責任、家屬及死者諸多的生命故事，也同時是賦予生與死關係脈絡化的重要文化地景。在死亡地景中，作爲「殯葬指導者」的禮儀師成爲家屬的情緒安定者，提供家屬禮儀諮詢、悲傷輔導及後續關懷。同時，在社會層面上，除了作爲文化傳承及社會工作的角色外，也肩負了包括績效、客戶滿意度、產業使命等的公司經營責任。因此必須提升自己在專業上的素質，才能符合公司治理下的禮儀師角色論述；角色（role）行爲是個體依照社會對他的要求

去履行義務、行使權利時呈現的社會行為，「角色」可從三方面加以理解：(1)角色是社會中存在對個體行為的期望系統，該個體在與其他個體的互動中占有一定的地位；(2)角色是占有一定地位的個體對自身的期望系統；(3)角色是占有一定地位的個體外顯的、可觀察的行為（周曉虹，1997：360）。

(四)禮儀師專業認同意涵

專業認同是社會認同的一種特殊形式，也就是個體定義自身為某專業團體之成員。當個體認同此團體時，他會知覺到自己屬於該團體（Ashforth & Mael, 1989）。Hall（1988）認為專業認同可定義為接受所從事專業工作的目標，是專業承諾的基礎，對所屬的專業性具有高度認同與忠誠，也願意為此付出更多心力。因此，專業認同是指，個體在既有的社會關係結構的參與互動過程中內化專業的參考架構，包括參考其他成員、參考團體所有具備的專業價值觀、專業知識體系、專業倫理、專業意識型態和專業目標等，而逐漸塑造出專業的自我意象，並進一步形成專業的職業人格，然後對於專業生涯產生一種承諾感（王麗容，1980；萬育維、賴資雯，1996）。

禮儀師專業認同是基於在殯葬禮儀專業角色所產生的自我界定（Ibarra, 1999），是專業社會化與服務過程的副產品，屬社會認同的一種型式，這其中牽涉到公司治理下的職場互動，以及公司如何看待禮儀師這個角色該有的表現，它是人們行為的參考架構，且可以預測個人的表現（Burke & Reitzes, 1981）。經由倫理規範、知識體系及實務互動，禮儀師會逐漸形成對自我角色的認同，初步的專業認同可能來自公司訓練體系與實務場域所建構出的共享文化與論述（Parker & Doel, 2013; Tham & Lynch, 2014），後續隨著個人在專業角色、價值與倫理的實踐，專業認同的構成會持續產生變動（Adams et al., 2006; Carpenter & Platt, 1997），並影響服務成果與專業展現。在殯葬服務領域，建立專

業認同是提供服務的首要任務。

　　每位禮儀師對於身為禮儀師的整體看法都不同，禮儀師「專業認同」即指個體對於自己身為禮儀師的整體看法，以及這些看法如何在不同脈絡中隨時間而改變（Dworet, 1996: 67）。因此，專業認同是禮儀師專業的核心，它提供禮儀師建構如何存在、如何行動，以及如何理解他們工作的想法架構。重要的是，禮儀師專業認同並非固定或強加，而是透過經驗的協商，由經驗所構成（Sachs, 2005）。從禮儀師專業認同的觀點出發得知，禮儀師專業是以禮儀師個人為核心；即使其形塑因素包含公司職場、外在脈絡和結構，都需要禮儀師本身去溝通、協商和整合，才能形塑出屬於禮儀師個人的專業認同。

　　是以，本研究以Blin（1997）提出的專業認同交織與結構的模型為架構（如圖15-1），嘗試梳理個案公司禮儀師的專業認同，除了從中強

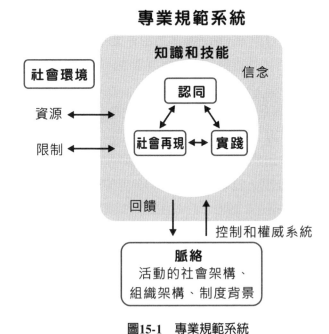

圖15-1　專業規範系統

資料來源：邱婕歆、吳連賞（2019）。

調禮儀師與家屬關係的互動再現，同時呈現公司治理下的經營脈絡，即公司經營具有績效、客戶滿意度等的業績評核標準。此外，除了日常的殯葬服務之外，尚需隨時充實專業職能，並且接受專業課程以延續證照時效。亦即在公司治理的經營腳本與死亡地景中，禮儀師係依循「禮儀師」與「殯葬專業」的社會再現之雙軸的禮儀師專業認同而實踐，當我們透過禮儀師在殯葬服務實踐與其所表達之對殯葬業的意義和共同信念，瞭解禮儀師其專業認同建構的結構因素及其動能展現。

三、研究方法

本研究主要針對個案公司取得禮儀師證照人員進行半結構式訪談，共三位已取得證照的受訪者參與，每次個別訪談時間大約一小時左右。研究者所選取的三位研究參與者皆為男性（如**表15-1**，均以代號表示）。本研究於2020年2月至3月間進行資料蒐集、訪談與文本分析歷程，期間採用半結構式訪談，內容以訪談大綱為主，包含對公司治理、客戶服務及專業認同等三個類別的問題，經研究參與者同意後全程錄音，再經由譯稿進行文本分析。

表15-1　受訪者資料

受訪人員	年齡	服務年資	禮儀師證照取得年（民國）
A	46	14	103
B	46	16	104
C	45	16	103

四、個案公司禮儀師專業認同的展演

(一)調和「禮儀師認同」和殯葬服務「專業認同」

在禮儀師敘事中，也許不會展露全然的實際事件，但仍可以從中找出代表個人的意義，因為他用敘述來解釋和證明他的行為，也就是說，敘事是為了表明理由，而不是因果關係（Goodson, Biesta, Tedder, & Adair, 2010），顯然地，敘事與事實回憶之間的區別是有所差異的：人們透過敘說，創造與建構屬於他們的生活經驗並且理解自己的社會建構。三位受訪者皆表示，在執行殯葬服務時，其所傳遞的禮儀知識內容和服務架構都參照過去接受的教育訓練和經驗傳承，然而每位禮儀師在從業過程中，因為個人信仰、思考模式或者對於禮俗的詮釋不同，個別禮儀師在案件的服務實踐情形各不相同。而在職業生涯中，禮儀師在公司內得接受公司管理政策之規範，需肩負績效、客戶滿意度等的考核制度，也因此禮儀師會對於專業認同與公司經營績效產生矛盾心理。三位受訪者皆表示，曾經為了公司所規定的績效制度而產生專業認同矛盾。從受訪者自我敘說的一些重要事件中（如覺得最有成就感的、難忘的、無力感的、棘手的事件等），發現其專業身分認同話語顯示了「禮儀師」、「員工」兩種身分的採用與轉換，而此兩種身分，以「禮儀師」所再現的是以「殯葬服務」為主的專業認同，另外則是以「員工」身分為主的認同。

1. 禮儀師身分：受訪者會提到執行殯葬服務時，如何運用專業進行服務流程設計或者以禮俗的專業深得家屬讚賞，從而認定什麼是專業的禮儀師。

2. 員工身分：受訪者多著重自己在公司職場上與主管及同仁的互

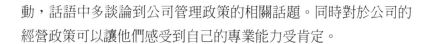

動，話語中多談論到公司管理政策的相關話題。同時對於公司的經營政策可以讓他們感受到自己的專業能力受肯定。

例如，對於服務流程設計相當有經驗的A受訪者在服務過程中讓他最滿意的就是會幫家屬設計一些橋段，希望藉由這些專屬的服務設計，讓客戶感受到貼心的服務，同時也可以讓家屬藉由這樣的過程傳遞對死者的思念及感恩。

> 我比較喜歡去發想一些特別的儀式，我覺得儀式感很重要，特別是這位家屬如果跟死者是特別親近的，透過感人的橋段安排，可以有悲傷輔導的功能，例如我會讓內孫特別為爺爺演奏一段樂曲，除了感謝爺爺小時候對他的照顧，更可以透過這樣的安排，讓這位內孫表達他的情緒。

訪談對象中B亦同樣認為家屬的正面回饋對於禮儀師來說是最具成就感的事，而且即使已經從事禮儀服務十幾年，B禮儀師仍不斷地參與禮儀課程、精進殯葬學科專業。

> 我對於殯葬禮俗或者客戶服務方面的課程很有興趣，台灣各地的習俗都不一樣，經常會服務到住在其他縣市的家屬會提問一些他們當地的習俗，因此我想藉由上課來增進對於禮俗的知識，同時，客戶對於服務的要求越來越高，如何讓家屬滿意我的服務，我希望藉由其他產業的課程來增進自己的服務技巧。

此外，三位受訪者皆提到，在殯葬服務過程中，最讓他們有成就感的就是在公司職場中，獲得公司的肯定以及實際領到的激勵獎金，另外就是在良好氣氛中達成團隊合作共同完成服務案件，C禮儀師論及職場互動時，則表示除了執行禮儀服務外，回到職場中面對同事互動及公司政策的甘苦談。

禮儀案件執行後，我會覺得成就感蠻大的，有一部分來自於家屬的
正面肯定，儘管我都從事殯葬業這麼久了，對於在服務完成後家屬
緊緊的握著我的手，甚至對我鞠躬說感謝時，我仍是非常感動。除
此之外，我覺得最大的成就還是來自公司的激勵政策，也就是獎金
啦，這是最實際的，也就是服務好，又有達成績效，就會有不錯的
收入。而與同事相處上，有時候我的脾氣比較不好，我知道會造成
同事的困擾啦，但我們在外面的工作真的就是都身處在負面能量。

A禮儀師則是相當細膩地描述自己在服務過程中與家屬相處的情
形，如某位家屬在最初時因為不信任，甚至大聲地罵他是不是為了賺錢
所以亂開價，但最後透過不斷地溝通且勤跑關懷之下，最終在服務終
了時，跟他握手和解；曾經也多次面對家屬無理的要求時感到憤怒想辯
解，最後控制自己的情緒，和緩處理衝突等一些服務過程的事件，顯示
A受訪者在禮儀工作的自我認同是依循「禮儀師」身分表徵的主軸。而
此兩種身分認同的主軸亦有互相交疊的情形。B受訪者在服務過程中對
於更添有自己的看法，覺得對於客戶的更添隨緣就好，因此不會運用太
多話術來讓家屬更添，但有時候面對公司的績效政策時，會產生矛盾的
情緒，但也可以瞭解公司經營勢必得如此。C禮儀師贊同公司的績效政
策，認為讓他有賺錢的動力，因此C禮儀師這時候採取了「公司」認同
的主軸，不斷精進自己的業務能力，此時「員工」身分的社會再現在此
處是最為凸顯的。在此，禮儀師的認同亦是Bernstein所指的一種外在狀
況的反映（王瑞賢譯，2005）。

(二)對殯葬服務的共同信念

◆對於自身角色的肯定和迷惘

禮儀師的知識和實踐之間的相互關係通常是基於信念的視角所開展
的，信念亦會對家屬產生安定力量，禮儀師對於殯葬服務的態度扎根於

禮儀師要成爲殯葬專家或指導者的信仰，這需要奠基於對殯葬學科的認同，同時成爲禮儀師持續精進的動力，並驅動禮儀師的實踐。此外，在殯葬服務過程中，禮儀師肩負起文化傳承及社會工作者的角色，因此，禮儀師成爲殯葬學科知識的傳遞和家屬服務的中介角色，禮儀師試圖表達應該做什麼、必須做什麼和可以做什麼，而其所展現的行爲都是受訪者參與的社會化過程所塑造的（邱婕歆、吳連賞，2019），禮儀師對「殯葬服務」和「殯葬專業」的認知建構是根據在服務期間的信息創建的，受訪者在提及展現禮儀師的專業性時，最具代表性的是對殯葬流程的安排，透過經驗的累積，流程的改善，因應不同的客戶需求去調整，同時善用資訊科技，例如影片或者PPT展示，都是進行殯葬服務時最重要的工具與符徵。

> 家屬在慌亂時，此時最需要的就是要支持的力量，他最能相信的就是禮儀師，因此我們對於殯葬的專業能力當然要很強，因為家屬會把你的話當聖旨，你叫他跪，他不敢不跪，因此平常得常常看一些殯葬禮俗的書籍充實自己的專業，這樣才能給家屬安定和專業的感受。（A禮儀師）

受訪者對於自身角色的反思，如取得證照的定位、沒有案件可以服務時，那自己的角色是？會不會很容易被取代？

> 客户都是透過公司安排讓我們服務的，在我們還沒有取得證照時，其實就在服務了，取得證照後，其實就是當客戶問起時，可以很自豪的說我有證照，但其實也不會因此就保證不失業，而且有很多沒有證照的同業也都在執行案件，因此我覺得證照的存在好像就是一種展現自我的工具而已，如果公司沒有派案件給我執行，那真的很迷惘我能做什麼？

◆對專業地位的危機感

所謂「十里不同風，百里不同俗」，台灣殯葬習俗從南到北各有差異，同時存在著許多早期的陋習，在實際的服務層面來說，仍然會面對許多危及專業地位的狀況，B禮儀師說：

> 我在服務家屬時，有時候會遇到來關心的親戚，建議家屬一些奇怪的做法，但當我以所學的專業跟家屬說明時，家屬反而認為我不懂他們的習俗，而親戚通常只要說一句：這是我們這邊的習俗，然後給我一付我都什麼不懂的嘴臉，有時候心情真的很差，覺得自己的知識都是來自學校教育，也想改變陋習，但有時候就是事與願違。

由此可見，在服務的過程中，因為牽涉到太多個人或家庭間的因素，禮儀師必須在過程裡擔任溝通協調者的角色，有時候甚至要說服自己在專業與服務間做妥協，訪談中，三位禮儀師都表示在職業生涯裡經常面臨這樣的處境，但也都能同理喪親家屬在六神無主之下，任何決定都是艱難的，於是也都各自發展出面對專業地位受到危機時的應對方式。

(三)面對公司績效政策的專業認同

公司經營需制定許多諸如績效、教育訓練、人力資源、專業職能等政策來管理員工的生涯發展。除了廣泛的溝通與培訓外，還會運用適當的實質誘因來吸引員工朝向組織期待的方向發展。其中激勵性薪酬扮演著重要的角色。薪酬在企業經營中不只是單純的勞務報酬而已，它也是影響或操縱員工行為的重要工具，薪酬設計的主要目的除了要維護公平性之外，如何激勵員工、設法提高員工的工作動機，也是其設計的重要目的之一。受訪禮儀師展示了一個關於殯葬、殯葬教育和社會工作的社會再現的動態歷程，而在禮儀師專業認同發展的過程中，禮儀師面臨公司激勵政策的訴求時，在不斷地與之辯證和協商的過程中，發展出自

己獨特的實踐空間和詮釋。然而，這樣的專業認同形塑意義是處於不斷形成中的歷程，也顯示了禮儀師的專業認同充滿不確定性，在公司政策下，禮儀師認可公司經營以營利為目的，但另一方面，面對服務時，每個家庭的狀況不同，有經濟弱勢的、無宗教信仰或者目前日益增多的靈前出殯及環保葬等，簡葬潔葬的趨勢造成禮儀師在面對公司績效時的無力感。禮儀師身處不斷變動的殯葬趨勢及公司管理制度下，必須蒐集信息並做出回應，這是一個調節過程，在這個過程中，禮儀師建立服務實踐的現實，這些現實不僅僅是對外部現實的反映，而且是對某個對象的精神建構，這是在一般的社會系統中的象徵性活動而產生的。

> 我知道公司經營以營利為目的，公司並沒有太強調一定要更添多少，但同事之間仍然會有競爭，當公司開會時公布當月的績效第一名時，其實我還是會想說要再加油，為何別人可以達成目標，我卻不行，畢竟那是直接影響到收入的，不過現在的殯葬趨勢很多都是靈前出殯，整體的喪葬費用相較以往大幅下降，要比過去花更多的力氣才能讓家屬多花一點錢。（C禮儀師）

雖然Herzberg（1959）的雙因子理論將薪水視為保健因子，只能消除員工的不滿足，無法提供激勵作用；但是透過金錢可以滿足生活所需，也是不爭的事實。金錢可以滿足生理及安全等低層次需求，同時拓展到社交、尊敬與自我實現等高層次需求。Mahoney（1991）並進一步指出，薪酬不僅具有實質效用，在組織中薪酬更具有相當重要的象徵性意義。事實上，對於多數員工而言，金錢的吸引力確實無可替代，許多學者也都將金錢視為一項重要的激勵因子（e.g., Lawler, 1971; Behling & Schriesheim, 1976; Schuler, 1987）；而薪酬制度的運用，確實會關係到員工的動機及其滿足感（O'Dell & McAdams, 1987）。面對公司績效的獎勵政策時，對於提升公司經營績效，B禮儀師呈現正面的回饋態度。

> 公司除了接案的承辦獎金外，還制定了更添的獎金百分比，其實我

們禮儀師就像業務員，本身除了對殯葬一定要非常專業外，也要有幫公司賺錢的能力，而且只要把家屬服務好並且引發需求……當然不可能強迫家屬購買商品，就是引發他們自己的需求。因此，公司的獎金激勵也是在肯定我們的專業表現，當你每個月都是全公司更添第一名時，當然會覺得自己受到肯定。

如圖**12-1**架構所示，個案公司禮儀師的認同、實踐和社會再現建立為一個專業規範系統，而與殯葬服務的專業實踐之間的關係，取決於控制和權威體系的強弱，並受到社會環境的影響，這也對於禮儀師的專業認同產生影響，如同Jenkins指出，認同是過程性的，是日常生活裡持續互動組織的面向，且具有潛在的彈性，隨情境而變，可以協商（王志弘、許妍飛譯，2006）。禮儀師實踐他們認為應該完成的事情，但是考慮公司政策、家屬背景及社會環境，禮儀師傾向在三者之間作調和，透過自己可以接受的方式來滿足家屬與公司的要求。

五、結語

本研究主要在探討公司治理下，禮儀師對於自身的專業認同，立基於對殯葬服務與禮儀師身分的信念，禮儀師係展演了一個關於殯葬、殯葬服務和公司治理的專業認同系統。本研究採Blin（1997）提出的專業認同對話與引導的模型為禮儀師專業規範架構，在台灣殯葬改革的背景下，以某公司禮儀師為專業認同演譯的案例，對其進行半結構式深度訪談，從擔任禮儀師的初衷與對殯葬服務的信念開展，在死亡地景中，以服務實踐回應所處遇的社會文化框架，生成、再現禮儀師的專業認同。

本研究發現如下：

首先，在死亡地景中，作為「儀式指導者」的禮儀師成為家屬的最大支持者，提供家屬禮儀諮詢、悲傷輔導及後續關懷。同時，在社會層

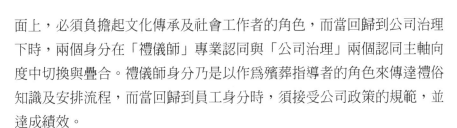

面上，必須負擔起文化傳承及社會工作者的角色，而當回歸到公司治理下時，兩個身分在「禮儀師」專業認同與「公司治理」兩個認同主軸向度中切換與疊合。禮儀師身分乃是以作為殯葬指導者的角色來傳達禮俗知識及安排流程，而當回歸到員工身分時，須接受公司政策的規範，並達成績效。

其次，在公司治理下，禮儀師必須時常擺盪於績效與專業認同之間，殯葬服務的過程中會創造禮儀師的內在工作價值，例如工作獨立、可以幫助家屬、成就感。而公司的激勵政策和管理制度，則有可能提升諸如工作保障、高收入等的外在工作價值，但個別禮儀師因為信仰或價值的不同，不一定會認同公司政策，甚至產生矛盾的心理。

從禮儀師的觀點來看，專業認同之對話與引導是動態調節的過程，很多因素阻礙禮儀師將其認同和行動框架付諸實踐。殯葬改革之下，公司治理及社會環境有可能加深禮儀師專業認同、實踐與社會再現之間的矛盾；在台灣，殯葬業仍屬於邊緣行業，因此國家對於殯葬政策的結構性脈絡，以及對於禮儀師工作的社會文化影響之下，諸如死亡禁忌、冷門行業等所造成的刻板印象，禮儀師專業認同之社會再現所受箝制甚多。而禮儀師所認知到的這些限制性因素主要來源皆是外部因素，例如服務過程中親友質疑其專業，或者公司政策造成的心理矛盾。

基於上述結論，在殯葬改革的既定政策之下，如何實踐禮儀師專業認同的願景，促發社會及公司在服務現場落實尊重禮儀師專業角色，並提升禮儀師地位等，均是台灣在推動殯葬政策時，需要確實考量及關注的面向。有鑑於此，殯葬政策除了目前內政部所核發的證照有助於提升禮儀師社會地位外，應再思考公司管理層面如何輔以禮儀師專業認同為基礎，以由下而上或相互協商與辯證的模式，轉向支持不斷自我定位、協商及個人化的專業認同與實踐，相信並尊重禮儀師是以致力於發展成為專業禮儀師為己任。

外在社會及公司管理脈絡會要求與期待禮儀師形塑出應該有的樣態與實踐，但真正的禮儀師主體就愈來愈少。因此，禮儀師會發生認同衝

突是必然的，在不斷折衝、適應、辯證的過程中，禮儀師也在不斷追尋自我的意識覺醒，並且形塑出能調和社會文化與公司治理下的外在機制以解決其認同矛盾，透過不斷專業認同形塑，展現出禮儀師該有的專業樣貌。

參考文獻

王志弘、許妍飛譯（2006）。R. Jenkins著。《社會認同》（*Social Identity*）。台北：巨流。

王瑞賢譯（2005）。B. Bernstein著。《教育、象徵控制與認同》（*Pedagogy, Symbolic Control and Identity: Theory, Research, Critique*）。台北：學富文化。

王麗容（1980）。〈我國社會工作員專業認同與專業滿足之研究〉。台灣大學社會學研究所碩士論文。

周曉虹（1997）。《現代社會心理學：多維視野中的社會行為研究》。上海：上海人民。

邱婕歆、吳連賞（2019）。〈課程變革下的地理教師專業認同〉。《台灣教育社會學研究》，第19卷，第1期，頁1-41。

尉遲淦（2013）。〈禮儀師的職業尊嚴〉。《禮儀文化》，第29期，頁4-8。

萬育維、賴資雯（1996）。〈專業認同與工作滿意之間的關係探討〉。《東吳社會工作學報》，第2期，頁305-322。

Adams, K., Hean, S., Sturgis, P. & Clark, J. M. (2006). Investigating the factors influencing professional identity of first-year health and social care students. *Learning in Health and Social Care, 5*(2), 55-68.

Ashforth, B. E. & Mael, F. A. (1989). Social Identity Theory and the Organization. *Academy of Management Review, 14*(1), 20-39.

Behling, O. & Schriesheim, C. (1976), *Organizational Behavior*, Boston: Allyn & Bacon.

Blin, F. (1997). Représentations, pratiques et identités profissionnelles [Representations, practices and professional identities]. Paris: L'Harmattan.

Burke, P. J. & D. C. Reitzes (1981). The Link Between Identity and Role Performance. *Social Psychology Quarterly, 44*(2), 83-92.

Carpenter, M. C. & S. Platt (1997). 'Professional Identity for Clinical Social Workers: Impact of Changes in Health Care Delivery Systems', *Clinical*

Social Work Journal, 25(3): 337-350.

Dworet, D. (1996). Teachers' identities: Overview. In M. Kompf, W. R. Bond, D. Dworet, & R. T. Boak (eds.), *Changing Research and Practice: Teachers' Professionalism, Identities and Knowledge* (pp. 67-68). London, England: Falmer Press.

Goodson, F., Biesta, G., Tedder, M., & Adair, N. (2010). *Narrative Learning*. Abingdon, UK: Routledge.

Hall, D. T. & Associates (1988). *Career Development in Organizations*. Jossey-Base.

Herzberg, F., Mausner, B. & Snyderman, B. (1959). *The Motivation to Work*. New York: John Wiley,.

Ibarra, H. (1999). Provisional selves: Experimenting with image and identity in professional adaptation. *Administrative Science Quarterly, 44*(4), 764-791.

Lawler, E. E. III. (1971), *Pay and Organizational Effectiveness: A Psychological Approach*, New York: McGraw-Hill.

Mahoney, T. A. (1991). The symbolic meaning of pay contingencies. *Human Resource Management Review, 1*(3), 179-192.

O' Dell, G. & McAdams, J. (1987). The Revolution in Employee Rewards. *Management Review, March*, 68-73.

Parker, J. & M. Doel (2013). Professional social work and the professional social work identity. In J. Parker & M. Doel (eds.), *Professional Social Work* (pp. 1-18). London: Sage.

Sachs, J. (2005). Teacher education and the development of professional identity: Learning to be a teacher. In P. M. Denicolo & M. Kompf (eds.), *Connecting Policy and Practice: Challenges for Teaching and Learning in Schools and Universities* (pp. 5-21). Oxford, England: Routledge.

Schuler, R. S. (1987), *Personnel and Human Resource Management*, West Publishing Company.

Tham, P. & D. Lynch (2014). 'Prepared for Practice? Graduating Social Work Students' Reflections on Their Education, Competence and Skills', *Social Work Education*, 33(6): 704-717.

16.

略論道教拔度儀式中「道士戲」的儒家思想

張譽薰

美和科技大學兼任助理教授

一、前言

　　在高屏地區殯葬文化當中，道教拔度科儀為殯葬文化中的一環。其與儒家傳統喪葬儀式兼容並蓄結合在一起，為其信眾處理喪葬儀節等等相關事宜。由於死後成仙是道教的終極目標與其關懷，若吾人生前無法達到成仙的境界，亡靈可藉由道教黃籙齋法中的拔度科儀來達到死後成仙的境界。

　　道教拔度儀式中的「道士戲」的發展過程其涉及到歷史、文獻以及道教民間戲曲的形成與發展等等相關因素。就道教戲曲的起源與發展，其與「儺」有些許關係。「儺」是古代驅邪降福、禳災祈福的祭禮儀式，後來於歌舞中滲入巫術等方式，充實道教戲曲等內涵。

　　道教有組織、系統為漢末張道陵所創的五斗米教，其為巫術的一種，後來巫道融合為道教科儀。因此「道士戲」的源頭與巫師、巫教、儺戲都有密切的關係。中國道教戲曲在歷經西漢的發端，魏晉南北朝、隋、唐的形成，在宋、元、明時期由於受到執政者的大力支持而蓬勃的發展，甚至對於神仙戲曲來宣揚其義理，而此戲曲在清朝時就形成各地戲曲劇種的文化特色。

　　靈寶派在家道的火居道士，於明清時期，跟隨閩粵沿海移民渡海來台時，將泉州、漳州火居道法與戲曲特色引進台灣，在當代齋醮科儀與民間文化融合的過程中，形成台灣在地化的道教說唱戲曲等等特色。時代變遷，目前高屏地區舉行喪禮時間緊縮，目前道士們對於道士戲部分或許僅能藉由一朝以上的法事安排展演。對於一朝以下的拔度科儀中的道士戲似乎在高屏地區已面臨消失的窘境。

　　由於道教神仙戲曲於宋朝之後，神仙戲曲歷經執政者推崇、認同，於民間發展相當蓬勃，但為何高屏地區的「午夜」拔度科儀中的道士戲，其戲劇內容設計戲曲往往推崇儒家思想，而非道教所宣揚神仙思想

相關之戲劇？再者，儒家傳統三綱五常的思想在晚清內憂外患時期，受到嚴復等人勇於挑釁傳統封建制度「三綱五常」思想並與之抗衡，使得儒家思想受到莫大衝擊。反觀在當代道教拔度戲曲中，道士戲卻保留著宣揚儒家傳統思想？因此本文藉由2002年碩論所作的田野調查與等相關資料，探討高屏地區道教拔度戲中的儒家思想。且就當代道士戲能否再度受到重現與重視，提出因應之道。

就道士戲相關研究有賴慧玲〈海峽兩岸「道教文學」研究資料（1926-2005）概況簡析〉[1]一文的研究，從1926-2005年海峽兩岸有關「戲曲與宗教的關係」、「散曲、俗曲、道情」之研究外，幾乎大部分的研究都集中在雜劇，至於道教儀式戲的研究甚為稀少。

在宗教儀式劇的部分，有關研究的部分不多，僅有李師豐楙所著〈台灣中南部道教拔度儀式中目連戲曲初探〉、〈複合與變革：台灣道教拔度中的目連戲〉。在此文中李師豐楙道出道教戲曲有娛樂、教化的功能，亡靈可藉由宗教神聖儀式行為，達到安寧與安定的目的。且在拔度儀式中運用目連戲與孝子度母的情結巧妙合為一體，最後由道士與孝眷共同完成儀式，重新回到生命的初始。所以李師豐楙認為目連戲、曲就是喪儀中，中國人透過神話儀式表達死亡回歸的莊嚴而神聖的儀式劇。因此李師豐楙的專刊論文，也提供本文參考資料。

再者，余淑娟所著〈馬來西亞的道教拔度儀式與目連戲〉[2]一文，此文以靈寶九幽拔度法事的道場結構與法事程序，並介紹演出目連戲的劇團和劇情綱要，再透過目連戲與道教齋法的關係，探索目連戲在拔度法事中的角色，試圖從學理和實際的表演，瞭解何謂宗教儀式劇。就楊士賢所著〈喪事演戲慰亡靈：「司公戲」的初步調查與分析〉一文探究「道士戲」的演出過程、功能以及瀕臨絕跡之因。由於本文旨在探討拔

[1] 賴慧玲（2007）。〈海峽兩岸「道教文學」研究資料（1926-2005）概況簡析〉。《成大宗教與文化學報第八期》，頁97-128。
[2] 余淑娟（2006）。〈馬來西亞的道教拔度儀式與目連戲〉。《民俗曲藝》，第151期，頁5 29。

度儀式之「道士戲」中的儒家孝道與三綱五常的思想，實異於李師豐楙與楊士賢等人相關研究。

　　本文研究方法採田野調查法與文獻分析法。田野調查日期為2002年8月6日為研究對象與研究場域，並結合田野採集的手抄本《曲簿總簡記》來探討拔度儀式之「道士戲」中的儒家孝道與三綱五常的思想。而《曲簿總簡記》，為屏東普照道院的潘合寶[3]道長所提供與整理的資料。由於道教的文史資料浩如煙海，其有相當豐富的文獻資料，本文利用文獻資料來呈現主題內涵，並加以整理將拔度儀式中道士戲的儒家思想呈現出來。

　　由於道教的拔度儀式中的「道士戲」本身或多或少受到中國儒家、印度東傳的佛教思想相互激盪而成，如此形成台灣南部地區本土化的「道士戲」的特色，其中參雜或多或少的儒家與佛教的思想已是不爭的事實，因此本文探究內容僅為道士戲中之儒家思想，有關道士戲相關的情節版本眾多，若涉及佛教思想，以及道士戲相關情節版本差異的問題，非本文研究之內容。再者，道教師徒傳承之間所抄錄的手抄本資料，若有錯別字部分，請容有機會再探討。

二、道士戲故事情節

(一)朱壽昌棄官尋母

　　《二十四孝》全名《全相二十四孝詩選》，是元代郭居敬所編錄。作者將朱壽昌棄官尋母故事選入「二十四孝」當中，來宣揚百善孝為先

---

[3] 潘合寶道長（1941年生）其師承已故亡父潘朝宇道長、楠梓區已故洪天才道長。潘道長十三歲國小畢業即跟隨其父潘朝宇學習道法，1966年升格道長。並於1980年左右開始收集手抄本，彙整、抄錄目前約有百餘本，目前高屏地區道教齋醮科儀手抄本大多出自其手。

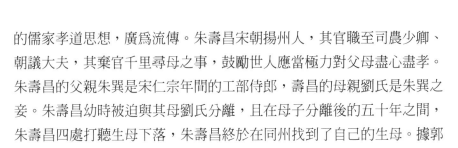

的儒家孝道思想，廣為流傳。朱壽昌宋朝揚州人，其官職至司農少卿、朝議大夫，其棄官千里尋母之事，鼓勵世人應當極力對父母盡心盡孝。朱壽昌的父親朱巽是宋仁宗年間的工部侍郎，壽昌的母親劉氏是朱巽之妾。朱壽昌幼時被迫與其母劉氏分離，且在母子分離後的五十年之間，朱壽昌四處打聽生母下落，朱壽昌終於在同州找到了自己的生母。據郭居敬所編撰《全相二十四孝詩選》提到：

> 宋。朱壽昌七歲。生母劉氏。為嫡母所妒。復出嫁。母子不相見者五十年。神宗朝棄官入秦。與家人訣。謂不尋見母。誓不復還。後行次同州得之。時母年已七十有餘。有詩為頌。七歲生離母。參商五十年。一朝相見面，喜氣動皇天。[4]

朱壽昌為宋神宗時期的官員，其母劉氏為正妻所嫉妒，被迫改嫁。朱壽昌七歲離開生母，與母親分離五十年，為了尋找母親下落，他棄官尋母，後來於同州見到母親時，其母已七十多歲了。

而在田野紀錄當中，此齣道士戲當中以朱壽昌之母劉氏為主角「婆仔」，兩位道士臨場即興演出，一位道士飾演「婆仔」，另一位道士飾演「生旦」相互對話。在道士戲中婆仔以梳頭插頭花，以戲謔方式，娛樂眾人。戲中婆仔提到：「安婆仔十八歲當做三歲算，五十四歲當青春，六十歲行初運，七十歲取新婚，八十歲生一個狀元子，九十歲生狀元孫。」由此看出婆仔雖年老，但她不服輸面對人生以堅毅態度，對於人生仍有很大的期望。

且在戲劇中呈現婆仔年紀一大把了，還要擔柴來維持家計，因此此齣戲劇又稱為「擔柴」。婆仔唱誦如下：「擔柴出鄉里，全無氣力，腰軟都未起，強忍走幾步，腳痠我這腳又痛，舉都不起！恁我真個恁我，苦傷悲！這塊苦痛，都是為著我子兒。」戲中闡述婆仔年紀一大把，為了孩子還得擔柴上街賣錢承擔家計之用，由此可看出老人年老力衰，實

---

4 《全相二十四孝詩選》，https://ctext.org/wiki.pl?if=gb&chapter=8246502020/05/02

無力承擔家計之苦。

就《曲簿總簡記》手抄本提到：

> 小人姓朱名壽昌，我家父朱巽，早年不幸身故，我壽昌在朝為官，
> 郎安太宿之職。前日聽見燕公李催說起。我一位生母劉氏，自細七
> 歲分開，至今有四十四年。壽昌你有一點孝心，需要尋母，著往濱
> 洲洛陽城去，自有消息。……向天立誓，去官退職，速到濱州，
> 尋母三年，若是阮母子能得相見，再回官復職，若無相見，未得回
> 朝，小人入朝奏旨，萬歲龍心大喜，即賜與黃金千兩。到濱洲尋
> 母，來到此處，面前有一鄉村。……生旦白：「婆婆你莫非是我生
> 母劉氏嗎？婆仔答：「客官你莫非是我壽昌子？」母與子合唱：
> 「且喜母子得相見，恰是雲開月團圓。今日母子再相見，恰是雲開
> 月團圓。」

就《曲簿總簡記》介紹朱壽昌的身家背景，其父朱巽早年身故，其
母劉氏為朱巽之妾，壽昌七歲與劉氏分開四十四年[5]，其在朝為官，因
其具一片孝心，為找尋生母，棄官尋母，前往濱洲，最終尋得母親，甚
至得到皇帝賞賜。

此戲為朱壽昌之母，戲中稱為「婆仔」，其以梳頭插頭花，以戲謔
方式，娛樂眾人。接著以老人家為了生存，還得擔柴上街賣錢承擔家計
之用，因此此戲劇又稱為「擔柴」。最後此戲呈現皇天不負苦心人，朱
壽昌棄官尋母，孝心感動天，終於與朱母相見。

(二)〈連節義〉

此齣道士戲主要闡述秦始皇時期，孟姜女之夫婿范杞郎被官差捉去

---

[5] 若就郭居敬所撰《全相二十四孝詩選》提到朱壽昌與母分離五十年，終於同州相
見。但就《曲簿總簡記》手抄本提到朱壽昌與母分離四十四年，於濱洲與母相見，
此為手抄本之誤。

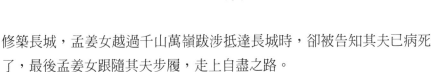

修築長城，孟姜女越過千山萬嶺跋涉抵達長城時，卻被告知其夫已病死了，最後孟姜女跟隨其夫步履，走上自盡之路。

就《曲簿總簡記》提到：

> 范杞郎是我夫主伊名字。為著無道昏君。即會抽來到這，望寄你可憐。乞阮夫妻早相見。……旦唱：「恨著秦王無道，賊昏君，阮一家折散遭流離。阮夫主抽來做長城。虧阮婆婆為子送了性命。」生唱：「跋涉艱辛，過盡千山萬嶺。」旦唱：「我寒衣遍送。愛我共君，共我夫君相見。」生唱：「二命先過世。」旦唱：「割吊是我腸肝做寸斷，在只骨骸歸故里，身無主、魂無歸。到今旦看誰，得是。」生唱：「你今自恨你命薄。出世不識逢時。」旦唱：「我到只今旦，我若送了黃年。」旦白：「望卻命甲死，無我夫主，一人也沒用。不免頭磕城池，死到陰司共君相見。不如割捨，一命到陰司共君相見。」……旦白：「忠臣不扶二主，烈女不嫁二夫」……

就以上所載，孟姜女因夫婿范杞郎秀才被官兵強迫抓去修築長城，因而幸福美滿家庭卻遭顛沛流離相思之苦，孟姜女不畏千里之遠，為其夫送去禦寒衣物至長城時，卻得知其夫婿已死，骨骸葬於長城牆下。孟姜女決定跟隨其夫步履，走上自盡之路。此齣戲劇對於孟姜女堅貞不渝的愛情觀，以烈女不嫁二夫的堅貞情操，對夫妻盡節，亦為家喻戶曉，流傳萬古。孟姜女為其夫所盡之節操與義行，受到世人尊敬。

(三)〈目連救母〉

目連救母原為佛經故事，其版本甚多，目連為釋迦牟尼佛的神通第一的弟子。由於其母死後靈魂受盡餓鬼之苦，目連設法為母解救出離餓鬼道之苦。後來目連救母此情節傳入中國之後，儒家將此故事情節轉變為忠孝節義的故事。

就《曲簿總簡記》所載：

小僧姓傅名羅卜，目連王舍城人氏。我爹傅相，祖上七代持齋，幸
然我佛指點說叫我爹登天堂，何等快樂？……我母當初不合皆聽母
舅讒言，在後花園殺狗破戒開葷食肉，破我屑七代持齋功勳。死後
被閻君押落地獄，受盡萬般苦楚。……昨暮日在靈前守孝，謝得觀
音佛祖值來靈前託我一夢。說叫目連今日你母魂神墜落地獄，受盡
萬般苦楚，你做人子，有此真心須著將你母骨骸裝成一擔，經母直
往西天投活佛，救你母神魂，往生善處。……挑經、挑母無牽無掛
礙，當不勞力心苦。阿彌陀佛！南無阿彌陀佛，羊有跪乳，鴉有反
哺，可為人子，不知母深恩。

就《曲簿總簡記》收抄本所載，目連為印度王舍城人，其俗姓傅名
羅卜，父親名為傅相，其祖上七代持齋，傅相死後上登天堂。目連之母
當初因聽從其母舅讒言，在後花園殺狗破戒開葷食肉，破了傅家七代持
齋功勳。目連之母死後被閻君押落地獄，受盡萬般苦楚。目連在靈前守
孝時，幸得觀音佛祖靈前託夢，告知為人子女應當盡孝，必須將母親骨
骸裝成一擔，直往西天投告活佛，救目連母脫離黃泉地土，助目連母神
魂出離餓鬼道，往生善處。此齣戲劇旨在教導人們，羊有跪乳之恩，鴉
有反哺之恩，吾人對待父母應當感念父母恩澤，就算父母死後，也能為
之竭盡心力，盡其孝。

(四)〈再講三綱五常〉

此戲由高功道長扮演真人與道士的對話，來談論儒家三綱五常的內
涵與其重要性。就《曲簿總簡記》手抄本所載：

來呀！真人。吾聞天地間先有夫婦，然後有父子。卜論三綱五常居
家。功問：「何物為寶？」都講：「乃是前銀滿庫為寶」。功答：
「錢銀滿庫未為寶，榮華富貴眼前花。」都回：「何乜是為寶？」
功答：「卜論寶處。出有孝子賢孫，義夫節婦，正是寶。」問：

「卜論做人子如何是孝呢？」功答：「做人子，須著冬溫夏清，昏
定晨省，孝敬雙親，生則奉甘旨，死則設大齋，慎終追遠，亦都可
以為孝矣。」問：「為之三綱情由可再樣？」功答：「論三綱是君
為臣綱、父為子綱、夫為妻綱，為之三綱」。問：「未知五常可再
樣？」答：「卜論五常乃是仁、義、禮、智、信為之五常。」……
君為臣綱，論君與臣本同一體。君之視臣如手足，則臣事君如腹
心。……父為子綱本是天生自然，為人父止於慈，為人子止於
孝。……夫為妻綱乃是夫婦結髮百年恩情深。……

　　三綱五常為中國儒家倫理架構，由孔子等人推崇，盛行於宋、明、
清等朝代。「三綱」為君為臣綱，父為子綱，夫為妻綱；「五常」為
仁、義、禮、智、信。君為臣綱，為君者視臣如手足，真誠以待，互
不猜忌；父為子綱，為父慈子孝之人倫關係；夫為妻綱，乃是夫婦情意
深重。此齣戲經由真人與道士的對話詮釋儒家三綱五常的真理，將「三
綱」與「五常」之仁、義、禮、智、信的道理藉由戲劇的方式彰顯出
來。

(五)〈講二十四孝〉

　　此戲由高功道長與道士的對話，將儒家傳統「二十四孝」故事藉由
戲劇方式呈現出來。

論古氏人行孝都是先聖先賢，論及等第，正是大舜為先。功白：
「論起頭一次孝式帝堯帝舜。舜乃瞽叟之子。舜耕於歷山，有象
為之耕，有鳥為之耘，其孝感而此。……漢文帝生母薄太后得病三
年，帝奉養無擔，帝目不交睫。衣不解帶。湯藥親嘗，仁孝文於天
下。……朱壽昌棄官尋母三年，以家人決誓不見母不復還，只幾人
乃是做官行孝？……漢董永家貧。父死。賣身借錢而葬。……參
曾採薪山中。家有客至。母無措參不還。乃咬其指。參忽心痛。

扶薪而歸。……字子路。家貧。嘗食黍薯之食。為親負米百里之外。……老萊子身穿五彩斑斕衣。每日取水上堂。詐跌臥地。又為嬰兒啼笑戲喜雙親。……楊香年十四。空手打虎,救了伊爹。……忠孝廉節,盡說都完備。自古有人盡忠行孝義,必須著取忠、取義。

此齣戲之文本乃按照元朝郭居敬所著《二十四孝》,為記載孝子善行。行二十四孝者:虞舜、漢文帝劉恆、周曾參、周閔子騫、周子路、漢董永、晉楊香、宋朱壽昌、周老萊子、漢黃香等二十四位孝子,古代頗為重視孝道思想,因此在道士戲安排此齣戲,提醒孝家眷父母生前死後應為其盡孝,達到慎終追遠的目的。

三、道士戲中的儒家孝道、三綱五常觀

(一)儒家孝道思想的重視

在道士戲文本當中與儒家孝道思想相關的文本有〈目連救母〉、〈講二十四孝〉、〈朱壽昌棄官尋母〉、〈再講三綱五常〉。

〈目連救母〉的故事情節乃是目連之母,聽從其母舅讒言,破戒開葷食肉,其母死後被閻君押落地獄,受盡萬般苦楚。目連於靈前守孝時,幸得觀音佛祖靈前託夢,將其母骨骸裝成一擔,直往西天投告活佛,最後目連如願助其母魂離餓道,往生善處之情節,在在彰顯子女為父母親盡孝,應不分生前與死後。

〈朱壽昌棄官尋母〉的故事情節所言,朱壽昌為宋神宗時期的官員,朱壽昌七歲離開生母,與母親分離五十年,為了尋找母親下落,他棄官尋母,朱壽昌孝子感動天,皇天不負苦心人,後來於同州見到母親時,其母已七十多歲了。

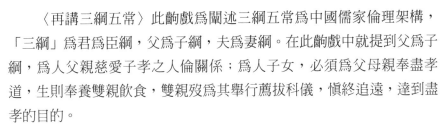

〈再講三綱五常〉此齣戲為闡述三綱五常為中國儒家倫理架構，「三綱」為君為臣綱，父為子綱，夫為妻綱。在此齣戲中就提到父為子綱，為人父親慈愛子孝之人倫關係；為人子女，必須為父母親奉盡孝道，生則奉養雙親飲食，雙親歿為其舉行薦拔科儀，慎終追遠，達到盡孝的目的。

〈講二十四孝〉此齣戲按照元朝郭居敬所著《二十四孝》，為孝子善行記也。行二十四孝者：一、孝感動天：虞舜。二、親嘗湯藥：漢文帝劉恆。三、齧指心痛：周曾參。四、單衣順母：周閔子騫。五、負米養親：周子路。六、賣身葬父：漢董永。七、鹿乳奉親：周郯子。八、行傭供母：漢江革。九、懷橘遺親：漢陸績。十、乳姑不怠：唐唐夫人。十一、恣蚊飽血：晉吳猛。十二、臥冰求鯉：晉王祥。十三、為母埋兒：漢郭巨。十四、搤虎救父：晉楊香。十五、棄官尋母：宋朱壽昌。十六、嘗糞憂心：齊庚黔婁。十七、戲彩娛親：周老萊子。十八、拾桑供母。漢蔡順。十九、扇枕溫衾：漢黃香。二十、湧泉躍鯉：漢姜詩。二十一、聞雷泣墓：魏王裒。二十二、刻木事親：漢丁蘭。二十三、哭竹生筍：三國孟宗。二十四、滌親溺器：宋黃庭堅。百善孝為先，孝道思想在古代頗受到重視，因此道士戲安排《二十四孝》是中國傳統美德，也令孝家眷反思無論父母生前死後應為其盡孝，達到慎終追遠的目的。

儒家重視孝道思想，孔子為儒家孝道思想理論的建構者，孔子認為孝道是道德之本。《孝經》以孝道為核心內容，闡揚儒家倫理道德思想。《孝經・開宗明義》就記載孔子孝道思想，孝道是個人品行與人倫關係的根本。

> 子曰：「夫孝，德之本也，教之所由生也。復坐，吾語汝。身體髮膚，受之父母，不敢毀傷，孝之始也。立身行道，揚名於後世，以顯父母，孝之終也。夫孝，始於事親，中於事君，終於立身。《大

雅》云：『無念爾祖，聿脩厥德。』」[6]

孔子說明孝道是道德之本，教化之所生。身體髮膚，受之於父母，就應當感念父母疼愛子女之心，保護自己的身體，不敢毀傷，就是行孝道之始。人在世上，遵循仁義道德，實踐個人理想與目標，顯揚名聲於後代，而使父母顯赫榮耀，這是行孝的結果。實踐孝道始於侍奉父母；其次為奉事君主，為國家盡忠職守；最後建立名望，揚名於世。《詩經·大雅》所言：『時刻追念自己的祖先，並修習祖先的德澤。」人不但不能忘懷祖先的德行，而且要更進一步的來繼續祖先的德行。這樣，才算是盡到了大孝。因此在道士戲文本當中與儒家孝道思想相關的文本有〈目連救母〉、〈講二十四孝〉、〈朱壽昌棄官尋母〉、〈再講三綱五常〉此四文本，皆為著重孝道精神的實踐，宣揚儒家孝道思想。

(二)儒家「三綱五常」的重視

「三綱五常」是中國儒家倫理道德的基本架構。在道士戲當中〈目連救母〉、〈講二十四孝〉、〈朱壽昌棄官尋母〉、〈再講三綱五常〉以及〈連節義〉，此五部文本皆為重視三綱五常的重要性。

晚清儒者張之洞所著《勸學篇》提到「中學」乃是孔孟儒家經史之學為中心，主張忠君愛國，保國、保種、保教為目的。亦為講究孝、悌、忠、信、仁愛、禮義，以及三綱五常之道。他認為孔孟聖賢之學有其永恆價值。也認為「三綱」為中國神聖相傳的至教，禮政的本原。

《勸學篇·明綱第三》言：

君為臣綱，父為子綱，夫為妻綱，此《白虎通》引《禮緯》之說也，董子所謂「道之大原出於天，天不變，道亦不變」之義本之。

《論語》「殷因于夏禮，周因于殷禮」，注：「所因，謂三綱五

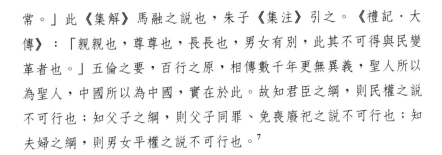

常。」此《集解》馬融之説也，朱子《集注》引之。《禮記・大傳》：「親親也，尊尊也，長長也，男女有別，此其不可得與民變革者也。」五倫之要，百行之原，相傳數千年更無異義，聖人所以為聖人，中國所以為中國，實在於此。故知君臣之綱，則民權之説不可行也；知父子之綱，則父子同罪、免喪廢祀之説不可行也；知夫婦之綱，則男女平權之説不可行也。[7]

《韓非子・忠孝》：「臣事君，子事父，妻事夫，三者順，天下治；三者逆，天下亂。」「三綱五常」源自於西漢董仲舒的《春秋繁露》一書，相關思想基礎上溯至孔子。「三綱」之觀念亦存於法家思想，《韓非子》言：「臣事君，子事父，妻事夫。」三綱者為君臣義、父子親、夫婦順；亦即維持人與人之間最重要的三種倫常關係，就是君臣之間有道義，父子之間有親情，夫妻之間能相互尊重和睦相處。「五常」指五種儒家認定的人倫關係的原則：「仁、義、禮、智、信」。「三綱五常」觀念是儒家政治思想的重要組成，即通過上定名份來教化天下，以維護社會的倫理綱常、政治制度。「三綱五常」觀念經子思、孟子等孔子弟子闡揚，歷經漢朝，盛於宋、明、清三代，也是中國傳統儒家倫理道德的準則。

(三)時代的衝擊

20世紀中國面臨內憂外患之際，梁啓超的《清代學術概論・廿三》提到張之洞與嚴復二者對於「三綱五常」觀，皆提出各自獨特思想。梁啓超認為：

「鴉片戰役」以後，漸怵於外患……。甲午喪師，舉國震動……「中學為體西學為用」者；張之洞最樂道之，而舉國以為至

---

[7] 張之洞：《勸學篇》，https://ctext.org/wiki.pl?if=gb&chapter=729342

言。……戊戌政變，繼以庚子拳禍，清室衰微益暴露。……實獨有侯官嚴復，先後譯赫胥黎《天演論》，斯密亞丹《原富》……皆名著也，雖半屬舊籍，去時勢頗遠，然西洋留學生與本國思想界發生關係者，復其首也。[8]

　　梁啟超認為自鴉片戰爭之後，中國長期處於內憂外患的情況下，甚至爆發震驚國人的中日甲午戰爭，連以前都必須來跟中國朝貢的日本都能輕易侵略中國，如此充分彰顯中國滿清的無能與守舊。因此梁啟超認為嚴復是第一位留學西洋，並將西方新思想傳入中國思想界發生關係的人。嚴復勇於挑釁傳統封建制度並與之抗衡，完整將西方思想融入中國，提出平等、自由、民主等主義，試圖打破傳統封建制度下「三綱五常」綱常名教等藩籬，致使傳統三綱五常思想於20世紀備受考驗與衝擊。

　　嚴復福建福州人，生於清咸豐四年（1854-1921），初名傳初，字又陵，後名復，字幾道，福建侯官（今屬福州市）人。嚴復生於晚清時期，但由於曾留學西方英國等地，見識西方國家的社會、經濟、科學、科技等政策超越中國。回國之後，嚴復目睹清廷腐敗，為了救亡圖存目的，他翻譯譯赫胥黎《天演論》等名著，其目的在於試圖以進化論觀點喚醒社會大眾達到救亡圖存之目的。

　　嚴復於1895年3月4日至9日於天津《直報》刊登〈原強〉一文，內容提出「自由為體，民主為用」，乃針對張之洞的「中學為體，西學為用」的觀點提出不同見解。張之洞的《勸學篇》中提到「中學」乃是孔孟儒家經史之學為中心，主張忠君愛國、保國、保種、保教為目的。亦為講究孝、弟、忠、信、仁愛、禮義，以及三綱五常之道。嚴復提出「自由為體，民主為用」是西方在政治、經濟、文化、超越中國的主要原因。嚴復認為：

---

8 梁啟超（2012）。《清代學術概論》，頁126-127。台北：五南圖書。

西之教平等，故以公治眾而貴自由。自由，故貴信果。東之教立
綱，故以孝治天下而首尊親。……然而至於至今之西洋，則與是
斷斷乎不可同日而語矣。彼西洋者，無法與法並用而皆有以勝我
者也。自其自由平等觀之……君不甚尊，民不甚賤，而聯若一體
者，是無法之勝也。……推求其故，蓋彼以自由為體，以民主為
用。……是故富強者，不外利民之政也，而必自民之能自利始；能
自利字能自由始；能自由自能自治始，能自治者，必其能恕、能用
絜矩之道者也。[9]

就嚴復發表〈原強〉一文，主張「自由為體，以民主為用」的說法，
實際上是針對張之洞的「中體西用」說的質疑，嚴復認為中學有中學的
體用，西學有西學的體用，二者不能合而為一。嚴復認為中國傳統三綱
五常觀，以孝治天下而主要為尊親等孝道思想，是中國故步自封的主要
因素之一。嚴復提出「自由為體、民主為用」，他認為自由是根本，民
主是自由的表現。嚴復認為缺乏自由才是中國社會、經濟、文化落後其
他國家的主要原因，自由是一切價值評價的標準；也是用來批判封建制
度舊文化的利器。因此嚴復釐清介紹西學的根本目的，是為了說明資本
主義的強盛。

就嚴復對於三綱五常之反動，晚清儒者張之洞所著《勸學篇》試圖
捍衛封建專制主義制度與綱常名教，提出「中學為體、西學為用」的主
張，在政治上遭到了維新派的抨擊。若將康有為、梁啟超等視為維新派
的激進主義者，那麼張之洞的守舊綱常名教思想可視為保守主義者[10]，

---

[9] 《嚴復集》（3卷下），https://ctext.org/wiki.pl?if=gb&chapter=116997
[10] 曾國祥（2009）。《主體危機與理性批判：自由主義的保守詮釋》，頁24。台北：
巨流。當代保守主義大師歐克秀（Michael Oakeshott）在〈論保守的情狀〉一文中
提到：與其保守是一種意識型態，還不如說是「人類活動的某種意向」。保守主義
的根本「大義」：在哲學精神上，承認人類處境的「不完美」；在歷史論題上，尊
重「傳統價值」；在道德思維上，強調「倫理實體」的維繫；在實際理念上，重視
「審慎判斷」；在倡導立場上，宣揚「有限的」政治觀、「寬容的」宗教觀並揭櫫

而嚴復在晚清時期就可視爲自由主義者[11]。張之洞的《勸學篇》中提到「中學」乃是孔孟儒家經史之學爲中心，主張忠君愛國、三綱五常等思想，他認爲孔孟聖賢之學有其永恆價值，也認爲「三綱爲中國神聖相傳的至教，禮政的本原。晚清時期嚴復等人勇於挑釁傳統封建制度「三綱五常」思想並與之抗衡，使得儒家思想飽受莫大衝擊與破壞。

反觀在2000年左右，台灣高屏地區拔度儀式中，仍藉由道士戲宣揚儒家思想的重要性。尤其是中國儒釋道三家所推崇的孝道思想內涵，以及「三綱五常」思想，在當代孝道、倫理道德式微之際，道士戲中的儒家思想孝道精神與三綱五常的重要性更應受到國人重視與推展，藉以提升吾人倫理道德素養等。

(四)爲何道士戲的安排內容與儒家思想息息相關？

在道士戲文本當中與儒家孝道思想相關的文本有〈目連救母〉、〈講二十四孝〉、〈朱壽昌棄官尋母〉、〈再講三綱五常〉此四文本，皆爲著重孝道精神的實踐，宣揚儒家孝道思想。筆者發現此五部道士戲的文本非常重視儒家的孝道與三綱五常的思想，爲何道士戲的安排內容與儒家思想息息相關？而非與道教的神仙戲劇相關？

「人文價值」。換言之，保守主義涉及「人類活動的某種意向」，因此「在最根本的意義上，保守主義可以說是看待人類處境的一種方式」；至於這種方式的底蘊必須對照著「激進」的內涵來作辨明。換句話說，倘使我們同意人類的觀點對話基本上具有相互爭論、彼此抗衡的特質，那麼「激進與保守」之對立關係所指稱的，無非是某一歷史階段的論者對於人類處境所抱持的兩種極端差異的思維態度；而以西方現代歷史爲論，保守主義的哲學精神就是體現在承認人類處境的「不完美」這點上，因爲跟他互別苗頭的激進主義，總是讚揚著人類處境「完美」。

[11] 曾國祥（2009）。《主體危機與理性批判：自由主義的保守詮釋》，頁2。台北：巨流。一般認爲自由主義可能是最能洞悉現代性的變遷與特質的政治思潮。固然如此，在很大程度上，主流自由主義卻因繼承了啓蒙計畫或啓蒙理性主義的主體學說，而飽受當代論者的批評。因此所致，現代政治所奠基的核心價值：個人理性自由，以及現代政治所規劃的基本建置，如主權、國家、民主、法治、憲政主義、權利保障等等均面臨到嚴峻的挑戰。

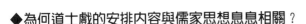

◆為何道士戲的安排內容與儒家思想息息相關？

由於儒家自漢代起受到統治者尊崇，居於中國歷史文化的崇高地位。在兩晉南北朝和唐代時期，儒家與佛、道二家並稱三教，儒學雖一度失去在哲理思想領域的領導地位，繼後經宋儒重新闡釋，形成宋明理學，發展心性之學後，重振其聲勢，倫理道德思想更受到社會階層等重視。由於儒家思想受到統治者重視，儒學滲透入戲曲當中，蔚為風氣。儒學三綱五常等思想融入與戲曲的故事情節內容眾多，廣受到百姓的支持。或許此為當代拔度儀式中道士戲以儒家思想的原因之一。

就施旭升所著《戲曲文化學》提到：「而隨著漢代『罷黜百家，獨尊儒術』，儒家的思想獨尊的地位遂得以確認。其間，雖然也有著道家思想的不斷地修正，以及外來的佛教文化的侵入，甚至在某些時期，佛、道還取代了儒家的正統地位，但卻始終未能從根本上取消儒家思想，相反，則是在不同程度上刺激、甚至豐富了儒家思想。特別是宋元理學的興盛，使得親親、敬祖等思想觀念程序化，而滲入戲曲的體制之中。」[12]因此儒家思想為主題的戲曲的內涵，受到執政者的重視，並藉由戲曲宣揚儒家義理。由於儒家思想為主的戲劇普遍受到百姓的支持與重視，再加上儒家重視慎終追遠的孝道思想，儒道思想兼容並蓄結合在一起。因此道教的道士戲當中，宣揚儒家三綱五常道德思想以及道教濟度思想，試圖獲得社會大眾接受與支持。

◆道教拔度儀式中的道士戲，為何道士戲之安排未與神仙思想相關？

死後成仙是道教的終極關懷。若就道教神仙戲劇主要所呈現八仙為中心人物，其以度脫凡人為宗旨的作品。其故事情節內容涵蓋道士驅鬼降妖、神仙壽誕慶會故事、經典寓言故事等內容。若在拔度儀式中，道士戲的內含若安排八仙、驅鬼降妖、神仙壽誕慶會故事、經典寓言故事溪觀故事情節的戲曲，或許無法彰顯拔度科儀哀、孝、敬等意義。或許

---

[12] 施旭升（2015）。《戲曲文化學》，頁205。台北：秀威。

此為何道士戲當中未將之安排與神仙思想相關的故事情節。

(五)因應之道——當代道士戲能否重現昔日光彩？

由於時代社會等變遷因素，目前高屏地區舉行喪禮時間緊縮，目前道士們對於道士戲部分或許僅能藉由一朝以上的法事安排展演。對於一朝以下的拔度科儀中的道士戲似乎在高屏地區已面臨消失的窘境。由於台灣當代本土化的民間傳統道教拔度戲劇，因時代與社會急遽變遷，高屏地區舉行喪葬儀式的時間緊縮，再加上夜晚舉行道士戲擾民等等因素，致使其道士戲面臨失傳等等命運。道士戲能否重現昔日光彩？以下提出因應之道：

1. 由於道教採師徒相傳方式，對於道士戲的養成，就有賴於老道士的師承方式。目前當代新一代道士對於道士戲的展演無法像老道士那樣專精，就算是老道士想演出，卻呈現找不到對手等窘境，因此對於新一代道士對於道士戲的養成實有需要再受到相當訓練與重視。

2. 拔度科儀中的道士戲經常安排夜晚演出，礙於夜晚深怕擾民等因素，建議道士戲若安排一朝以上的科儀，或許可以安排於白天至傍晚之間演出，來避免失傳的危機。

3. 由於時代社會變遷，若演出道士戲也必須經由孝家眷的同意與支持，若孝家眷能重視道教拔度戲中的道士戲適時演出機會，或許可以避免道士戲面臨避免失傳的命運。

4. 道士戲除了運用戲劇方式來增添儀式的內容與增加儀式的效果，可以藉此來宣揚孝道與撫慰喪親之用。再者，道士戲具有宣揚儒家三綱五常道德思想與勸善教化等內涵，於當代社會將有助於提升社會大眾倫理、道德、教育素養。因此道士戲的展演將有助於宣揚儒家孝道、道教濟度思想，以其達到社會和諧等功能。

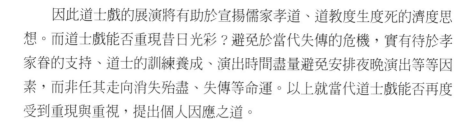

　　因此道士戲的展演將有助於宣揚儒家孝道、道教度生度死的濟度思想。而道士戲能否重現昔日光彩？避免於當代失傳的危機，實有待於孝家眷的支持、道士的訓練養成、演出時間盡量避免安排夜晚演出等等因素，而非任其走向消失殆盡、失傳等命運。以上就當代道士戲能否再度受到重現與重視，提出個人因應之道。

四、結語

　　道教起源於民間，歷經漢末有組織至當代的發展，在民間也遺留許多珍貴且豐富的相關資料。本文將所收集到的道士手抄本，在《曲簿總簡記》中有五部「道士戲」相關的文本，而此文本有與佛教傳入中國的闡揚孝道的〈目連救母〉、〈講二十四孝〉、〈朱壽昌棄官尋母〉、〈再講三綱五常〉以及〈連節義〉，探討其儒家孝道與三綱五常的思想。

　　道教拔度儀式中道士除了運用戲劇方式來增添儀式的內容與增加儀式的效果，不僅可藉此來宣揚孝道與撫慰喪親之用，更能充分落實生死兩相安的功能，並達到宣教等目的。因此在台灣喪葬民俗歷經時代急遽變遷，道教拔度儀式中的道士戲在當代已面臨時代社會消失殆盡的莫大考驗，但道士戲中所彰顯的內涵與意義蘊含著儒家孝道不忘本、三綱五常的倫理道德思想與勸善教化等內涵，將有助於提升社會大眾倫理道德素養、促進社會和諧之用。

✍ 參考文獻

《全相二十四孝詩選》，檢索日期：2020/05/02，https://ctext.org/wiki.
　　pl?if=gb&chapter=824650

《孝經》，檢索日期：2020/05/03，https://ctext.org/xiao-jing/scope-and-
　　meaning-of-the-treatise/zh

《嚴復集》3卷下，檢索日期：2020/05/06，https://ctext.org/wiki.
　　pl?if=gb&chapter=116997

王國維（1993）。《王國維戲曲論文集：宋元戲曲考及其他》。台北：里
　　仁。

王國維著、曾永義導讀（2003）。《宋元戲曲史》。台北：台灣古籍。

王漢民（2007）。《道教神仙戲曲研究》。北京：人民文學出版社。

余淑娟（2006）。〈馬來西亞的道教拔度儀式與目連戲〉。《民俗曲藝》，
　　第151期，頁5-29。

呂錘寬（1994）。《台灣的道教儀式與音樂》。台北：學藝。

呂錘寬（2005）。《台灣傳統音樂概論：歌樂篇》。台北：五南圖書。

李勤印、張建業（1996）。《中國詞曲史》。台北：文津出版社。

李豐楙（1992）。〈台灣中南部道教拔度儀式中目連戲曲初探〉。《民俗曲
　　藝》，第77期，頁89-147。

李豐楙（1995）。〈複合與變革：台灣道教拔度中的目連戲〉。《民俗曲
　　藝》，第94期，頁83-116。

林鶴宜（2003）。《規律與變異：明清戲曲學辨疑》。台北：里仁。

施旭升（2015）。《戲曲文化學》。台北：秀威。

張之洞：《勸學篇》，檢索日期：2020/05/02，https://ctext.org/wiki.
　　pl?if=gb&chapter=729342

梁啓超（2012）。《清代學術概論》。台北：五南圖書。

曾永義（1991）。《中國古典戲劇的認識與欣賞》。台北：正中書局。

曾永義（1997）。《論說戲曲》。台北：聯經。

曾國祥（2009）。《主體危機與理性批判：自由主義的保守詮釋》。台北：

巨流。

童翊漢（2009）。《中國道教與戲曲》。北京：宗教文化出版社。

楊士賢（2015）。〈喪事演戲慰亡靈：「司公戲」的初步調查與分析〉。
　　《台灣文獻》，第66卷，第3期，頁233-258。

詹石窗（1997）。《道教與戲劇》。台北：文津出版社。

賴慧玲（2007）。〈海峽兩岸「道教文學」研究資料（1926-2005）概況簡
　　析〉。《成大宗教與文化學報》，第8期，頁97-128。

從蔡元培〈美育實施的方法〉
談現代殯葬改革

涂進財

仁德醫護管理專科學校生命關懷事業科
兼任講師

一、前言

　　清末民初，中國處西方船堅砲利威脅，致門戶洞開。有識者為使中國得以壯大，免亡於列強，乃提出諸多救亡圖存之道。有從技術著手者，例如「師夷之長以制夷」。有透過政治體制改造者，如「戊戌政變」。其後乃有受過西方教育者如胡適、陳獨秀、魯迅、錢玄同、蔡元培等提倡從思想文化改造著手，即從本質上去改變。

　　蔡元培（1868-1940）是中國近代知名教育家、思想家，也是美育的奠基者。其教育思想中，美育占極重分量。自1912年起，陸續發表一系列美育方面的言論，對於審美教育有深切的影響。1917他年在北京神州學會以〈以美育代替宗教說〉發表講演，其中講詞指出：「祝壽喪葬之儀，在理學上了無價值，然戚友中既以請帖訃文相招，勢不能不循例參加，借通情愫。」[1]從而可見其本人亦受世俗禮儀所絆累，故思改革之。

　　在蔡元培〈美育實施的方法〉文中，其認為美育分為三方面：(1)家庭教育；(2)學校教育；(3)社會教育。家庭美育教育始於胎教。學校教育從幼稚園開始進普通教育再轉到專門教育。社會美育，則是從專設的機關起：即設立美術館、博物館、劇院等。此外蔡元培也極重視「地方美化」，分別列舉：道路、建築、公園、名勝的布置、古蹟保存、公墳等六項。前述有關思想文化改造論及殯葬議題者屬「公墳」，是以，本文就蔡元培〈美育實施的方法〉中有關「公墳」論點析述之。

　　原始人類茹毛飲血，尚無埋葬屍體概念，人死後「送屍山中，任野獸食者。」[2]俟靈魂觀念之出現，人們認為人死其靈魂不滅，到另一

---

[1] 蔡元培。《美學論文選・美育實施的方法》。文藝美學叢書編輯委員會1983年4月第1版，頁68。

[2] 《隋書・卷八十二・列傳第四十七》。藝文印書館據清乾隆武英殿刊本影印，民

個世界，始有埋葬行為出現。在埃及則是要求保持肉身完整，使靈魂續活，如果是帝王則是以花崗石雕刻其頭像，更確保永遠活著。[3]

二、儒家尊禮崇孝喪葬思想

中國受儒家孔、孟孝道思想之深植，對父母長輩「生事之以禮；死葬之以禮，祭之以禮。」[4]子曰：「踐其位，行其禮，奏其樂，敬其所尊，愛其所親，事死如事生；事亡如事存。孝之至也。」[5]孔子主張要事死如事生，事亡如事存，生死都要事之以禮，使養生喪死皆無所憾，是為盡孝，亦符合禮制。

孟子亦甚重視父母喪，其言云：「養生者不足以當大事；惟送死可以當大事。」[6]意為「做子女的奉養父母是人情之常，未可當作大事；唯有給父母辦喪送終，以盡孝道，才可以算是大事。」據朱熹註：「事生固當愛敬，然亦人道之常耳；至於送死，則人道之大變。孝子之事親，舍是無以用其力矣。故尤以為大事，而必誠必信，不使少有後日之悔也。」朱熹認為：為人子者能奉養父母以敬，但此僅為人道之常。至於送死，則為人道之鉅變，故必誠信。此種慎終追遠的精神，正是儒家思想孝道核心。養生為孝親之始，送死為孝親之終，所對雙親供養與持敬，不是最重要的，最重要是「送死」，即葬之以禮，祭之以禮。即曾子云：「慎終追遠，民德歸厚矣。」[7]

《孟子·滕文公上》曰：

國39年，頁917。

[3] 雨雲譯（2000）。E. H. Gombrich著。《藝術的故事》，頁58。台北：聯經出版社。

[4] 《論語·為政》。

[5] 《中庸》第十九章之三。

[6] 《孟子·離婁下》。

[7] 《論語·學而》。

蓋上世嘗有不葬其親者，其親死，則舉而委之於壑。他日過之，狐
狸食之，蠅蚋姑嘬之；其顙有泚，睨而不視。夫泚也，非為人泚，
中心達於面目。蓋歸反虆梩而掩之。掩之誠是也，則孝子仁人之掩
其親，亦必有其道。

《說文解字》記：「葬者藏也。從死在茻中；一其中，所以薦
之。」意即衣之以薪草，使人不得見，獸不得食。由是觀之，上古之葬
極簡，以草掩其身足矣。惟後因禮樂制訂，尤以巫術宗教觀念之出現，
喪葬始趨講究。但仍以盡其孝道並合於禮法為足，如《孟子·盡心章句
下》云：「堯、舜，性者也；湯、武，反之也。動容周旋中禮者，盛德
之至也。哭死而哀，非為生者也。經德不回，非以干祿也。言語必信，
非以正行也。君子行法，以俟命而已矣。」

在「周文疲弊」、「禮壞樂崩」的戰國時代，孔子要恢復周禮，基
於弘揚孝道，也就重視喪葬禮儀，對近祖「慎終」，對遠祖「追遠」。
儒家認為合於禮制之喪葬祭祀，乃孝之展現，可使民德歸厚矣。荀子亦
言曰：「喪禮者，以生者飾死者也，大象其生以送其死也。故事死如
生，事亡如存，終始一也。」儒家所謂事亡如事存，《倫語·陽貨》：
宰我問於孔子「三年之喪，期已久矣！君子三年不為禮，禮必壞，三年
不為樂，樂必崩，舊穀既沒，新穀既升，鑽燧改火，期可已矣。子曰：
食夫稻，衣夫錦，於女安乎？曰：安。女安！則為之！夫君子之居喪，
食旨不甘，聞樂不樂，居處不安，故不為也。今女安，則為之！宰我
出。子曰：予之不仁也！子生三年，然後免於父母之懷。夫三年之喪，
天下之通喪也。予也有三年之愛於其父母乎？」父母亡，子女守喪三年
當時之通喪，也是孝的表現。

從《周禮》、《儀禮》和《禮記》等典籍中，得見當時之喪葬禮
制已臻完善，在居喪、喪禮、喪服、棺槨、隨葬品等方面，已有所規
定。其所表現者即屬「厚葬」、「久喪」，厚葬之風在當時貴族中大行
其道。孔子主張恢復周禮，客觀上為厚葬提供了合理的依據，無可避

免的為世人誤解其主張「厚葬」。見《淮南子·汜論訓》云：「夫弦歌鼓舞以為樂，盤旋揖讓以修禮，厚葬久喪以送死，孔子之所立也，而墨子非之。兼愛尚賢，右鬼非命，墨子之所立也，而楊子非之。」實則孔子未堅持厚葬，惟要合於禮法身分，如《論語·八佾》有云：「林放問禮之本。子曰：『大哉問！禮，與其奢也，寧儉；喪，與其易也，寧戚。』」從《論語·子罕》：「子疾病，子路使門人為臣。病閒，曰：「久矣哉！由之行詐也，無臣而為有臣。吾誰欺？欺天乎？且予與其死於臣之手也，無寧死於二三子之手乎？且予縱不得大葬，予死於道路乎？」可見孔子並不重視厚葬虛榮，只要有幾個弟子以簡單葬禮安葬即可，無須自欺欺人欺天。

《荀子·禮論》曰：

> 喪禮者，以生者飾死者也，大象其生以送死者也。故事死如生，事亡如存，終始一也……。故喪禮者，無他焉，明死生之義，送以哀敬，而終周藏也。故葬埋，敬藏其形也；祭祀，敬事其神也；其銘誄繫世，敬傳其名也。事生，飾始也；送死，飾終也；終始具，而孝子之事畢，聖人之道備矣。刻死而附生謂之墨，刻生而附死謂之惑，殺生而送死謂之賊。大象其生以送其死，使死生終始莫不稱宜而好善，是禮義之法式也，儒者是矣。

是以「喪」合於禮制，「事死如生，事亡如存」，對待死者當如其生前一樣心懷誠敬即是孝，乃儒家喪葬思想核心。

三、墨家節葬短喪思想

先秦時期，統治階級厚葬之風盛行，「此存乎王公大人有喪者，曰棺槨必重，葬埋必厚，衣衾必多，文繡必繁，丘隴必巨。」此非但危及經濟，更會影響國家安危，故墨子提出「節葬短喪」，墨子雖亦主張

孝，但有別於儒家，其語云：「厚葬久喪實不可以富貧眾寡，定危理亂乎，此非仁非義，非孝子之事也。」墨子認為，若父貧當使之富，國之人力稀則當使眾，社會亂則當予治，方為孝也。而時為政者所行之厚葬久喪，則「國家必貧，人民必寡，刑政必亂」。意即厚葬令家貧民寡，社會動亂，誠非孝也。

墨子基於「兼相愛」與「交相利」之思想，提出「薄葬短喪」，以正天子、諸侯及王公大人過度強調「厚葬久喪」之惡習。以免「上行下效，淫俗將成」，令庶民在「孝」的趨使下，也殆盡家財施以厚葬「示孝」，致「以死害生」。

四、秦漢厚葬之風

漢初建，因歷經秦暴政及連年戰亂，國力極待恢復及與民休養生息，又行黃老學說，漢文帝以節儉為尚，崩於未央宮。遺詔曰：[8]

朕聞蓋天下萬物之萌生，靡不有死。死者天地之理，物之自然者，奚可甚哀。當今之時，世咸嘉生而惡死，厚葬以破業，重服以傷生，吾甚不取。且朕既不德，無以佐百姓；今崩，又使重服久臨，以離寒暑之數，哀人之父子，傷長幼之志，損其飲食，絕鬼神之祭祀，以重吾不德也，謂天下何！朕獲保宗廟，以眇眇之身託於天下君王之上，二十有餘年矣。賴天地之靈，社稷之福，方內安寧，靡有兵革。朕既不敏，常畏過行，以羞先帝之遺德；維年之久長，懼于不終。今乃幸以天年，得復供養于高廟。朕之不明與嘉之，其奚哀悲之有！其令天下吏民，令到出臨三日，皆釋服。毋禁取婦嫁女祠祀飲酒食肉者。自當給喪事服臨者，皆無踐。絰帶無過三寸，毋

---

8 瀧川龜太郎（1959）。《史記會注考證》，頁40-42。台北：藝文印書館。

布車及兵器,毋發民男女哭臨宮殿。宮殿中當臨者,皆以旦夕各十五舉聲,禮畢罷。非旦夕臨時,禁毋得擅哭。已下,服大紅十五日,小紅十四日,纖七日,釋服。佗不在令中者,皆以此令比率從事。布告天下,使明知朕意。

此詔反應出當時亦出現厚葬之風,然尚未普遍。及武帝即位,國勢強盛經濟富裕,統治階級生活日益奢靡,社會吹起厚葬之風。

有甚者將喪禮被當成展現道德之形式!漢強調以孝治天下,獎勵有孝行的人,實施「察舉制度」,但卻反成為有心者沽名釣譽的手段。如《後漢書·陳王列傳》載:趙宣[9]葬親而不閉埏隧,因居其中,行服二十餘年,鄉邑稱孝,州郡數禮請之。郡內以薦蕃[10],蕃與相見,問及妻子,而宣五子皆服中所生。蕃大怒曰:「聖人制禮,賢者俯就,不肖企及。且祭不欲數,以其易黷故也。況乃寢宿塚藏,而孕育其中,誑時惑眾,誣汙鬼神乎?」遂治其罪。此乃由於封建統治者對守喪之制過分重視,造就偽君子與沽名釣譽之徒,助長社會浮華風氣。又《隋書·卷72》云:「徐孝肅,汲郡人也。母終,孝肅茹蔬飲水,盛多單縷,毀瘠骨立。祖父母、父母墓皆負土成墳,廬於墓所四十餘載,被髮徒跣,遂以身終。」又同上《隋書》云:「劉士俊,彭城人也。性至孝,丁母喪,絕而復蘇者數矣。勺飲不入口者七日,廬於墓側,負土成墳,列植松柏。狐狼馴擾,為之取食。高祖受禪,表其門閭。」《清稗類鈔·孝友類》:「嘉興巢端明,名鳴盛,事母孝。母歿,築室于墓,顏其堂曰永思,閣曰止閣,自號止園,三十七年跬步不離墓次。」縱是孝行,亦是愚孝,試想可數十年作必也富豪家,惟其對社會何益?又可謂真孝乎?

魏晉南北朝是喪葬儉薄的時代,魏武帝曹操即命民不得厚葬,己

---

[9] 東漢以孝治天下,獎勵有孝行者。山東青州趙宣之親去世後,居墓道守喪二十餘年,是孝名聞天下。後為青州刺史陳蕃揭發偽孝治罪。

[10] 陳蕃(?-168年),字仲舉,東漢末大臣,漢桓帝太尉,漢靈帝時為太傅。

更身體力行，其遺有令云：「天下尙未安定，未得遵古也。死後，如有不諱，隨時以殮，殮後即葬。葬畢，皆除服。其將兵屯戍者皆不得離屯部。有司各率乃職。殮以時服，無藏金玉珍寶。[11]」。蜀漢承相諸葛亮遺命「葬漢中定軍山，因山爲墳冢足容棺，斂以時服，不須器物。[12]」以諸葛亮之地位，其葬可謂簡單至極。相對於現今社會，只是稍有浮名銅臭，竟求喪禮奢華鋪張，廣建祖墳以蔭子孫，可不汗顏乎！

漢亦有反對厚葬者，王充[13]憂厚葬使漢走向敗亡，乃提倡薄葬。《論衡·薄葬篇》云：

> 聖賢之業，皆以薄葬省用為務。然而世尚厚葬，有奢泰之失者，儒家論不明，墨家議之非故也。墨家之議右鬼，以為人死輒為鬼神而有知，能形而害人，故引杜伯之類以為效驗。儒家不從，以為死人無知，不能為鬼，然而賻祭備物者，示不負死以觀生也。陸賈依儒家而說，故其立語，不肯明處。劉子政舉薄葬之奏，物欲省用，不能極論。

王充主張「無鬼說」以行薄葬，在今日社會恐未必能成，況漢朝乎。又是否有鬼難以證之，且家屬對亡者之懷念與不捨，正可經由鬼魂之說得到慰藉。是以王充之說未能導正厚葬之習，惟其提倡薄葬之精神，當有其價值意義。

---

11 《三國志·魏書·武帝紀》。
12 《欽定四庫全書·關中勝蹟圖志卷二十二》。
13 王充（約27-97年），字仲任，會稽上虞人，東漢哲學家。

五、蔡元培〈美育實施的方法〉對當代喪葬之啓發 與實踐

　　中國歷史在秦漢之後，歷經魏晉、隋唐、宋元及明清以至民國，雖因改朝換代，時有戰亂，但厚葬之習仍未根除。時至今日，「厚葬久喪」雖不若古代，惟喪禮講究排場，告別式場成爲炫富、表現其社會地位之平台，或也成爲政客們表現其「親民愛民」之最佳時機，出殯時以數十輛超跑或電子花車等送行，也有不惜侵占國土，破壞自然生態建造大墓園，以求庇蔭子孫者，此一歪風實不可長。

　　歷史上主張「節葬短喪」者除墨子外尚有漢文帝及王充等人，然卻未爲統治者或貴族所接受。近代者名美育教育家蔡元培在〈美育實施的方法〉文中提及有關「公墳」美化之論點，是殯葬改革的先行者，或可爲改革台灣殯葬之思想指導。

　　蔡元培〈美育實施的方法〉中云：

地方的美化──第六是公墳，我們中國人的做墳，可算是混亂極了。貧的是隨地權厝，或隨地做一個土堆子。富的是為了一個死人，占許多土地。石工墓木，也是千篇一律，一點沒有美意。照理智方面觀察，人既死了，應交醫生解剖，若是於後來生理上病理上可備參考的，不妨保存起來。否則血肉可作肥料，骨骼可供雕刻品，也算得是廢物利用了。但是人類行為，還有感情方面的吸力，生人對於死人，絕不肯把他哀感所托的屍體，簡單地處置了。若是照我們南方各省，滿山是墳，不但太不經濟，也是破壞自然美的一端。現在不如先仿西洋的辦法，他們的公墳有兩種：一是土葬的，如上海三馬路，北京崇文門，都有西洋的公墳。他是畫一塊地，用牆圍著，布置一點林木。要葬的可以指區購定。墓旁有花草，墓上

的石碑有花紋，有銘詞，各具意匠，也可窺見一時美術的風尚。還有一種是火葬，他們用很莊嚴的建築，安置電力焚屍爐。既焚以後，把骨灰聚起來，裝在古雅的瓶裡，安置在精美石坊的方孔中。所占的地位，比土葬減少，墳園的布置，也很華美。這些辦法都比我們的隨地亂葬好，我們不妨先採用。[14]

文中〈地方的美化──公墳〉，主要論點是墳（墓）地美化、大體之運用及處理。

蔡元培所處時代或為隨處亂葬，墳地混亂，未有管理之概念。如其言：「貧的是隨地權厝，或隨地做一個土堆子。富的是為了一個死人，占許多土地。石工墓木，也是千篇一律，一點沒有美意。」故蔡元培認為滿山是墳，不僅不合於經濟效益，也是破壞自然美感。他認為宜仿西洋公墳：設置土葬區及火葬區[15]。土葬區是規劃一塊地為公墓，種植林木花草，將之公園化，可呈現綠意生機。

又墓碑造像、圖案、花紋、銘詞等，由具有美學或國學者設計之，予以藝術化，使各具意匠，除可反映美術的風尚崇，亦可表對亡者之尊。還有火葬，建一莊嚴之火葬場建築，設置電力焚化爐，焚以後將骨灰聚裝於古雅骨灰瓶裡，安置在精美石坊，所占之地比土葬減少，可免於死人與活人爭地。

至於大體之運用處理，蔡元培之論縱然於今日仍未必能廣為大眾接受。其一是將遺體交醫生解剖，近年來因民眾思想已更開放，已能接受大體捐贈供病理研究。目前在台灣已向前邁進一步，經由有識者多年努力，少數民眾願意在不幸腦死時，將把自己或親屬身上良好的器官或組織，捐贈給需器官移植的患者，以延續生命，發揮尊重生命的行為。其

---

[14] 同註1，頁158。

[15]《殯葬管理條例》第十九條規定「直轄市、縣（市）主管機關得會同相關機關劃定一定海域，實施骨灰拋灑；或於公園、綠地、森林或其他適當場所，劃定一定區域範圍，實施骨灰拋灑或植存。

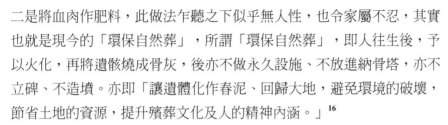

二是將血肉作肥料，此做法乍聽之下似乎無人性，也令家屬不忍，其實也就是現今的「環保自然葬」，所謂「環保自然葬」，即人往生後，予以火化，再將遺骸燒成骨灰，後亦不做永久設施、不放進納骨塔，亦不立碑、不造墳。亦即「讓遺體化作春泥、回歸大地，避免環境的破壞，節省土地的資源，提升殯葬文化及人的精神內涵。」[16]

現今「環保自然葬」之方式有樹葬、海葬及灑葬等。略述如下：

(一)樹葬（花葬、草葬）

依《殯葬管理條例》第二條第十一款對「樹葬」定義為：「指於公墓內將骨灰藏納土中，再植花樹於上，或於樹木根部周圍埋藏骨灰之安葬方式。」

(二) 海葬（海上骨灰拋灑）

依《殯葬管理條例》第十九條規定「直轄市、縣（市）主管機關得會同相關機關劃定一定海域，實施骨灰拋灑」。再依同條第二項規定，「骨灰之處置，應經骨灰再處理設備處理後，始得為之。如以裝入容器為之者，其容器材質應易於腐化且不含毒性成分。實施骨灰拋灑或植存之區域，不得施設任何有關喪葬外觀之標誌或設施，且不得有任何破壞原有景觀環境之行為。」

(三)灑葬

是「直接將骨灰灑在泥土或植物上」，惟為免直接灑葬可能產生之衛生問題等，宜在政府劃定的特定綠化地點、花園或森林進行，亦不立墓碑不設墳，不記亡者姓名，以示往生後人人平等念。[17]

---

[16] 內政部全國殯葬資訊入口網，https://mort.moi.gov.tw/frontsite/index.jsp
[17] 同前註。

環保自然葬現行法令業已制訂規範，只待普及。

至於蔡元培第三個想法是骨骼做雕刻品，此論恐難於實現，因傳統文化講「死者為尊」，除動物野獸外作為標本外，將先人骨骸以藝術品方式陳列展示恐有所不敬，或令觀者心生畏懼。但不論如何，至少是個創見。

六、結語

養生送死乃人生之大事，而「慎終追遠」之孝行為傳統倫理核心價值。自周、秦、漢、魏晉、隋唐迄今禮法相異，儒、道、墨各家之學，旨亦各迴殊。「喪葬」主張未必合於時代。時到民初有蔡元培畢生提倡美育，主張以「美育代替宗教」，蔡元培認為：「一、美育是自由的，而宗教是強制的；二、美育是進步的，而宗教是保守的；三、美育是普及的，而宗教是有界的。」[18]又在〈美育實施的方法〉文中提出「公墳」美化，其論點涉墓地（土葬、火葬）、墓碑圖案銘文及往生者大體之捐出，甚至將骨骼做藝術品等主張，其論雖於今日未必皆能為大眾接受，但在早在1922年即有此見解，誠謂開創喪葬改革之先河。

台灣地狹人稠，殯葬用地不足，公墓飽和且墓基凌亂，如蔡元培所言：「富的是為了一個死人，占許多土地。石工墓木，也是千篇一律，一點沒有美意。」是以，除公墓（納骨塔）公園化外，宜推行自然葬（樹葬、海葬及灑葬），建構「孝而環保」的喪葬文化。

---

[18] 同註14，頁180。

✏️ 參考文獻

《隋書‧卷八十二‧列傳第四十七》。藝文印書館據清乾隆武英殿刊本影
　　印，1950年。

〔宋〕朱熹。《四書章句集注》。新北：鵝湖月刊社，1984年。

內政部全國殯葬資訊入口網，https://mort.moi.gov.tw/frontsite/index.jsp

王慧芬主編，尉遲淦等著（2017）。《2017年殯葬改革與創新論壇暨學術研
　　討會論文集》。新北：揚智文化。

全國法規資料庫，https://law.moj.gov.tw/LawClass/LawAll.
　　aspx?PCode=D0020040

邱達能（2010）。〈先秦儒家喪葬思想研究〉。華梵大學東方人文思想研究
　　所博士論文。

邱達能（2017）。《綠色殯葬》。新北：揚智文化。

邱達能（2017）。《綠色殯葬暨其他論文集》。新北：揚智文化。

雨雲譯（2000）。E. H. Gombrich著。《藝術的故事》。台北：聯經出版社。

尉遲淦（2017）。《生命倫理》。台北：華都文化。

尉遲淦（2017）。《殯葬生死觀》。新北：揚智文化。

劉正浩等（2001）。《新譯世說新語》。台北：三民書局。

蔡元培。《美學論文選‧美育實施的方法》。文藝美學叢書編輯委員會，
　　1983年4月第1版。

瀧川龜太郎（1959）。《史記會注考證》。台北：藝文印書館。

18.

遺體處理人性關懷之探討

黃勇融

中華民國遺體美容修復協會理事長

一、前言

　　殮、殯、葬是殯葬禮儀服務中不可或缺之流程環節，其中又以殮的環節與往生者遺體最為相關，在遺體處理過程中，如何將人性關懷實際作為一併表現出來，以達到待死如待生的精神傳達及教育作用，為本探討設計架構。

　　本探討藉由遺體處理實務操作中，將遺體本身應有之權利及人性關懷所面臨之問題提出分析比對，以《殯葬管理條例》施行前後之過去及現在的人性關懷程度及實際作為，進而討論將來遺體處理時，該具備之人性關懷作為及遺體處理變革創新時，應列入考慮之面向。

二、遺體處理範疇與定義

　　遺體就其一詞而言，廣義之定義為人類因外來因素或組織老化等原因，影響或破壞身體正常運作，使其進入彌留期，正在經歷死亡過程之非人體；狹義之認定則以人類在體循環及肺循環等人體正常運作停止後，經醫師判定瞳孔對光線無反應及腦死等特徵皆符合下，始稱為遺體或大體（註：大體為醫學研究中常用之名詞）。

　　遺體處理則是在人類在死亡後，相關遺體的處理作業，本探討則將範疇設定為遺體經行政相驗或司法相驗後，取得合法之死亡證明文件後之相關處理，其中概分為：

(一)初期遺體處理作業

　　包含遺體護理、遺體包裹、遺體護送、遺體修復等，相關以安全性為首要任務之處理作業流程。

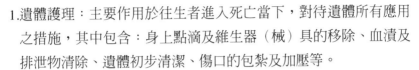

1. 遺體護理：主要作用於往生者進入死亡當下，對待遺體所有應用之措施，其中包含：身上點滴及維生器（械）具的移除、血漬及排泄物清除、遺體初步清潔、傷口的包紮及加壓等。
2. 遺體包裹：主要為固定遺體在搬運或上下車時，避免因外力而產生遺體鬆脫或外露之情事發生，另有些醫院會規定最外層必須使用屍袋，來降低傳染病發生及維護公共衛生。
3. 遺體護送：主要用於將包裹後之往生者遺體，利用擔架或車輛等載具，護送遺體至指定處理地點，以利後續相關處理措施。
4. 遺體修復：主要作用為防止遺體可見之傷口繼續潰敗，預防增加後續遺體處理之難度。

(二)中期遺體處理作業

包含遺體清潔消毒、遺體防腐、遺體保存、遺體修復等，防止遺體產生變異之公共衛生為主的處理過程。

1. 遺體清潔消毒：主要作用為防止遺體本身傳染病之傳播，而進行初步清潔及消毒工作，一般常見為清水擦拭及酒精噴灑，有些設施單位更會以紫外線照射，來確保病菌之有效消除。
2. 遺體防腐：目前台灣最常見且最有效之防腐為冰存處理，透過冰存方式使病菌減緩動作，以有效降低遺體產生變化之風險。
3. 遺體保存：常見之遺體保存的方式，仍是以冰櫃保存為大宗，殯儀館內建置有固定型冷藏或冷凍保存設備，居家治喪者，則以移動式冰櫃為主。
4. 遺體修復：中期的遺體修復著重在遺體本身的傷口或異狀之處理，將有可能導致遺體本身產生損壞或根本之部位，予以排除，以降低遺體腐敗之風險及損壞速度。

(三)後期遺體處理作業

　　包含遺體清洗、遺體更衣、遺體修容、遺體美容等，相關殯禮之殮術應用過程。

1. 遺體清洗：主要為往生者進行最後之清潔動作，以毛巾進行全身擦拭，亦有人會以SPA水洗方式進行，最後目的二者皆同。
2. 遺體更衣：為往生者換上乾淨且喜好的衣物，加強遺體美觀及符合人性基本尊嚴上的需求。
3. 遺體修容：針對遺體臉部進行細部整理，將多餘之雜毛或異物予以清除，以保持臉部之美觀及完整性。
4. 遺體美容：利用臉部化妝技術，加強往生者遺體臉部之美觀程度，模擬往生前之正常樣態。

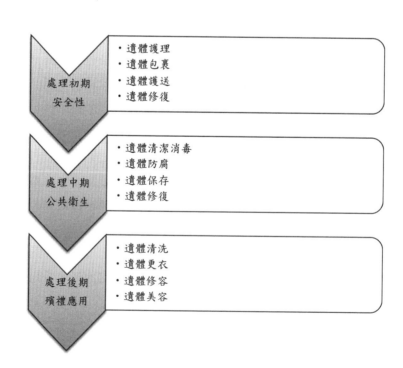

三、人性關懷與遺體照顧

華人的社會裡，人與人之間相處，講究是以禮為本的相互對待及相處，因禮的對待而產生了人性的表現，因人性的表現則產生了為人應有之權利，其中又以被尊重權及個人隱私權最為顯著；然而人類在死亡後，存留下來之遺體，亦應有著人性的基本權利，其中包含：完整權、自主權、隱私權、尊重權、照顧權等，為此中華民國律法中，亦明定保障往生者遺體權益之相關規範，例如：遺棄屍體及毀壞遺體等未妥善處理或保管遺體者，皆有相關之罰則。

1. 完整權：每當發生火車或車輛撞人意外事件時，常見檢警人員需會同遺體處理人員，進行遺體撿拾工作，主要為方便後續檢察官依各部位損壞程度進行案件調查外，另有死留全屍的象徵性意義及維護遺體該有之完整權。

2. 自主權：人類活著時對自己的身體有自己做主之權利，往生後亦相同，但死後遺體不會表達自己之意見，僅能透過文件資料之記載，如器官捐贈卡等，是人在死後對遺體自主權具體之表現。

3. 隱私權：活人對於自己的隱私極為重視，往生後之遺體亦相同，不該將遺體之個資、死因、死後呈現之狀態等有關隱私部分公開，應做必要性的保留及防範對外洩漏或尊重家屬公開意願，以確保往生者隱私不受侵犯。

4. 尊重權：往生者遺體應受到對等之尊重處理，不該因性別、體型、死因等任何因素，得到不平等之差別對待，在遺體處理過程中應有著：眾生皆平等，死後亦相同的基本尊重觀念。

5. 照顧權：遺體不管在任何時間點，皆該有被照顧權，在不同的時間、地點，應由不同之權責人員負責，以確保遺體受到妥善照

顧，以維護公共衛生及維持往生者尊嚴。

關懷則是指常人對重視或喜好之人、事、物所產生的具體表現，對喜好的人會噓寒問暖、對重視的事會隨時瞭解、對喜好的物會妥善保存等，皆是關懷的具體表現；然而遺體本身則具有（關係）人、（喪）事、（往生者所遺留下來之）物三者合一的特性，因此殯葬禮儀服務人員對遺體的人性處理，是養生送死中極爲重要之要事，更需進行權利之維護及加強關懷作爲。

人類的身體在經歷死亡過程而成爲遺體時，基本上已無法進行意見表達或自我感覺陳述，此時之人性關懷僅能以遺體本身應有之權利，進行維護及關懷，對於可以侵害遺體人性權利之人、事、物，盡可能予以排除、防範或改進，並隨時瞭解遺體狀態，以盡到遺體關懷之照顧責任。

四、遺體處理人性關懷探討

本探討由遺體處理過程中，探討在不同時空背景影響因素下，人性關懷之過去與現況差異，並由其中反思其優劣之處，藉以作爲後續執行

相關業務之參考依據：

(一)遺體處理人性關懷過去

過去（《殯葬管理條例》施行前）之時空環境下，對於人的死亡充滿恐懼及欠缺相關生死知識，大多將殯葬禮儀重心，著重在殯禮上面，藉由禮的表現程度，將心存恐懼的遺體一併送出，在遺體處理上並無太多人性關懷之表現及研究參考，皆由殯葬業者依過去經驗來進行遺體處理，而在欠缺專業遺體處理知識及人性關懷情況下，常產生相關待處理之問題：

◆遺體之自主權

在《送行者》電影中，曾出現過往生者眞實性別與意願性別差異的遺體處理問題，在片中納棺師雖然採用亡者意願性別進行遺體處理，但這種情境在過去民風保守的傳統台灣，是不被允許的情事，長輩仍會要求需依據禮制，穿上實際性別的傳統壽服，由此可見，遺體之自主權明顯不受重視。

再者，傳統壽服之樣式，一直保留著男性著長袍馬褂、女性著旗袍、鳳仙裝之不符合時宜之衣物樣貌，與往生者生前穿著樣態，有著極大差異，無法依據往生者意願，採用生前最爲喜好或最愛的一套衣服，來作爲生命中最後一套衣服，而使得遺體或往生者本身的穿著不具自主權，實爲憾事，並對於壽服之樣式或諸如此類的遺體自主權議題，存有討論之空間。

遺體處理之目的，爲讓往生者能以最好的一面來離開這個世間；但在時空背景或長輩要求遵照古禮的情況下，往往不能以人性關懷爲前提的情況，使遺體處理更具人性關懷，實有變革之必要。

◆遺體之尊重權

空間不足一直是殯葬設施面臨最大的問題，條件較好的空間，常設

計或運用在往生者親友出入或常駐的地方，遺體的安置環境或空間往往是條件最差的地方，常見問題就是空間小、通風、排水不佳，而導致產生昏暗、悶熱的環境，一般在進行往生者遺體處理之環境，條件則更為不佳，或是空間狹小甚至是無規劃，在遺體處理時，則需另行設法尋得合適的施作空間或是擠在冰櫃邊。

殯葬禮儀的服務對象，概分為服務需求者（活著的家人和親友）及被服務者（往生者），因為服務需求者兼具消費者之身分，殯葬禮儀服務過程中，自然備受禮遇及極度尊重，反觀被服務者，因不能表達本身的意見，往往是被放置在一旁，被當成物品一般，成為較不受關懷及尊重的服務對象之一。

對於遺體不受尊重的最大問題，則較常發生在遺體化妝室中，因空間的不足，使得男性及女性往生者大體，必須共同放置於同一空間中，進行遺體退冰、洗身及穿衣服務，當遺體處理進行到洗身、穿衣階段時，有時會呈現全裸體或半裸體狀態，此時當其他案件非同性別之人員或親友亦需使用同一空間時，則對往生者本身及遺體處理人員，產生相當大的人性關懷考驗。

◆遺體之隱私權

遺體處理過程中，最為擔憂是往生者的隱私權被侵犯，對於往生者的穿著喜好、性別、長相、體型、特徵、死亡方式、死後樣貌等，皆屬於往生者本身的個人隱私，不應透露給他人所知情，或是與他人討論。

過去之遺體處理環境，存在著許多對於往生者有高度興趣的旁觀者，尤其是意外死亡案件特別顯著，也有著許多無任何關係之圍觀者，而礙於作業環境條件欠缺下，使得往生者之個人隱私，無奈地呈現在作業環境中，往生者的個人隱私權部分，極度不受尊重。

(二)遺體處理人性關懷現況

隨著《殯葬管理條例》的施行、網路資訊取得容易及殯葬資訊透明

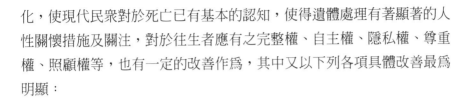

化，使現代民眾對於死亡已有基本的認知，使得遺體處理有著顯著的人性關懷措施及關注，對於往生者應有之完整權、自主權、隱私權、尊重權、照顧權等，也有一定的改善作為，其中又以下列各項具體改善最為明顯：

◆生前預立遺囑（規劃）的殯葬自主權

隨著生前契約的出現，對於殯葬工作之程序與分工，也出現在生前契約文件中，使民眾在生前對於死後，該進行的殯葬流程及各項工作項目，不再充滿迷惘及不知，開始有基本的殯葬概念及認知，亦開始重視自我本身往生後之自主權，開始學習在生前表達自己死後之意願，或是更明確的將自己未來往生後的各項殮品規格、遺體處理方式、告別方式、葬屬方法及地點，以詳細記載方式列入遺囑中，明顯已開始注視自身往生後之殯葬自主權。

◆性別有別的隱私遺體作業空間

近年來，對於性別平等推動及個人隱私保護，一直是討論的重點議題，使得政府單位亦開始重視遺體作業空間的性別分類，逐漸可見男性遺體作業區及女性遺體作業區的分開，開始對待往生者遺體進行男女有別的人性關懷作為，在作業中亦會要求男性遺體由男性服務人員執行，女性遺體則由女性服務人員進行，以確保往生者遺體受人性關懷及尊重個人隱私。

◆專業證照查核的人員管制

隨著《殯葬管理條例》推行及實施，使得喪禮服務證照制度應運而生；過去進出殯葬設施的遺體作業區，無法有條件的限制出入人員，但現今對遺體處理及公共衛生經過受訓之人員，進行喪禮服務丙級證照學、術科之考試，作為遺體化妝室進出之依據，不但可有效管制非相關人員的進入，也可加強安全衛生維護及傳染病傳播之防護，避免許多不必要的問題。

◆尊重遺體的人性關懷作為

　　許多醫院在進行往生者運送時，開始要求在推車或擔架上，架設外罩以表示尊重往生者的個人隱私，許多殯葬設施中，亦有著相同的作為，對往生者遺體在設施內移動時，亦會要求業者在移動的載具上加設外罩，除了可避免驚嚇民眾外，也是進行遺體處理時的人性關懷表現。

五、結論

　　遺體處理的相關作為，早在《儀禮》中有著描述記載，為飾屍之事也，有著飯含等儀節的明確規範，有著人性關懷的具體規範，近年來隨著簡葬文化的推行，使得許多人性關懷作為或儀節逐漸消失，但往生者遺體應有之人性關懷及基本權利，仍應存在於喪禮中及表現在殮的環節。

　　遺體處理的人性關懷，是殯葬從業人員最為基本的態度，在現代凡事講求顧客至上的大環境，往生者也是顧客其中之一，基本的人性關懷措施及對應做法，也必須保留在服務處理過程中。

　　為能使人性關懷落實在遺體處理過程中，則建議參考下列各項探討結果：

(一)建立正確生死觀及教育

　　觀念會影響人之實際作為，如何建立正確的心理及觀念？其最有效的方式可由教育著手，藉由教導正確的生死觀來面對遺體及完整的人性關懷教育養成訓練，可建立遺體處理從業人員在執行業務時，以更正確且更具人性的方式來關懷、來對待往生者遺體。

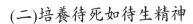

(二)培養待死如待生精神

對待死者要如同對待活人一般,看似簡單的儒家思想一句話,但在現代人欠缺同理心的心理中,尚有成長的空間,從事遺體服務工作除了賺錢糊口外,另有著文化傳承的重要使命,對待往生者之同時,應秉持著同理心並站在對方立場為往生者著想,在相同的情境下,自己會希望獲得什麼樣的待遇及服務?這樣子的處理是否符合人性的對待?唯有設身處地為往生者著想,才能培養出更具人性關懷的遺體服務做法及從業精神。

(三)建置符合人性殯葬設施

在《殯葬管理條例》施行後,許多殯葬設施已逐漸建置符合人性的機具或輔助器具,但並非完全理想或只供參觀用,最基本之性別尊重及隱私為首要建置重點,執行上亦非難事;其次為作業空間之改善或作業空間之設計,針對遺體本身之隱私及尊重做出有效之防護措施,讓往生者能獲得最後該有的尊嚴。

遺體處理之精神,在於尊重、學習、創新;每一位遺體處理從業人員,服務之對象皆以往生者為主要對象,學習中的第一個課題,就是要學會尊重,尊重每位大體老師,感謝每位大體老師帶給我們技術一次又一次的進步空間,對於遺體所面臨之人性關懷問題及相關有效作為,則需更為謹慎思考、更為確切落實。

19.

台灣禮儀師文化與定位

詹鎵齊

玄奘大學宗教與文化學系碩士班

一、前言

　　人生的每一個生理階段特別是重大轉機，幾乎都有宗教的需要；大多數的原始宗教的信念、儀式、行為等，都是跟生命過程息息相關的（張志剛，2003：32）。宗教人類學家馬林諾夫斯基（Malinowski）認為：

> 宗教的需要出於人類文化的延續，這種文化延續是指超越死亡之神並跨越代代祖先之存在，而使人類的努力和人類的關係持續下去。因此宗教在倫理方面使人類的生活與行為神聖化，可能成為最強大的社會控制力，凡有文化必有宗教，因為人終身互助互利所形成契約般的義務觸發了情感，而情感則反抗著生離死別；跟現實相接觸便發現一種邪惡又神秘的意志，又有一種仁慈的天意，對於這兩者，必須親近一方征服另一方，儘管文化對宗教的需要是間接的，歸根究柢宗教根植於人類的需要，以滿足這些需要的文化形式（馬林諾夫斯基；引自張志剛，2003：38）。

　　在喪禮的文化功能中戰勝恐懼心理，相信生命不朽，面對死亡現象複雜又矛盾，死亡是生命的終結，是人無法掙脫的陰影；人因為生命而有情感，對於死去的人又愛又怕，從喪禮中更能反映出這種情緒。這種情緒表現出雙重心態，想維持生者與死者的聯繫，又想斷絕生命與死亡的關係，產生對死者的眷戀和死亡的畏懼。

　　有死亡，殯葬才會產生功能。有死亡，人才能瞭解生存的價值與意義；殯葬活動是以綜合型態出現，有永恆、歸宿、投射、報恩、依戀等等心理作用，指的是人們在殯葬活動中起指導作用的意義和認知，影響殯葬社會價值觀念。而安置死者是社會行為，影響到生者，產生各種死亡文化的社會需要；社會心理、社會教化、社會生活條件等等，這些

需要皆在維持社會的平衡（王夫子，2013：256）。宗教社會學家馬克斯·韋伯（Max Weber）說：

> 社會行動是一種根據行動者的意圖與別人行為有關係，且在行動過程中以此關係為行動方向之指針行動（根瑟·馬庫斯譯，2001：41）。

所以人和社會有一層意義，人需要有意義而生存，人需要給予事物本身的意義，也需要理性為基礎，是有感情的，人是社會的主體，人的社會行動是要有價值的，從人與人之間的交往、在互動中體現社會。

對於喪禮儀式來說，死亡是一種不可逆的行為，當進行喪禮儀式是否能使人復活或是人死後是否有去該去的地方？只能透過這些儀式來證明自己做了，然後人走了，這個世界不會再有這個人存在。這時的儀式是一種符號象徵，是一種大家能認同，給予共同意義讓大家能接受的理由來證明。宗教社會學家涂爾幹說：

> 社會是起源起因，宗教是表象是產物，一套神聖事物（即被隔離與禁止的事物）有關共同信念和行為體系，而這些信念和行為將所有信奉者團結為教會的、統一道德團體（根瑟·馬庫斯譯，2001：39）。

對於往生親人後事的處理方式，由於時代變化、社會進步、經濟的發展、都市化人口聚集、民眾知識提升，以及生命觀念的轉變所影響，殯葬文化有了大變革，但是不管如何轉變仍保存著尊敬法則與嚴肅的規律，因此所有殮、殯、葬的方式都在這個法則中規律地進行（萬安生命，2012：1）。

死亡文化包含死亡事件所展開的活動，例如辦喪事、祭祀等等，人類的每一種活動都受文化的支配，或者說能產生同一類相應的文化。死亡活動是生者所從事的，其文化也是生者所創立，因而死亡文化是生存

文化的一種特殊形態。而生死觀決定人們對待人生的態度，我應如何活著？怎麼面對死亡？死後該留下什麼等等。所謂殯葬，並不是人死後埋葬就了事，而是要進行和社會性活動相應的禮儀，由此可知殯葬與文化息息相關，禮儀包含各種訊息，想要成為一名有文化的禮儀師，還是必須加強更多方面的知識。

二、文獻回顧

筆者從業十幾年來認為，從傳統喪禮到現代喪禮演變的過程，陸續有非常多的學者有相關著作，筆者在下列所提到的書籍中具有代表性，同時也能瞭解整個產業變化。從日治時代至台灣光復，地方鄉紳知識水平高，主導殯葬過程的掌控，日本政府為了殖民政策和統治台灣，展開台灣風俗和民情調查。鈴木清一郎《台灣舊慣習俗信仰》（馮作民譯，2012）書中談到，此書是針對台灣的文學、生活、宗教等等做風俗習慣的實地考察與研究，其中喪祭習俗篇，寫出台灣人當時喪禮有關的習俗，台灣光復後，其喪禮習俗多半參考此書，但是徐福全教授認為此書多所含混與訛誤，無法闡釋中華禮儀之要義。於是徐福全教授民國73年整理出台灣漢人社會的喪葬禮儀，做全面性之整理。出版《台灣民間傳統喪葬儀節研究》（徐福全，1999）一書，此書說明台灣人依其固有的習慣或信仰而舉行之喪葬活動，即病革以至安葬，乃至拾骨吉葬期間一切之儀節。此書對於殯葬業者來說，是喪禮儀節的參考書，此書田野調查習俗部分，各區域性不同，對於殯葬業者在喪禮服務過程中，確實有很大的幫助。民國83年內政部台灣省政府，為匡正不良喪葬習俗，倡行合乎時宜的喪葬禮儀，辦理舊墓更新，推動公墓公園化，興建殯儀館、火化場與納骨堂（塔），以提升喪葬服務設施品質，並輔導地方政府辦理喪葬禮儀講習會，培訓喪禮講授人員，藉由培訓人員訓練，來導正喪葬實務之觀念與做法，以端正社會風俗。彙編《禮儀民俗論述專輯

——喪葬禮儀篇》（內政部，1994）此書提供各級政府機關、社會大眾及喪葬從業人員參考遵循。政府陸續以經費補助地方政府辦理喪葬禮儀講習會，落實殯葬人員教育機制，民國91年國內《殯葬管理條例》（內政部，2015）正式頒布後施行，《殯葬管理條例》第一章第一條明白表示：爲促進殯葬設施符合環保並永續經營；殯葬服務業創新升級，提供優質服務；殯葬行爲切合現代需求，兼顧個人尊嚴及公衆利益，以提升國民生活品質，特制定本條例（內政部，2015：1）。

　　爲長久以來的殯葬亂象，以殯葬改革爲重點。其條例第四章規範殯葬服務業的管理及輔導，第五章殯葬行爲之管理，皆是監督殯葬業者殯葬改革之規範。

　　由於殯葬業者社會地位低落，一般學歷也不高，傳統民間業者以世代相傳，對於禮儀的認知亦是口耳相傳。其形象更是粗俗隨便。隨著集團興起，改變殯葬業者外在形象與內在形象，穿西裝、不嚼檳榔、注重服裝儀容，需要學歷，證照化自我提升，學術界也開始重視殯葬文化研究，《殯葬管理條例》第四章規範殯葬服務業的管理及輔導，其中第四十五條及第四十六條要求殯葬服務業具有一定規模者必須設置專任禮儀師，規劃及指導喪葬禮儀各項事宜，藉法律規定來提升殯葬從業人員的專業服務。殯葬專業制度結合職業訓練、技能檢定及禮儀師證照，一百零一年《殯葬管理條例》修正施行後，授權內政部訂定《禮儀師管理辦法》。

　　具有禮儀師資格者，得執行下列業務：一、殯葬禮儀之規劃及諮詢。二、殮殯葬會場之規劃及設計。三、指導喪葬文書之設計及撰寫。四、指導或擔任出殯奠儀會場司儀。五、臨終關懷及悲傷輔導。六、其他經中央主管機關核定之業務項目。未取得禮儀師資格者，不得以禮儀師名義執行前項各款業務（內政部，2015：19）。

　　經政府與學術界努力下，民國103年禮儀師不再是一個名詞，至今一百零九年全國禮儀師人數達到一千多人，落實專業證照化，提升殯葬人員專業素質。101年內政部編印《平等自主慎終追遠——現代國民喪

禮》（內政部，2012）台灣社會因移民而多元文化，仍以傳承中華文化為主，只是傳統喪禮形成於宗法，突顯父權中心，男尊女卑的觀念，與現代社會重視個人主體性，強調人人生而平等，尊重存在差異的價值觀有所不同，為了回應現代多元化發展趨勢，讓每個人在生命終了時，可以走得有尊嚴，落實人權與環境倫理為原則，根據平等自主的現代精神，重建新時代國民喪禮，進而實現尊嚴死亡、殯葬自主、性別平等、多元尊重、環境永續的現代價值意識，中華傳統喪禮的特色是有層次有系統地抒發哀傷之情表達感恩之心，目的就是要慎終追遠，延續人性的尊嚴價值。讓共同生存在這個土地上，不同性別、不同身分、不同角色的每個人，都能活得更平等、更人性、更有尊嚴。此書將繼續推動現代國民禮儀生活的新起點，把不合時宜的喪葬習俗革除。

目前從業服務的基本原則還是依照政府規定去配合實施，但是在時代背景不同的文化下，所要求的性別平等，自古中國文化以父系社會為主，受儒家思想所影響，有些行為只能說無法做，更需要殯葬業者配合推廣才能落實。雖然內政部有許多改良的做法，但是在執行業務上仍有很多困難點，實在需要時間去平衡消化。

三、生命倫理與文化

所謂殯葬就是安置並悼念死者的活動及相關禮儀規範，「殯」是提供喪事禮儀的活動，如祭祀、追悼以及接待悼念來賓等服務；「葬」則是處理遺體的服務（王夫子、蘇家興，2010：4）。殯葬亦可稱為喪葬，喪禮是表達對亡者情感的方式，在《儀禮》書中講述的喪禮共有四篇，即《喪服禮》、《士喪禮》、《既夕禮》、《士虞禮》（李景林、王素玲、邵漢明，1997：305）。《士喪禮》詳細講述了治喪的具體過程與儀式，處理死亡所需各項喪禮儀節，葬是對亡者個體進行處理的方式或骨灰骸安葬與安奉。兩者可說密不可分；人類的喪禮起源於原始社

會發展到先秦時代,當時人對於死亡,出現兩種觀點:一是在原始社會所啟動的宗教解釋;二是道德的解釋。其中透過原始宗教的觀點,人們對應死亡的恐懼所採取的對應方式是安撫死者,道德的解釋則是透過理性的思考藉以解決情感的不捨(李慧仁;引自王慧芬,2019:203)。喪禮服務中的信仰應來自於祖先崇拜,所以在整體的中國文化中是重視孝道的,要讓亡者得到永恆的歸宿,對應的是生命的意義與價值,核心價值在於人們無懼死亡威脅,進而在實踐精神生命的永存中,親人關係不會被切斷,家族整體能永續發展(李慧仁、郭宇銨;引自王慧芬,2019:207)。殯葬給了這個需要,殯葬活動是民俗的一個重要組成部分,任何社會所不可缺的活動。生命倫理何其重要,談生死觀每個人解讀亦不同,但是人一旦死亡必須處理死亡的狀態,各種外在的殯葬行為與活動,是由生命信仰的觀念所支撐,若無這些信仰,殯葬便無文化可言,所以殯葬文化在生命信仰觀念上,發展出繁瑣的喪葬活動和禮儀規範(鄭志明,2012:69)。

　　殯葬文化最原本內涵是處理亡者方式與方法。原始社會殯葬文化與靈魂不滅的觀念是有相關的,人們相信死後靈魂還會永遠活著來禍福人間,殯葬儀式不只是埋葬亡者屍體,也有隔絕靈魂之意,不讓活人受亡者靈魂干擾,並善待亡者肉體,使靈魂得以安頓來保佑活著的人,不讓亡者在人間成為孤魂遊蕩(鄭志明,2012:30)。而祖先崇拜,來自於漢民族的倫理思想,深受儒家所影響,把生死看成是同一回事,所有人民有的生活行動與思想,在陰間一樣都有。所以人一旦死亡之後,它的靈魂會離開陽間進入陰曹,繼續過著和人間一樣的生活方式。其子孫必須準備紙造房子、焚燒紙錢等等,提供充足的糧食與用品,使祖先能在陰間過著舒適的生活。只有子孫奉祀祖先,使祖先在陰間的生活舒適安定,那祖先才會庇護子孫,保佑全族家人的繁榮。反之,如果祖先崇拜的觀念薄弱,子孫會由福轉禍,祖先會作怪,造成家門不幸(馮作民譯,2012:8)。所謂祭祀延續香火,後代子孫不管祖先是好是壞,皆要概括承受。《易經,坤卦文言》曰:「積善之家。必有餘慶。積不善

之家。必有餘殃。」（王雲五主編，1995：39）行善事，積福於子孫；作惡事則報應子孫。《太平經卷三十九》：

> 承者為前，負者後。承者，迺謂先人本承天心而行，小小失之，不自知用，日積久，相聚為多，今後生人反無辜蒙其過謫，連傳被其災，故前為承，後為負也。負者，流災亦不由一人之治，比連不平，前後更相負，故名之為負（《正統道藏》，1995：129）。

今人受到的禍福歸結為祖先的行為善或惡，同時今人的善惡行為也會使後代得到相應的福禍結果。這種因果關係，從後代的角度說是「承」，而從先人的角度說是「負」。「承負」簡單的說，就是先祖的罪過，在其有生之年無法償還，則由其後代子孫償還；若有餘慶，亦由子孫享受（湯一介，1991；引自蔡翊鑫，2019）。上天冥冥之中監督人們的道德行為，經由行為的善惡來進行相應的賞罰，善者長生、惡者減壽。但是有句話說好人不長命，禍害遺千年，反而作惡多端之人逍遙法外，《太平經》提出的承負之說，力行善反得惡者，是承負先人之過，流災前後積來害此人也；其行惡反得善者，是先人深有積蓄大功，來流及此人也（《正統道藏》，1995）。這就是說，這種善惡報應的反差，是來自其祖先所行功過的差異，承負先人之過也是承負先人之功（呂大吉，2002：571）。祖先崇拜是孝道精神的延續，講求孝道的目的是要建立起五倫中的親情關係去運用於社會，知道要怎麼待人處世，孝道也並不是只對父母的孝順而已，提倡孝道是要有自身反省與實踐的能力，進而用於社會及國家，古人所留下的文化資產，如今社會人情趨於淡薄，孝道倫理傳承很需要再重新發揚光大。大多數的中國人從倫理道德的角度去思考、規定、顯揚死亡的意義與價值，使中國人的生死散發著濃厚的倫理氣息。具體的社會生活中顯現為忠、孝、義、悌、信、禮、誠等等為倫理與道德的規範，孝道是做人的根本，影響社會與國家；上天有好生之德，人們把它置於生命價值之上，奉獻自我的生命，證明倫理道德規範的至上性，甚至高於個人生命存亡（鄭曉江，2006：

208）。

　　儒家倫理思想的基本內容是以宗法倫理為基礎，進一步擴展為社會的倫理和政治倫理，處理君臣、父子、兄弟、夫婦、朋友之間的關係，其基本原則是親親和尊尊（余敦康，1988；引自呂大吉，2002：806）。處理人際關係形成的基礎三綱五常，成為儒家的道統。為了強化封建宗法的社會君權、父權、夫權，把人際社會秩序納入宗法倫理規範，三綱五常在中國封建時代具有不可動搖的神聖地位。中國歷年來敬天祭祖的崇拜活動，其真意是報本反始、崇德報恩之意，這種教義不過是一種倫理觀念是道德，而非宗教。古代宗教在政治之上包含禮俗法制在內，而組成整個社會，整個文化靠它作中心，豈是人們各自道德所可替代，道德之養成亦要有個依傍，這個依傍便是「禮」（梁漱溟，1966；引自呂大吉，2002：812）。

> 道德仁義，非禮不成；教訓正俗，非禮不備；分爭辨訟，非禮不決；君臣上下、父子兄弟，非禮不定；宦學事師，非禮不親；班朝、治軍、蒞官、行法，非禮威嚴不行；禱祠、祭祀，供給鬼神，非禮不誠不莊。是以君子恭敬、撙節、退讓以明禮。《禮記‧曲禮上》（姜義華注譯，2018：5）。

　　說明禮的功能，幾乎所有社會行為都必須有禮方能達到行為的目標，禮的產生是基於一種需要。

> 因此禮的制定，透過具體節文落實到一般人身上，經過不少睿智的領導者，先後著意地予以強調使之昇華善化，形成崇高而完美的理想概念，這些概念希望它對於人類共同生活能產生高度的指導作用和永久持續的功效。因此就需要利用簡單而易做的形式，做普遍的推廣實行，使人們在習以為常慣性中潛移默化，漸漸領悟其中的道理。小則用在個人生活行為規範上，大則用於國家社會的組織制度上，利用這些規定作為基礎，在人群社會中，自然曾產生並維持

秩序，行為的規範、政教的工具、社會的制度形成了可行的種種規定，就是具體的禮儀（內政部，1994：69）。

儒家精神構成中國傳統喪禮的基調，總原則是：事死如事生，事亡如事存。用生前真實的模樣，把死者送走。侍奉死者如同生前一樣的對待，對於生死存亡都可依照禮的規定來做。喪禮基本特徵，重孝道、明宗法、顯等級、隆喪厚葬（王夫子，2013：258-260）。所以喪禮作為推進孝道的重要環節，孝，禮之始也。儒家理論，孝對於修養人格、治理國家的重要意義，所謂慎終追遠，民德歸厚。形成獨具特色的孝道殯葬文化，以孝道敦厚人心，強化人際關係，進而促進社會治理，強化喪禮文化的核心（王夫子，2013：261）。所謂禮與俗，上列敘述中談到禮，那麼俗是什麼？俗是指民間的一切生活習慣，它由一群共同的或混合的血緣關係的民族，在共同的地理環境中，經過長期生活，形成多數人遵守的習慣做法。同一種生活習慣、社會習慣，久而久之就習慣成自然。不同地區不同人群，便會產生不同習俗，所謂「千里不同風，百里不同俗」。清代學者段玉裁云：

> 習者、數飛也。引伸之，凡相效謂之習，周禮大宰禮俗以取民。注云：禮俗、婚姻喪祭舊所行也。大司徒以俗教民。注：俗謂土地所生習也。曲禮入國而問俗。注：俗謂常所行與所惡也。漢地理志曰：凡民函五常之性，其剛柔緩急音聲不同，繫水土之風氣，故謂之風。好惡取舍動靜無常，故謂之俗（《說文解字・段玉裁》；引自內政部，1994：70）。

禮與俗可分先有俗而後有禮，俗是自然的產物，因此禮俗二字連用成一種詞彙，來泛稱行為規範、生命儀式、生活習慣、社會風氣等（內政部，1994：72）。

禮必須具備三個要素，一、禮義，乃行禮之目的，可說是禮所期望

達成的功能，是最重要的一項。二、禮器，是行禮所需使用到的器物，它包含了食衣住行可能運用的物品，如喪服禮服、祭品祭器，使行禮者與觀禮者從情境中體會，行禮的目的與功能。三、禮文（禮儀），是行禮的儀節秩序，透過這些動作的設計，感悟到行禮的意義何在？禮的三要素，以禮義最重要，禮器禮文是用來幫助體現禮義精神，三者緊密相連，缺一不可（內政部，1994：74）。

「喪禮」能體現孝子賢孫孝道倫理精神，達到養生送死有節的目的。於是古代的人設計了處理喪禮的方法，讓我們遭遇死亡的問題不至於驚慌而有能力解決。《士喪禮》詳細講述了治喪的具體過程與儀式，處理死亡所需各項喪禮儀節，喪禮是指家屬對死者進行沐浴、襲、小殮、大殮、殯、奠、葬等各種儀節，喪服制度是指居喪期間家屬親戚各依與死者之親疏關係特定的衣服，喪禮期間的長短，也因與死者之親疏不同而有長有短。因此喪禮與喪服制度，每一細節都有其禮義的存在。

> 喪禮，哀戚之至也。節哀順變也。君子念始之者也。復，盡愛之道也，有禱祠之心焉。望反諸幽，求諸鬼神之道也；北面，求諸幽之義也。《禮記·檀弓下》（姜義華注譯，2018：147）

在喪禮中，孝子悲傷哀痛，念及先人生育養育之恩，希望死者能活過來不要死，拜稽顙，哀戚之至隱也。稽顙，隱之甚也。叩頭倒地可見喪親之悲哀。飯，用米、貝，弗忍虛也；不以食道，用美焉爾。不忍心讓長者空著口沒飯吃；愛之斯錄之矣；敬之斯盡其道焉耳。重，主道也。尊敬敬愛死者，立神主牌使靈魂有所依歸，並以生前祀奉的方式祭拜。辟踊，哀之至也。有算，為之節文也。袒、括髮，變也。慍，哀之變也。去飾，去美也。袒括髮，去飾之甚也。雖然悲傷而捶胸頓足，也須必須節制不可過度，也不穿華麗服飾。反哭升堂，反諸其所作也。主婦入于室，反諸其所養也。反哭之弔也，哀之至也。反而亡焉，失之矣，於是為甚。送葬後回家已經再也見不到了，心情特別的哀痛。卒哭

日成事。是日也以吉祭易喪祭。明日祔于祖父，其變而之吉祭也。比至於祔，必於是日也接；不忍一日末有所歸也。卒哭表示已完成喪祭，孝子不忍靈魂無依歸，舉行祔祭依歸於祖。喪之朝也，順死者之孝心也。其哀離其室也，故至於祖考之廟而后行。喪禮中安葬前，必須稟告祖先告別後再啟程，表明死者捨不得離開。

綜合以上深知喪禮每一個儀節皆有其用意，將其所有禮節及其用意可歸納出喪禮要達到的共同目標：(1)盡哀；(2)報恩；(3)養生送死有節；(4)教孝；(5)人際關係之確認與整合。今日喪家子孫披麻帶孝，舉哀慟哭，守靈，都是想藉此抒發哀慟之情。父母之恩天高地厚豈有報完之日，因而父母逝世，必須感恩，以事死如是生之態度去對待，喪禮它不僅能安頓死者體魄與精神，更是一場教導活人孝順的社會教育。喪服制度透過五服：斬衰、齊衰、大功、小功、緦麻，以死者為中心，家族以喪服來分親疏，來確認彼此的關係，達到凝聚團結的目的。儘管因為死者之死，會讓人際關係產生變化與調整，藉由喪禮的聚會更加強家族彼此關係的聯繫（內政部，1994：75-83）。

四、禮儀師的定位

殯葬服務是為悼念並安置死者所提供的一系列服務。在社會上產生一個專門提供有償的服務職業階層，它的出現與城市發展，社會分工，工商業的活躍等條件相聯繫（王夫子、蘇家興，2010：7），早期扛棺木的人稱「土公仔」。以前是一種家族傳承的事業，沒有地位，就算自己盡心做服務，卻無力改變社會評價。一般而言，社會大眾對土公仔印象是負面的，就服裝來看讓人覺得邋遢隨便，就言談舉止讓人覺得粗俗暴戾，價格上就死愛錢，似乎死人錢很好賺，讓喪家難以感受服務真正的品質所在（尉遲淦，2003：3）。昔日的土公仔搖身變成現代俗稱

的禮儀師[1]，這過程中不知經過多少前人的努力及推廣與教育，才能有今天禮儀師的名稱，同時更提升了殯葬業的社會地位。然而，身為一名禮儀師，在喪禮中所操作的任何儀式，都應知道為什麼要做這些動作，因為禮儀師肩負著文化教育與傳承，喪禮的文化內涵是禮儀師在執行業務時重要的依據，禮儀師於《殯葬管理條例》（內政部，2015）的規定下，身為喪禮指導者，面對社會層面所產生的死亡文化需求，更應該必須具備處理能力。例如專業知識與溝通協調能力，有統籌規劃與執行力，有同理心、有愛心與敬業精神等等。

雖然必須要具備上述所說的能力，但是現今禮儀師自身的喪禮價值觀的背後支持，若是引導錯誤，將影響喪親者對於整場喪禮的價值認知；眼下孝道倫理觀念淡薄，何況是慎終追遠呢？所謂的禮儀又成了什麼？身為禮儀師怎麼能不懂禮呢？應該更要比一般人要懂得禮在社會生活所具備的重要性，所以禮儀師肩負著文化教育與傳承，責任重大。子曰：「出則事公卿，入則事父兄，喪事不敢不勉，不為酒困，何有於我哉？」《論語‧子罕篇》（傅佩榮，2012：226）禮儀師承辦喪禮應當盡其本分，不可有任何疏忽懈怠。身為現代禮儀師需要文化涵養素質作為後盾，在殯葬禮儀中保留文化傳統與現代思維接軌的平衡點，以禮儀師的專業能力，讓喪親者在喪禮儀式中能適度依賴，展現禮儀師的價值。

死亡後的屍體處理，需要一群人，根據人們的文化習俗需求來處理。死亡系統是指一個社會如何與死亡經驗互動從而發展出一套與死亡實務相關的方法，它涉及社會中的死亡遭遇、態度與習俗（林綺雲，

---

[1] 《禮儀師管理辦法》依《殯葬管理條例》第四十五條第二項規定訂定之，禮儀師之資格，包括領有喪禮服務職類乙級以上技術士證、修畢國內公立或立案之私立專科以上學校殯葬相關專業課程20個學分以上，及具備92年7月1日以後經營或受僱於殯葬禮儀服務業實際從事殯葬禮儀服務工作之資歷2年以上；修畢殯葬相關專業課程之科學領域，有關殯葬相關專業課程之科目範圍、名稱及內容，由內政部另行公告。內政部（2015）。《殯葬管理條例法規彙編》，頁58。

2012：1-8.9）。

沒有人喜歡死亡，但沒有死亡又怎麼會珍惜生命？哲學家威廉・詹姆斯（W. James, 1842-1910）的深邃洞見：

> 惡之事實，是現實中一個真實的部分。畢竟在後來，這些惡有可能成為生命意義的最佳鑰匙，也可能是那唯一幫助我們開眼看到最深刻真理的途徑（蔡怡佳、劉宏信譯，2001：202）。

死亡有如存在光明中的黑暗，在黑暗中看清自我處境，同時也看到了人生的光明。作為一位殯葬業者，面對各種家庭的死亡離別，雖然死亡是大家不想遇見的，但是殯葬業者卻是樂於面對的，因為它是一種職業，專業處理死亡後的殯與葬，而現代殯葬的主導者，從以往的土公仔的稱呼，進階成為禮儀師時，在某種程度還是傳達著土公仔的意義，所謂禮儀師若無法超越土公仔的所作所為，那禮儀師也只是土公仔的現代版，更無法改變殯葬禮儀從業人員的意義與地位（尉遲淦，2003：4）。學無止盡，一個禮儀服務人員的素質涵養，需要靠自己努力才能提升。

接下來要討論現代禮儀師的角色定位是什麼？可將殯葬從業人員的工作內容分成程序方面及代辦事項。

在程序方面有：(1)接運遺體，並對遺體作適當的處理，如冷藏、防腐等；(2)與家屬商定葬禮的儀式及埋葬的方式；(3)擇日；(4)預定禮堂；(5)發引出殯。

代辦事項也有五項：(1)各種手續的辦理，如埋、火葬許可證的申請，殯儀館使用的申請等；(2)各種壽品的代售：棺木、骨灰罐、麻衣孝衣、孝棒等。舉凡死者所需的物品，皆可在葬儀社購得；(3)花車、樂隊、扛夫、和尚、道士、五子哭墓的聘請；(4)代購葬禮中一切必需品：從水被、庫錢等至供菜、供酒、衛生紙、簽字筆、謝卡、香煙、毛巾等，其項目涵蓋葬禮中所需的大小物品；(5)其他如訃文的印製、禮堂的布置等（李慧仁，2000）。

　　由上列分工界定出現代殯葬禮儀師的角色是：(1)作爲政府政策與喪家之間的溝通者；(2)公共益與人民財產權益的確保者；(3)治喪交易成本的節省者；(4)殯儀文化的改革者；(5)往生尊嚴的維護者；(6)徬徨與悲傷的陪伴者。在第四項殯儀文化的改革者內容上，對於喪家可能產生儀式的困惑，禮儀師應有責任解惑，消除喪家的疑慮（楊國柱，2003：446-452）。

　　其禮儀師服務內涵應該是從臨終關懷到殮、殯、葬、祭祀，而悲傷輔導貫穿其中，才能完整涵蓋死者與喪家的人性需求（尉遲淦，2003：8）。在人性本身需求提供知識的意義服務模式下，臨終關懷就變成禮儀師對臨終者與家屬面對的死亡關懷，藉著這種關懷讓臨終者與家屬瞭解過去的面對方式與他們自己可以如何去面對死亡；殮、殯、葬、祭祀就變成禮儀師對於死者與喪家死亡處理過程中的關懷，讓死者與喪家認知喪禮本身的意義與其本身人性的關聯，而悲傷輔導就變成禮儀師對臨終者與喪家從臨終到死後的整體關懷，透過這種人性化意義服務模式，在殯葬業所標榜的生死兩相安的境界才能達成（尉遲淦，2003：21）。所以禮儀師的角色是奠基於對殯葬禮俗及儀節的瞭解，所扮演的角色擴張到社會、心理與教育的層面。禮儀師指導殯葬儀節的同時，一方面代表了中國傳統倫理價值的傳承（陳繼成，2003）。由此可知，禮儀師作爲喪禮統籌者，應充實殯葬文化基本內涵，突顯其價值，讓喪禮服務發揮最大功能。

五、結語

　　所謂的現代的殯葬服務，指運用現代的科學技術設施，並在現代人文科學理論指導下，所提供的殯葬服務。由經過專門訓練具有專業操作技能的職業階層來擔任，這就是殯葬服務的職業化、專業化，它是城市化發展的必然要求（王夫子、蘇家興，2010：56）。殯葬服務基本原

則，以人為本、尊重人，視喪如親，具有服務熱忱，虔誠地為亡者服務。華人社會受儒家思想影響重視孝道，需要把傳統孝道運用於現代殯葬，讓殯葬服務能達到盡孝的精神，以客戶至上為原則，在客戶面臨殯葬茫然無知時給予幫助，如果是弱勢團體，應盡心找尋資源來幫助度過難關。

優質的殯葬服務必須是全方位、有溫度的、有條理有規範，並與時代接軌，符合現代化趨勢。時代改變殯葬觀念也跟著改變，過去人們會想要留一口氣回家，現在大多醫院治療在醫院斷氣，善終的概念也挑戰著人的觀念，現代著重於臨終關懷，想擁有高品質的醫療品質與臨終照顧，讓臨終者自己能決定身後事該如何處理，每個人都該學習正面看待死亡，建立殯葬自主的意識。

要讓「人生畢業典體」能夠達到「生死兩安」之境界，需要亡者、家屬及喪禮服務人員三方協力完成。關鍵在於亡者生前是否清楚表達個人意願或是其家屬們或委辦人能以各自生前曾經與其相處的經驗，共同協商為其代言；其次是親友們是否能達成共識並團結一致維護亡者的意願；第三則是喪禮服務人員能否秉持職業倫理，提供公平、專業及尊重隱私的服務（內政部，2012：146）。

喪禮服務人員，陪伴人們走過死亡，必須有超乎凡人的體力和堅強，因此禮儀服務人員，不僅要有專業的禮儀知識，更重要的是看清喪禮服務的意義與價值。對於過世的人，不因性別、年齡、經濟條件、死亡原因等而有所差別，生者與亡者的生命都得到尊重。

告別的個體都是世間唯一而獨特的，每個人都可以主張其殯葬自主權，讓家人與親友在心中留下專屬記憶，同時喪禮對於亡者的每個親屬們來說，都具有特別的意義與價值，因此尊重多元，實現性別平等是喪禮中必須秉持的核心理念。另外喪禮服務人員如果都能秉持視客戶有如自家人般的同理心，將更懂得傾聽，更能確實保障亡

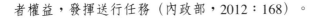

者權益，發揮送行任務（內政部，2012：168）。

筆者93年進入殯葬業時，殯葬業正面臨轉型，此時企業集團成立，積極推動生前契約，傳統殯葬業者受到企業影響，也必須改變經營模式才可生存。隨著時代進步，讓人無法想像的，殯葬業竟變成一個超夯的行業。於《殯葬管理條例》規範下與政府與學術界積極推動殯葬教育改革，喪禮服務證照化，學校設立殯葬科系，提升殯葬業者的知識水準。殯葬服務更趨於商業化，整體殯葬環境著實改變不少，從殯葬設施的改建更新、對殯葬業者的定期評鑑，業者更積極提升品質服務，並加強員工專業訓練，從服裝儀容、靈堂布置、禮儀用品等等，讓人顯得眼睛一亮，讓喪禮變得沒那麼冰冷可怕。但是商業化的背後，人顯得沒感情，業者為了營利，用迎合消費者的心態，展現各式各樣創新商品，如今喪禮變成商業行銷，卻忽略喪禮基本精神；政府推行環保自然葬簡葬，殯葬設施常常供不應求不敷使用，治喪日期漸漸縮減，殯葬簡化的時代已經來臨，工商社會又講求效率，簡化因應現代需求，傳統禮儀就顯得太過繁瑣。對於現代人來說越簡單越好，但是常聽到的是「家屬說：好像沒做什麼事，怎麼還要花這麼多錢？」「別人怎麼拜我就怎麼拜，也花這麼多錢。」整個喪禮的基本架構都扭曲了；喪禮的意義似乎變成只是一種外在制式化的形式，此時對禮儀業者來說，若方向引導錯誤，辦喪事還不如說只是處理屍體，喪禮簡化也簡化了整個殯葬產業的產值，未來禮儀業者又該如何生存？

更憂心的是證照化、禮儀師制度實行下，殯葬相關的學習卻成了買賣，當學習是一種買賣時，上述所提出喪禮的文化涵養素質，成了被淘汰的包袱，想丟又丟不了。而禮儀師的名稱也只能是政策下的虛名。如今殯葬實務只要不用禮儀師名稱執行業務，並無違法。筆者替殯葬業者的未來憂心，或許現代人說儒家思想是封建，但是孝道倫理的表現是無法抹滅的，沒有真正瞭解喪禮本身的文化內涵，是無法建構一個完整的喪禮，筆者認為殯葬業文化內涵是需要傳承的，所謂一代傳一代；現今

年輕禮儀師人才輩出，創新服務各有所長，應該能在傳統喪禮與現代喪禮之間重新找到平衡點，最終別忘了殯葬處理要解決的是情感與關係的要求（尉遲淦，2016），期許未來各界能針對這些問題有所改善，禮儀師在執行業務時也更應有更多的思考。

參考文獻

《正統道藏》。台北：新文豐出版公司，1995年，第41冊。

內政部（1994）。《禮儀民俗論述專輯──喪葬禮儀篇》。台灣省政府民政廳。

內政部（2012）。《平等自主慎終追遠──現代國民喪禮》。台北：內政部。

內政部（2015）。《殯葬管理條例法規彙編》。台北：內政部。

王夫子（2013）。《殯葬文化學──死亡文化的全方位解讀》。新北：威士曼文化。

王夫子、蘇家興（2010）。《殯葬文化學》。新北：威士曼文化。

王雲五主編，南懷瑾註釋（1995）。《周易今註今譯》，頁 39。台北：臺灣商務印書館。

王慧芬（2019）。《2018年綠色殯葬論壇學術研討會論文集》。新北：揚智文化。

余敦康（1988）。〈論儒家倫理思想──兼論其與宗教、文化的關係〉。載於《宗教・道德・文化》，頁162。寧夏：寧夏人民出版社。引自呂大吉（2002）。《從哲學到宗教學》，頁806。北京：宗教文化出版社。

呂大吉（2002）。《從哲學到宗教學》，頁571。北京：宗教文化出版社。

李景林、王素玲、邵漢明（1997）。《儀禮譯注》。台北：建宏出版社。

李慧仁（2000）。〈殯葬業應用ISO9000品質保證制度之個案研究〉。南華大學生死學系碩士論文。

李慧仁、郭宇銨。〈從生命永續觀點對環保自然葬之省思〉。引自王慧芬（2019）。《2018年綠色殯葬論壇學術研討會論文集》，頁207。新北：揚智文化。

李慧仁。《善終與送終──從儒家喪禮思想探究可行的進路》，頁38-55。台北：翰盧圖書。引自王慧芬（2019）。《2018年綠色殯葬論壇學術研討會論文集》，頁203。新北：揚智文化。

林綺雲（2012）。《實用生死學》。台中：華格那。

姜義華注譯，黃俊郎校閱（2018）。《新譯禮記讀本》。台北：三民書局。

蔡怡佳、劉宏信譯（2001）。W. James著。《宗教經驗之種種——人性的探究》。新北：立緒文化。

徐福全（1999）。《台灣民間傳統喪葬儀節研究》。台北：徐福全。

根瑟·馬庫斯譯（2001）。弗里茨·斯托爾茲（Fritz Stolz）著。《宗教學概論》。台北：國立編譯館。

馬林諾夫斯基。《文化》，頁108。北京：北京大學圖書館藏。引自張志剛（2003）。《宗教學是什麼》，頁38。台北：揚智文化。

尉遲淦（2003）。《禮儀師與生死尊嚴》。台北：五南圖書。

尉遲淦（2016）。〈簡化是解決殯葬問題的萬能丹嗎〉。《中華禮儀》，第35期，頁15-20。

尉遲淦（2003）。《禮儀師與生死尊嚴》。台北：五南圖書。

張志剛（2003）。《宗教學是什麼》。新北：揚智文化。

梁漱溟（1966）。《中國文化要義》，頁108-109。學林出版社。引自呂大吉（2002）。《從哲學到宗教學》，頁812。北京：宗教文化出版社。

陳繼成（2003）。〈台灣現代殯葬禮儀師角色之研究〉。南華大學生死學系碩士論文〉。

湯一介（1991）。《魏晉南北朝時期的道教》，頁364-366。台北：東大圖書。載於蔡翊鑫（2019）。〈殯葬禮俗與性 平等之探討〉。《藝見學刊》，第18期。

傅佩榮（2012）。《論語解讀》。新北：立緒文化。

楊國柱（2003）。《民俗、殯葬與宗教專論》。新北：韋伯文化。

萬安生命（2012）。《過去現在未來台灣殯葬產業的沿革與展望》。新北：威仕曼文化。

馮作民譯（2012）。鈴木清一郎著。《台灣舊慣習俗信仰》。台北：眾文圖書。

蔡翊鑫（2019）。〈殯葬禮俗與性別平等之探討〉。《藝見學刊》，第18期。

鄭志明（2012）。《當代殯葬學綜論》。台北：文津出版社。

鄭曉江（2006）。《生死學》。台北：揚智文化。

20.

解脫生死——以慧遠的「形盡神不滅論」及其淨土思想與修持為核心

徐廷華

華梵大學東方人文思想研究所博士生

一、前言

今天要談的主題，是「解脫生死」，從慧遠所倡議的「形盡神不滅論」及其淨土思想與修持作爲核心來探討，爲了方便掌握其中的脈絡，我們就以「形盡神不滅論對淨宗念佛的意義」、「慧遠淨土信仰的基礎在其深信因果報應及神不滅論」及「慧遠與善導之淨土思想」三個面向來分析。

二、形盡神不滅論對淨宗念佛的意義

慧遠在廬山開結社念佛之風，是中土佛教界的大事，其理論基礎是形盡神不滅思想與三世因果報應的理念。當時的陶淵明由於堅持形盡神滅的形神觀，由此不相信有三世輪迴，最終與淨土法門失之交臂。

(一)「形盡神不滅論」論題的提出與意義

任何一個法門的興起，必定有其所依的經典和理論爲支撐，否則便是無本之末。東林教團結社念佛，主要依據的經典是《無量壽經》，其理論基礎是形盡神不滅論、三世因果輪迴的理念。慧遠大師命劉遺民居士所作的發願文，代表了蓮社成員共同的心聲，其開篇寫道：

> 夫緣化之理既明，則三世之傳顯矣。遷感之數既符，則善惡之報必矣。推交臂之潛淪，悟無常之期切。審三報之相催，知險趣之難拔。此其同志諸賢，所以夕惕宵勤，仰思攸濟者也。[1]

---

[1] 劉遺民，〈蓮社誓文〉。這句話的意思是說：明白了因緣變化的道理，所以三世因果輪迴的真相得以彰顯，因果變遷的規律既然冥符，所以善惡報應的結果就必定

　　當知道了三世因果輪迴的真相，深感生死輪迴的可怕，又聽聞到《無量壽經》介紹極樂世界的清淨莊嚴，於是欣慕之心油然而生，發願往生乃是自然意料中的事情。由此可見，三世因果輪迴和善惡報應論，是蓮社念佛的理論基礎。

　　而這兩者都要有一個前提，即是要有一個責任的主體，作為承擔者，這樣才能保證因果不會落空，三世不至於斷滅。公元四○四年，慧遠作《形盡神不滅論》，闡述了人形體有滅，神識不會消亡的道理，解決了三世因果輪迴過程中的主要矛盾。

　　本來在佛教的根本教義中，是不承認有一個恆常不變的我之存在的，佛教的三法印，其中就有諸法無我。佛在世的時候，傳統的婆羅門教，也是承認有輪迴的，認為人死之後，有一個不變的靈魂，變換不同的身體，就像一個人從一個房間走到另一個房間。以佛教的緣起中道觀來看，這是一種常見，是被佛教所呵斥的。但是三世輪迴理論的建構，必定要解決誰來承擔因果的問題。在佛世，有人問身與命是一，身與命是異等的問題，佛斥之為「十四無記」，認為這是一種戲論，不予回答。佛滅度後，部派佛教時期開始，就有不同的部派試圖來解決這個問題。像正量部就立了一個不失法，作為業寄存的地方。後來到了唯識宗，立了阿賴耶識。阿賴耶識又稱為藏識，能夠含藏業的種子。

　　形盡神不滅中的神，也承擔了這個功能，負責寄存業果，生命的相續。佛教的緣起中道，是遠離兩邊的，不能執著於空無，也不能執著於實有。在印度，傳統的婆羅門教是常見，所以佛經多說空、無我以破斥。在中土，情況正好相反，作為本土文化的儒道兩家，都有神滅論的傾向，這是一種斷見。慧遠強調神的不滅，有救偏補弊的意味。

　　到了漢武帝「罷黜百家，獨尊儒術」，儒家作為一種官方意識型

了。推查身邊親朋好友一個個離世，感悟到生命的無常危脆。審視現報、生報、後報的相續催迫，知道依靠自力難以拔濟輪迴的險趣。所以蓮社的諸賢朝惕夕勵，思惟仰賴佛力以得救濟。

態，在中土思想界一直占據著主流的地位。儒家在對待人死後有神無神的立場，存在兩面性。一方面承認有鬼神的存在，有來世，例如：

> 易與天地準，故能彌綸天地之道。仰以觀於天文，俯以察於地理，是故知幽明之故。原始反終，故知死生之說。精氣為物，遊魂為變，是故知鬼神之情狀。與天地相似，故不違。知周乎萬物，而道濟天下，故不過。旁行而不流，樂天知命，故不憂。安土敦乎仁，故能愛。範圍天地之化而不過，曲成萬物而不遺，通乎晝夜之道而知，故神无方而易无體。（《周易·繫辭上》）

另一方面，儒家注重現世人倫道德的教化，對於鬼神的事情不願論及，避而不談：

> 夫道未始有封，言未始有常，為是而有畛也。請言其畛：有左，有右，有倫，有義，有分，有辯，有競，有爭，此之謂八德。六合之外，聖人存而不論；六合之內，聖人論而不議。春秋經世，先王之志，聖人議而不辯。故分也者，有不分也；辯也者，有不辯也。曰：何也？聖人懷之，眾人辯之以相示也。故曰：辯也者，有不見也。夫大道不稱，大辯不言，大仁不仁，大廉不嗛，大勇不忮。道昭而不道，言辯而不及，仁常而不成，廉清而不信，勇忮而不成。五者圓而幾向方矣。故知止其所不知，至矣。孰知不言之辯，不道之道？若有能知，此之謂天府。注焉而不滿，酌焉而不竭，而不知其所由來，此之謂葆光。故昔者堯問於舜曰：「我欲伐宗、膾、胥敖，南面而不釋然。其故何也？」舜曰：「夫三子者，猶存乎蓬艾之間。若不釋然，何哉？昔者十日並出，萬物皆照，而況德之進乎日者乎！」（《莊子內篇·齊物論》）

雖然儒家也提倡祭祀祖先，祭祀的時候，「祭神如神在」，但這主要是從神道設教的角度和立場，注重慎終追遠，強調孝道的精神。「如

神在」，本身就隱含對神存在的懷疑態度。所以從現世出發，儒家又有神滅論的傾向。

道家的學說也存在著這種情況，神滅論和神不滅論並存。一方面，道家提出了氣化論的哲學觀點，認為人稟氣而生，死後歸無，是典型的神滅論的觀點。如：

> 道生一，一生二，二生三，三生萬物。萬物負陰而抱陽，沖氣以為和。（《老子·四十二章》）

道是萬物的本源，由道生出一團混沌之氣，然後清者上升，濁者下降，分為陰陽二氣，上升的為陽氣，下降的為陰氣。由陰陽二氣的調和，再出生萬物。又說：

> 致虛極，守靜篤。萬物並作，吾以觀復。夫物芸芸，各復歸其根。歸根曰靜，是謂復命。復命曰常，知常曰明。不知常，妄作凶。知常容，容乃公，公乃王，王乃天，天乃道，道乃久，沒身不殆。（《老子·十六章》）

萬物都有歸宿，生命就也不例外，也要歸根。生命歸根於氣，氣歸根於道，道即是無。如：

> 人之生，氣之聚也；聚則為生，散則為死……故曰：通天下一氣耳。（《莊子·知北游》）

意思是：人的誕生，是氣的聚合，氣的聚合形成生命，氣的離散便是死亡，整個天下只不過同是氣罷了。另一方面，又承認有精神不滅。如：

> 老子曰：所謂真人者，性合乎道也。故有而若無，實而若虛，治其內不治其外，明白太素，無為而復樸，體本抱神，以遊天地之根，芒然仿佯塵垢之外，逍遙乎無事之業，機械智巧，不載於心，審於

無假，不與物遷，見事之化，而守其宗，心意專於內，通達禍福於一，居不知所為，行不知所之，不學而知，弗視而見，弗為而成，弗治而辯，感而應，迫而動，不得已而往，如光之燿，如影之效，以道為循，有待而然，廓然而虛，清靜而無，以千生為一化，以萬異為一宗。有精而不使，有神而不用，守大渾之樸，立至精之中，其寢不夢，其智不萌，其動無形，其靜無體，存而若亡，生而若死，出入無間，役使鬼神，精神之所能登假千道。使精神暢達而不失於元，日夜無隙而與物為春，即是合而生時於心者也。故形有靡而神未嘗化，以不化應化，千變萬轉而未始有極，化者復歸於無形也，不化者與天地俱生，俱生者未嘗化其所化者即化，此真人之遊純粹素道。（《文子‧九守‧守樸》）

佛教初傳的時候，對社會的影響不大。到了東晉，隨著佛典翻譯的完備，出家僧人數量的增多，影響日隆。佛教的理念和佛教徒的生活方式，對本土的儒道文化產生了衝擊，引起了本土人士的質疑。而佛教的基本理念，在時人的眼裡就是神識不滅和三世輪迴。袁宏說：

又以人死精神不滅，隨復受形，生時所行善惡，皆有報應。故所貴行善修道，以煉精神不已，以至無為而得為佛也。（《後漢紀》）

所以，當本土人士在攻訐佛教的時候，就自然地引用儒家和道家中神滅論的那部分思想資源，來否定神識不滅。大師說形盡神不滅，有一個不滅的神，含有矯枉過正的意思。由形盡神不滅的觀念出發，慧遠在《三報論》和《明報應論》中，申述有三世輪迴，因果報應真實不虛的道理。有這些理論觀念的鋪墊，淨宗才能夠比較好的在廬山扎根、結果，首開中土結社念佛。

(二)陶淵明的反面例證

與此相反的情況，如果有人不能相信神識不滅，不能相信有三世因果輪迴，就難以信奉淨土一法。一個明顯的例子，就是陶淵明。慧遠大師曾經熱情邀請陶淵明參加蓮社，但是由於陶氏受中土儒道文化的熏陶，不相信有來世，對此不感興趣，於是就找藉口回絕了。

> 遠法師結白蓮社，以書招淵明造焉，遠勉以入社，陶攢眉而去。[2]

慧遠大師棲隱廬山，三十年影不出山，跡不入俗，保持了高尚的僧格。與大師同時代，陶淵明也在廬山棲隱，其思想，主要是受到儒家和道家的熏陶。他早年積極入世，曾經有多次仕宦的經歷，這時的思想心態，主要是儒家經邦濟世的理想。後來厭倦官場的險惡歸隱，崇尚自然，道家的氣氛很濃厚。但是他又不贊同道家的追求長生，他的新自然觀，立足於滿足現世的適性和逍遙，當然就他的修為來說，盡其一生也沒有達到這個目標。陶淵明不為五斗米折腰，歸隱田園，宅心高遠。慧遠大師到廬山後，「既而謹律息心之士，絕塵清信之賓，並不期而至，望風遙集」。這其中就有彭城的劉遺民，雁門的周續之，南陽的張萊民等人。其中劉遺民、周續之和陶淵明，被稱為潯陽三隱，張萊民與陶淵明是兒女的親家，他們之間都有交游。陶淵明與慧遠大師之間，也有過來往交集。劉遺民在廬山依止慧遠大師學佛後，一直誠邀陶淵明前去，但是陶淵明一直遲疑不決，不想去。為什麼呢？據陶淵明自己的說法，是因為他還放不下兒女親情、家庭的溫暖，到寺院過離群索居的生活太清苦。其實，這只是一個表面的問題，或者說是個托辭。最後的兩句詩

---

[2] 《廬阜雜記》，慧遠大師結白蓮社，以書招陶淵明前去。陶淵明說：弟子嗜酒，如果准許我飲酒的話，我就去。慧遠大師雖然持戒精嚴，但是特別開許陶淵明飲酒，於是陶氏前往造訪東林寺。慧遠大師等勸令陶淵明入蓮社，陶淵明皺了下眉頭就走了。

文「去去百年外，身名同翳如」，才是其中的關鍵。由於陶淵明不相信人生百年之後，還會再有來世，所以他也就不可能追求往生淨土，向往彼岸的佛國世界了。這點，透過陶淵明的形神觀，就可以得到證明。慧遠大師於404年作《形盡神不滅論》後，412年在廬山刻石立佛影，413年又作《萬佛影銘》，其中有「廓矣大象，理玄無名，體神入化，落影離形」之句。這樣形、影和神三者就全了。413年，陶淵明也作了一組詩《形影神》，表達了自己的生死觀。這首詩不見得就是針對慧遠大師，但是可以對照兩人的作品，得出兩人的思想分歧所在，然後得知其對待淨土的態度。

《形影神》共三首，首先是〈形贈影〉：

天地長不沒，山川無改時。草木得常理，霜露榮悴之。謂人最靈智，獨復不如茲。適見在世中，奄去靡歸期。奚覺無一人，親識豈相思。但余平生物，舉目情淒洏。我無騰化術，必爾不復疑。願君取吾言，得酒莫苟辭。

形，代表了肉體的生活態度。形羨慕天地山川沒有變化，深感人生無常，又沒有得道成仙的法術，所以主張人生短暫，不如及時行樂，飲酒作歡。這是一種頹廢主義和享樂主義的人生觀，代表了普通民眾和魏晉士林中一部分人因政治失意，借酒以澆胸中塊壘的心態。這是陶淵明所不贊成的。

其次是〈影答形〉：

存生不可言，衛生每苦拙。誠願游昆華，邈然茲道絕。與子相遇來，未嘗異悲悅。憩蔭若暫乖，止日終不別。此同既難常，黯爾俱時滅。身沒名亦盡，念之五情熱。立善有遺愛，胡為不自竭？酒云能消憂，方此詎不劣！

影，代表了儒家名教的生活態度。形體面對不能存生的苦惱，養身

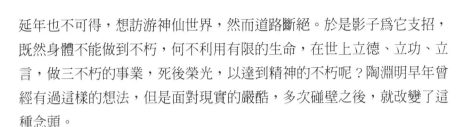

延年也不可得，想訪游神仙世界，然而道路斷絕。於是影子為它支招，既然身體不能做到不朽，何不利用有限的生命，在世上立德、立功、立言，做三不朽的事業，死後榮光，以達到精神的不朽呢？陶淵明早年曾經有過這樣的想法，但是面對現實的嚴酷，多次碰壁之後，就改變了這種念頭。

第三是〈神釋〉：

大鈞無私力，萬理自森著。人為三才中，豈不以我故。與君雖異物，生而相依附。結托既喜同，安得不相語。三皇大聖人，今復在何處？彭祖愛永年，欲留不得住。老少同一死，賢愚無復數。日醉或能忘，將非促齡具。立善常所欣，誰當為汝譽？甚念傷吾生，正宜委運去。縱浪大化中，不喜亦不懼。應盡便須盡，無復獨多慮。

神，代表了陶淵明晚年的生活態度。神以事實破除形企求騰化長生的妄想，歷史上的三皇聖人，享年高壽的彭祖都已經不在了，賢愚不免共歸一死。對於形每日沉湎於酒中以此忘憂，神告誡說，這樣豈不是反而促使生命早亡嗎？對於影所主張的立善揚名，神勸勉說，當你身體死後，誰會對你稱讚呢？所以，既然化是事物不可改變的普遍規律，死後形神俱滅，什麼都沒有了，別人的稱贊你已經聽不到了，立善揚名也沒有什麼意義，那就不妨縱情放浪，順從其中，沒有什麼可喜，也沒有什麼可怕的。

陶淵明被動的任由命運擺布的人生哲學，以恬淡的心情順應自然的規律，具有豁達適意的一面。但是，這種可有可無的態度，使他缺乏對生命真相的深層追問。其實，透過現存陶淵明的詩文，可以明顯地看到，生死憂患是他一直擺脫不了的一個問題，現存陶淵明所作吟詠生死的詩歌占了他全部詩作的一半以上即可為證。但是由於他堅定的主張生而必死，形盡神滅，「死去何所道，托體同山阿」。人死不過是與自然化為一體而已。以此出發，對於天道鬼神的事情，他認為太幽遠，虛無縹緲：「大道幽且遠，鬼神茫昧然。」對於一個遙遠的淨土世界，他也

缺乏瞭解的熱情。所以形盡神滅的思想基調，和被動的任由命運擺布的現實人生態度，是陶淵明最終與淨土法門失之交臂的原因。

(三)當代的啓示

慧遠用善巧的語言，用當時中土人士所熟悉的神這個概念，說明形盡神識不滅的道理，奠定了淨宗的理論基礎。雖然這篇文章是在《沙門不敬王者論》中，作爲其中的一篇，並不是專門討論淨土的理論，但是我們可以把它作爲淨宗的一篇重要文獻。形盡神不滅思想，是慧遠對中土思想界的重要理論貢獻，也是對淨宗的重大理論貢獻。而陶淵明形盡神滅的形神觀，用現在的話語說，即是一種無神論。在我們這個時代，無神論的學說甚囂塵上，受這種斷滅論的觀點影響，一般人普遍對出世的教化不能相信，對於淨土法門不能信向。否則的話，面對一個堅定的唯物論、無神論者，一開始就跟他講非常超越的淨土法門，會本能地排斥，甚至是誹謗。有志於弘法之士，應當留意於此。

三、慧遠淨土信仰的基礎在其深信因果報應及神不滅論

慧遠淨土信仰的基礎在其深信因果報應及神不滅論。因深懼生死之苦、輪迴之痛，所以一聞彌陀淨土法門，便專注期生彌陀淨土，如蓮友所撰發願文：

> 「夫緣化之理既明，則三世之傳顯矣。遷感之數既符，則善惡之報必矣。推交臂之潛淪，悟無常之期切。審三報之相催，知險趣之難拔。此其同志諸賢，所以夕惕宵勤，仰思攸濟者也。」[3]

---

[3] 劉遺民，〈蓮社誓文〉。

以此表達出慧遠對於生命短促，求取彌陀救度的思想。在個人修行方面，觀想念佛即是慧遠求生彌陀淨土的方法，他的念佛是以觀想念佛為主的念佛三昧，所依據的是《般舟三昧經》，即坐禪入定時，觀想佛的功德相好。慧遠領導蓮社三十餘年，曾三次在定中見到佛，往生前七天即預知時至。東林十八賢也皆有往生瑞相，其餘因參加蓮社而得度者不可勝計[4]。為修持淨土法門的信眾帶來極大的信心。至於定中所見的佛怎麼呈顯？是客觀的，還是主觀的？在《般舟三昧經》，多把觀想念佛所見之相喻為夢，慧遠提出：「般舟經云：有三事得定，一謂持戒無犯，二謂大功德，三謂佛威神。問：佛威神，為是定中之佛，外來之佛？若是定中之佛，則是我想之所立，還出於我了。若是定外之佛，則是夢表之聖人。然則神會之來，不得令同於夢明矣。」慧遠曾與鳩摩羅什反覆討論這個問題，羅什指出見佛有三類：一是自得天眼而見佛；二是神通自如，飛到十方去見佛；三是凡夫修行禪定，定中見佛。般舟三昧經的夢喻，只是取其夢中之事歷歷分明，能到能見，而非如夢的虛妄。觀想念佛必須要有甚深定力，悟解佛理也必須有深厚的佛學素養，實非一般尋常百姓所能辦到。因此，歷來評論慧遠的觀想念佛，都認為是為上根者深定所設，是少數上根者可行之法。

四、慧遠與善導之淨土思想

(一)自力修證與仰仗他力的比較

慧遠初事道安，即以建立教法宏綱為己任，以後他更推廣此意，欲

---

[4] 創辦蓮社，就是慧遠推廣彌陀淨土思想的重要開展，慧遠首創蓮社，與劉遺民等僧俗一百二十三人，在太元十五年（402）七月二十八日創立蓮社，由劉遺民撰寫誓文，眾人在阿彌陀佛像前發願，共期往生彌陀淨土。蓮社成立後，加入者不計其數，當中有十八人最為傑出，號「東林十八賢」。

根據教法移風易俗。他認爲出家之人號爲沙門，在於能破習俗的愚暗，教導有情轉向覺道。因而主張出家修行，應該與世俗上以世法爲準則有所不同，應高尙其事，不敬王侯，才能變俗以達其道。而化導世俗，在先示以罪福報應，使知去惡從善，以此來啓發自己內在的心，從而覺悟。他自己隱居廬山率衆行道，以身作則，在當時確已獲得相當大的影響。特別是他所主張的，以罪福報應導俗和以禪觀念佛入眞的見解，對於後世的影響尤其深遠。像他所倡行的念佛法門，原是用觀想功夫，到了善導時就側重稱名，形成淨土一宗。導俗入眞，固不能逸出於慧遠的遺規，所以後人仍追奉他爲淨土宗的初祖。其淨土思想著重於自力，我們透過對慧遠淨土思想的考察，以及東晉時代般若學的背景探索，瞭解到慧遠所提倡的念佛三昧是定中見佛的般若三昧。我們從其闡發的念佛三昧是諸三昧中最殊勝中可以看出來，原文如下：

> 又諸三昧，其名甚衆，功高易進，念佛爲先。何者？窮玄極寂，尊號如來，體神合變，應不以方。故令人斯定者，昧然忘知，即所緣以成鑒。鑒明，則內照交映，而萬象生焉。非耳目之所暨，而聞見行焉。於是睹夫淵凝虛鏡之體，則悟靈根（相）湛一，清明自然。察夫玄音以叩心聽，則塵累每消，滯情融朗。非天下之至妙，孰能與於此哉？

慧遠認爲：三昧的名稱甚多，在諸三昧中，以功德高，進展容易的標準來衡量，當推念佛三昧最爲第一，這是什麼緣故呢？窮盡玄妙通達寂滅的境界，即是如來性體。如來性體，任運神妙，應合法界的幻化。隨緣妙應，無有定規。如來體性能令證入念佛三昧的修行之人，渾然消泯人我是非的界限，遣蕩種種知見，涉緣應事，如同鏡子。鏡子明亮，內照清楚，便能映現森羅萬象的相狀。即便耳與眼不能視聽的景物，但運用聞性與見性，亦能通曉無礙。在念佛三昧中，能令塵勞掛累日漸消除，滯塞的情執徐徐融化開朗，這個境界的獲得，若不是天下至妙的念佛法門，還有什麼方法能夠達到呢？

慧遠這段文句展示的念佛三昧，傾重於自性佛，著重自力修證，然以禪觀證悟，棲神淨土，兼仰佛力，如是，便避免了渺茫無主，蹈虛履空。

但善導大師的淨土思想卻著重於他力，也即仰仗阿彌陀佛的本願之力而往生。其以九品往生皆是凡夫，說明往生非靠自力，而是仰仗阿彌陀佛的願力，以佛之願力，往生西方，即同七八九地菩薩。在討論西方極樂世界究竟是報土，還是化土時，諸師所說不一，爭論紛紛，攝論諸師執著西方極樂世界是報土，凡夫二乘不能往生，凡夫二乘往生者，只是別時意，如果西方極樂世界是化土，那麼阿彌陀佛是化佛，令凡夫二乘皆得往生，可見西方極樂世界應為化土，報土是淨土，化土豈得真淨土？對此，善導大師力排眾議，著重於文義並顯，大師主張，第一阿彌陀佛是報佛，西方極樂世界是報土，而凡夫之人，皆能生於報土，其所以生報土的原因，是仗阿彌陀佛強大的願力，而非眾生自力所致，如果忽略了彌陀大願，只著眼於往生者之資格而論凡夫能否往生，其說是不正確的。由此，說明我人往生西方極樂世界是依阿彌陀佛的強大的願力，並非靠自力。此是從自力與他力關係說明兩者的比較。

(二)禪觀念佛與稱名念佛的比較

我們知道慧遠的念佛思想著重於凝觀禪力入三昧境界，也即是教人一邊念佛時一邊作觀想，就是以佛作觀想，這樣容易得到感應，若無觀想對象則渺茫而難以成就。這在劉遺民的發願文中說：

> 蓋神者可以感涉，而不可以跡求，必感之有物，則渺茫何津。

但善導大師卻不教人作觀想，而是直接教人稱念阿彌陀佛的名號。善導大師在《往生禮讚偈》中道：

> 乃由眾生障重，境細心粗，識揚神飛，觀難成就也。是以大聖悲憐，直勸專稱名字，正由稱名易故，相續即生。

其認為：凡夫眾生業障深重，所觀的極樂淨土之境界精細微妙，而能觀的心念卻極為粗糙，既然心識掉舉精神散亂，那麼觀想就很難能夠成就，是以釋迦世尊大慈大悲憐眾生，直接勸導眾生專心念阿彌陀佛，正是由於稱念佛號容易的緣故，只要能夠相續不斷，就可以往生，如果能夠念念相續不斷，以終其一生的期間專意念佛，那麼十人修行即十人往生，百人修行即百人往生，絕對萬無一失。何以故？由於沒有外在雜亂的固緣故，由於正念相續的緣故，由於與阿彌陀佛的本願相應的緣故，由於不違釋迦世尊的教化故。由於隨順佛陀所說之法如說修行的緣故，反之，如果捨棄專修的功夫，而間雜修習其他法門的人，百人之中難得有一兩個成就，千人之中罕有三四個往生，何以故？因緣混雜散亂，妄動而失去正念的緣故，與阿彌陀佛的本願不相應的緣故，與釋迦世尊的教化相違背的緣故。不隨順佛陀所說如法修行的緣故，系念佛號不能相續不斷地緣故，內心不能專心思念報佛恩的緣故，雖然也在從事修行，但是常與名利欲望相應不離的緣故，喜好親近雜亂的因緣，自我障礙又妨礙他人修行往生淨土之正行的緣故。在善導大師的《觀經疏‧散善義》中言：

> 決定深信阿彌陀佛四十八願，攝受眾生，無疑無慮，乘彼願生，定得往生。

由此可以看出善導大師對於他力的主張。

(三)難行道與易行道的比較

慧遠的念佛是禪觀結合的念佛，這不是一般人所能辦到的，坐禪入定，首先必須要生活優裕，而且沒有俗務纏身，觀想佛身及淨土諸相，必須具有十分豐富的想像力，至於悟解佛理，則至少須具有一定的文化素養。因此，歷來評價慧遠的觀想念佛，都認為是為「上根」者所設。而彌陀淨土的根本意義，在於它是一個與現實苦難對立的理想國；

在於它是中觀思想在信仰方面的體現，其無生之生能為深層的和淺層的信仰者普遍接受；在於它是仗佛力往生淨土的易行道，能滿足苦難民眾的宗教需求，彌陀淨土如此種種特質，在慧遠那裡是見不到的，他只是追求永生，沒有獨特的淨土教義，他的念佛三昧，雖是首倡，但是也沒有突破印度禪法的範圍，而且只能為少數人所接受，這與善導大師所提倡的稱名念佛風靡天下是不一樣的，他的思想對後人沒有太大的影響，只不過對當時有很大的影響，所以說是難行道。但善導卻與之不同，他提倡的是持名念佛，強調乘佛力往生，突出了彌陀超世本願的作用，充分反映出易行道之本質，其認為在五濁惡世，依靠個人的勤苦修行，甚難達到圓滿，主要難在五點：外道偽裝，淆亂大乘佛法；小乘只求自己解脫，阻塞大乘實行普渡眾生的慈悲精神；惡人搗亂，毫無顧忌，破壞修行者的勝德；是非不分，善惡顛倒，損害清淨之行；靠自力修習，不相信依靠佛的他力拯救。因這五者的緣故，修行者難得斷惑證真，修因得果。像這種依靠自力修行之路就是「難行道」。反之，只要信仰阿彌陀佛，以此因緣願生彌陀淨土，便可仰仗阿彌陀佛的願力，死後被接引到彌陀淨土，如同水路乘船，前者如同陸路步行，故而後者是「易行道」。

(四)兩者綜合比較

日本淨宗的先驅者源空在《黑谷上人語燈錄》卷九提出，中國的淨土宗有東晉廬山慧遠，唐代慈愍（慧日）和道綽，善導三流。並就此作了評述，從原文中我們可以看出，慧遠流的念佛方法主要是觀想念佛，而善導流以稱名念佛為主。就教來說，慧遠是入念佛三昧，見佛和往生。用觀想的方法收攝散亂的妄心，達到一種窮玄極寂，體神圓融的精神統一的狀態，稱為三昧，入於三昧，隨宜可以應物，能顯出耳目所不能及的境界，結果能見到佛界，這叫定中見佛，由見佛而能往生淨土。而善導就教來說，強調稱名念佛，以「信願行」為三資糧，信，指信知

自己是罪惡生死之凡夫，流轉三界而無出離之緣；信知阿彌陀佛本弘誓願宏深可靠；信知自己必能往生滿願，即發願往生。行，主要是念佛，身禮阿彌陀佛，口稱阿彌陀佛之名，意念阿彌陀佛，及彌陀淨土種種莊嚴。一心念佛，必能往生，無須悟解。總的來說，慧遠的淨土觀是哲理性的，重知識悟解的流派。而善導是面向一切凡夫，簡便易行的法門，體現了淨土法門的主旨。

五、結語

慧遠對後世的影響是多元的。在教內，方法上借重毗曇知識，強調以佛法研究法佛，思想上弘揚般若學、戒律上制定戒規，建立「唱導」講經形制，始創中國集眾念佛共修，並有自此開啓中國佛教蓮社念佛的風氣之弘功[5]。每種宗教、文化都有關於生死與靈性的討論，包括：從生到死之間的變化、對死亡的看法與態度、死後世界的描述、死亡過程中的心念掌握等，大都承認死後世界的存在，以及生前的作為影響死後去處。佛法揭示生命的轉換如春夏秋冬四季更替，每期雖有不同生命體及現象，但是生命本質卻持續存在，不曾消失。生死、死生是連續的循環，死亡不是結束，是生命另一期的開始。每個階段的心性成長會直接影響下個階段的去處。不管是自力修證或者仰仗他力，淨土是諸佛以慈悲心廣大誓願所成就，提供眾生得以往生，進而「解脫生死」。

---

[5] 李幸玲（2007）。《廬山慧遠研究》，頁491。台北：萬卷樓圖書。

參考文獻

《慧遠大師文集》。台北：原泉出版社，1990年。

《慧遠大師集》。台北：佛教出版社，1980年。

《廬山慧遠法師文鈔》。台北：佛陀教育基金會，1987年。

〔宋〕陳舜俞補正。《東林十八高賢傳》。《卍續藏經》，第135冊。

〔唐〕孔穎達。《周易正義》。台北：藝文，1997年。

〔唐〕道宣。《廣弘明集》。《大正藏》，第52冊。

〔梁〕僧祐。《弘明集》。《大正藏》，第52冊。

〔清〕郭慶藩集釋。《莊子集釋》。台北：萬卷樓，2007年。

〔清〕彭希涑述。《淨土聖賢錄》。《卍續藏經》，第135冊。

木村英一編（1992）。《慧遠研究》（遺文篇）。東京都：創文社。

甘鵬雲（1967）。《經學源流考》。台北：鐘鼎文化。

皮錫瑞（1969）。《經學通論》。台北：臺灣商務。

任繼愈主編（1985）。《中國佛教史》（第二卷）。北京：中國社會科學。

呂澂（1982）。《中國佛學思想概論》。台北：天華。

呂澂（1982）。《印度佛教思想概論》。台北：天華。

呂澂（1987）。《佛教人物與制度》。台北：彙文堂。

李世傑（1980）。《漢魏兩晉南北朝佛教思想史》。台北：新文豐。

姚衛群（1996）。《佛教般若思想發展源流》。北京：北京大學。

唐翼明（1992）。《魏晉清談》。台北：東大。

康韻梅（1994）。《中國古代死亡觀之探究》。台北：國立台灣大學。

梁啓超（出版年不詳）。《中國佛教研究史》。香港：三達公司。

許抗生（1991）。《三國兩晉玄佛道簡論》。濟南：齊魯書社。

湯一介（1991）。《魏晉南北朝時期的道教》。台北：東大。

湯用彤（1991）。《漢魏兩晉南北朝佛教史》。台北：臺灣商務

趙吉惠等（1991）。《中國儒學史》。鄭州：中州古籍。

劉貴傑（1990）。《竺道生思想之研究》。台北：臺灣商務。

劉貴傑（1996）。《廬山慧遠大師思想析論》。台北：圓明。

樓宇烈（1990）。《周易老子王弼注校釋》。台北：華正。

簡博賢（1986）。《今存三國兩晉經學遺籍考》。台北：三民。

釋印順（1981）。《淨土與禪》。台北：正聞。

釋印順（1989）。《初期大乘佛教之起源與開展》。台北：正聞。

釋印順（1989）。《說一切有部為主的論書與論師之研究》。台北：正聞。

釋印順（1990）。《空之探究》。台北：正聞。

釋印順（1991）。《原始佛教聖典之集成》。台北：正聞。

釋印順（2005）。《印度佛教思想史》。台北：正聞

釋印順（2000）。《佛教史地考論》。台北：正聞。

星雲大師與一行禪師佛教教育思想之探究

阮氏秋霜（釋慧如）

華梵大學東方人文思想研究所博士班

一、前言

　　台灣佛光山星雲大師，當代人間佛教杰出代表，被稱爲「推動現代人間佛教運動發展的最重要的實踐家」（何建明，2006）星雲大師思想充滿人間性、現代性、發展性。大師以教育爲佛光山的發展啓點，於四十多年來，落實教育弘揚佛教的理念始終如一。佛光山的教育體系中，主要分爲兩大部分：僧伽教育、社會教育。越南一行禪師（thích Nhất Hạnh），早期受太虛大師人生佛教理念的激發，針對時代社會需要，診治越南佛教，尤其禪宗之病弊，探索出能夠將佛教落實到現實生活中可行之路。一行禪師改革越南新佛教教育，能夠和現代科學、民族、生態學與社會正義的理念並行，也能夠適應現代社會佛教教育，和修行方法，進而引導社會朝向自由、正義、慈悲的方向轉變。當代星雲大師和一行禪師，兩位大師將人間佛教的理念，應用到現實社會，且在實踐中更進一步的走向完善，兩者皆以人間佛教的理念來使佛教發揚光大，並推展佛教到世界舞台，眞是功不可沒。

　　本文試擬以「星雲大師與一行禪師教育思想之比較研究」爲題目來論述。星雲大師與一行禪師皆重視教育，培養人才，改善社會，引導人們向善的生活。他們都從事教育弘揚佛法，兩位大師處同一個時代，但身處社會環境不同，因而兩者所推動教育弘法的模式，在體現必有所不同。本文主要探討兩位大師提倡教育改革的背景，再進一步探討兩者教育理念與實踐，最後梳理其異同之處及其意義。

二、當代佛教教育思想之淵源與需要

　　首先，在馬克思主義理論中，對需要的一個最基本的認識是，需要

是人的本性。這種看法，是基於對人、對社會、對人和社會的關係的最基本的看法是，「人是社會關係的產物，另方面社會是人的產物。人和社會並不是兩個獨立實體，更沒有先後之分」。也就是說，人並不是先生活在社會之外，後來才投放到社會中去的。社會也不是先存在於人之外，後來才加到人的身上的。社會是人的社會，人是社會的人。馬克思主義的這種人和社會不可分割的整體論，或辯證統一觀是對人的本性的一種深刻論證。簡單的來說，各式各樣的需要，體現了各式各樣的人的行為，而各式各樣的需要，教育是人人所需要的，更體現了人之所以謂人的本性（韓明謨，2002：36-37）。佛教教育的需要，以是佛教永續發展所需要的。

佛教教育是佛教對眾生實施教育所需要的思想結晶，也是佛教進行教育活動的最基本的依據，亦稱為教法。佛教教育非一般的世俗教育，其目的不僅是知識與學問傳授，而更重要的是道德倫理、宗教情操，以及智慧修證等方面的培訓。佛教需要培養德才兼備、有修有證的宗教師與宗教士。佛教教育在長期的教育實踐活動中，已證明其非常注重教育有效的方法，並且說法教化也要契理契機，即對機教導契時攝化針對不同根性的學眾，來實施最有效的教學方法，將佛教的普遍真理和受教育對象的具體情況結合起來，這也就是佛教教育中所稱的總教學原理。

起自於人間佛教或參與佛教，上溯佛教相對於人間佛教或參與佛教之說，太虛大師另外提倡「人生佛教」。在抗戰期間，還編成一部書——《人生佛教》。太虛大師主張「人生佛教」，其含義有兩個面：其一是對治，因為中國社會的佛教末流，一向重視於一死二鬼引出無邊流弊。大師為其糾正，所以主張不重死而重生，不重鬼而重人。以人生對治死鬼的佛教，所以才以人生為名。其二是顯正的，大師從佛教的根本去瞭解、時代的適應去瞭解，認為應重視現實的人生，依著人乘正法，先修成完善的人格，保持人乘的業報，方是時代所需，國情所宜。由此，向上增進，乃可進趨大乘行。使世界人類的人性不致失喪，且成為完善美滿的人間。有了完善的人生為所依，進一步的使人們去修佛法

中，所重的大乘菩薩行果（印順導師，1987：18-21）。

(一)當代佛教教育思想之淵源

佛教不僅僅是一種宗教，是一種藝術，還是一種教育。佛陀對眾生的教化，是以教育為中心，以德育為根本，以解脫覺悟為目的，並以文化為紐帶的教化。佛教教育是一種具有豐富化、多樣化的道德、品德、美德的教育。教佛教育的貢獻，不但可以彌補當代教育的缺失與不足，並且可促進世界的和諧發展。佛教是包括教師本師、教義學生、組織清規、戒律儀規等制度及修行體驗等等內容的綜合體，也包括在宏傳弘法過程中形成的種種特點，是一種文化形態，是一種社會現象，也是一種道德教育。佛陀與信眾之間的關係，是本師與弟子的關係，即一般所說的師生關係，僅有在教育活動中，才有的一種人際關係。

教育界定義「教育，是有意識的以影響人的身心發展為直接目標的社會活動。」（王守恆、查嘯虎、周興國，2005：20）教育是人生觀、世界觀、價值觀形成的重要條件，是人生定位的決定性因素。教育也是社會的教育，教育的成功，將是對社會的最大收穫；教育的失敗，必是社會最大的損失；教育的平等，也是社會最基本、最重要的平等；教育的公平，更是社會公平的重要基礎。一般教育劃分為：正規教育與非正規教育，學校教育與非學校教育，世俗教育與宗教教育等。其中，世俗教育一般而言，是強調知識、技能的傳授，宗教教育則是致力於傳道篤行；兩者側重的點不同，但是息息相關，難以割離。畢竟宗教的傳播，需要由教育途徑來踐行，佛教教育就歸屬於宗教教育，是佛教與世俗教育在歷史進程中的完美結合，與世俗教育的良性互動的產物。就當代佛教教育而言，又分為廣義與狹義兩種，就廣義而言，佛陀創立的八萬四千法門，本身就是一個龐大的教育體系；從狹義來說，則專指叢林式的或學院式的佛教教育。（陳星橋，2000）佛教教育是以教化人們如何修身修心、如何完善人格、淨化社會、服務社會，乃至如何成佛作為己

任，其中某些教育理念在21世紀的今天，尤為顯得重要，特別是對當代教育的實踐可以提供一定的啓示與借鏡。

傳統佛教教育主要是以「叢林教育」的模式，一般是師徒相授、口傳的教育形式，是契理契機的時代產物。並在佛教教育史上占有了相當長的時間，至今仍然一直在延續著，為佛教的弘揚起著極其重要的作用與貢獻。叢林教育模式的特點，在於所培養人才的外在視野較窄，是以成佛作祖的宗教目的作為價值取向，在知識面的廣度與深度不足，較為專注並趨於單一化，但在實踐方面卻嚴格要求己身。叢林教育成果的評定，一般是由高僧大德來負責勘驗，然而證悟成道畢竟是一種主觀體驗，很難有客觀標準，所以造成教育擴大過程時，較難掌管易於流為形式，無法實質的來深化及提升。清末民初以後，西方思想傳入中國之時，面對廣闊的宗教生態時，傳統佛教的教育模式，立即面臨到前所未有的衝擊與挑戰，佛教出現了衰退落後的現象，受到嚴苛的挑戰和危機。一些有志之士警覺這一局面，為能延續佛教慧命，於是著手引借西方的教育模式，引進佛學院的概念，大力興辦新式佛教教育。

從而，使傳統的佛教教育模式發生了轉變，典型的由佛學院教育取代了叢林教育，而其教學模式之影響最大最深，且占據了其主導地位。近代諸如楊仁山居士創立的祇洹精舍，歐陽竟無居士所創辦的支那內學院，另外乙太虛大師為首的一批僧人，所創建的武昌佛學院、閩南佛學院、漢藏教理院等等，諸如此類的佛教教育機構在辦學上的成功，培養出一批有一定成就的佛教學者和僧人。正因有此一批教育機構與有志之士，用其真知卓見與佛學救國的愛國熱忱，使中國佛教復興，恢復了蓬勃生氣，才促成有其當代佛教教育與學術文化事業，有了欣欣向榮的現在。

(二)當代佛教教育的需要

當代中國佛教教育，經過其幾十年的發展歷程，培養出上萬的佛教

僧人。佛學院亦日益增多，寺院經濟同時有了很大的發展與豐裕，佛教界正處在一個所謂黃金時期。而真正當代佛教教育，可以追溯到新中國成立後，於1956年在北京法源寺成立的全國最高的佛教教育機構，中國佛學院。以培養具有較高佛學知識，能開展佛學研究和寺廟管理人才為其目標，設有專修班、本科班、研究班等多種形式，培養出一大批素質較高的僧才。其中很多人士，已成為當代中國佛教界中的領袖人物，對後來中國佛教的復興有其關鍵性的重要作用，然而到了20世紀50年代後期，由於歷史原因，中國佛學院被迫停辦一段歲月。

對於內地佛教法乳一脈的港台地區佛教教育，亦正處於勃勃生機之勢。自1948年，整個慈航法師於中壢圓光寺，開辦台灣第一所佛學院教育機構，台灣佛學院至今，整個台灣已開設了八、九十所佛學院所，今天有影響的仍有三十餘所（何綿山，2005），如法鼓山僧伽大學佛學院、天臺教學研究所、佛光山叢林學院等在香港，佛教學校四十多所，包括能仁書院、中學、小學、幼稚園等，然而佛教學校只是社會性的私立學校，並不是宗教性的佛學院。當代港台佛學院的崛起，培養了大批佛教人才，促進了當代佛教在當地的繁榮興盛之局面。

法脈之鄰國越南，越南佛教也十分重視僧人的教育，重視僧才的培養。在西元1世紀，越南（當時稱交州）的羸樓（Luy Lâu）與中國的洛陽、彭城均是國際三大佛教中心之一，越南當時處於中華民族的封建王朝統治管理之下。於西元6世紀比尼多留支自中國來到越南，創立了比尼多留支禪派（一共傳了十九代），後來在無言通、草堂等的努力開創下，各禪派如雨後春筍般的破土而出，欣欣向榮的發展起來。在各禪派之中，最輝煌有成的要說是竹林禪派，在西元13世紀是由陳仁宗所創辦的。當時，越南的佛教教育已經有了相當的一定發展，經由西元20世紀初，再從越南佛教人士的大力提倡復興佛教後，越南佛教在教育改革上，在其各省推展情形，得到了普遍的開展，如河內、芽莊、平定等各省市均設了佛學院。另外，各省都有小學、初中的菩提學校，皆是由佛教團體所創辦。到了1965年時，佛教所創辦的萬行大學亦開設了各

門專科教育，專門培養僧尼，佛弟子與大學生。直到1981年，佛教各派共同連結起來成立了越南佛教，自此越南佛教教育得到進一步穩定的發展。

此外，在三十一個省市辦有佛教基礎學校。基礎學校的僧尼，除了在學佛教課程外，還得學習普通課，畢業後除了可報考佛教院校，亦可報考國民教育系統院校，有一定的靈活方便之處。因此，很多佛學院僧尼，同時也在各大學就讀學習，所受教育更為全面。越南還有不少僧尼到印度、法國、斯里蘭卡、中國、台灣等國進行深造，人才亦漸形輩出。因而，在佛教界相互交流亦日益增多，教育理念的對話交流亦日趨增多，法乳一脈的法緣關係得到進一步加強與深根。

三、星雲大師佛教教育思想的理念與實踐

20世紀太虛大師的人間佛教理論建構的開創性，已經為海內外所一致公認的，教制改革的道路亦已初步開通，使得新式佛教教育的勢力有不可擋之威。當時太虛大師提出的僧制改革遭受挫折，適因佛教機緣未熟，因此太虛大師在生前未能實現。所幸太虛大師的遺憾，今由星雲大師來完成。當代台灣的星雲大師，繼承太虛大師的思想，大力倡導實踐了「人間佛教」。星雲法師在佛光創建之初，就定下四大的弘法宗旨：以教育培養人才，以文化弘揚佛法，以慈悲福利社會，以共修淨化人心（星雲，2008b：102），致力推動佛教教育、文化、慈善、弘法事業。並融古匯今，初步實現了佛教的現代轉型。作為「效法六祖慧能大師和太虛大師所提倡的人間佛教思想，破除積弊已久的觀念及措施」（《普門學報》，2001：304）而達到佛光山推行人間佛教的目標，跟明確宣示弘揚人間佛教，開創佛光淨土（佛光山宗務委員會，1997）。佛光山事業在星雲大師的領導下，以人間佛教理念為指導，積極關懷社會，服務社會，從多方面實踐著人間佛教，並致力於將人間佛教思想導向世

界各地，倡導體現了佛光山的現代化模式。大師對喜歡與融合，同體與
共生，尊重與包容，平等與和平，自然與社會，圓滿與自在，公是與公
非，發心與發展，自覺與行佛等理念多有所發揚（星雲，2008b：6）。
本文主要針對，大師的教育培養人才的理念與實踐，來進行探討，並與
越南一行禪師對比相同議題，續起並列探討分析。

(一)星雲大師的佛教教育理念

　　誠如星雲大師說：「創辦教育，是我一生的理念。」（星雲，
2002）星雲大師佛教教育理念以六大特色概括：(1)活潑的教育方法；
(2)積極的教育理念；(3)使用的教育內容；(4)嚴謹的教育態度；(5)鼓勵
的教育形式；(6)窮竟的教育目標。大師四十年的付出與努力，所造就
的人才如今都能弘化一方，成為佛門的僧才。尤其在海外弘法，幾乎皆
是佛光山叢林學院的畢業生。這是大師長期重視教育的革新理念之成果
（滿耕，2006：265）。

　　建寺安僧，弘法度眾，是古來歷代來高僧大德的共有弘願。星雲大
師在歷經動亂紛擾的年代，來到台灣，目睹正信佛教的衰微，心中深刻
感受到教育的重要性，瞭解需要人才，才能講經說法、舉辦活動、振興
事業，萬能使佛法普及社會並提升佛教徒的生活品質。大師說：「要使
佛教興隆，要使佛法常住，第一大事便是不斷地培育人才，造就後進，
本著擔當如來家業的重任，一切困難，都阻止不了我們興辦教育事業的
心願。」（星雲，1982b：498-499）佛光山的教育事業，是從家庭到社
會、從僧眾到信眾，堅持著一貫作為來實踐的。

　　21世紀初，台灣最著名實踐「人間佛教」的星雲大師，佛光山開創
者。大師說：「現代化的佛教，乃是本著佛陀慈悲為懷，普化眾生的心
願，本著歷代祖師，尤其是太虛大師的主張。」（星雲，1982b：719）
星雲大師秉持繼承太虛大師的人生佛教的理念，竭力充分落實在實踐的
基礎上，並進一步闡述了人間佛教與佛教現代化的關係，用以指導佛光
山教團建設。佛光山不僅強調教育，且強調的是要與現代社會同步的全

方位的科學教育。大師說：「21世紀是科技文明進步的時代，佛教不但要隨著時代社會而進步，並且要走在時代的前端，領導著現代的人心思潮向前邁進。」（星雲，1982b：728）佛光事業依所辦教育機構，將佛光山事業推向了世界。佛教要能弘揚與時俱進的精神，佛教要重視教育，「佛教教育是一切佛教事業的根本，關心佛教，更應該關心佛教教育。」（星雲，2008a：132）星雲大師一生致力於教育。大師說：「我一生都致力宏揚與落實人間佛教，更是希望回歸佛陀的本懷，將佛法落實在人間，讓社會各階層的人士，都可以認識佛教，透過佛陀的智慧認識自己、肯定自己、實現自己。」（星雲，2012：9）

　　星雲大師在《人間佛教的藍圖》中說：「人間佛教重在對整個世間的教化，一個人或一個團體，要能夠在政治上或在經濟上對社會有所貢獻，才會被大眾所接受；同樣的，佛教也一定要與時代配合，要能給人歡喜，給人幸福，要對社會國家有所貢獻，如此才有存在的價值，否則一定會遭到社會的淘汰。」（釋滿義，2005：315）辦學興教一事，不僅出至於以個人信仰為本的慈心悲願，更是出自於救國興邦愛國之精神。必要從佛教與社會功能著手，將這辦學興教一事視為社會安和樂利，所需要極不可缺的大業。教育事業不但費心費力，在辦學期間多少會遭遇重重的困難，但大師從不放棄，他一生堅持對教育理念從不改變，大師認為一生為人，就要教育，一個國家威力為何，就要看這個國家的教育；一個社會團體有沒執行力，也要看教育如何；即使是個人也要看，有沒有受過良好的教育。所以大師相信度眾的方法，教育放在首位。大師說：「如果，信徒受教育，他就不會迷信，不會以人神感情為主，他會知道以整個佛教作為他護持的對象。如果是出家人受教育，那他將來即能弘法利生，名符其實的像個出家人。」（星雲，1982a：595）星雲大師從教育是救自己、救國家、救民族（《普門學報》，2001：416）的人間佛教思想出發，以辦學育僧視為弘法事業的重點。在這信念思想的引導下，星雲大師將佛法與世間法相結合起來，用佛法來指導生活的各方面的應用於實踐。

(二)星雲大師佛教教育理念之實踐

　　佛教是注重教化的宗教，其教育思想是以發掘人的潛能、啓發人的智慧爲宗旨，有豐富的內涵及普世價值的功用。從務實人生的角度來看，佛教教育是以人爲本，良善人格，培養德、智、體、美、勞全面發展的人才。佛教教育是一種道德教育、社會教育、普世教育、終身教育，既可以給予當代教育很大的啓示，也可以彌補當代教育的不足，還可以促進社會與世界的和諧發展。

　　教育全球化是佛光山走向世界的巨大動力，也是星雲大師對佛教人才教育的理念。星雲大師言：「沒有教育，縱有再高深的教理，再衆多的經典，誰去研究呢？所以必須要提倡教育。」（滿邈，2001：339）佛教人才是要由教育著手，佛光教育體系，是從幼兒園、小學、中學、推動到大學；是從個人、家庭推動到整個社會；是從寺廟、出家僧人衆推動到社會大衆的實際生活中。秉持寺院即學校，住持是校長的理想，大師領衆開辦佛學院前後達四十餘年，不僅建立制度規矩、用心辦學、培育僧才，樹立出家僧伽的正面形象；同時在社會教育弘法利生的事業上，推動各項的社會福利，感召廣大的信衆共同來擁護常住、護持佛教。在教育工作，佛光山「陸續在世界各地創建二百餘所道場，如西來、南天、南華等寺分別在北美、澳洲、非洲第一大佛寺。並創辦十八所美術館、二十六所圖館、四所出版社、十二所書局、五十餘所中華學校、十六所佛教叢林學院，暨智光商工、普門高中、均頭中小學等。此外，先後在美國洛杉磯、台灣、澳洲雪梨等創辦西來、佛光、南華、南天等四所大學。」（星雲，2008b：5）爲了使社會分層大衆來親近佛法，和不同年齡與職業的人，皆都能接觸受用佛法。大師「在全世界同步舉辦的世界佛學會考，更帶動全球各地的學佛風氣；以及各別分院道場舉辦的佛學夏令營、佛學講座、都市佛學院、星期兒童班等。更將菩提種籽撒滿世界各個角落。」（星雲，2012：145-146）體現大師教育理念是積極實踐與落實執行。

　　「國家興盛，教育為本」，佛教實不例外，人才的培養決定佛教事業的興衰是否，自然必須從教育著手。培育體系的推動與現代社會所需的僧才、人才，是佛光山教育社會化主要的價值取向。培育教學內容的改革與創新，也是佛光山教育社會化的重要標誌。社會化的教育，不僅要辦社會化的學校，更重要的是要對教學內容進行革新，才能培育出人現代社會所需的法才。所以，佛光山的教育體系中，主要分為兩大部分：僧伽教育與社會教育。

◆僧伽教育

　　佛教的根本是在於弘揚教義，以佛法來淨化人心。佛教需要說法、需要傳教，所以更需要教育。星雲大師始終首重在興學育才的佛教扎根工作上，因透過人才的教育與培養，佛教才有新的生命力，大師說：「今後佛教的前途發展，仍有賴人才來興隆，人才則必須靠教育來栽培，因此唯有重視佛教教育，佛教的前途才有希望！」（星雲，2008a：120）如此，時代的發展和科技的進步，給佛教的生存與發展，帶來了新的機遇，也帶來了新的挑戰。星雲大師以教興教的理論，就是以教育來振興佛教，佛光山為此進行了一切的實踐與努力，深合佛法之契理契機的原則，是當代佛教界的楷模。

　　在《佛光山開山二十周年紀念特刊》的〈教育事業〉一文中，記錄：「星雲大師，早年受過嚴格的叢林教育，深感欲振佛教於寰宇，長存法脈於世間，教育青年，培養人才，是最重要的工作。佛光山早期的教育事業，由教育堂負責，工作項目今為專門教育，信徒教育、大專教育、社會教育、兒童教育等。後因學佛人不斷增加，乃將專門教育歸中國佛教研究院系統，而將信徒教育、大專教育、社會教育分別納入本山都監院所屬的教育、信眾、弘法三個監院室的工作範圍。」（佛光山宗務委員會，1987）

　　佛光山僧伽教育系統之整體學制，規劃為三個層級。將研究所創立於第一級「中國佛教研究院」內，將國際學部及專修學部放入第二級

「佛光叢林學院」中。國際學部分爲英文佛學班、日文佛學班，專爲培養國際弘法及外文翻譯人才。專修學部又分爲經論教理、文教弘法、法務行政、社會應用等四個學系。將東方佛教學院則屬第三級，分有男眾「大覺學園」和女眾「大慈學園」。佛光山叢林學院之下分設本山男女眾佛學院、基隆女子佛學院、彰化福山佛學院；在海外有美國洛杉磯西來佛學院、南非佛學院、澳洲南天佛學院、馬來西亞東禪佛學院等。東方佛教學院，則設有大覺、沙彌、圓福及福山等學園。佛光山的僧伽教育，無論在體制、精神、課程及教學上，可從國中、高中、大學到研究所，自成完整一貫的全程教育系統（滿耕，2006：262）。數十年間來，大師創辦了佛光僧伽院以及分布在歐、亞、澳、非、美等五大洲共計有十六所佛學院，成爲台灣規模最大、學生人數最多、素質最高的佛教學院。如滿義法師介紹，「設有中國佛教研究院、叢林學院、國際學部（英文、日文佛學院、外籍生研修班）、東方佛教學院，以及專修學部的十六所佛學院，包括佛光山男女眾學部、基隆學部、福山學部，以及馬來西亞東禪佛學院、非洲佛學院、香港佛學院、美國西來佛學院、印度佛學院、澳洲南天佛學院等。」（釋滿義，2005：106）

　　僧伽是住持佛法、弘揚佛教的中堅力量，其素質影響佛教在社會的地位和發展。僧伽素質不僅包括佛學知識、宗教修持、道德倫理，亦包括社會知識和活動能力。僧伽教育既有宗教方面的教育，亦有社會、人文乃至科學面的教育。早在開山之前，星雲大師就著手僧伽教育，實踐寺院學校化、學校寺院化教育方針。在教育方法方面，佛光山堅持選擇傳統爲本、現代爲用，傳統與現代結合的教育方式。在傳統寺院叢林中，僧伽教育是全方位的，學僧過著是傳統叢林的生活作息。除了佛教專業知識和社會知識之外，學僧還要參加日常宗教活勤、勞務活動以及常住接待工作。星雲大師總結了叢林僧伽教育的方法如下：(1)搬柴通水的生活教育；(2)因材施教的啓示教育；(3)無情無理的棒喝教育；(4)福慧雙修的力行教育（星雲，1982c：242-276）。

　　星雲大師在繼承寺院學校化傳統的同時，進一步倡導學校寺院化。

傳統的叢林生活與修行，和現代僧伽教育在佛光山得到適切的結合，培養出大量既有豐富的佛學和社會知識，又有可貴道德、宗教情操和實修實證的僧伽知識分子。佛光山的建立和佛學院創辦幾乎是同時的，亦是同等重要的。星雲大師開始創佛光山，其中一個重要原因就是為了擴大佛學院的招生、擴建佛學院。星雲大師早年出家，接受嚴格叢林教育，深深意識到僧伽教育及其方法的重要性。

◆社會教育

社會教育，是將教育社會化，是彰顯出佛光山走向世界的推展動力。佛光山注重的是教育，而且注重與現代社會與時俱進的全方位的科學教育。大師說：「佛光山自從開山以來，一直很重視佛學教育，所以辦有佛學院。最近更開辦傳燈函授學校，讓徒眾有所知；以及辦信徒講習會、都市佛學院，讓信徒有所知。此外，我到處講經說法，甚至在電台講演，是希望社會大眾有所知。」（《星雲日記》，1994）因此，佛光山除了創辦佛學院，還擴展教育層面，推動興辦大學的佛教社會教育事業。大師對佛教發展，對僧伽教育與一般大學教育，認為都是等量的重要，大師將此比喻曰：「如鳥之雙翼、如車之雙輪」（星雲，2008a：123），兩者不可缺，是未來佛教發展教育的兩大目標，更希望藉著現代社會所需的全方位的科學教育，將佛教的精神傳揚到廣大的社會人群中，就以更大眾化、通俗化的佛學會考，來廣為推展社會教育工作。

在社會教育方面，佛光山設有大學教育包括：嘉義南華大學、宜蘭佛光大學、美國西來大學、澳洲南天大學與菲律賓廣明大學五所大學。中學教育：高雄市普門高級中學普門中學、南投均頭中小學、台東均一國民中小學。幼稚園教育，宜蘭的慈愛幼稚園、新營的小天星幼兒園、善化的慧慈幼稚園、台南的慈航托兒所，包括佛光山普門幼稚園，以及當初在高雄開辦的普門幼稚園。佛光山承辦的社區大學全省有近二十所，以及監獄、公司、機關、團體、醫院、學校等不定期的佈教活動，

還有衛星電視弘法。另外在其各分別院，也舉辦夏令營、冬令營、兒童班等等。如星雲大師說：「除了佛教培養弘法人才，也希望替社會造就人格思想健全、身心平衡發展的時代青年。」（釋滿義，2005：107）在世界五大洲，三十餘所的中華學校、幼稚園、托兒所等，甚至包括馬來西亞、澳洲、印度、香港、菲律賓、南非等各地的佛學院、孤兒院。

在佛光大學創校之初，當試興辦一所精緻型的森林大學為立定的目標，所期望的是學校的師生，是朝向師徒式的關係發展，學生不只是知識的追求，而是師生共同生活，並與社區結合，很善巧將傳統佛教的教育方法，融合了現代社會的方便與需求，期盼能以將來立足台灣，推向與世界知名的一流大學來進行學術交流，成為一所國際性的大學。

為體現佛光山開山的宗旨，「以文化引導佛法，以教育培養人才。」（佛光山宗務委員會，1997：6）佛光山的教育事業，先由僧眾的教育，再擴展到信眾的教育，目的是提升佛教徒的文化素養，或為在家居士也能深入佛法經藏，成為生命的活水源頭。佛光山四十年來，所辦理的信眾教育，種類內容頗為豐富。從1969年起，陸續創辦「大專佛學夏令營」、「媽媽夏令營」、「教師夏令營」、「青少年夏令營」、「心靈成長營」、「企業人士心靈探索營」、「老年夏令營」等各種夏令營活動（星雲，1982b：502）。從壽山寺時代開始，週日的佛學講座，到1985年成立「佛光山高雄都市佛學院」，此為佛教界信眾教育的一大創舉。其後，台北市普門寺、新竹無量壽圖書館、嘉義圓福寺等所謂都市佛學院也相繼成立（佛光山文教基金會，2007：263）。1986年首次舉辦「信徒講習會」，於1988年起，每年利用寒暑假期間，舉行「短期出家修道會」，是中國佛教史上信眾教育的一項創舉。

佛光山在各地設立別分院，提供信眾能就近親近道場、聽聞正法。因此，於1985年起，依信眾的年齡與層次，於各地紛紛成立「青年會」、「婦女法座會」、「金剛禪座會」等。現今，更有為銀髮族人士開設「松鶴學苑」，以佛法傳授來充實心靈，結合生活保健等專題為主要內容。另外，1994年創辦「勝鬘書院」，為當今的時代女性，規劃新

的人生方向。「世界佛學會考」也是近代佛教史上的一項創舉。借著每年所舉行的會考，讓廣大信眾從佛學題庫中，學習佛法正知正見。目前，更推展至高中及國中小學，以漫畫題庫建立其正確的人生觀與價值觀，全世界參加人數已超過百萬人以上，此舉對於信眾教育與社會教化兩方面，皆具有正面的意義。

大師所創辦的「人間佛教讀書會」，更鼓勵佛教徒多看書多讀書，並藉由讀書會的學習問答與討論，導以朝向生活書香化的目標來邁進。「天眼網路佛學院」是因應資訊時代的需要所設立的，由佛光山叢林學院來負責，將錄製妥善的佛法課程放在網路上，好讓人們能透過網路學習佛法，沒有地區的限制，沒有收看時段的限制，期以達到所謂無遠弗屆的理想。

大師又期許別分院道場都能寺院學校化，所以開辦「佛光山人間大學」，也屬佛教界之創舉，利用各道場的教室開辦各種不同的佛學或社教課程，有學分認證，及研習時數的取得，道場皆吸引上千人報名參加，在苗栗大明寺、台中光明學苑、彰化福山寺、嘉義南華學館成立有社區大學與政府共同合辦。其他各道場也都開辦各種課程，讓社會大眾能藉此人間大學社教課程到道場學習（釋慧寬，2009）。

佛光山在台南自2003年籌備成立台南人間大學，前身為「台南佛光社區學苑」，已有七所社區大學，且還在增加中。今藉由寺院學校化、寺院社區化的學習課程，走入家庭、走入社區、走人社會，引導各階層人士從學習過程中，提升心靈層次，淨化人心。營造出終生學習教育的環境。當時佛光山創辦的社區大學共四所，集中在2004～2005年間，已是一般社區大學成立顛峰期之後，地點都集中在台灣中部。尚未獲取政府補助的所謂「人間大學」則分布在最早的2003年和爾後的兩年。在社區大學遍布全國及少子化的雙重時代趨勢的衝擊下，佛教團體的佛光山寺成立多所社區大學，對佛教及社會教化功能自有其相當大的影響。

都市佛學院設立在大都會，使無法到佛學院就讀的人，有機會接受全盤而正規的佛學院教育。因應時代需要，利益於社會人士方便研究佛

法教義，進而培訓佛法人才，達到淨化人心。於1991年成立香港都市佛學院，提供在家信眾能深入佛法、加行修持的道場去處。課程內容與一般佛學院相同，解行並重，以寺院學校化的理念，為社教藍圖，使學員能學以致用、福慧雙修。上課時間利用假日與晚間學習，一方面淨化心靈，一方面養精蓄銳，在人生道路上繼續往前邁進。

　　勝鬘書院創辦於1994年，主要是提供給二十五歲到四十五歲未婚女性，一個有系統、有計畫的學佛場所，學制採用國際遊學方式，一方面受基礎佛學訓練，一方面又能開拓國際視野。在開辦以來，在近三百餘名畢業生當中，有一百多人留在佛光山，此中有人出家，有人入道當師姑，有人單純在佛光山的各事業單位領職服務。另有維摩書院，建立於2005年，與勝鬘書院同性質，則專為在家男眾而興辦。

　　佛光山所秉持著「走出去」的精神，亦帶回來了世界各地有興趣學佛的人士。目前，有來自印度、尼泊爾、拉達克、斯里蘭卡、泰國、越南、印尼、美國、韓國、德國、瑞士、南非等國家同學至佛學院學習佛法，宛如一個「聯合國」一般，使得佛光普照三千界，法水常流於五大洲。

四、一行禪師的佛教教育思想之理念與實踐

　　越南一行禪師，已成為20世紀世界偉大的導師之一。如今在強調速度與效率及所謂物質發達的社會中，一行禪師以平和及覺知下的慢生活及其言傳身教，在西方社會得有熱烈的響應。禪師在早期受太虛大師「人生佛教」的激勵，其將人生佛教的理念，應用在現實社會，並針對時代與社會，診治越南佛教之弊病，探索出能將佛教落實到現實生活中真正可行之路。一行禪師是提倡越南佛教教育改革者，其能夠和現代科學、民族、生態學與社會正義的理念並行，能夠適應現代社會佛教教育及修行方法，引導社會朝向自由、正義、慈悲的方向來轉變。以下探討一行禪師如何經由教育理念與實踐來進行淨化人心。

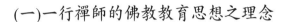

(一)一行禪師的佛教教育思想之理念

　　一行禪師處於越南戰亂的自身體驗，因此其教導就全然涉及到「痛苦」、「調解」以及「和平」的教育。其著作皆關注在人類的存在狀況，關注在人類心靈的苦難和療救上。於《實踐的佛教》書中倡導「參與佛教」（Engaged Buddhism）思想，一行禪師云：「佛教有生氣，當佛教的教理能應用於日常生活與教育、醫療、政治、經濟、組織等領域；體現在個人生活、家庭生活，乃至國家與社會中。」（一行禪師，1991：15）禪師希望將佛法應用到現實社會，使淨化人心，改善社會。禪師說：「學習佛法，是要能夠在生活中帶來幸福，減輕自己和其他人的痛苦。因此，修習佛法不只是在禪堂裡或者是寺院裡，而是在日常生活中的每一刻。」（明潔、明堯譯，2010：4）在日常活中，尤其在這時代裡，如何要讓心靈世界更豐富。由於禪師修行的方式，不限於在禪堂，而是以更方便、更生活化的方式進入現實世界。

　　禪師是以一種被西方所接受的佛教形式，即所謂「相即相入」（The Order of Interbeing）禪派，在1965年於越南成立。越南經過一再的戰爭，各種痛苦不斷加諸在每個人民身上，禪師自不例外，在戰火中遭遇了很多痛苦。經歷法越戰爭與越戰，因成長在戰亂和壓迫的背景下，深深地渴望著和平與自由。於越戰期間，積極投身於有助於戰爭的難民與謀求越美和平活動。推動「參與佛教」引導年輕人以慈悲精神，切實的投身社會運動。禪師在倡導入世佛教發展中，其收益最大最具成效的是其將禪學生活化，創新的禪學體系。

　　禪師認為，世間一切一切非正義、戰爭、困苦以及個人諸多痛苦煩惱的根源，就在於人類缺乏真正的理解和愛，即所謂佛教徹悟人生智慧與慈悲利他的精神。所以想救治社會積疾、淨化人間及建設人間淨土，就須得其智慧與慈悲，並將以此智慧與慈悲認識自心，如理修行及轉染為淨，轉煩惱痛苦為菩提，為清淨智慧慈悲力量。而其根本之途徑，就是於生活中處處培養正念、時時提起正念，時時處處覺照自心。正念是

其所有行法之核心，是指擺脫自心對過去、未來的種種妄念，要安住當下，明瞭自他一體不二，萬法無常無我，互即互入之本質。以此正理觀察覺照於心，時時處處覺知飽滿，透視世界與生命本質，長養慈悲平等精神，使「理解」與「愛」在當下變成現實有感。正念不在過去，不在未來，就在當下，在走路、吃飯等日常生活中，當安住正念時，實際上就是生活在淨土中。

(二)一行禪師佛教教育理念之實踐

一行禪師是一位虔敬的宗教實踐家，同時是一位詩人作家。關注人類生活狀況，關注人類心靈和救治。禪師對人們的教導，全然體現在法國梅村禪修營中，包括了對僧伽的教育，和社會人士的教育，更是提倡彼此相互成長的一個完美教育模式。在禪師教育思想的發展歷程上，為了與星雲大師作一並列研究之故，乃將禪師教育思想理念之實踐，亦分為僧伽教育和社會教育序次來論述，期以為後章就大師與禪師在教育思想上之比較分析作其準備。

◆僧伽教育

在越南戰亂時期，一行禪師於1964年，在胡志明市（西貢）辦萬行佛教大學，主要培養僧眾，俱足能力來主持弘法。後來因涉及政治因素，禪師留在法國弘法。1982年於法國成立梅村禪修中心，其說：「參與佛教思想開展中，必須培育有能力引導度眾生的僧人。為僧人得瞭解人們痛苦之處與社會之困境，便將適應的教義和修習方法，使人們能減輕痛苦，轉化個人、家庭、社會生活之苦。因此，佛學院的課程，要增加一些前未有的課如：心理學、社會學、各文明歷史等。」（一行禪師，2005：22）如此才能徹底理解教義和弘法之意旨，且應用適當佛教修習方法，並超越時代所困環境，進而才能做出相當弘法利生的貢獻。由此，禪師在法國梅村，建設佛學四年的課程。

主要培養出真有能力弘法的僧人，能引導參與佛教的發展。此課程

頗為切實，體現修行與學習一定要並重執行，應用於日常生活裡。就培育人才而言，一行禪師所推的該模式，曾建議應用在越南各佛教學校。如今越南境內佛教學校均有採納，但為適應環境內容上有所增減。越南現有河內佛學院、順化佛學院和胡志明市佛學院，其學制四年。教學課程包括教育培訓部規定的大學課程，和佛教協會規定的佛學課，畢業合格獲予學士學位。此外，在胡志明市、巴地─頭頓（Bà Rịa–Vũng Tàu）省、芹苴（Cần Thơ）省和順化（Huế）省等，還設有三所佛教大專學院，在三十個省市辦有佛教基礎學校。基礎學校的僧尼除了學佛教課程外，還要學習普通課程，畢業後可報考佛教院校，亦可報考一般國民教育系統院校。因此，很多佛學院僧尼，同時亦在各大學學習，使其所受教育更為全面性。另外，越南還有不少僧尼在印度、法國、斯里蘭卡、中國、台灣等國留學，可謂人才輩出。

　　一行禪師的教育，全然體現在梅村的僧身中。在諸法之中，仍以心為主，心是根本，於相即相入禪派從亦自心開始，正念是和平的修習方法，將念頭、行為，行為的結果，都保持覺知的修習下。正念之道是人們在每天的生活中保持正念和培養慈悲心，人們每天就能夠減少暴力的發生。如此，對著家人、朋友和社會，就會有正面的影響力。如何修正念，是以下十四項來修習正念（一行禪師，1997：17-22）：

第一項：開放與包容的精神（openness，開放）

　　覺知到由盲信和缺乏包容所造成的痛苦，我願修習，藉以不受任何主張、任何理論、任何意識所限制，甚至一些佛教的主張。一切佛陀教導的義理，要瞭解它為修習指引的法門，是讓我們生起智慧和慈悲的方法，並非真理要侍奉或保護，尤其是以暴力行為的保護。

第二項：放下執著（nonattachment from views，離成見）

　　覺知到由固執和妄想的認知所造成的痛苦，我願修習，藉以放下固執和狹隘的態度，使能夠開放接受慧覺與別人的經驗。我知道自己現

在有的那些見識，並非是不移不易的真理，而真實的慧覺，僅透過修習觀照和諦聽才能達到，放下所有意念而達到，而不是來自積累的見識概念。我願一生修學，時常以正念去觀照到我與周圍的生命中每一個刹那。

第三項：思想自由（freedom of thought，思想自由）

覺知到強迫別人跟隨我的意見所造成的痛苦，我願不以任何方式，如權威、收買、威脅、宣傳或教化去強迫他人，甚至小孩要他們跟隨我的觀點。我願尊重他人的不同之處，尊重他們的思想自由。雖然我知道我會用慈悲與愛語的方便對話，使他人放下盲信和固執。

第四項：覺察苦痛存在（awareness of thought，緣苦）

覺知到接觸和觀照痛苦的本質，能夠幫助我生起慈悲心，看到離苦之道，我願不逃避現實痛苦，對眼前的痛苦視若無睹，不會失去意識對眾生的痛苦。我願找到正在受苦的人，瞭解他們的情況，以幫助他們。我願時常透過聯繫、通訊、影像或聲音，喚醒自己和周圍的人，覺察世界各處的苦痛。我知道四諦中，第四是「道諦」只顯示，當我關照與見第一「苦諦」的自性，我會時常記得修習的目的是轉化痛苦為安樂。

第五項：簡樸生活與健康（simple healthy living，簡約）

覺知到真正的幸福並非來自錢財和名望，而僅真實有，當穩固、自在和慈悲諸因素達到安穩。我願不積聚金錢和財物，而許多人生活在貧困之中，不以名望、權勢和欲樂享受為我的生命目標。我願修習簡樸的生活，學習與不足的人，分享我的時間、技能、財物。

第六項：治理憤怒（dealing with anger，制怒）

覺知到憤怒和仇恨會妨礙人與人之間的溝通作用，造成雙方的痛苦，我願學習照顧和處理憤怒和仇恨的方法，當它們能量升起在我的意識，與觀照方法，藉以覺察和轉化憤怒和仇恨的種子在我的心靈深處。

我願練習，每次當憤怒生起時，我不會說任何話或做任何事，我只修習正念呼吸或者戶外行禪，以正念的能量照顧憤怒和仇恨的心念，深觀這些憤怒和仇恨的心念之本質。我願學習深看，我認為是令我憤怒和仇恨的人之自性，能夠以慈悲的眼睛看他。

第七項：現法樂住（dwelling happily in the present moment，**不愚蠢**）

覺知到生命只存在於當下一刻，在這一刻我就能安樂生活，我願修習，以能在我的日常生活中，深深地活在每一個當下。我願不會被愧疚過去、擔憂未來，或者那些貪欲、憤怒與嫉妒，對現實演變拉去，令我不能體驗生活中的美妙。我願修習現法樂住的教理，幸福地安住於當下一刻，以正念呼吸和微笑，接觸在我和周圍種種關妙、清新和健康的事物，藉以持續栽種和灌溉在我之瞭解和慈愛的種子，作為深處轉化的動力，且前邁進成就道業之路。

第八項：愛語與聆聽（community and communication，**聆聽愛語**）

覺知到缺乏溝通會造成隔膜和痛苦，我願修習以慈悲心聆聽，以愛語溝通。我願學習細心聆聽，不批評或指責，也不會說任何造成團體不和，或者分化團體的話。我願修習以重建我和他人之間的溝通，幫助解決任何不和，不論大或小之事。

第九項：修習正語（truthful and loving speech，**修正語**）

覺知到話語能造成痛苦或者幸福，我願修習只講真實有和解、信心和希望的作用話語。我承諾不說妄語謀求財富或別人對我的敬佩，不說造成分裂和仇恨的話，不亂傳播不確實信息的話，不批評或譴責我不清楚之事。我願勇敢說出不公平的情況，雖該行為可能帶來我的生命威脅。

第十項：保護僧團（protecting the sangha，**護僧伽**）

覺知到修學團體的目的和本質是實現智慧和慈悲，我願不會利用佛

教和教會團體作為權力的目標，不將教團變成政治活動的組織。此外，我瞭解修學的諸團體，應該對壓迫和社會不公的情況，有清晰的覺察和態度，以及盡力改變這些情況，而不須不投身於宗派的爭執。

第十一戒：修習正命（right livelihood，修正命）

覺知到大自然和社會，因暴力和不公，已被嚴重破壞，我願修習正命，決心不從事對人或大自然造成傷害的職業，也不會投資經營只為於一些人得益，而剝削另一些人的行業。我願選擇行業，其能夠幫助我實現慈悲理想和佛教的救苦。

第十二項：尊重與保護生命（reverence for life，反殺戮）

覺知到由戰爭和衝突所造成的痛苦。我願修習，於日常生活中，以失敗、瞭解和慈愛的精神而活。我願參與和平教育的工作，和修習和解在家庭、社會、國家和國際範圍等修習。我願不殺害生命，也不贊成殺生，我常常和僧團觀照，找尋有效的方法保護生命，防止戰爭，建立和平。

第十三項：利他志願（generosity，反偷盜）

覺知到由欺騙、盜竊和社會不公造成的痛苦，我願修習大慈，以將喜悅和安樂帶給一切眾生，我願和有需要的人，分享我的時間、能力和財物。我願不拿取任何不屬於我的物品。我願尊重他人的私有權，也願阻止不讓他人積蓄致富，以及在眾生痛苦中以不良方式，剝削得到利益。

第十四項：保護僧團（right conduct，反非道德性行為）

（在家眾）覺知到基於情欲而發生的性關係，不但不能解決人的孤單，而造更多痛苦、失落和分離。我願不與不是我的夫婦或丈夫發生關係。我知道邪淫的行為，會帶給別人和自己在現在和將來造成痛苦。我知道要保護自己和他人的幸福，就應尊重我和他人的承諾。我願會以

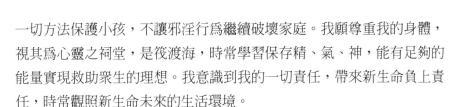

一切方法保護小孩，不讓邪淫行為繼續破壞家庭。我願尊重我的身體，視其為心靈之祠堂，是筏渡海，時常學習保存精、氣、神，能有足夠的能量實現救助眾生的理想。我意識到我的一切責任，帶來新生命負上責任，時常觀照新生命未來的生活環境。

（出家眾）覺知到出家的理想，只能完全捨棄愛欲時才能實現。我願保持我的貞潔，自保護我的梵行生活，同時盡心力保護他人的節行。我知道孤單和痛苦不可能以情欲來化解，只能以修習真正的瞭解和慈愛來轉化。我知道淫欲行為會破壞我的出家生活，為他人的生活帶來傷害，使我不能實現救度眾生的理想。我願不會壓抑我的身體，也不會忽視或以暴力對待身體，不會把身體視為用具而為。我願尊重我的身體，視其為心靈之祠堂，如筏船渡苦海，時常學習保存精、氣、神，能有足夠能量實現救助眾生的理想。

一行禪師對於佛教的傳統倫理學，除了立足於現代人的生活特性而使「五戒」提供了更親切的詮釋之外，同時也基於大乘佛教「發菩提心」的理念，為現代人提供了十四個極重要的生命倫理，禪師自己稱之為「十四戒」。十四戒的可貴處，不在於它提供了新的教條，而是它為提供人們一面新的鏡子去體悟廣行和深觀的互運，有助於心靈的內省與開拓。

◆社會教育

在抗戰時期，1964年一行禪師和越南的教授及大學生創立「青年社會服務學校」，「課程專注在四個領域：(1)農村；(2)教育；(3)健康；(4)經濟與組織。禪師的指導原則是從當時人們所擁有與所知之處著手，將人們的社工人員把知識技藝與農民的技術竅門統合起來。」（陳麗舟譯，2011：146）主要是要改善村民的生活品質。當在宣布青年服務學校要開課之際，有數百的年輕人自願參與。教導學生首要贏得農民信任，並成為家庭的一份子，與人們結成一體，受到村民的保護之下，開始對農村的生活作出貢獻。這是救助的組織，專門重建被轟炸的村落，

重建學校和醫護中心，來安置無家可歸的家庭與組織農耕隊來從事生產。因此，要培訓有能力學員，前往偏遠地區實踐救助之任務（一行禪師，2005：93）。

社會工作者，首先要瞭解村民所需之事，參加各項農村發展計畫，社工人員將配合當地的實際情況，調整既有的知識和經驗，務必要求在村民既有的基礎上，提供適切的寶貴建議。青年社會服務的宗旨，是「助人自助」。來到農村是要學習當地農民的優點，將這些優點作為建樹的基礎。要將財務的資助放到最後階段，如此村民才會感受到屬於自己的計畫的榮耀而加以珍惜。另一方面當村民接受之後，必須努力再與地方佛教聯繫獲得該寺院支持。大多數越南人是佛教徒，因此在每個村莊大都有寺廟，是村民精神寄托之處。所以能得到寺院支持，社工人員推動之成效就無障礙可言了。

身為青年社會服務學校的社會工作者，要從孩童著手。在農村建立學校，幫助孩童讀書。一行禪師一直致力於拯救世界各地飢餓兒童的工作，特別是重視兒童的教育。其認為今天若不善盡扛起對兒童的教育之責，明日的世界就不會有和平。因此，禪師主持各種禪修活動中，更熱誠邀請兒童參加，在《步步安樂行》禪師寫著：「牽著你的小孩的手，邀請他出去，跟你一起坐在草地上。兩個人一起靜觀綠草、草叢間的小花朵和天空。一起呼吸含微笑——那就是和平的教育」（林毓文、陳琴富譯，1995：216）禪師把正念禪融入兒童教育中。過去三十年，梅村舉辦了很多個禪營，把這個「當下淨土」帶到社會每一角落。

梅村每年都舉辦一個為期四個星期的夏令禪營，吸引到來自四十多個國家的男女老少、夫婦或大小家庭一同來學習禪修。要求參加者最少留在梅村一星期，好讓參加者可以真正離開平常俗務，完全平靜下來，這樣才有可能「轉化」。每星期，禪師與不同的佛法導師合作，二人隔天輪流開示，並輪流以英語、法語或越南語來開示，夏令禪營更提供德語、荷蘭語、義大利語、西班牙語及葡萄牙語即時傳譯。教導參加者坐禪、聆聽鐘聲、行禪、觀呼吸、澈底放鬆休息、接觸大地——即五項

禮、聆聽開示、灌溉正面種子、覺察及轉化負面習氣、與愛人慈愛溝通並修習「重新開始」的練習，技巧地讓對方明白彼此間的問題，此外，參加者還會學習停下來，作深入覺察練習。

一行禪師及其僧團經常在美國及其他國家帶領禪營，有澳大利亞、比利時、巴西、加拿大、中國、香港、澳門、台灣、捷克、丹麥、英國、德國、荷蘭、印度、愛爾蘭、以色列、義大利、日本、韓國、挪威、波蘭、前蘇聯、蘇格蘭、瑞典、瑞士、泰國及越南，帶領的禪營。1985年一行禪師第一次為特定組別舉辦禪營，該次的參加者全是環保人士。一行禪師開示《金剛經》的要義，當捨棄四種執取：別執取自我為實有；別執取人比其他生物高等；別執取生物的概念，別執取壽命的概念。人並不比樹木、植物及礦物高等，因此人們應和它們融洽共處。在1987年另為藝術家而設的禪營，參加者包括音樂家、雕塑家、畫家、作家等，深信藝術是非常有效的溝通方法，比語言更有力傳達訊息。於1987年，開辦兒童禪營。還送上機票，邀請了多名懂得禪修的孩子，來協助其他孩子來習禪。

另在1989年的禪營，是為推動和平的積極分子而設。禪師教導大家如何給總統和法律制訂者寫「情信」，而不是向人們呼喊。一行禪師一生以創造和平、宣揚人權為志業，努力不懈地為世界謀求公義。談到推動和平與人權的工作，一行禪師有豐富的經驗。禪師在美國亦多次帶領為越戰退伍軍人而設的禪營。

在2005年，禪師四十年的流放生活，終於可以回到自己的家鄉，越南信眾，終於盼到這一天了。隨後禪師的代表團，包括了百位出家和在家眾，使在越南全國辦各種殊勝禪修活動，在北、中、南皆建設有禪修中心，對全國信眾在禪修喜好程度影響極為巨大（梅村網，www.thuvien-thichnhathanh.org）。

2008年在德國成立了歐洲應用佛學院，舉辦不同的課程，幫修習者將佛學應用到日常生活中的每一刻。梅村所有的修習中心包括於美國和亞洲各地的中心，都是應用佛學院的校外課程中心。應用佛學院和一般

大學的不同之處，是在於有僧團住在學院裡，僧團成員包括在家男女眾和出家僧尼。僧尼團體力量支持前來修習的人們，令人們更容易感受到正念修習的滋養（明潔、明堯譯，2010：4）。

五、大師與禪師佛教教育思想之分析

佛教在當今世界上，想要在世界宗教舞台上有所發展與傳播，同時東方與西方社會能所接納，就需要具有全球化時代的佛教理念。在此之前，先就當代兩位佛教現代化的代表性人物，星雲大師與一行禪師的佛教教育思想，基於上述理念與實踐的論述，就佛教現代化與全球化的角度，來試以並列分析兩位大師其教育思想的特色。當獲有其教育思想特色後，再兩師論述以人間佛教和參與佛教來推展佛教，如何邁進歐美各國的預期發展情形。因綜觀全球化的普及佛教教育的理念，應具有注重禪修、強調參與和倡導對話等三大特色。

跨文化並列分析法，是當代宗教社會學中常用的方法，亦是一種非常有效的方法。其主要特點是，透過幾種不同文化宗教或宗派的比較而形成一些概念，再透過該類概念識別植根於某些特定文化中的宗教或宗派的特徵，並解釋分析其特徵或特色是否為其他文化條件下的宗教或宗派之異同（戴康生、彭耀，2007：6）。本文藉此一方法在本章對當代兩位佛教現代化的代表性人物，星雲大師與一行禪師的佛教教育思想作一比較分析。

(一)共同來自禪宗之源流

共同特色，萬教於禪，以禪顯教。禪宗的一個重要特點是強調「佛法在世間」思想。這一思想既符合傳統佛教的基本精神，又有利於佛教現代化的健康發展，並對構建現代和諧社會有積極意義。佛法於世間思想在禪宗裡曾被廣為流傳，但此一思想並不是最早在中國萌發的，其主

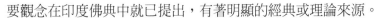

要觀念在印度佛典中就已提出，有著明顯的經典或理論來源。

　　進入現代社會的禪宗與其他宗派一樣，亦面臨著如何讓適應社會的發展，繼續造福人類，以利益眾生。「佛法在人間」思想在佛教理論中具有積極意義，在新時代的禪宗理應繼續重視該思想，以發揚原有的優良傳統，對佛教僧團參與構建和諧社會起促進作用，於當代本文所論述之大師與禪師，皆已實踐該思想，佛法在人間。

◆星雲大師生平（星雲，2008b：5）

　　星雲大師，俗姓李，名國深，法名悟徹，號今覺，江蘇省江都縣人，生於1927年。大師十二歲那年，依止宜興大覺寺志開上人剃度出家。星雲大師系屬禪宗，是臨濟派第四十八代傳人。1941年受具足戒，並進入栖霞律學院攻讀，1945年入焦山佛學院修學。1947年回宜興大覺寺任監院，兼任當地白塔小學校長，並擔任《怒濤》月刊主編。1948年出任南京華藏寺住持。

　　1949年到台灣，初駐中壢圓光寺。次年，主編《人生》月刊。1952年至宜蘭雷音寺，成立念佛會、弘法會、歌詠隊等組織，奠定了以後弘法事業的基礎。於1955年，在高雄創建高雄佛教堂。於1957年，在台北創辦了佛教文化服務處。1962年，任《覺世旬刊》發行人，在高雄創建壽山寺，繼而在台灣各地開創寺院，亦成立無數「禪淨中心」。於1985年，自佛光山開山宗長一職退位，雲遊世界各地弘法。於1976年《佛光學報》創刊，翌年成立「佛光大藏經編修委員會」，編纂《佛光大藏經》、《佛光大辭典》。於1997年，出版《中閱佛教白話經典寶藏》、佛光大辭典光碟版，設立佛光衛視（現更名為人間衛視），於台中協辦「全國廣播電台」。在2000年，創辦佛教第一份日報《人間福報》，於2001年將發行二十餘年的《普門》雜誌轉型為《普門學報》論義雙月刊；同時成立「法藏義庫」，收錄有關佛學之兩岸碩、博士論文及世界各地漢文論文，輯成《中國佛教學術論典》、《中國佛教文化論叢》各一百冊等。

於1998年2月，遠至印度菩提伽耶傳授國際三壇大戒及多次在家五戒、菩薩戒，恢復南傳佛教國家失傳千餘年的比丘尼戒法。2004年11月至澳洲南天寺傳授國際三壇大戒，爲澳洲佛教史上首度傳授三壇大戒。大師並積極推動國定佛誕節的設立，終於1999年使台灣地區將農曆4月8日訂爲法定假日，成爲佛教東傳中國二千年以來首度法定佛誕節。大師教化宏廣，計有來自世界各地的出家弟子千餘人之多，全球信眾則達百萬之眾；一生弘揚人間佛教，倡導「地球人」思想。

於1991年，成立國際佛光會，被推爲世界總會會長，並於五大洲成立一百七十餘個國家地區協會，成爲全球華人最大的社團，實踐「佛光普照三千界，法水長流五大洲」的理想。先後在佛光山、台北中正體育館、香港紅磡體育館、洛杉磯音樂中心、多倫多星座大飯店、溫哥華卑詩大學和平紀念館、雪梨達令港會議中心、巴黎國際會議中心、東京國際會議中心等地召開世界會員大會，與會代表每次都在五千人以上；2003年通過聯合國審查之肯定，正式加入「聯合國非政府組織」（NGO）。

大師獲得國家各級頒獎表揚外，還榮獲一系列名譽獎勵。如1978年，榮膺美國東方大學榮譽博士學位，於1995年獲全印度佛教大會頒發佛寶獎，1998年獲美國西來大學榮譽博士學位，2003年榮獲泰國朱拉隆功大學及智利聖多瑪斯大學所頒發榮譽博士學位，2004年獲韓國東國大學及泰國瑪古德大學頒贈榮譽博士學位，2006年獲澳洲葛雷菲斯（Griffith）大學頒贈榮譽博士學位。爲促進世界和平，大師曾與南傳佛教、藏傳佛教等各領袖相互交換意見，且於1997年與天主教教宗若望保祿二世晤談；是年五月獲內政部、外交部等獎；2000年獲頒「國家公益獎」，同年12月第二十一屆世界佛教徒友誼會上，泰國總理乃川先生頒贈「佛教最佳貢獻獎」，表彰大師對世界佛教的成就。2002年獲頒「十大傑出教育事業家獎」，2005年獲「總統文化獎——菩提獎」，再再肯定大師對國家、社會及佛教的貢獻。於2006年，亦獲香港鳳凰衛視頒贈「安定身心獎」，世界華文作家協會頒給大師「終身成就獎」等。1997

年5月17日，宣布佛光山正式封山。於2006年，星雲大師宣布自2007年起「封人」，謝絕佛學講座、演講等公開活動，專心寫作閱讀及雲遊四海。

◆一行禪師生平（明潔、明堯譯，2010：21-23）

一行禪師越南僧人，生於1926年的越南中部之廣治省（Quảng Trị）人，俗名阮春寶（Nguyễn Xuân Bảo）；法名釋澂光；法號釋一行。於1942年，禪師十六歲那年，在順化慈孝寺（Chùa Từ Hiếu），清貴眞實（Thanh Qúy Chân Thật）禪師落髮爲僧，系屬臨濟宗第四十二代，與柳觀派第八代傳人。當時越南「進步禪派」在越南中部其影響巨大。臨濟宗屬於南宗五家之一，禪門五宗之中，臨濟宗流傳之時間最長其影響最大，是與其最核心的禪宗思想密不可分，其所提倡的「在生活中修行」，成爲一行禪師後幾十年的最根本宗旨。成功地將佛法融入到日常生活，使大乘佛教的入世精神得到充分體現。

1949年受具足戒，同年其與釋智友（Thích Trí Hữu）在西貢（今胡志明市）創立印光（Ấn Quang）佛學院，該學院爲當時越南南部最早的佛教青年僧的佛學研究中心。禪師首將西方科學、哲學和語文引進佛教學院的教學中。

於1956年擔任「統一越南佛教教會」總編。1961年至1963年一行禪師赴美在普林斯頓大學（Princeton University）、哥倫比亞大學（Columbia University），作比較宗教學教學與研究工作。越南佛教遭到吳庭艷政權之打壓，廣德老和尚爲保護佛教而自焚，越南僧友希望禪師回國加入抗戰運動。禪師離開美國，根據甘地思想的準則，在越南領導了一場非暴力抗爭運動。

於1964年，是年首創立高等佛學院、萬行佛教大學（Van Hanh Buddhist University）。一行禪師和越南之教授及大學生創立「青年社會服務學校」（School of Youth for Social Service），主要引導青少年出家與在家，積極地投身到救助戰爭受害者、建設診所、學校，幫助鄉村

重建家園。當時投身此項工作的僧尼、青年社會工作者，已超過一萬人參與。同年，一行禪師成立貝葉（Lá Bối）出版社，不論作為一個創作者，或是擔任統一佛教教會（Unified Buddhist Church）出版物的主編，一行禪師開始以刊物宣導「參與佛教」，包括越南佛教教育、訓練、練習和組織，呼籲引發戰爭的雙方能夠達成和解。

1965年於創立「相即相入」（Tiep Hien）禪派（The Oder of Interbeing）。越戰期間，禪師實踐參與佛教為題的書，且影響巨大，如《今天佛教》（Đạo Phật Ngày Nay）、《參與佛教》（Đạo Phật đi vào cuộc đời）、《現代化佛教》（Đạo Phật Hiện đại hóa）、《明日佛教》（Đạo Phật Ngày Mai）、《禪學之路》（Nẻo vào Thiền Học）、《應用佛教在日常生活》（Đạo Phật Áp Dụng Vào Đời Sống Hàng Ngày）。主要引導人們活在正念，走出苦難境地。

於1966年，一行禪師接受和平聯誼會（The Fellowship of Reconciliation）的邀請，代表越南團，到歐美及北美演講與呼籲。其在美國向人們講述了沉默的越南基層人民在戰爭中所受的痛苦以及和平的願望。在此期間，禪師曾與數百個團體組織和個人進行了會晤，其中包括美國國防部長麥克納馬拉（McNamara），小馬丁‧路德‧金博士（Dr. Martin Luther King, Jr.），托馬斯‧默頓（Thomas Merton）等著名人士。在歐洲，禪師還會見了教皇保羅六世（Pope Paul VI），向世界表達對和平以及透過談判協商，解決越南戰爭的協定並獲得各國的支持。

1967年一行禪師被小馬丁‧路德‧金提名諾貝爾和平獎，路德‧金博士說：「我不知道還有誰比這位溫良的越南人更堪當諾貝爾和平獎。」托馬斯‧默頓是這樣描述一行禪師的：「比起很多在種族和國籍上更接近我的人來說，他更像我的兄弟，因為他和我看待事物的方式是完全一樣的。」一行禪師不僅是一位優秀的宗教實踐家和活動家，同時他還是一位詩人、作家。

1969年越美戰爭爆發後，一行禪師在越南成立佛教和平代表團，

其為代表團之主席，與巴黎談判和平。於1973年巴黎和約簽定之後，一行禪師被越南拒絕入境，從此一行禪師開始了在西方漫長的旅居生涯。但禪師推動和平工作並未因戰爭結束而終止，協助越南人逃離政治的迫害。於1975年，雖越南局勢已穩定，一行禪師仍未能獲准返鄉。因此，於1976～1977年一行禪師和其巴黎越南佛教和平代表團的同胞們，想透過合法途徑，把救濟金送到饑餓的越南兒童，但終是沒有成功。第二年，代表團又來到了馬來西亞和新加坡，試圖為騷亂的暹羅海灣船民們尋求安全保護，但是其努力遭到各國政府的反對。爾後的一行禪師過了一段時間的靜修生活，長達五年多的時間，一行禪師一直隱修於「方雲庵」（Phương Vân Am），從事坐禪、寫作、園藝工作，以及偶爾見見來訪者。

後來定居於法國，1982年禪師參加了在紐約召開的「尊重生命聯合會」（The Reverence for Life Conference），在會議期間，發現美國人對於禪修表現出極大的興趣。於是禪師便著手在美國組建禪修活動中心，指導美國的禪修學生進行禪修。十多年來禪師不懈的努力，在加利福尼亞（California）成立「鹿苑禪修中心」、紐約（New York）成立「碧巖（Bich Nham）禪修中心」、在香港成立「亞洲應用佛學院」、德國建立「歐洲應用佛學院」。於1983年在法國西南部，建立了「梅村」（Plum Village）禪修中心，推廣正念的禪修並從事教育、寫作、園藝。梅村當時只有三十位僧侶、僧尼或俗眾，卻是來自全球千百位人士心目中的家園。三十年裡禪師不斷引導人們修習，不僅有尋求精神解脫的短期訪客、流亡者，尚有尋求啟迪的活動家，人們可隨時在此寄住。儘管人們來自不同的國籍、種族、宗教、性別，一行禪師都能讓他們一起深刻感受與欣賞生命，自覺自在於當下的生活情境。禪師在歐洲和北美組建了許多「正念靜修中心」，為佛教界人士、藝術家、心理醫生、環保主義者和孩子們提供了大量的幫助，取得了有成效的成果，而使佛教在西方世界舞台上有了巨大的影響。

2001年，獲美國哈佛大學醫學院身心研究所頒贈第一位「身心靈貢

獻獎」。2005年獲得回國，四十年漫長在國外，終於回到家鄉。一行禪師與上百比丘、比丘尼與在家二眾各國前往越南，越南全國佛教界歡迎禪師回來，一行禪師於全國各地舉辦禪修活動，在各大學演講，與大眾分享修習之道。2007年，組織了「香港梅村」，進一步推動正念文化，如今一行禪師能在各地弘揚佛法。

禪師已用越南語、英語和法語寫過上百著作，除了「參與佛教」為題之外，禪師亦寫了很多有關禪修、和平方面的書，如《禪學之路》（*Nẻo vào Thiền Học*）、《應用佛教在日常生活》（*Đạo Phật Áp Dụng Vào Đời Sống Hàng Ngày*）、《解脫之道》（*Con Đường Giải Thoát*）、《活得安詳》（*Being Peace*）、《太陽我的心》（*The Sun My Heart*）、《行禪指南》（*A Guide to Walking Meditation*）、《正念的奇跡》（*The Miracle of Mindfulness*）、《般若之心》（*The Heart of Understanding*）、《佛之心法》（*The Heart of the Buddha's Teaching*）、《生命的轉化與療救》（*Transformation and Healing*）、《當下一刻、美妙一刻》（*Present Moment, Wonderful Moment*）、《火海之連》（*Lotus in a Sea of Fire*）、《你可以不怕死》（*No Death, No Fear*）等等。其著作都是關注人類的存在狀況，人類心靈的苦難與療救，其的作品被翻成多種文字。其一生都投注於利己利眾的內在轉化之工作（林毓文、陳琴富譯，1995：218）。

(二)共同來自人生佛教之啓發

人間佛教與參與佛教的思想起源，皆來自太虛大師提出的「人生佛教」。太虛提出佛教革命，進而提出人生佛學、人生佛教，再提出人間佛教，可見人間佛教有一個形成、發展的過程。太虛提出的建設人間佛教的主張，是佛教改革中最自覺最適應社會現代化所需要的主流（鄧子美，1994）。人間佛教的提出與太虛大師的佛教改革運動是緊密相連的，人間佛教思想是貫穿於其佛教改革運動的基本精神，「它是太虛

佛教改革運動的產物」（李明友，2000）。太虛在近代中國特殊的歷史時刻提出佛教的三種革命，隨著佛教改革運動的進行，進而提出人生佛學、人生佛教，再提出人間佛教，而人間佛教正是三種革命之一教理革命的重要內涵，其理念隨佛教改革運動的發展而不斷地發展、成熟。

太虛人生佛教的思想特色是「去鬼神化」，從其一生的佛教理論來檢視，次而開辦反貴族的平民佛教和反鬼神的人生佛教為目標。縱其內含包括有反貴族的「人間佛教」，旨在提高人民道德情操，反鬼神的「人生佛教」旨在趨聖成佛以及寺院社區的人間宗士，是僧尼學習和修行的過程。太虛提出了「人生佛教」的理論，他說：「佛教的本制，是平時實切近而適合現實人生的，不可以中國流傳的習俗來誤會佛教是玄虛而渺茫的；與人類現實生活中瞭解實踐，合理化道德化，就是佛教。」（《太虛大師全書》，3：238）太虛大師對「人生」做了如下的解釋：「狹義說，是人類整個生活；廣義說人是人類，生是九法界的眾生。人類是九法界的眾生的總代表，也是九法界眾生的轉振點。」（《太虛大師全書》，3：240）原來太虛所謂的「人」是指人類，而「生」則指九法界的眾生。佛教所說九法界的眾生是指地獄、餓鬼、畜生、阿修羅、人、天、聲聞、緣覺、菩薩。再九法界裡，「人法界」就是人類。人類是九法界的支持點，「一念向下便為四惡趣等，一念向上便為天及三乘等」。在九法界做人最為重要。在如何做人的問題上，太虛提出了「人生佛教」兩種途徑。「人生佛教」指明了人「做得好就可以向上」的路徑，而「人間佛教」則是若不能向上升，總要保持為人之

道。

在當時的太虛大師構想，因過於理論化與學術化，太虛大師在那個時代是難落實，所以太虛大師只是在他的位上做了能力所及的事情，苦口婆心的當說則說的話；以待機緣成熟時候，福慧具足者予以實施。其說：「我今講此僧教育，是作一種計畫的提議，希望聽講的人能深切體察到其中的意思！他日遇有悲願福慧具足的人，而又機緣湊巧的時候，或能實施出來。」（《太虛大師全書·五乘共學》，頁132），太虛大師對人間佛教曾努力而有過卓越的貢獻，但依然無法扭轉當時佛教的局面而告終。如此一來，如何利用人間佛教與佛教教育來振興中國佛教的重責大任，就落在人間佛教的星雲大師肩上。基於所有的理論，只有對社會有實際的貢獻作用，才是有真正價值的理論。星雲大師對人間佛教最大的貢獻是在於客觀論證的過程。

總之，人間佛教的理念雛型是由太虛大師最早提出，主要為了對治當時鬼神佛教，旨在回歸正法，建立以人為本、以五戒十善為基礎、由人行菩薩道而成佛的思想和實踐體系。星雲大師則認為，一切佛教是人間佛教。人間佛教起始於釋迦牟尼佛，亦是歷代高僧大德繼承佛陀的實踐之道。雖大師們對人間佛教的思想和實踐看法不同。人間佛教來自於佛法大海，它的價值在於把佛法傳播與運用到現實社會，現實人生中體現佛法的真實性。

太虛大師是對於當時僧教育的批評，來逐漸闡明興辦僧教育之宗旨的。對當時的僧教育非常憂心，認為當時僧教育的目的不明、方法不當、方向不正。大師批評當時僧界提倡教育者雖有其人，但其宗旨僅在保護廟產，抵拒侵占，虛張門面；所辦的佛教教育，不是立足於整個佛教情形所需來辦，亦不是為信解行證全部佛教來辦，更不是普及佛教教育，只是培養老式的講經法師，或者研究佛學的學者，皆未辦理造就住持現代佛教僧的僧教育。這樣的僧教育的結果就是缺乏願行純潔的僧才，更不能組成有力清淨的僧團弘揚佛法。太虛大師特別強調僧伽，要把這佛化教育的正見普及人間，以利群生，要求學生建設人群的安寧秩

序與世界和平，而促進人類達到大同世界，「上來所講，佛化爲上。雖然，法不自法，弘之在人，惟望爾等出院後，本菩薩心，行菩薩行，將所學之法普及全人類，以濟教育之弊，是則吾之夙願遂矣！」（《太虛大師全書・宗用論》，頁1411）在太虛的提倡下，人間佛教理念在20世紀初即得到一定的發展，後在趙樸初等人的推廣下，至80年代以後人間佛教無論在理論上還是實踐上都得到了更爲深入的進展。

20世紀60年代以來，最有影響的是星雲大師所創建的佛光山，大師以人間佛教爲宗風，樹立以文化弘揚佛法，以教育培養人才，以慈善福利社會，以共修淨化人心四大宗旨，致力於推動佛教文化、教育、慈善和弘法事業。在提倡菩薩行上，星雲大師將太虛的學佛從菩薩行開始作爲自己的出發點。將中國佛教的四大菩薩文殊、普賢、觀音、地藏四大菩薩，作爲人間佛教精神的典範，號召佛教徒應以觀音的慈悲爲眾生服務，以文殊的智慧引導眾生走出迷途，以地藏的願力使佛法傳遍世界的每一個角落，以普賢的功行契理契機行能行之事。

太虛大師佛教革新的思想，雖未完善落實，但對當代國內外漢傳佛教界有相當大的影響。尤其是越南佛教，亦受到太虛大師的「振興佛學」運動之影響。一行禪師在〈知識分子與佛教〉寫道：「上世紀已帶給佛教太多黑暗，若在1930年沒有太虛大師倡導「振興佛教」運動的影響，越南振興佛教會遭遇更大障礙。」（一行禪師，2010：178）可見越南早已受到太虛大師的「人生佛教」理念的影響。

20世紀初，越南佛教人士大力提倡復興佛教。於1935~1945年，越南佛教界前輩更積極推動，尤其文學家阮忠術（Nguyễn Trọng Thuật, 1883-1940），其著作多領域，如歷史、小說、文學、教育與宗教。文筆出眾，又有「振興佛教」的本懷，其曾與好友分享說：「待幾年他的孩子長大成人，他就出家爲僧，主持一個寺院，引導儒家朋友，皆歸依僧寶，使他們有地方發展覺世覺仁志業。」於1930年當越南佛教《慧炬》周刊的主編，其開始以刊物宣導「人間佛教」。1935年於河內佛教《慧炬》周刊刊登長篇故事，阮忠術所寫《佛女採梅》（*Cô con gái*

Phật hái dâu），這是李朝宜蘭皇后的事跡，亦是佛度化的小說。描述一個農村女孩，採梅養蠶的生活，在北寧超類村（Siêu Loại），被皇帝李聖宗召進宮後，成爲元妃宜蘭（Nguyên phi Ỷ Lan），這位美女生長在佛教家庭，應用佛教於日常生活中。因此，她很瞭解農村的苦，於是當皇帝李聖宗給她參與朝政時，其建議頗切實的思想，使農民脫離貧困、壓迫和不公之苦。皇帝實施該思想，做革新農村化。後來生了兒子李仁宗——一位聰明的皇帝，以佛教精神治國，改善了農村社會的一些不公之事。《佛女採梅》的故事，是將佛教應用在日常生活中。可見《佛女採梅》對當時環境影響巨大，且在多層面如社會、風俗、文化、人間與在政治。一行禪師認爲「這是一篇長篇故事，寫得很有藝術，比作著另一篇《紅瓜》小說寫更好」（阮郎，1994）。《紅瓜》是越南第一本小說用漢語寫的，是越南傳奇的故事，描述An Tiêm的奇跡，故事帶有佛教色彩，「因果報應」是An Tiêm的哲理。雖然《紅瓜》不是佛教的小說，但受民族文化的影響，充滿佛教思想。阮忠術以佛學小說化，在西貢《慧炬》（Đuốc Tuệ）周刊多次登刊。其中一篇篇名爲〈人間佛教〉刊登在周刊，其寫：「人間佛教主義，是對佛教說出，佛教與人生眞正有關切，爲衆生做出貢獻，沒有什麼不一樣。因此，我們要表示同意與中國佛教，從今往後，提到『振興佛教』我們記得其成爲『人間佛教』，不論做何事、思何事有關於佛教，如寫書、講演、研究、詮釋等有關佛教，記得依據人間佛教主義而行。佛教的正義才正式出世，才有眞正利益衆生，然而我們的信仰才不會朦朧玄奧，迷失了世尊救世的本心之路」（阮忠術，1937）。阮忠術是越南佛教第一位提倡「人間佛教」（一行禪師，2005：76），以人間佛教爲內容，著作許多小說，並在河內佛教周刊《慧炬》刊登許多篇，有關人間佛教理論，推廣「人間佛教」理念。阮忠術也寫一些文章提議，將佛教應用在人間。

越戰時，越南僧人面臨一個難題，就是繼續堅持在寺院中禪寺進修，或是出去幫助轟炸下受苦的村民。一行禪師很早就受到人生佛教的影響，因此其選擇兩者並行，實踐「參與佛教」思想。一行禪師在倡導

參與佛教發展中其收益最大，最具成效的是其將禪學生活化，創新的禪學體系。於梅村修行的基礎來自原始佛教的靜修法門、大乘佛教普渡眾生的宏願，以及禪宗具體明確的修習方法。

　　一行禪師的正念禪，雖以南傳佛教的「觀呼吸」（Anapanasati）為前方便，但是用功的重點，則是中國禪宗的「活在當下」、「直下承當」。特別是禪師時常強調「當下最美好」，將禪的喜樂本質表達盡致。一行禪師之所以能夠將南北傳的佛法做此巧妙的結合，自與他本身承襲了中國臨濟宗的法脈有著密切的淵源。

(三)倡導佛教教育思想之心法

　　星雲大師與一行禪師的教育思想倡導之心法，其共同核心思想的關鍵均在於「轉化」，並首重在實踐，不離生活化的理論。兩位大師均早年受了人生佛教思想之影響，兩位均堅信努力學習，找出解決人們當時所面臨苦難時所需要的答案。星雲大師教育思想的倡導，其整體不外以善巧方便為推動的核心點，在過程中充滿著當事者的智慧運用。善巧方便雖是承自原始佛教的一個概念，不過到了初期大乘佛教思想運動中，圍繞該概念展開的有關思想，成為具有重要意義的思想，成為了大乘菩薩思想與精神中不可分割的重要組成成分。一行禪師在教育思想倡導之心法理當在相即相入或相互存在（Interbeing），「存」是相互存在，人們不能夠獨自存在這裡，人們必須和所有其他東西所謂因緣相生互存，有著華嚴宗無盡緣起的思想在內。

　　善巧方便的概念與實踐，可視為星雲大師在建構人間佛教的一個成功「典範」（Paradigm）的宣告。在人間佛教就學理證成的過程中，特別隱約不顯的部分不外是般若智慧了。換言之，人間佛教應當是善巧方便與般若智慧事理互運，體用互行的佛教。星雲大師是一位智慧者，如此運作善巧方便之時，自然將其兩者相互輝映的體現出人間樂土一般。舉例而言，星雲大師認為人的生活，不僅僅是工作，亦不能只是修行，除了要三餐溫飽，衣食住行外，是需要加入一些娛樂活動來清遣的。所

以大師准許僧人下棋、茶道、佛舞、梵唄、繪畫雕塑等等。一行禪師則是認為人類的痛苦不僅是在環境方面，更是在人們心靈的深處。人心是痛苦的深淵，更是痛苦真正的根源。人們所需要的佛教應該是一個活的佛教，一種能夠教導人們有方法，給予人們有所幫助的佛教。正念是佛法修行的根本大法，一行禪師的禪修中，有一個不可缺少的世界觀，就是原始佛教的緣起觀，而延伸到《華嚴經》的「一即一切，一切即一」的法界觀，這正是一行禪師在推動佛教各項活動的心法，相即相入的世界觀教導人們真正的佛法。只是在生活中的每一個當下保持正念分明如此而已。

六、結語

經由本文對兩位當代佛教理論實踐者在教育思想上的剖析後，筆者深深感受到兩位當代佛教大師各有其殊勝的教育思想之理念，皆經由教育體現到現實人間生活上，且為精神層面上所需要的。當綜觀推廣佛教教育思想的推展之進程時，頓覺各有其特色，隱而一位是由外而內，與由大迴小；另一位則是由內而外，由小而大，然兩者卻有殊途同歸之妙，皆是回歸到佛陀的本懷。思其推展進程之時，其主要是兩位因所處不同主客觀的環境下，導致兩位大師在實踐其教育理念上，為因應其所面臨或所遭遇的現實環境條件下，均起動了善巧方便的功夫不同，持以來克服其所面臨的困難，並毅力不搖的持續安忍的堅持下去，終得以實踐其教育思想的理念。

星雲大師說：「人間佛教是人生需要的佛教」（星雲，2012：15）。人間佛教就是以善巧方便的實踐方式，宣導五戒十善的教義來救度大眾的佛教。舉凡著書立說、設校辦學、興建道場、素齋談禪、講經說法、掃街環保、參與活動、教育文化、施診醫療、養老育幼、共修傳戒、佛學講座、朝上活動、念佛共修、佛學會考梵唄演唱、軍中弘法、

鄉村佈教、智慧靈巧、生活持戒，以及緣起的群我關係、因果的循環眞理、業力的人爲善惡、滅道的現世成就、空性的包容世界、自我的圓滿眞如等等，這些都是人間佛教。人間佛教現實重於玄談、大衆重於個人、社會重於山林、利他重於自利；凡一切有助於增進幸福人生的教法，都是人間佛教（星雲，2012：15-17）。

另一行禪師在《生動傳統佛教的禪習》說著，在1950年代教育是很重要的。因此，禪師接著提出與佛教的理念，藉由正念禪修「十四戒」來循序漸進的實踐之（一行禪師，2005：22）。禪師在僧伽弘法的教育中，特別強調必須要去瞭解社會上一般人們的困境與痛苦，並教導人們如何運用佛教教育的所謂正念修行法則來轉化或減輕其個人生活上的痛苦，進而到家庭，再推動到社會，給了人們一份安穩幸福的力量，亦促使家庭與社會爲和平安樂。一行禪師推廣正念的禪修，畢生宣揚其正念生活之道與非暴力的和平理念。禪師對佛法的獨特體悟和詩意般的表達方式，使得人們藉由瞭解佛法來淨化身體和解脫心靈的藝術，爲其東西方社會人們所樂於接受與參與。另基於大乘佛教發菩提心所推廣「十四戒」，其條文中具有相當的次第性、可行性和指導性。行要有以觀爲基礎，又觀要有依止爲基礎、表達出廣性與深觀的合一精髓。

兩位當代佛教教育理念中，均重視到回歸佛陀的本懷，並重視生活中道德思想淨化，以及精神心靈的昇華。總觀以上，筆者謹記如下爲其結語。星雲大師畢生整體的佛教思想是以將其人間佛教，作爲其教育思想的核心與推展弘法的平台；對言之，大師全然大乘佛教教育理念及其實踐方式，是以人間佛教作爲佛教弘法的寶筏與載具，爲人類世間帶來希望與光明。對一行禪師而言，禪師則是以參與佛教作爲其教育思想核心及開展弘法的平台。禪師則是用其一生以小乘修行方法來實踐大乘佛教精神的參與佛教，來迎合現代社會的需要，以治療人們的身心，並稱揚非暴力的和平理念，來落實增進其世界和平（一行禪師，2005：序）。從兩位大師佛教教育思想理念來看，可知在21世紀的佛教，正是以佛教融合教育所開展出來的一種新世紀的佛教。

✍️ 參考文獻

《太虛大師全書》，第3冊。

《佛光山開山二十周年紀念特刊》。高雄：佛光山宗務委員會，1987年。

《佛光山開山三十周年紀念特刊》。高雄：佛光山宗務委員會，1997年。

《佛光山開山四十周年紀念特刊》。〈僧信教育〉。高雄：佛光山文教基金會，2007年。

《星雲日記》，1992.6.1~1992.6.15。高雄：佛光出版社，1994年。

《普門學報》，第1期。高雄：佛光山文教基金會印行，2001年1月。

一行禪師。《入世佛教》。胡志明：方東出版社，2010年。

一行禪師。《今日佛教》。美國加州：貝葉出版社，1969年。

一行禪師。《生動傳統佛教的禪習》，卷1，〈序〉。貝葉出版社，2005年。

一行禪師。《生動傳統佛教的禪習》，卷3。越南順化：貝葉出版社，2005年。

一行禪師。《青年的理想地位》。美國加州：貝葉出版社，1982年。

一行禪師。《相即相入》。美國加州：貝葉出版社，1997年。

一行禪師。《現代化佛教》。美國加州：貝葉出版社，1985年。

一行禪師。《實踐佛教》。美國加州：貝葉出版社，1982年。

一行禪師。《應用佛教在日常生活》。美國加州：貝葉出版社，1991年。

太虛。〈佛教人乘正法論〉。《太虛大師全書·五乘共學》，頁132。

太虛。〈論教育〉。《太虛大師全書·宗用論》，頁1411。

王守恆、查嘯虎、周興國（2005）。《教育學新論》。北京：中國科學技術大學出版社。

印順導師（1987）。《妙雲集·佛在人間》。台北：正聞出版社。

何建明（2006）。〈人間佛教的百年回顧與反思〉。《世界宗教研究》，第4期，頁15-24。

何綿山（2005）。〈當代臺灣佛學院所僧教育現狀評述〉。《法音》，第6期，頁21。

李明友（2000）。《太虛及其人間佛教》。杭州：浙江人民出版社。

阮忠術（1937）。〈人間佛教〉。《慧燈》周刊，第55期。

阮郎（1994）。《越南佛教史論》（第三集）。河內：越南文學出版社。

明潔、明堯譯（2010）。一行禪師著。《與生命相約》。北京：紫禁城出版
　　社。

明潔、明堯譯（2011）。一行禪師著。《活得安詳》。北京：海南出版社。

林毓文、陳琴富譯（1995）。一行禪師著。《步步安樂行》。台北：倍達出
　　版社。

星雲（1982a）。《星雲大師講演集（一）》。高雄：佛光出版社。

星雲（1982b）。《星雲大師講演集（二）》。高雄：佛光出版社。

星雲（1982c）。《星雲大師講演集（四）》。高雄：佛光出版社。

星雲（2002）。〈致護法朋友的一封信〉。《星雲文集》。2002年6月1日。

星雲（2008a）。《人間佛教論文集》。台北：香海文化。

星雲（2008b）。《人間與實踐》。上海：辭書出版社。

星雲（2012）。《人間佛教何處尋》。台北：天下遠見。

梅村網，www.thuvien-thichnhathanh.org

陳兵、鄧子美（2000）。《20世紀中國佛教》。北京：民族出版社年。

陳星橋（2000）。〈21世紀中國佛教教育的理念與展望〉。《中國宗教》，
　　第4期，頁27。

陳麗舟譯（2011）。一行禪師著。《終止你內心的暴力》。北京：紫禁城出
　　版社。

滿耕（2006）。〈星雲大師與當代「人間佛教」〉。《普門學報》，第34
　　期。高雄：普門學報社出版。

滿遵（2001）。〈佛光山叢林學院〉，《普門學寶》，第4期，頁339。

鄧子美（1994）。《傳統佛教與中國近代化──百年文化衝撞與交流》。上
　　海：華東師範大學出版社。

戴康生、彭耀（2007）。《宗教社會學》。北京：中國社會科學文獻出版
　　社。

韓明謨（2002）。《社會系統協調論》。天津：天津人民出版社。

釋滿義（2005）。《星雲模式的人間佛教》。台北：香海文化事業有限公

司。

釋慧寬（2009）。〈佛教信眾教育探討——以佛光山在臺灣地區的信眾教育
為例〉。《世界佛教論壇論文集（第2屆）》，頁263-271。

試論孟子生死觀
對苗栗縣原住民生命之啟發

蔣意雄

華梵大學東方人文思想研究所碩士班

一、前言

　　筆者是苗栗縣原住民泰雅族人，對於孟子生死觀特別感同身受，從原住民族委員會官方網站資料發現全台原住民之零歲平均餘命無論是男性或女性均遠低於全體一般漢人零歲平均餘命，103年調查原住民全體零歲平均餘命為71.60歲，較全體一般漢人之79.84歲少8.24歲。其中，原住民男性、女性零歲平均餘命差距8.72歲，但仍較全體一般漢民族男性、女性零歲平均餘命差距6.47歲大，因此，原住民族55歲以上就視為老人家，一般漢民族為65歲以上才視為老人。

　　台灣在光復以前被日本統治時期，日本「皇民化」的措施，從語言、教育、行政、法律等各個層面，不斷凸顯原住民文化之落後、野蠻，矮化其人格尊嚴，藉以舉揚其大和民族美學上的優位。國民政府光復台灣之後，以經濟為導向並充滿強烈政治意識型態的長期統治，對原住民的政策故意漠視原住民的「民族」身分，毀其姓氏、壞其社會制度與風俗、斷其語言傳承，並假託吳鳳神話，遂行其「山地平地化」之「同化」政策，因而面臨了文化、社會的全面崩解。民國50年以後，原住民的青壯年人口大量移入都市，投入低層的勞動市場，或在海上、或在建築工地、或在礦坑裡、或在大卡車的方向盤上；部落迅速空洞化，祭典不再舉行，家庭開始解組，傳統社會因而解體。

　　本文主要是討論在相關既有文獻並汲取前人的研究成果中，希望透過孟子對生死之思想來影響並成就今日苗栗縣原住民有新思維、新意義，並帶動新的價值觀與反思。

二、孟子生死觀

孟子在《盡心章句上》中，曰：「盡其心者，知其性也。知其性，則知天矣。存其心，養其性，所以事天也。殀壽不貳，修身以俟之，所以立命也。」

根據孟子，肯定人心來自天心，因此，人們若能盡心盡力、激發潛能，完成自我善根，便能知悉生命的眞諦，也就能直接知天，知悉天心眞諦。孟子主張，人們除了應該知天，還要能夠事天，也就是要能存其善心，養其正氣，才能以人心事奉天心。在這雙重修持之後，孟子明確提出「立命」之說。他肯定的直言，人生的壽命，都有定數，或長或短，定數不二，均因天命，人們面對這種定數，無法變更、無法逃避，只有勇敢的面對它，透過每天的修身，以待生命責任的完成，這就是安身立命之道。

孟子此說，很清楚地標示了三個重點：

1.傳承孔子所說「死生有命」，明言壽限均有定數；因此，無論壽終正寢或意外橫死，均是命定天數。
2.面對這不可知的定數，只有日日修身、時時修身、處處修身，若有不及，那即使突然面臨厄運，也可從容無憾。
3.正因心中警惕，無法改變天命，所以更應珍惜現在光陰，更加充實每日內容，一旦突然面臨大限，回顧一生，仍然每過一天均有最充實有意義的一天，而非得過且過，渾渾噩噩的過一天算一天。孟子在此，可說充分彰顯了生命的莊嚴性與終極性。

孟子說：「生，亦我所欲也，義，亦我所欲也；二者不可得兼，捨生而取義者也。生亦我所欲，所欲有甚於生者，故不爲苟得也；死亦我所惡，所惡有甚於死者，故患有所不辟必也。」這樣一種的死亡智慧，

417

將道德置於比生死更高的位置，讓我們在思想觀念上認識到生不足惜、死不足畏，只為了崇高理想道德價值的實踐。「殺身成仁」的境界，讓人消解死亡的恐懼。

孟子雖提供了我們死不足懼的仁義大道，但也同時警告我們，應該避免小體（氣）過度的被外物所引誘而流於跌宕激越，否則非僅難予收服調息，甚至會凌駕在大體之上形成我們生命的大逆轉，例如孟子在《公孫丑》上說：夫志，氣之帥也；氣，體之充也。夫志至焉，氣次焉。故曰：「持其志，無暴其氣。」「既曰：『志至焉，氣次焉』，又曰：『持其志，無暴其氣』者，何也？」曰：「志壹則動氣，氣壹則動志也。今夫蹶者、趨者，是氣也；而反動其心。」此章中的「志」應該就是人的道德意志，也就是生命中的大體或主體，相對的，「氣」就是被統轄的小體，但卻又是與生命俱在並為生命之活動所不可或缺者。反之，若是氣壹則動志，則將志的優先性拱手於氣，如此的「放其心而不知求」勢將造成生命的顛倒異位，而為個人及世間帶來莫大的災難。

儒家祭祀的具體表達是三祭：祭天地、祭祖先及祭聖賢。為何要祭天地呢？因為人頂天立地，站在天地之中央，受著天覆地載，秉承著天之靈氣而感生，著天降雨露，地長萬物，而得以孕育，是故，為著對大自然源源不絕的供應，予以有情之表達，便存感恩之心祭祀之。

為何要祭祖先呢？早期祭祖不只是祭祀與自己有血緣關係之先祖，舉凡「忠義節考、名宦鄉賢、護國佑民者，均德以配天」，理應得享「崇功報德」之祭祀。因此，在這種理論影響底下，除了宗族之列祖外，凡是對家國社稷有功有德者，如軒轅黃帝、關公、鄭成功等均被粉飾登台，安放於神廟中接受供奉了。為何要祭聖賢呢？若然天地之功勞在於賦予人生長的環境，祖先之功勞在於賦予人軀體生命，那麼聖賢之功勞則在於立下模楷榜樣，創造道德文化，成為人類生活及人倫關係之準則和綱紀。因此，對於設立教化之聖賢，當同樣要以感恩的心回報之，如孔子說「微管仲，吾其被髮左衽矣！」如此，舉凡儒家系統之名仕大儒，均接受供奉了。祭祀本身是儒家對生人之道德教育，希望藉

此培養人之敬誠、忠孝及仁義等道德情操，但及至民間則被變爲廣結鬼神、祈福攘災之宗教實踐。儒家有一定形式的經常性的祭祀或禮拜活動。

《孟子·盡心下》說：民爲貴，社稷次之，君爲輕。是故，得乎丘民而爲天子，得乎天子爲諸侯，得乎諸侯爲大夫。諸侯危社稷，則變置。犧牲既成，粢盛既潔，祭祀以時，然而旱乾水溢，則變置社稷。孔子強調必須居三年之喪說明，儒家從一開始就是主張定期祭祀的。根據孔子的觀點，祭祀是最爲重大的事情，必須嚴格按照禮的規範進行，所謂：「儒者所修，皆憲章成事，出處有則，語默隨時。師，則循比屋而可求；書，則因解注而釋疑。」

孔子對禮儀的重視，與當時的社會歷史情況有關，經過整理的商禮和周禮，到了春秋時代遇到空前的危機。因此，孔子一生都在嚴厲批判現實生活中破壞周禮的社會現象。「禮」被孔子視爲性命攸關的大事：「失之者死，得之者生。」其朝思暮想的政治理想就是維護和復興周禮。孔子企圖用禮來約束人們的一切行爲方式，他教誨學生恪守「非禮物視，非禮物聽，非禮物言，非禮物動」的行爲準則。自然，對生死喪祭這重大問題，必然強調合禮儀的行爲規範。他對這一問題的原則要求是：「生，事之以禮，死，葬之以禮，祭之以禮。」這種以禮治生死的觀念，在荀子那裡得到更清晰的闡明：「禮者，謹於治生死者也。生，人之始也，死，人之終也。終始俱善，人道畢矣。故君子敬始而愼終，終始如一，是君子之道，禮儀之文也。夫厚其生而薄其死，是敬其有知而慢其無知也，是奸人之道而倍判之心也。」

三、苗栗縣原住民對生死之態度與現況

(一)人口現況與民族習性分析

苗栗縣全縣人口數，截至108年5月底，男性人口數為283,700人，女性人口數為266,098人，全縣共計549,798人。原住民人口數為11,410人，約占全縣人口2%。原住民族地區：泰安鄉山地鄉原住民人口占4,000餘人，泰雅族人口占大多數；南庄鄉原住民人口占2,000餘人，以賽夏族及泰雅族為主；獅潭鄉原住民人口占100餘人，以賽夏族人口為多數。而苗栗縣原住民人口，扣除三個原住民鄉（泰安鄉、南庄鄉、獅潭鄉）散居在苗栗縣其他十五鄉鎮市的都會區原住民人口數共計4,767人，約占全縣原住民人口數的42%。苗栗縣都會區原住民就族群上，泰雅族1,608人（35%）、阿美族1,331人（27%）、賽夏族人714（15%）、其他族群1,114人（23%）。

苗栗縣之原住民有相當多的比例，因為求學、就業、居住等原因，向都會區移動。而占本縣42%的都市原住民中，設籍在苗栗市共計758人，竹南鎮共計982人，頭份市為1,405人，都市原住民占66%。原鄉部落因受當地經濟產業結構因素影響，造成青壯年人口大量流失，原住民老人在當前的生活，除了面臨福利與醫療資源缺乏，也遭遇家庭照顧人力缺乏的問題。

爰此，苗栗縣政府為落實照顧原鄉部落老人生活，針對地處偏遠、資源缺乏的部落，結合民間團體資源設置原住民部落文化健康站，培訓督導員、照顧服務員及志工人力，以增進部落族人及部落組織的參與照顧服務能力，並提供原住民族老人預防性、關懷性及連續性之照顧服務。97年度開辦迄今共設置十處健康站，服務範圍為泰安鄉有士林、天狗、大安、細道邦、司馬限、斯瓦細格、圓墩。南庄鄉有東河、南庄獅

潭鄉有百壽文化健康站等，提供電話問安及關懷訪視、生活諮詢與照顧
服務轉介、餐飲服務、健康操及相關健康促進活動、心靈與文化成長及
生死等課程，讓長者回到家跟子女分享人生必經之過程，增加親子感情
外，營造祥和之社會氛圍。

　　全國原住民共計有十六族，在苗栗縣就有十五族群融合在一起生
活，依照各族習俗均會辦理一年一度的豐年祭、收穫祭、祖靈祭、矮靈
祭、撥種祭、射耳祭、感恩祭、火神祭、聖貝祭、戰祭等的場合中，我
們可以看到原住民朋友們載歌載舞，歌舞不停地迴旋繚繞，原住民看似
無憂地穿著鮮艷的傳統服飾，很開懷奔放地在舞台上唱歌跳舞。然而，
在這些歌舞的背後有多少人能夠體會原住民心中真正的想法？單看他們
美麗的外表，又如何能夠想像原住民內心的苦悶。可是國內的大眾傳播
媒體對於原住民的報導，卻常以負面事件如酗酒、雛妓等居多，難免使
人感覺到不協調。

　　多數人不瞭解，原住民數千年來都生活在自己的文化系統裡，後來
歷經荷蘭、日本的統治及國民政府的遷台影響，他們為生存，必須要學
習另外一種價值完全不同的文化，因而產生了文化調適問題。例如：原
住民的公有共享、以物易物的想法，和我們漢文化為主的主流社會的私
有財產觀念完全不同。直到目前為止，還有若干老一輩的原住民不會使
用貨幣，因為在他們的生活習慣與文化傳統裡，根本就沒有貨幣這種東
西。然而，許多人雖從未與原住民有任何接觸，卻早已對他們存有刻板
的印象，總認為載歌載舞的慶典、身體強壯的獵戶、普遍落後的生活、
粗重辛苦的勞力，甚至於酗酒宿醉的飲食，應該就是原住民的全部了。

(二)介紹各種殯葬方式（yam蕃薯藤新聞／霍韻琪，2017.03.27）

◆傳統的殯葬方式

　1.火葬：「火葬」原本在國外較為流行，日本人多信佛教習用火

葬，因此日本人幾乎皆以「火葬」處理。火葬在古時候，是一種奇恥大辱和最嚴厲的刑罰。漢時王莽就以火焚燒跟他對抗的人的屍體作為最高刑罰。其實火葬這種葬法，無論於衛生、經濟、土地利用方面都有許多好處，所以在不再拘泥於禮法的今天，火葬廣為人所採用。

2. 土葬：中國人傳統「入土為安」觀念，故葬禮均為土葬，代代沿襲大大增加葬地的面積。風水好、景觀優美、依山傍水的地方都被據為墓地。死人與活人爭地，是未來台灣人生存的隱憂。故傳統的土葬已不適用於現在的生活環境了，政府不斷地推廣火葬。

◆特殊的殯葬方式

1. 天葬：天葬是西藏的獨特的喪葬習俗，人生禮儀中的一個重要環節，蘊涵著深厚的文化意義。大多數西藏的普通人死後採用這種喪葬。方法是在為死者超度亡靈後由高僧定天葬日期，屆時將遺體帶至天葬台，舉行神秘儀式後由執刀人等將屍體碎屍萬段，供禿鷲啄食乾淨，最後將碎骨聚集在一起用火燒，並就地置用石塊堆成的簡易塔內。「天葬」並不是藏族唯一的喪葬形式，除此以外，還有塔葬、火葬、土葬、水葬等葬俗。按照等級來分的話，依序為塔、火、天、水、土。

2. 水葬：水葬是將遺體投入江中餵魚，投入的方式有的是在遺體上綁上重物直接投入水中；也有將遺體肢解後投入江河急流中的。在一些大江大河的河流域採用此種葬法。另外嬰兒夭折後一般都是用水葬。

3. 月球葬：將火化後的骨灰裝入容器裡，隨著火箭飛行後，撞擊月球表面，即完成月球葬禮。

4. 太空葬：太空葬禮是從往生者的骨灰中挑撿出一至七公克，裝置在一個唇膏大小般的膠囊狀特製骨灰罈中，置於火箭最上面一節，依照目前的太空科技計算，骨灰罈將可以在地球軌道中繞行

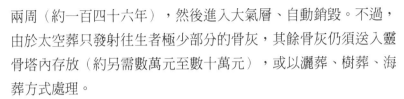

兩周（約一百四十六年），然後進入大氣層、自動銷毀。不過，由於太空葬只發射往生者極少部分的骨灰，其餘骨灰仍須送入靈骨塔內存放（約另需數萬元至數十萬元），或以灑葬、樹葬、海葬方式處理。

5. 室內葬：台灣原住民除了達悟族和不詳的平埔族以外，對於自然衰老死亡的親人，幾乎都是採取室內葬的方式，在家屋內的地下，直接挖掘洞穴把祖先的屍體埋下去。爲何會出現室內葬的習俗呢？合理的解釋之一，就是原住民擁有很深的祖靈崇拜信念。古代的部落爲了安全，都選在易守難攻、腹地狹窄的山腰台地上。這種地點的耕地非常有限，如果把祖先葬在室外，不但會占用寶貴的耕地，而且很容易在年代久遠之後，導致先人的墳墓被誤耕，因此，直接葬在室內，就是最好的處理方式。另外一種解釋，就是讓住在房子地板下的祖先之祖靈，永遠成爲這座房屋的守護者。

6. 複體葬：這是卑南族文化埋葬特色之一。一具石板棺經重複再裝埋死者，因而造成包含二具或二具以上（最多達十五人以上）的骨架同在一巨石板棺中。

◆新興的殯葬方式

近年來環保意識抬頭，傳統的殯葬方式已經不符合現代的需求，因此許多不同的新興殯葬方式因而產生，包括：

1. 樹葬：對傳統習俗中的「厚葬」觀念來說，樹葬可說是一個革命。幾千年來，不要說歷代的皇陵耗費了多少勞動人民創造的財富和付出的血淚，哪怕平頭百姓，不少人也把「娶媳婦、蓋房屋、造墳墓」視爲人生三件大事。常見報章披露，有的貪官或暴富有的「大款」，不惜用聚斂的財富請人看風水、造墳墓，期望子孫世世代代榮華富貴。有的死後，中西鼓樂，吹吹打打，大小車開道，大擺筵席，極盡哀榮，以求不朽。這種陋習來源於漫長

的社會中滋長的迷信思想。古代人由於對大自然認識的侷限，相信「靈魂不滅」，因而生出種種可笑的舉動。令人不解的是，人類文明發展到今天，科學正在不斷揭示自然界的奧秘，所謂的「靈魂」早已被證明是不存在的。比起海葬來，在保護環境上更具優勢。樹葬就是將逝者的骨灰撒入植樹預挖的坑中，再種上一棵有選擇的樹，在樹邊設立刻有逝者姓名等內容的石碑，而周圍的環境也因此得到綠化美化。同時，樹葬也體現了「入土為安」、「回歸自然」的傳統習俗，容易得到認同。

2. 灑葬：瑞典的情形，位於森林墓地（在樹林之間分置墓石，如同在森林之中長眠一般，並有計畫地綠化）命名為「追想之丘」的散骨區域，在被草地覆蓋的山丘部分撒骨灰，紀念花園係劃定特定區域，以灑或埋藏骨灰之方式進行，不立墓碑，不記死者姓名，供永續循環使用，顯示人死後一律平等。

   森林墓園建造於西元1917~1940年，以結合自然景觀及建築功能聞名，西元1994年被聯合國列為世界自然文化資產之一，對全世界墓園設計有深遠的影響，並設有祭祀的場所，散骨者的資料、姓名和生殁年均受到妥善管理。但在此刻下姓名等動作則是禁止的。

3. 海葬：海葬是將骨灰撒入大海的一種葬法。骨灰撒海，衝破了傳統的「入土為安」觀念。人從自然中來，又回到自然中去。海葬是繼墓葬以後的又一次重大改革，是人類思想的一大飛躍。目前台灣地區高雄市殯葬管理所有辦理此項業務，且是免費的。海葬是台灣地區首次的創舉，推動至今一年多，民眾自行辦理海葬已有數十人，希望慢慢的蔚為風氣，成為未來的新趨勢，也讓海葬成為四面環海台灣喪葬的另一特色。

4. 瑞典科學家發明「環保土葬法」：瑞典科學家魏格－馬莎克發現火葬會製造效果不明的毒氣，不比傳統土葬法高明，於是設法改良土葬過程。魏格－馬莎克說，屍體先以液化氮浸溼，最多能產

生三十公斤有機物，這堆有機物放進容易分解的薄棺材，幾個禮拜就完成「回歸大地」的程序。她發現，棺木不要埋得太深，還有肥沃土壤的功效，有如秋天的落葉，肥沃自己的根部。傳統優質棺木的土葬，屍骨要五、六十年才分解完畢。

5. 德國的匿名葬：既沒墳頭，也沒墓碑，而且大多是集體葬在一起。在這片墓地中可以建一個象徵性標誌，比如一個女神石雕像。墳地上種滿各種不同的鮮花，每一小片花種代表著一個死者長眠在這裡。在德國漢堡等北部城市要求無名葬的公民越來越多，有的城市高達25％到50％。不少人在遺囑中就寫明"O.F"，意思是不要葬禮和告別儀式。漢堡的一個無名葬墓地有250人集體葬在一起。據說在北歐的哥本哈根有80％死者選擇無名葬形式。很多已到暮年的老人認為，死者總是讓生者受罪，這種受罪不僅來自精神上的失落，還有冗長的喪葬禮儀的折磨。為了減少活人為死者受罪的程度，為了不使生者來到死者墓前觸景生情，不少人決定死後匿名葬。當然，這種匿名葬也是現代人對基督教傳統的反抗。按照基督教義，在整個喪葬過程中，生者與死者是要進行對話的，表現出兩者之間的精神聯繫，但目前流行的無名葬無形中切斷了這種聯繫。另外，德國社會無子女家庭很多，家庭成員與其他親屬關係十分疏遠，他們覺得如果死後沒有人給自己清掃墓地，還不如選擇無名葬。記者曾問過一些德國人，如果葬後沒有墓碑，沒有排位，後人怎麼祭奠？德國人回答說，只要有心，朝天也能傳情，若人無意，墓碑造得再大也沒有人來看望。

生態葬也是目前德國一種受歡迎的喪葬形式，死者遺體火化和不火化都可以。屍骨被深深埋在幾米的地下，地面上不留墳頭，可種植莊稼或草坪，也可植樹造林。生態葬有節約土地資源、經濟、環保的特點，同時還能使人感到回歸自然。

(三)台灣原住民喪禮

　　陳第的《東番記》說明喪禮情形：「家有死者，擊鼓哭，置屍於地，環焫以烈火，乾，露置屋內，不棺；屋壞重建，坎屋基下，立而埋之，不封，屋又覆其上，屋不建，屍不埋。然竹楹茅茨，多可十餘稔，故終歸之土不祭。」就是說，家裡有人過世，親屬敲鼓哭泣，將屍體放在地上，四周環繞烈火烘烤，直到屍乾，露放在屋內，並不裝棺。一直到該竹屋十幾年後破敗，才立埋在屋中的地下，在上面重新建屋，不用立墓碑或是祭拜（稱為立身葬或室內直肢葬）。且並未封裝，只是將新屋直接蓋在上面。如果不改建，就不埋葬屍體。

　　荷蘭傳教士甘治士（Georgius Candidius）的《台灣略說》則有比較不一樣的喪禮記載：在典禮上哀悼死者，於人死時，在喪家前擊鼓，中空樹幹做成的鼓，人知圍看之，婦女帶酒，在死者家前跳舞，砍大樹作成槽子，於上跳舞，弄出很可怕的聲音，每個木槽，背對背並排，站著兩排婦人，一排四至五人，溫和移動手腳約兩小時。在死者死亡前二天，進行許多儀式以紀念死者，然後將屍體手腳綁住，置於竹架上，然後在屍體旁點火，使屍體全乾，前九天每天清洗一次，從棚架取下，用蓆子包好，另置一架上，四周以衣物圍之，形成一個布幕，然後放置三年，三年之後取下埋在屋內。人死後，還要在高處建一小茅屋，周圍用很多樹葉來裝扮，在其上放四支旗子，茅屋中放一大碗水，放置一長柄勺，用來喝水，相信死者每天會回來茅屋洗澡。但若有族人病得很重，則以繩綁脖，向上拉，突降，目的提早結束其生命以脫離苦海（類似安樂死之意），代代以口頭方式流傳宗教信仰。

　　原住民傳統喪葬習俗大致分為三階段：

1.臨終儀式：臨別之言→移靈置家屋中庭→為臨終者著衣→斷氣死亡。

2.屋葬儀式：埋葬→獻牲禮→墳上燃火→共食→撒水及灰。

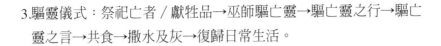

3.驅靈儀式：祭祀亡者／獻牲品→巫師驅亡靈→驅亡靈之行→驅亡靈之言→共食→撒水及灰→復歸日常生活。

原住民的喪葬禮儀，傳統上可分爲善終及惡死兩種；安葬的儀式則可分爲室內蹲葬及室外葬。在西方基督宗教傳入到原住民地區後，喪葬禮儀及安葬儀式則多改以基督教儀式爲主。不論個人的宗教信仰或文化背景，透過喪葬儀式，讓生者得以祭拜或追思往生者，也讓雙方的關係可以延續不斷。

台灣的原住民族共有十九支族群，每個族群都有自己的喪葬習俗，在這些習俗中有部分是相似的，如在一定期間內留在家中不出門、不打獵、不飲酒、不高聲談笑、不穿華麗服裝等等，甚至整個部落的人都停止蓋新房或開墾種植等工作，以免招來不好的運氣，但是基本上各族群在處理喪葬事宜的時候，還是有許多屬於自己特有的民情風俗。這些習俗跟原住民各族群的生活背景和宗教信仰都有很大的關係。以下茲就原住民喪禮異同處概要介紹：

◆鄒族喪禮

在屋內進行，遺體也是埋在屋內，只有被割首者、年幼者、未出嫁者或離婚者才是葬在室外。葬禮由母親氏系群的男子舉行驅靈儀式，將人與靈分開。鄒人相信西方是「惡靈之門」，所以傳統家屋正門朝東方，聚落墓地安排在西部邊緣。現在改信基督宗教後，喪禮儀式多改採基督宗教方式，惟死者頭部仍朝西方。死亡後身體靈hiyo立刻轉型爲hitsu（靈），並隨赴靈界「塔山」。其游離靈piepia則變成hitsunotei（糞之靈），繼續留在部落干預社人的日常生活。葬完五天後舉行meipunu儀式，希望與生人不同性質的靈不要再回來。

◆太魯閣族喪禮

人將死之際，家人必須守候到斷氣爲止，倘若沒有人照顧而自己斷氣者稱爲「暴斃而死」，若此，喪家必須放棄所住的家另外擇地建新

居。如果家庭有人過世，必須將所有起的火熄滅，同時將爐灶內的火灰丟到屋外。將化好妝的屍體猶如胎兒在母親腹中的姿勢用織布包裹。男人要脫上衣在床下挖洞將屍骸埋葬。要守喪五日，期間不吃加鹽的食物、不吃肉、不吃魚，同時不耕作不打獵。

◆阿美族喪禮

阿美族和其他民族一樣，並不認為死是生命的終結，而只是轉變到另一個世界的過程。程序有：

1.臨終禮：死者斷氣前，家人跑過來喊叫死者的名字。
2.化妝禮：洗臉、洗足、著衣。
3.埋葬禮：習俗上埋葬愈早愈好，傳統上葬在房屋後方的院內，但日據時期強制將死者埋在公墓內。
4.超渡：埋葬後請祭司團主持，使死者靈魂列入祖靈。
5.捕魚禮：埋葬後當晚或次日作捕魚祭，以示解除喪期。

◆排灣族喪禮

排灣族喪葬禮俗稱為Smangpoliu，禮俗的形式和死亡原因的分類有很大的關聯。死亡的原因分為「善死」和「惡死」兩種。在家屋內自然死亡的人被視善死，而在家屋外的則為惡死，即使是在醫院內死亡也會被視為惡死，所以當病人快斷氣時，家人會以救護車將垂死者送回家，希望在家中才斷氣。傳統的排灣族喪葬實行「室內葬」，用布或毯包紮屍體，屈肢包成橢圓形，於室內深埋土中，上蓋大石。排灣族的室內葬身受祖靈觀念的影響，如在屋內不可放肆，須謹言慎行，遷居不可毀屋等，皆有對先人崇敬之意。室內葬在日治時期，以不潔和野蠻為由，強力疏導改為室外葬，此風俗遂漸泯。

善死者之喪葬處理方式如下：

1.入殮。
2.訃告親友。

3.告別祭：個人依次觸死者之右肩，並對死者致惜別之意。

4.下葬：排灣族傳統上，對惡死者行室外葬，其餘多行室內葬。

5.改火驅靈：埋葬完畢回到喪家，凡參加喪事者需以預置的三盆水，以手潑水灑在喪家門口地上，口中祝告亡靈勿再回家，勿使家人生病。

6.服喪。

7.招靈祭。

8.慰問遺族。

9.除喪忌。

10.滿月驅靈祭。

◆達悟族喪禮

達悟族人死後大多是當天或是隔日黎明就送葬，並沒有沐浴更衣，棺木的組裝則在墓地，只有彎曲死者的四肢，做嬰兒出生時的姿勢，然後用avaka麻布包裹以繩綑綁，由死者的近親抬出屋外，其他的親人則是手持長柄刀身披胄甲，到屋外或是屋頂叫嚷咒語驅鬼，然後把屍體抬到墓地埋葬。達悟族的葬法主要有土葬、崖葬、水葬等，後來發現的甕葬數量則是少數，過去的傳統多為嬰兒。一般自然的死亡視為善終則以土葬的方式埋葬，品行不良或是沒有後嗣近親的多是用崖葬，但各部落有所差異，而少年夭折以及嬰孩死亡的，多是抱到海岸礁岩下拋入海中，這樣的方式稱之為水葬。

土葬和崖葬的送葬家屬都是男性，穿著武裝手持鋼槍，由親人背在肩上或是由兩個人用長板綁屍互抬，五至六人隨後送葬；而女子和其他朋友概不送葬。土葬的地方多是固定的，大多是距離聚落1~2公里的海邊林木密集的地區，其葬穴挖成方形，將屍體面向東方腳朝西方，同時讓臉稍稍俯下不要面向太陽，因為族人普遍認為面對太陽死者會不舒服，而且會變成凶鬼出來害人；在喪禮結束第三天之後，如果還有死者家屬依然哀傷悲泣的，其他親友才能到喪家慰問。

◆葛瑪蘭族喪禮

宗教在噶瑪蘭的生活裡占有重要地位，他們崇拜祖靈，其宗教信仰以祖靈為中心。噶瑪蘭人將人間與靈界分開，相信靈界的鬼神能保佑凡人。人死後的祭靈魂儀式，用來界定人與靈魂的一道儀式。族人相信在人死後，魂魄不會馬上成為有靈的靈魂，必須透過Bathohogan儀式才能成為靈魂，成為祖靈之一，而且是保護族人的善靈；反之，死後沒有執行此儀式者，就會變成孤魂野鬼。所以，噶瑪蘭人對待凶死之人（被馘首，或橫死者）即不做Bathohogan，任其變為惡靈。

Bathohogan在執行上有兩種型式：一是善死者的做法，平常族人在家中過世的，不論老死、病死，只要不是凶死者，之後在出殯下葬時也很順利者，即為善死者，這種人的Bathohogan都直接在家中舉行；一是死亡後出殯前碰到自然界的一些不祥預兆，如打雷、地震等，就會引來惡靈，所以儀式必須先在戶外舉行招靈、驅邪後，才能和善死者一樣移入室內舉行。

◆賽夏族喪禮

賽夏人死後，通常在死亡當日埋葬，若死在夜間，則於次日晨間埋葬，埋葬必須通知同一祭團同氏族人參加。屍身以面向東入穴，屍身伸直，橫臥穴中，以布帛包屍，將所附的陪葬品一起放入，並將鹽巴撒在屍體上，以茅草覆蓋，再把土填平。墓的四周邊插上短竹子加圍石頭，不像漢人把土填高成凸狀。賽夏族人古代為室內葬，因日治時期理番政策的實施，以衛生為由，強制埋葬於公墓。

◆平埔族喪禮

平埔族人的葬禮南北各地也會因地而異。屏東平原上的平埔族人一般是在人死後，用木板釘成棺，親友則贈送青藍布或鹿皮陪葬，埋在平常所睡的床下，配偶需遷到別的地方居住。而北部淡水一帶的平埔族人習俗是，死者皆裸體，只用鹿皮包裹。由親屬四人抬至山上，將鹿皮鋪展開來，然後用死者生平的衣服覆蓋之，再用土掩埋。一般說來，子孫

有帶孝的習俗，也就是在胸背披兩片藍布，但時間長短不一定。安置喪者的地方，稱爲馬鄰地，被認爲是不吉利的地方。一般人不會靠近，附近的田地也棄耕。甚至有將屍體懸掛樹上的習俗，因此就有了馬鄰樹或馬鄰竹。都被視爲禁忌之地。

◆泰雅族喪禮

　　泰雅族的死亡分爲善終及惡死兩類；凡在家中有親屬陪伴而死亡者爲善終；在野外露天死亡或被害以及自殺、難產等皆屬惡死。泰雅人在死者斷氣後，近親須立即爲之梳髮、洗面、換穿盛裝、胸衣、戴首飾、耳飾、臂飾後，用一塊布鋪在地上，將屍體從上移至地上，屈其手足於胸前做蹲踞狀，然後用布條把屍體包起來，用帶緊縛。然後由男性近親在死者斷氣之床下掘一圓穴，深約五、六尺，足可豎放屍體，屍體的面多朝向河岸。然後將死者的番刀、煙斗等陪葬於墓穴內，然後蓋一石板，覆土於其上整平。喪家在喪葬後半月或一個月後，邀請曾參加喪葬之親戚，至其家飲酒，主喪人及死者的配偶持酒赴野外，呼亡靈作祭並送亡靈赴靈界。送靈後即表示一切回復正常。若有惡死者，通常在發現死亡之處就地掩埋。喪葬完畢後，請巫師作禳祓祭以驅除惡靈。

◆布農族喪禮

　　布農族人認爲死亡有善死、惡死。凡病死於家中爲善死，死於非命則爲惡死。善死者死後，家人將屍體移置地上，扶成坐勢，使股肱曲於前胸處，用藤帶或布袋縛之。於室內掘墓穴，深約四尺、直徑三尺，周圍以石板爲壁，下葬時男性面向東，女性面向西。上面蓋以石板，之後填入泥土。惡死者，僅由首先發現者就地掩埋。

◆魯凱族喪禮

　　魯凱族的喪事處理和埋葬方式，都是依善死或惡死而各不相同。惡死者在處理程序上附帶有諸多禁忌，如於部落野外意外傷亡者，同部落之人需於獲知消息後立即於爲埋葬之返家，而死者則有近親就地埋葬；

夭折而亡者多只為長牙的嬰兒,由父母隨即埋葬;孕婦難產而亡者,尤被視為大凶事,僅由父母或配偶處理,其所留衣物及治喪者所服均應一概遠棄。一般喪葬的處理方式是,由近親為其易盛裝,亦採用曲肢葬,並在室內埋葬,及揭開屋內地下石板掘墓而埋。

◆卑南族喪禮

卑南族傳統喪葬儀式如下:

1. 裝殮:死者由家人及近親裝殮。
2. 掘墓下葬:同族男性在室內掘墓穴。掘成時由長老以琉璃珠三顆拋入穴內,然後置屍穴內,頭向西,面向上,死者的衣服、飾物也放在墓中,男性置腰刀一把,女性則置鋤一把。
3. 改火、改水:埋葬後翌日,喪家請女巫來家改火,棄舊火於室外,用火石打火,點燃薪火。棄舊水,用竹筒汲取新水,表示重新開始新生活。
4. 除穢淨身。
5. 稻田間作祭以恢復田間工作。
6. 出獵除服:第五天,喪家之男性集體赴山中出獵。
7. 別靈:喪家由女巫陪同,帶檳榔實、料珠等到祖家前作祭。此後即恢復正常生活。

◆雅美族喪禮

雅美族善死者臨終時,死者家屬及近親都會趕來。男人們到時,頭戴藤帽,身穿背甲,右手按著劍,左手執木槍,全身武裝,如上陣作戰狀,這是為了防禦死靈攻擊。他們集合於喪家內,辦理喪事。

1. 報喪。
2. 停殮:只能在白天埋葬。成殮時,將死者雙手掩至面部,膝蓋碰到下顎,用麻布包裹,並綑以細繩,成為球形,放在屋中。自成殮至出殯之間,需由死者的家屬或參加喪禮的親屬一人至數人,

輪流至屋頂上面「告別死靈」，這是該族喪禮中最嚴肅的場面。
話別儀式完後，即可出殯。

3. 出殯：出殯時，由男親屬背屍。背屍時是把繩子掛在頭上，向墓
地走。送葬的近親男子們也一起，讓背屍者行走在行列中間。

4. 入葬：進入墓地，留一人看守屍體，餘人找尋一適當的埋葬地，
然後以掘棒掘深約等於一人身深的東西向寬長的墓穴，然後把綑
屍之繩解開，再把屍體放置棺內，頭朝東，身體右側靠地，臉向
北，不可向著太陽。當屍體放好，即蓋上兩端側板及上面頂板。

5. 離開墓地：墓穴上所堆的砂土，需好好按平。驅靈禳邪的儀式。

6. 告別死靈的儀式：喪家的家人一到家就放聲大哭。這天用餐前
後，仍須舉行向死靈告別的儀式。

第三天，一起舉行第三次告別死靈儀式。第三次告別做完，大家帶
著水槍或魚網去海邊捕螃蟹或魚，當天烹煮。至此，幾天的喪事算是全
部結束。

◆邵族喪禮

邵族的喪禮由首領和先生媽共同處理，死者家屬必須在家人死後的
第二天清晨四點，於家中祭拜。從前邵族人多行「甕葬」，先將死者的
四肢彎成蹲踞狀，用繩子綁好，再在放入缸中下葬。

(四)原住民普偏仍存在酗酒習慣而影響壽命

基層原住民工作以從事農業及勞工為主，閒暇時經常可以看到各村
落中，三五好友於自宅門口、檳榔攤、雜貨店或是飲食店前席地而坐，
即可一起飲酒作樂、把酒言歡。細心觀察他們所飲用之飲料大部分是米
酒＋保力達或維士比，也有部分是啤酒或其他酒類。由於平時人人忙於
自己的工作，難得一起聚會，於是很容易就一瓶接著一瓶，開懷暢飲。
為了展現誠意，主人必須要先乾為敬，以帶動氣氛，然後開始你敬我一

杯，我回敬一杯，不管你是否能喝酒，也不論你的酒量如何？反正我喝你就要喝，好像非要把每個人灌醉爲止才算賓主盡歡。這種喝（拚）酒風氣，有時簡直是在拚命；如果長年如此，自然身體很容易吃不消，不僅影響到身體的健康，更會影響到工作。然而苗栗縣政府衛生局及轄管個衛生所不斷努力爲了要改善原住民嚴重的酗酒現象，每年數場次不計其數之宣導戒酒活動，呼籲大家好好珍惜自己的身體，欲藉此來改進原住民朋友們不好的習性，但可惜的是原住民的反應只有五分鐘熱度，最後竟然落得無疾而終、不了了之。雖然肝硬化與酗酒不一定是必然關係，但是據瞭解：絕大多數因肝硬化之病故者，幾乎都有酗酒習慣。根據衛生署公布台灣地區十大死因排行順序爲惡性腫瘤、事故傷害、腦血管疾病、心臟疾病、糖尿病、慢性肝病及肝硬化、肺炎、腎炎及腎性病變、自殺、高血壓性疾病等一般國人之慢性肝病及肝硬化排名第六名，僅由此可證明原住民的酗酒現象確實是嚴重到令人憂心的處境。

四、解決方式

(一)重建傳統文化調適價值觀念

配合國家政策，落實原民會各項計畫，辦理各式各樣傳統的文化傳承活動，例如：開墾祭、播種祭、除草祭、豐年祭、祖靈祭、成年禮、母語學習班、編織學習班等，呈現出活潑多樣的面貌，這是令人非常鼓舞的現象。除此之外，更有部分會員自掏腰包出國，至歐美先進國家及對岸——大陸，考察當地政府對原住民（少數民族）的政策與具體措施，回國後提出心得報告並向政府相關單位積極建言。在過去十年來，太魯閣建設協會的各項活動成果，成效卓越，獲得原住民社會與政府單位一致的肯定。

(二)檢討教育政策提升教育水準

　　教育部分析，原住民受高等教育人口太少，不但影響其就業機會與子女教育，也影響原住民擔任公家機關擔任高階主管的機會，在政府制定相關政策時，原住民無法發揮應有的影響力，導致惡性循環。前教育部長楊朝祥表示，原住民高等教育人口偏低的主因，在於原住民就讀高中的比率實在太少，這又和原住民的就學機會太少，及就業壓力大息息相關。以87學年度爲例，原住民國中三年級學生共7,072人，但高中一年級只有826人，原住民國中畢業後讀高中的升學率只近一成，升學率和平地社會懸殊太大。

　　有鑑於此，全國教師會原住民族委員會於成立時呼籲教育部，應優先在原住民區辦理十二年國民義務教育，並培育更多原住民師資返鄉服務，解決原住民區師資不足及流動率太高的現象。針對全教會的訴求，教育部指出，目前原住民區的高中校數太少，暫時還無法提前實施十二年國民義務教育，但教育部89年9月開辦的五所原住民完全中學已開始招生，由於學生可申請學雜費全免，所以和十二年國民義務教育，相差無幾，只是沒強迫入學而已。至於師資方面，教育部將加強原住民老師的進修管道，並開設原住民大學畢業教育學分班，鼓勵他們返鄉服務。

　　政府也投入了不少的教育經費來改善原住民教育，但是原住民的輟學比例仍是相當高的。與一般學童相比，原住民學童的輟學原因是較爲獨特的，如山區部落生活方式與教育架構脫節，教育架構造成原住民學生學習的挫折感等。此外，由於鄉土教材未落實，使有些原住民學童離校到都市謀生，並引發成爲雛妓的問題。根據統計，正風專案失蹤人口比率全省以花蓮縣最高，被迫從娼人口中，原住民又以泰雅族最高。

　　處在今日資訊爆炸、3C的時代（computer、communication、control），在平地社會幾乎每個家庭普遍都有電腦設備，多數青少年學了可以透過網路輕易尋找或儲存資料、相互溝通並推展人際關係，但是

原住民社會限於經濟因素，一般家庭擁有電腦設施者卻相當稀少，形成資訊非常落後，發展步伐緩慢。研究者認為唯有透過教育、提升原住民的教育水平，方能改善原住民社會的種種問題。因此，衷心期望政府將原住民高等教育的強化工作，優先列為當務之急。

(三)提倡簡樸生活重新返璞歸真

透過孟子思想在《盡心章句上》中，肯定人心來自天心，因此，人們若能盡心盡力、激發潛能，完成自我善根，便能知悉生命的真諦，也就能直接知天，知悉天心真諦，人們除了應該知天，還要能夠事天，也就是要能存其善心，養其正氣，才能以人心事奉天心，人生的壽命，都有定數，或長或短，定數不二，均因天命，人們面對這種定數，無法變更、無法逃避，只有勇敢的面對它，透過每天的修身，以待生命責任的完成，這就是安身立命之道。

過簡樸生活的目的，不但只是為節儉或為保持身體健康，而最主要的還是為了顧及他人，將有限的物資與別人分享，這種觀念與做法最需要向我們的社會大眾推廣。要有效改善目前原住民社會中酗酒或其他不良的風氣，我們唯有從提倡簡樸生活方面來著手，重新建立原住民新的生活價值觀才是正確的做法。

社會大眾應該給原住民尊嚴、尊重與關懷，除此之外，由於有越來越多的原住民離開自己的故鄉，轉赴都會區謀生發展，造成政府輔導上有許多的盲點與困難，這種現象值得我們重視。有一部分原住民因為惰性與酗酒，不求進步，不能做好工作，甚至成為都市的邊緣人。原住民分散在各地都市之後，有些人仍以過去的觀念和想法生活，不想讓別人知道自己是原住民，不能肯定自己，已經先把自己貼上次等國民的標籤。因此，如何落實心理建設的教育工作，讓原住民成為樂觀進取的現代公民，是政府不容推諉的職責。

(四)提倡火化政策

　　台灣地狹人稠，喪葬空間有限，因傳統原住民堅持土葬，已導致原民鄉公墓爆滿，衍生濫葬、疊葬等問題。為此，苗栗縣政府率先以99年12月22日府民生字第0990239280號函訂定公布制定苗栗縣原住民喪葬火化補助計畫，推廣火化觀念。

　　原住民的傳統葬俗是土葬，原民一般較不能接受「把祖先或親人抬去燒」的方式。但由於環境及土地利用等因素，近年來透過政府機關及各界有識之士的共同努力，台灣的葬俗觀念從過去重視墓地、風水，到現在有了許多轉變，遺體火化率已大幅提升，顯見多數民眾喪葬觀念隨政府宣導及時代進步已有大幅改變。配合政府政策，宣導各項火葬優點，提供民眾參考。

1. 火葬所遺留之骨灰不多，處理方便，可安置於納骨堂塔內，能夠充分節約空間與土地。
2. 合乎衛生，火葬把屍體火化，無傳染疾病之虞。
3. 土葬需購置墓地，且需買棺木、造墓、立碑等費用頗鉅，火葬則較為經濟，可將經費留作子孫教育費用或作慈善捐款，以行善立功。
4. 骨灰供奉，處理容易，免除擇地的奔波，節省時間，無迷信之困擾且日後拜祭方便，甚至可以設計一種能存放骨灰匣之祖先牌位，將我們先人之骨灰安奉在家裡與我們長相左右。
5. 土葬（凶葬）若干年後尚有撿骨或洗骨之煩（即吉葬），如採火葬，則一次完成可免除困頓後人，亦可避免勞師動眾或觸景傷情。

五、結語

儒家的喪葬儀禮對社會結構的完整與穩固起了重要的作用，儀式的社會整合能是透過集合社會成員、協調家族、社區關係、鞏固家族地位以及灌輸強化人倫關係和道德意識等具體途徑而實現的。儀式、行為本身即為一種目的性的存在。人們的注意力集中於活動過程而不追究其所以然，各種行為已經程式化，成為約定俗成的慣例、慣習，成為人們在喪親後遵循的行動準則，在忙碌的過程中減輕喪親的悲痛。為死者而設的儀式其實是給活人看的，人們一代代的在反覆表演的儀式中受到薰陶。成為傳統社會中不可多得的民眾自我教育、自我滿足的方式。但過度的演繹竟走了樣，生者利用喪禮替自己爭面子、爭社會地位，甚至有人利用喪禮廣發訃文以便廣收奠儀。喪禮成為我們社會中最混亂的生命禮儀。處處可見占據整條馬路上的追悼會場，這種只管自家排場卻不顧他人生命安危的熱鬧場面，真的少了一份寧靜的追思。

中國文化樂生安死的傳統，從根源上看，與古代中國人以自然為宇宙萬物最高主宰，努力臻求與自然協調的生存意識，有直接關係。生存欲望可謂人最大的欲望了，但和義相比，二者不可得兼時，捨生而取義。生為人所欲，但不能背義而偷生，死為人所惡，但不能背義而避患。這同樣是把作為一種道德終極規範的「義」，推到了至高無上的地位。人之所以能夠做出捨生取義的選擇，在孟子看來，是因為人的精神中有一種「浩然之氣」。它至大至剛，充塞於天地之間，足令人「富貴不能淫，貧賤不能移，威武不能屈」（《滕文公下》）。

以原住民的角度及立場觀之，不論本省人（閩南或客家人）、外省人，其實都是外來的移民，只是時間前後早晚的差別罷了，原住民才是真正台灣最早的住民；省籍情結的問題對原住民而言，是非常荒謬與不可思議的事情，但在福老大沙文主義作祟的前提下，弱勢的原住民心聲

長期以來一直是被忽略與不受重視的。因此，不論是閩南人、客家人、外省人或原住民大家都是台灣住民的一份子，是生命的共同體，彼此的命運是榮辱與共、息息相關的，應該本著互助合作、相互尊重、彼此關懷地和睦相處，共同營建一個安和樂利、祥和富足的國家社會才對！

　　要解決原住民的困境，除了政府積極作為之外，最重要的乃是原住民本身的配合及自立自強，才是最根本正途。諸如改善以往不積極的人生觀、減少酗酒、提升並充實教育知識、培養守法守時之觀念、提高人生價值意義的認知等，以開創個人光明的前程，創造幸福美滿的生活。

參考文獻

鍾福山主編（1994）。《禮儀民俗論述專輯》第四輯。內政部編印。

王文秀（1989）。〈自殺行為的預防與處理〉。《諮商與輔導》，第46期專題探討。

王邦雄、岑溢成、楊祖漢、高柏園（2005）。《中國哲學史》。台北：里仁書局。

台灣原住民族文化園區，http://www.tacp.gov.tw/home02_3.aspx?ID=$3054&IDK=2&EXEC=L

台灣殯葬資訊網，http://www.taiwanfuneral.com/Detail.php?LevelNo=51

朱慶忠（2000）。〈花蓮縣秀林鄉原住民的自殺現象與社會亂象初探——從洪強森的自殺事件談起〉。南華大學生死學研究碩士論文。

袁保新（1992）。《孟子三辯之學的歷史省察與現代詮釋》。台北：文津出版社。

商戈譯（1994）。John Bowker著。《死亡的意義》。台北：正中書局。

張錦弘（2000）。〈去年博士班萬人中無一原住民〉。聯合新聞網台北報導，《聯合報》，2000.02.13，第6版。

陳勝英（1997）。《生命不死》。台北：張老師。

陶在樸（1999）。《理論生死學》。台北：五南圖書。

傅偉勳（1993）。《死亡的尊嚴與生命的尊嚴》。台北：正中書局。

馮滬祥，《中西生死哲學》，http://caf8889.pixnet.net/blog/post/239345107

黃俊傑（2010）。《孟子》。台北：東大圖書。

歐陽國榮（2006）。〈儒道生死觀對生命教育的啟示之研究〉。國立台東大學教育研究所學校行政碩士班論文。

蓮菜夾（2016）。〈儒家思想中的死亡觀和生命態度〉，https://kknews.cc/zh-tw/culture/kxb2akq.html

蔡仁厚（1984）。《孔孟荀哲學》。台北：台灣學生書局。

謝冰瑩等編譯（2018）。《新譯四書讀本》。台北：三民書局。

生命關懷事業叢書

台灣殯葬教育十年回顧與展望學術研討會論文集
——暨尉遲淦教授榮退桃李紀念文集

主　　編／王慧芬
作　　者／王夫子、王琛發、王士峰、鈕則誠、黃有志、尉遲淦、
　　　　　馮月忠、譚維信、邱達能、李慧仁、林龍溢、陳旭昌、
　　　　　英俊宏、李明田、曹聖宏、張譽薰、涂進財、黃勇融、
　　　　　詹鎵齊、徐廷華、阮氏秋霜（釋慧如）、蔣意雄
出 版 者／揚智文化事業股份有限公司
發 行 人／葉忠賢
總 編 輯／閻富萍
特約執編／鄭美珠
地　　址／新北市深坑區北深路三段 258 號 8 樓
電　　話／02-8662-6826
傳　　真／02-2664-7633
網　　址／http://www.ycrc.com.tw
 E-mail ／ service@ycrc.com.tw
 I S B N ／978-986-298-346-1
初版一刷／2020 年 6 月
定　　價／新台幣 550 元

國家圖書館出版品預行編目（CIP）資料

台灣殯葬教育十年回顧與展望學術研討會論
文集：暨尉遲淦教授榮退桃李紀念文集 /
王夫子等著 ; 王慧芬主編. -- 初版. -- 新北
市：揚智文化, 2020.06
　　面；　公分. --（生命關懷事業叢書）

ISBN 978-986-298-346-1（平裝）

1.殯葬業　2.喪禮　3.文集

489.6607　　　　　　　　　　　109007766

福龍紀念園
FULL LONG MEMORIAL CEMETERY

綠意盎然的福地
愛・凝聚的地方

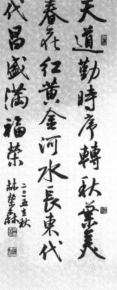

天道勤時序轉秋葉美
春花紅黃金河水長東代
代昌盛滿福榮
二〇一五年秋
赫紫赫

台中高鐵站、國道匣口，15分內即可抵達園區。│台中市南屯區文山南巷988號 TEL:(04)2355-4388